Udo Schüler (Hrsg.)

CIM-Lehrbuch
Grundlagen der
rechnerintegrierten Produktion

Udo Schüler (Hrsg.)

CIM-Lehrbuch

*Grundlagen der
rechnerintegrierten Produktion*

Mit 159 Abbildungen

Autoren des Buches:

Dr. paed. M. Burgmer, Universität Dortmund, Fakultät Maschinenbau, Lehrstuhl Technik und ihre Didaktik

Professor Dipl.-Ing. K.-J. Cosack, Fachhochschule Dortmund, Fachbereich Nachrichtentechnik, Lehrgebiet Optische Nachrichtentechnik

Dipl.-Ing. S. Götz, Universität Dortmund, Fakultät Maschinenbau, Lehrstuhl Technik und ihre Didaktik

Universitätsprofessor Dr.-Ing. K. Heinz, Universität Dortmund, Fakultät Maschinenbau, Lehrstuhl Fertigungsvorbereitung

Professor Dr.-Ing. habil. S. Klaeger, Technische Universität „Otto von Guericke" Magdeburg, Leiter des CIM-Technologie-Transferzentrums

Dr.-Ing. W. Michel, Lohmann und Stolterfoht Antriebstechnik Witten, Betriebsleiter

Professor Dr.-Ing. K. Roschmann, Fachhochschule Konstanz, Fachgebiet Produktionsplanung und -steuerung/Betriebsdatenerfassung

Dr.-Ing. S. Vajna, Braun AG Kronberg/Taunus, Leiter der Abteilung Zentrale Software-Werkzeuge und Standards

Professor Dipl.-Ing., Dipl.-Wirtschaftsing. G. Wichardt, Fachhochschule Köln Abteilung Gummersbach, Fachbereich Maschinentechnik, Lehrgebiete Arbeitswissenschaft und Organisation

Professor Dipl.-Ing., Dipl.-Ing. H.-J. Zebisch, Berufsakademie Karlsruhe, Wissenschaftlicher Leiter des CIM-Labors, Vorsitzender von InnerCAD, der internationalen Dachorganisation nationaler HP-CAD-Benutzergruppen

Herausgeber des Buches:

Universitätsprofessor Dr.-Ing. Udo Schüler, Universität Dortmund, Fakultät Maschinenbau, Lehrstuhl Technik und ihre Didaktik

Alle Rechte vorbehalten
© Friedr. Vieweg & Sohn Verlagsgesellschaft mbH, Braunschweig/Wiesbaden, 1994

Softcover reprint of the hardcover 1st edition 1994

Der Verlag Vieweg ist ein Unternehmen der Verlagsgruppe Bertelsmann International.

Umschlaggestaltung: Hanswerner Klein, Leverkusen

Gedruckt auf säurefreiem Papier

ISBN-13: 978-3-528-04928-7   e-ISBN-13: 978-3-322-84917-5

DOI: 10.1007/978-3-322-84917-5

Vorwort des Herausgebers

Dieses Buch wendet sich an Studierende und Praktiker, die von einer abschnittweisen Betrachtung derzeitiger Produktionsverfahren weg zu einem Verständnis für Gesamtzusammenhänge einer integrativen und rechnerunterstützten Produktionsmethodik gelangen wollen.

Das Buch entstand aus der Erkenntnis, daß fehlende Kenntnisse des ursprünglich fachspezifisch ausgebildeten Personals über ganzheitliche Zusammenhänge ein vorwiegendes Hemmnis zur Einführung rechnerintegrierter Produktionsmethoden in Unternehmen sind.

Zur Förderung dieser ganzheitlichen Betrachtung von komplexen Produktionsabläufen wurde das Buch nach der Abfolge der Planungs- und Ausführungsschritte des Produktentstehungsprozesses gegliedert. Der Aufbau berücksichtigt sowohl informationstechnische Verknüpfungen von Produktionsbereichen als auch die systemtechnisch begründeten Lernschrittfolgen. Dadurch werden dozentengestützte und autodidaktische Lehr- und Lernprozesse erleichtert.

Der Leser findet eine Beschreibung des Wirkungsgefüges zwischen Marktbedingungen, Unternehmensstrukturen sowie Konzepten, Modellen, Systemen und Verfahren der rechnerintegrierten Produktion. Die ursprüngliche Eingrenzung von CIM – Computer Integrated Manufacturing – auf die technisch-organisatorischen Zielsetzungen der Ausweitung von Systemgrenzen und Zeitverkürzungen in der Produktion wird aufgehoben. So umfassen die Darstellungen nicht nur die Prozeßketten *Produkt*, *Produktion* sowie *Produktionsplanung und -steuerung*, sondern auch den *kaufmännisch-administrativen Bereich*, die *Arbeitsorganisation*, die *Personalqualifikation* und die *Strategien* zur Einführung von Integrationskonzepten in Unternehmen.

Zahlreiche textliche Hinweise zu weiterführenden Buchkapiteln und Quellen sowie ein ausführliches Stichwortverzeichnis unterstützen ein selbständiges Weiterlernen.

Durch den didaktisch ausgewogenen Aufbau eignet sich das *CIM-Lehrbuch* vor allem zur Begleitung von Lehrveranstaltungen und zum Selbst- und Weiterstudium. Es ergänzt damit die in sich geschlossenen Ausführungsbeschreibungen der CIM-Komponenten im *CIM-Lexikon* und im *CIM-Handbuch* desselben Verlags mit der Zielsetzung einer fachgebietsübergreifenden Studienführung und Personalqualifizierung.

Dortmund im Dezember 1993 *Udo Schüler*

Inhalt

1 Entwicklungsgeschichtliche Stufen in der Produktion 1
1.1 Wandel der Prinzipien und Bedingungen in der Produktion 1
    1.1.1 Produktionsziele 1
    1.1.2 Marktbedingungen 1
    1.1.3 Arbeitsverfahren 3
1.2 Wandel der Produktionstechnik 4
    1.2.1 Systemstruktur der Produktionstechnik 4
    1.2.2 Fertigungs- und Produktionssysteme 4
    1.2.3 Steuerung und Automatisierung von Systemen und Abläufen
    der Produktion 5
1.3 Tendenzen zukünftigen Produktionswandels zu CIM 6
    1.3.1 Wirtschaftliche Anforderungen und Bedingungen 6
    1.3.2 Folgen für Produkte, Produktionsverfahren und Unternehmens-
    strukturen sowie Zielsetzung von CIM 6
    1.3.3 Folgen für die Personalqualifizierung 8

2 CIM – Eine Unternehmensphilosophie 9
2.1 Unternehmensstrukturen 9
    2.1.1 Systemtheoretische Betrachtungsweise 9
    2.1.2 Unternehmensmodell 11
    2.1.3 Entwicklung und Tendenzen 11
2.2 CIM-Merkmale und Beschreibungsansätze 14
2.3 CIM-Modelle zur Integration der Abläufe in einem Unternehmen ... 15
    2.3.1 Anforderungen an ein CIM-Modell 15
    2.3.2 CIM-Modelle der ersten Generation 15
    2.3.3 CIM-Modelle heutiger Generation 21
        2.3.3.1 Das CIM-Modell nach Eversheim 22
        2.3.3.2 Das CIM-Modell nach Spur und Seliger 23
        2.3.3.3 Das CIM-Modell nach Tünschel 25
    2.3.4 Erweiterte Beschreibungsansätze für CIM-Modelle 26
    2.3.5 Vergleich von CIM-Modellen 30
2.4 Zielsetzungen für die Einführung von CIM in ein Unternehmen 30
2.5 Wirtschaftliche Rahmenbedingungen für die Realisierung von CIM .. 31
2.6 Stand und Tendenzen der Nutzung von CIM in den Unternehmen ... 33

3 Prozeßketten der rechnerintegrierten Produktion 35
3.1 Produktentstehungsprozeß aus systemtechnischer Sicht 35
    3.1.1 Analyse und Synthese von Systemen 35
    3.1.2 Systemgestaltung 37
    3.1.3 Prozeßketten 37
3.2 CIM-Kette Produkt 38
    3.2.1 Definition und Zielsetzung 38

3.2.2 Stand und Entwicklungstendenzen von rechnerunterstützten
      Produktplanungs- und -entwicklungssystemen 41
3.2.3 Rechnerunterstützte Produktplanung 43
3.2.4 Rechnerunterstützte Produktentwicklung 45
      3.2.4.1 CAD-Systeme 46
      3.2.4.1.1 Aufgaben und Anwendungsgebiete 46
      3.2.4.1.2 Klassifizierung von CAD-Systemen 52
      3.2.4.2 Der PC in der rechnerunterstützten Konstruktion 55
      3.2.4.3 Rechnerunterstützte Berechnung und Konstruktion 57
3.2.5 Kopplung und Schnittstellen von CAD mit anderen CIM-
      Komponenten 59
3.2.6 Wissensbasierte und ganzheitliche Produktplanungs- und
      -entwicklungssysteme 65
3.2.7 Rechnerunterstützte Arbeitsplanung 67
      3.2.7.1 Arbeitsplanerstellung 69
      3.2.7.1.1 Systematisierung und Standardisierung der Arbeits-
                planerstellung 70
      3.2.7.1.2 Rechnerunterstützte Arbeitsplanerstellung 71
      3.2.7.2 NC-Programmierung 74
3.2.8 Kopplung von CAP mit anderen CIM-Komponenten 78
3.3 CIM-Kette Produktion 81
3.3.1 Rechnerunterstützte Fertigung 81
      3.3.1.1 Funktionen der rechnerunterstützten Fertigung 81
      3.3.1.1.1 Definition und Aufgaben der rechnerunterstützten
                Fertigung 81
      3.3.1.1.2 Koordination von Produktions-, Transport-, Montage-
                und Lagersystemen 82
      3.3.1.1.3 Aufgaben der Informationsverarbeitung 82
      3.3.1.1.4 Roh- und Fertigteiltransport 83
      3.3.1.1.5 Werkzeugtransport 84
      3.3.1.1.6 Späneentsorgung 84
      3.3.1.2 Struktur von CAM-Systemen 85
      3.3.1.2.1 CAM-Subsysteme 85
      3.3.1.2.2 Allgemeine Bedeutung der Datenverarbeitung für
                CAM-Komponenten 85
      3.3.1.2.3 Material- und Informationsfluß, Logistik in CAM 85
      3.3.1.2.4 Betriebs-, Fertigungsleit-, Werkzeug-, DNC-, Material-
                und Transport- sowie Montagerechner in CAM 87
      3.3.1.2.5 Betriebsdatenerfassung und Maschinendatenerfassung
                in CAM 87
      3.3.1.2.6 DNC-Betrieb 88
      3.3.1.3 Komponenten flexibler Fertigungseinrichtungen 89
      3.3.1.3.1 Zielsetzungen 90
      3.3.1.3.2 Strukturen flexibler Fertigungseinrichtungen 91

3.3.1.3.3 Werkzeuglogistik und -identifikation 100
3.3.1.3.4 Werkstückversorgung 105
3.3.1.3.5 Informationsstrukturen, Kommunikationssysteme und
Datenbanken in Verbindung mit CAM 109
3.3.1.3.6 CAM-Expertensysteme 121
3.3.1.3.7 Fertigungsprozesse mit neuen Leistungs-, Anwendungs-
und Integrationsbereichen, Simulationsmethoden 126
3.3.1.4 Rechnerunterstützte flexible Montage 129
3.3.1.4.1 Definition und Einordnung der Montage 129
3.3.1.4.2 Einflüsse auf die automatisierte Montage 130
3.3.1.4.3 Kenngrößen in der automatisierten Montage 131
3.3.1.4.4 Systematik der Montageanlagen 132
3.3.1.4.5 Beispiel einer flexiblen Montagezelle 134
3.3.1.4.6 Komponenten flexibler automatisierter Montageanlagen 135
3.3.1.4.7 Materialflußschnittstelle zur Montage und Bereit-
stellungsstrategien 136
3.3.1.4.8 Gestaltung standardisierter Montageanlagen 137
3.3.1.4.9 Entwicklungstendenzen in der Montage 140
3.3.1.5 Informationstechnische und operative Schnittstellen
zwischen CAM-Komponenten und anderen CIM-
Bereichen 141
3.3.1.6 Logistische Systeme und Materialflußsysteme 146
3.3.1.6.1 Logistik, Gliederung und Systeme 146
3.3.1.6.2 Just-in-Time-Konzept 149
3.3.1.6.3 Materialfluß und Materialflußsysteme 151
3.3.1.7 Handhabungssysteme 155
3.3.1.7.1 Bewegungseinrichtungen 156
3.3.1.7.2 Aufbau von Industrierobotern 159
3.3.1.7.3 Kenngrößen eines Roboters 159
3.3.1.7.4 Anforderungen an eine Robotersteuerung 161
3.3.1.7.5 Programmierung von Industrierobotern 162
3.3.1.7.6 Einbindung von Industrierobotern 163
3.3.2 Rechnerunterstützte Qualitätssicherung 164
3.3.2.1 Begriffe und Definitionen 164
3.3.2.2 Zielsetzungen und Aufgaben 166
3.3.2.3 Meßtechnik und Meßsysteme 169
3.3.2.3.1 Erfassung von Meßgrößen 169
3.3.2.3.2 Systeme zur direkten Messung 169
3.3.2.3.3 Systeme zur indirekten Messung 172
3.3.2.3.4 Sensoren 172
3.3.2.4 Integrierte Qualitätssicherung 177
3.3.2.4.1 Allgemeine Anforderungen 177
3.3.2.4.2 Moderne Werkzeuge für CAQ 178

3.3.2.4.3 Rechnereinsatz 178
3.3.2.4.4 Daten 179
3.3.2.4.5 Datenerfassung 179
3.3.2.4.6 Datenbanksysteme und Expertensysteme 180
3.3.2.4.7 Verknüpfung von Rechnerebenen 180
3.3.2.4.8 Kopplung von CAQ mit anderen CIM-Komponenten . 181
3.3.3 Prozeßflexibilität und Prozeßsicherheit 181
3.3.3.1 Zielsetzungen und Anforderungen 181
3.3.3.2 Ansätze zur Steigerung der Prozeßflexibilität 184
3.3.3.2.1 Möglichkeiten einer flexiblen Geometriegenerierung 186
3.3.3.2.2 Einsatz flexibler Werkzeuge zur Geometrieerzeugung 188
3.3.3.2.3 Optimierung von Fertigungsschritten 191
3.3.3.3 Ansätze zur Steigerung der Prozeßsicherheit 194
3.3.3.3.1 Sichere Prozeßauslegung 194
3.3.3.3.2 Stabile Prozeßführung und -überwachung 197
3.4 CIM-Kette Produktionsplanung und -steuerung – PPS 200
3.4.1 Definition, Bedeutung und Aufbau der PPS 200
3.4.2 Zielsetzungen der PPS 202
3.4.3 Funktionsbereiche der PPS 202
3.4.3.1 Produktionsprogrammplanung 202
3.4.3.2 Materialwirtschaft und Mengenplanung 203
3.4.3.3 Zeitwirtschaft/Termin- und Kapazitätsplanung 205
3.4.3.4 Auftragsveranlassung 207
3.4.3.5 Auftragsüberwachung 209
3.4.3.6 Betriebsdatenerfassung (BDE) in der PPS 210
3.4.3.7 Werkstattsteuerung 212
3.4.4 PPS-Planungsstrategien 213
3.4.4.1 Just-in-Time (JIT) 213
3.4.4.2 Spezielle PPS-Verfahren und Expertensysteme 214
3.4.5 Kopplung von PPS mit anderen CIM-Systemen 217

4 Kaufmännischer und administrativer CIM-Bereich 220
4.1 Abgrenzungen, Zielsetzungen, Funktionen 220
4.2 Innerbetriebliche Entscheidungssituation 221
4.3 Betriebswirtschaftliche Chancen und Risiken 223
4.4 Anforderungen an die Subsysteme und ihre Kopplung 225
4.5 Kopplung mit anderen Funktionsketten 229

5 Auswirkungen rechnerintegrierter Produktion auf Arbeitsorganisation
und Personalqualifikation 232
5.1 Arbeitsorganisation 233
5.1.1 Derzeitige Formen der Arbeitsorganisation 233
5.1.1.1 Automobilindustrie: der tayloristisch-fordistische
Regulationsmodus 233

5.1.1.2 Betriebe des Investitionsgüter produzierenden
Gewerbes 234
5.1.2 Gründe für die Änderung der Arbeitsorganisation 234
5.1.2.1 Automobilindustrie 234
5.1.2.2 Betriebe des Investitionsgüter produzierenden
Gewerbes 239
5.1.3 Derzeitige Tendenzen bei Veränderungen der Arbeitsorganisation 240
5.2 Anforderungsprofile und Qualifikationsmaßnahmen 242
5.2.1 Derzeitige Rahmenbedingungen für die Qualifizierung 242
5.2.2 Anforderungsprofile an die Qualifikation der Mitarbeiter 244
5.2.3 Wesentliche Merkmale von Qualifizierungsmaßnahmen 245
5.2.3.1 Leitziel Handlungskompetenz 245
5.2.3.2 Gliederung von Qualifizierungsmaßnahmen 246

6 Strategien zur Einführung von CIM in Unternehmen 248
6.1 Allgemeine Vorgaben 248
6.2 Erweiterung des strategischen Potentials von Unternehmen
durch CIM 249

Literaturverzeichnis 257

Stichwortverzeichnis 261

1. Entwicklungsgeschichtliche Stufen in der Produktion

1.1 Wandel der Prinzipien und Bedingungen in der Produktion

1.1.1 Produktionsziele

Produktion als ein technischer Vorgang der Herstellung von Erzeugnissen verfolgte von Anbeginn der Menschheitsentwicklung die Zielsetzung, menschliche Bedürfnisse an Gütern unter Nutzung natürlicher Ressourcen zu befriedigen. Die Produktion steht damit am Anfang der Reihe wirtschaftlicher Tätigkeiten zur marktgerechten Deckung des Bedarfs an Erzeugnissen. Aus dieser Einbindung der Produktion in wirtschaftliches Handeln ergeben sich ihre traditionellen Zielsetzungen:

- Erzeugung einer markt- und bedarfsgerechten Menge und Qualität der Produkte.
- Optimierung der Produktionsfaktoren *Betriebsmittel* (Prozeßeinrichtungen, Werkzeuge, usw.), *Werkstoffe* (Material, Energien, Hilfsstoffe usw.), *Arbeit* (Personal, Qualifikation, Löhne usw.) und *Betriebsführung* (Planung, Leitung, Kontrolle, Organisation usw.) mit dem Ziel einer Steigerung der Produktwerte und einer Senkung der Aufwendungen für die Produktion.

Mit zunehmendem Bewußtsein unserer Gesellschaft für humane, soziale und ökologische Folgewirkungen von Prozeßführungen und Produkten werden diese traditionellen wirtschaftlichen Ziele technischer Produktionen in einem noch nicht überschaubaren Maß erweitert. Folgende Zielsetzungen werden zunehmende Bedeutung erlangen:

- Die sicherheitsgerechte und humane Gestaltung von Arbeitsplätzen, Arbeitsbedingungen und Produkten.
- Die sozialverträgliche Ausbildung der Prozesse sowie der nationalen und internationalen Strukturen der Produktionen und Produktverteilungen.
- Die natur- und umweltschonende Produktionsführung und Produktbeschaffenheit.

1.1.2 Marktbedingungen

Der Markt für Konsum- und Investitionsgüter weist Bedingungen auf, die folgenden Ursachenbereichen zugeordnet werden können.

- *Demographische Entwicklungen.* In 100 Jahren von 1850 bis 1950 hat sich die Weltbevölkerung von 1,2 auf 2,5 Milliarden Menschen annähernd verdoppelt. Die weitere Verdopplung fand innerhalb von 35 Jahren bis 1985 auf 5 Milliarden Menschen statt. Im Jahr 2000 wird eine Weltbevölkerung von etwa 6,35 Milliarden erwartet. Mit einer uneinheitlichen Wachstumsrate der Bevölkerung in verschiedenen Weltregionen geht auch eine zunehmende Differenzierung ihres technisch-wirtschaftlichen Entwicklungsstandes einher. Begriffe wie Entwicklungs-, Schwellen- und Industrieländer können die Breite dieser Differenzierung lediglich andeuten. Unterschiedlich groß ist auch der Abstand zwischen der Nachfrage nach technisch hochwertigen Produkten und der Fähigkeit, diese in allen Phasen der Nutzung beherrschen zu können.

- *Ressourcen und Verteilung von Rohstoffen und Energieträgern.* Ohne Änderung bisheriger Entwicklungstendenzen wird der Bedarf an Rohstoffen und Energien dem exponentiellen Wachstum der Weltbevölkerung folgen und sogar überproportional ansteigen, wenn die gegenwärtigen spezifischen Verbrauchswerte der Industrieländer auch auf die anderen Länder übertragen werden. Gegenwärtig nutzen etwa 1/4 der Weltbevölkerung 3/4 der bereitgestellten Rohstoffe und Primärenergien. Die künftige Produktionsentwicklung hat deswegen eine natürliche Verknappung der Ressourcen von Rohstoffen und nicht-regenerativen Energieträgern zu berücksichtigen. Außerdem ist zu beachten, daß deren Verfügbarkeit an einem bestimmten Produktionsort zu einer bestimmten Zeit auch von internationalen politischen, soziologischen und wirtschaftlichen Voraussetzungen abhängig ist.
- *Welt- und Marktwirtschaft.* Die Umstrukturierung der internationalen arbeitsteiligen Produktion erfolgt seit Jahren zwischen den traditionellen Industriestaaten. Zunehmend greifen Schwellenländer in den Wettbewerb ein. Unternehmen verlagern ihre Produktion in andere Staaten und in Schwellenländer, wenn dort aufgrund besserer Gründungsbedingungen, niedrigerer Material- und Energiekosten, niedrigerer Löhne, höherer Arbeitsproduktivität oder niedrigerer Aufwendungen für steuerlich, sicherheitstechnische und umweltschützende Auflagen die Produktionskosten geringer als am Unternehmensstandort sind und wenn dadurch die marktgerechte Verfügbarkeit der Produkte gesteigert werden kann.

Es entstehen neue Markt- und Wirtschaftsregionen (z. B. der Europäische Wirtschaftsraum und die Nordamerikanische Freihandelszone). Andere Märkte und die Strukturen der bisherigen Unternehmen werden umgebildet (z. B. in den ehemaligen kommunistischen Staatshandelsländern) und folgen den Regeln der Marktwirtschaft. In dieser bestimmen die Kunden die Vielfalt der Merkmale und die Qualität der Produkte sowie die Zeiten für die Entwicklung, Herstellung und Lieferung. Die in bezug auf die Kunden menschenfreundliche Komponente der Marktwirtschaft unterwirft andererseits das Personal in den produzierenden Unternehmen dem Zwang, die Kundenwünsche zu berücksichtigen und auch Änderungswünsche innovativ und schnellstmöglich zu erfüllen. Produktion wird damit zu einer Dienstleistung.

Diese Entwicklungen vollziehen sich in zunehmender Anwendung der Mikroelektronik in Kommunikations- und Informationssystemen zur Ermittlung, Umwandlung und Dokumentation von Daten über Marktsituationen, Produktionen und Produkte sowie in den computerunterstützten Systemen zur Planung, Entwicklung, Steuerung, Regelung und zur Überwachung von Produktionsprozessen und Produkteigenschaften. Die Tendenz der Nutzung des computerunterstützten Informationsumsatzes in der Produktion verläuft von der Daten- zur Informations- und zur Wissensverarbeitung.

Die Erleichterung im weltweiten Informationsaustausch und die Verbreitung hochentwickelter Produktionssysteme ermöglichen die nachahmende Herstellung marktbekannter Produkte - eventuell unter Mißachtung von Patent- und Lizenzrechten - auch in Ländern mit einem niedrigen technischen Wissensstand. Zur Aufrechterhaltung der Wettbewerbsfähigkeit von technisch hochwertigen Produkten auf einem Käufermarkt mit raschen Änderungen von Anforderungen kommt der Qualifikation des Produktionspersonals eine entscheidende Bedeutung zu. Das Know-how der Produktion, das Innovationsvermögen sowie das Bewußtsein des Wertes von Produktivität und Qualität entsteht in den Köpfen der Mitarbeiter. Personalqualifikation wird damit zu einer Unternehmenskenngröße, die die Markt- und Wettbewerbsfähigkeit der Produktion bestimmt.

1.1.3 Arbeitsverfahren

Die historische Entwicklung der Produktion vollzog sich von der handwerklichen Bearbeitung von Werkstoffen über die Manufakturen bis zur gegenwärtigen industriellen und teilweise automatisierten Fabrikation.

Die handwerkliche Produktion ist mit einem hohen Aufwand an Körperenergie verbunden. Menschen und Tiere zum Antrieb von Treträdern und Göpeln sowie die Nutzung von Wasser und Wind erhöhten in frühen Entwicklungsphasen das Energiepotential der Handwerker. Hilfsmittel verstärken die Wirkung der Körperkräfte. Die Komplexität und Kompliziertheit der Produkte ist gegenüber heutigen Industrieerzeugnissen eingeschränkt. Der Handwerker übersieht jedoch den gesamten Produktionsprozeß.

In Manufakturen werden Teilbereiche der Produktion vorwiegend in Handarbeit von lohnabhängigen Handwerkern eigenverantwortlich bearbeitet. Durch die Entwicklung der Dampfmaschine sowie der Verbrennungs- und Elektromotoren wurde die Mechanisierung und Industrialisierung der Produktion ermöglicht. Im Übergang zur mechanisierten Fertigung beschrieb und propagierte Taylor (1856 bis 1915, Scientific Management) die Arbeitsteilung als ein Mittel zur Erzielung eines wirtschaftlichen Betriebsablaufs in den voneinander getrennten Produktionsbereichen. (Vgl. Kap. 5.1.1.1.)

Die gegenwärtigen Unternehmens- und Betriebsorganisationen entsprechen noch weitgehend dem Konzept vom Taylor. Planung, Entwicklung, Einkauf, Vorbereitung und Durchführung der Fertigung, Montage, Qualitätskontrolle, Verkauf und Warendistribution sowie Entsorgung sind Produktionsbereiche mit eigenen Hierarchien und weiterer spezifischer Arbeitsteilung. Ein hoher Grad der Arbeitsteilung in der Fertigung und Montage kann mit dem Vorteil verbunden sein, auch ungelernte und sprachunkundige Arbeitskräfte ohne die Forderung eines Prozeßverständisses in die Produktion eingliedern zu können. Nachteilige Wirkungen einer weitgehenden Arbeitsteilung sind in der Gefahr einer Verbürokratisierung der Produktion zu sehen. Die Begriffe *Just-in-Time* (produktionsgerechte Leistungsbereitstellung) und *Lean Production* (schlanke Produktion) kennzeichnen Bestrebungen zur Veränderung von Arbeitsteilungen und -verfahren (vgl. Kap. 2.6, 3.4.4.1 u. 5.1.3).

Im gegenwärtigen Übergang zur automatisierten und rechnerintegrierten Produktion lösen sich die Arbeitsstrukturen schrittweise vom Konzept der tief gestaffelten Arbeitsteilung und sind durch die integrative informationstechnische Vernetzung aller Arbeitsbereiche und aller Stoff- und Energieflüsse der Produktion gekennzeichnet (vgl. Kap. 3.3.1.3.2, FFI). Infolge dieser Entwicklung wird in einigen Bereichen industrieller Produktion deutlich, daß die mit dem Taylorismus verlorengegangene Übersicht des einzelnen und sein verantwortliches Einwirken auf die Produktgestaltung und den Produktionsprozeß wiederhergestellt werden muß. Mit dem Trend zu einem rechnerunterstützten Informationsverbund des Produktionsbetriebes mit Konzern- und Kooperationspartnern sowie mit Zulieferern und Abnehmern und die dadurch ermöglichte datentechnische Beeinflussung des Produktionsablaufs von außerhalb wächst die Wichtigkeit des verantwortungsbewußten system- und bereichsübergreifenden Denkens und Handels aller an der Produktion Beteiligten. (Vgl. Kap. 2.1.3.)

1.2 Wandel der Produktionstechnik

1.2.1 Systemstruktur der Produktionstechnik

Der systemtechnische Aufbau gegenwärtiger Produktionsprozesse ist schematisch in **Bild 1.2.1-1** dargestellt. Die im Unternehmen Tätigen wandeln Informationen von außerhalb oder Betriebsdaten und ihr Wissen in unternehmerische und betriebliche Entscheidungen und Handlungen. Mit den technischen Systemen der Fertigung und Handhabung sowie des Materialflusses kommunizieren sie mit Hilfe informationstechnischer Systeme. Diese steuern und überwachen den Stoff- und Energiefluß durch das Produktionsunternehmen (vgl. Kap. 2.1).

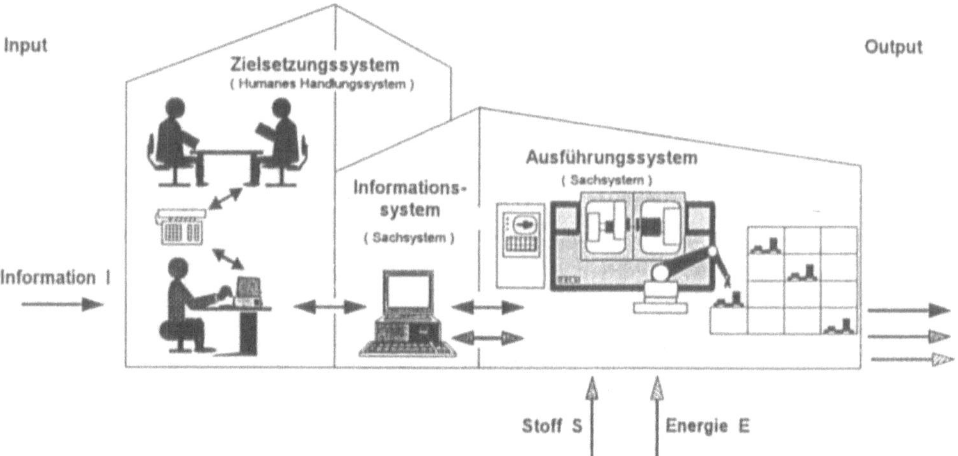

Bild 1.2.1-1: Systemtechnischer Aufbau eines Produktionsprozesses

1.2.2 Fertigungs- und Produktionssysteme

Die Entwicklung der Technik in sämtlichen Hauptgruppen der Fertigungsverfahren (siehe DIN 8580) des Urformens, Umformens, Trennens, Fügens, Beschichtens und Stoffeigenschaftsänderns sind durch folgende Zielsetzungen gekennzeichnet:

- Steigerung der Produktmengenleistung.
- Erhöhung der Flexibilität des Maschineneinsatzes für kleine Losgrößen mit unterschiedlicher Produktbeschaffenheit.
- Steigerung der Fertigungsgenauigkeit und der Produktqualität.
- Steigerung der Umweltverträglichkeit der Fertigungssysteme und Produktionsverfahren.
- Senkung der Fertigungs- und Produktionskosten.

Auch die Entwicklungen der Handhabungs-, Materialfluß-, Montage- und der übrigen Produktionssysteme folgt diesen Zielsetzungen.

1.2.3 Steuerung und Automatisierung von Systemen und Abläufen der Produktion

Die Entwicklungen sind durch eine zunehmende Automatisierung mit Hilfe von speicher-programmierten Steuerungen und Computern bei abnehmender wirtschaftlicher Lebens-dauer der Systeme gekennzeichnet. **Bild 1.2.3-1** veranschaulicht diese Entwicklung am Beispiel von Drehmaschinen.

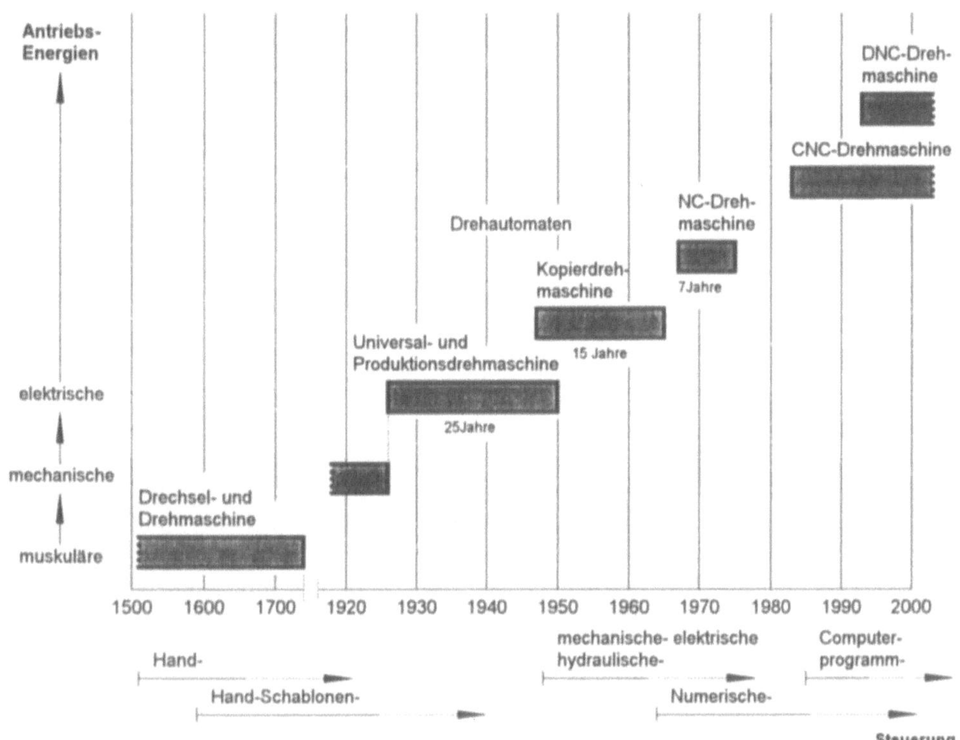

Bild 1.2.3-1: Schematische Darstellung der wirtschaftlichen Lebensdauer von Drehmaschinen

Ebenso folgen die Entwicklungen automatisierter neuer Fertigungssysteme und Produkti-onsverfahren der genannten Zielsetzung (vgl. Kap. 3.3.1.3.2).

Auch in der automatisierten Produktion bestimmt die zentrale Handlungsrolle des Men-schen die Technik. Die Prozesse und Systeme sind der Arbeitsfähigkeit des Menschen an-zupassen. Insbesondere sind seine sensorischen und psychomotorischen Fähigkeiten im Hinblick auf seine Überwachungs- und Bedienungsaufgaben zu beachten. Z. B. bestimmen seine Aufnahme- und Verarbeitsfähigkeit für Signale und andere Reize die Gestaltung von Anzeigen und Monitoren. Sein Reaktionsvermögen und seine Bewegungs- und Bela-stungsfähigkeit legen die erforderlichen Handlungsfolgen und die Auslegung von Bedien-instrumenten fest. Infolge des zunehmenden Rechnereinsatzes und Automatisierungsgrades in der Produktion sind sowohl aus humanen und ergonomischen als auch aus wirtschaftli-chen Gründen einer optimalen Systemnutzung Überlegungen zur Neustrukturierung bishe-riger Organisationsformen für Arbeitsabläufe und Arbeitszeiten anzustellen. (Vgl. Kap. 2.3 u. 3.2.7.)

1.3 Tendenzen zukünftigen Produktionswandels zu CIM

1.3.1 Wirtschaftliche Anforderungen und Bedingungen

Die in Kap. 1.1.2 erläuterten Marktbedingungen werden die zukünftigen wirtschaftlichen Produktionsanforderungen und -bedingungen beeinflussen:

- Auf angebotsbestimmten Produzentenmärkten können sowohl innovative technische Spitzenprodukte als auch billige industrielle Massenprodukte angeboten werden.

- Nachfragebestimmte Kundenmärkte werden den Dienstleistungscharakter der Produktion steigern und Produkte großer Vielfalt und Qualität in kleinen Losgrößen und schnellen Innovationsfolgen fordern.

- Der Wettbewerb wird für einige industrielle Güter die Umstrukturierung bestehender nationaler und internationaler Arbeitsteilungen mit einem wiederholten Wechsel der Produktionsstandorte bewirken.

- Die Produktion und der Produktverkauf werden in zunehmendem Maße Forderungen aus den Bereichen des Umweltschutzes und der Produkthaftung zu berücksichtigen haben.

1.3.2 Folgen für Produkte, Produktionsverfahren und Unternehmensstrukturen sowie Zielsetzung von CIM

Ein Mittel zur Erfüllung gegenwärtiger und zukünftiger unternehmerischer Zielsetzungen wird in der Nutzung des Instruments **CIM** = Computer Integrated Manufacturing gesehen [36]. Der Ausschuß für Wirtschaftliche Fertigung (AWF) interpretiert: "CIM beschreibt den integrierten Einsatz der Datenverarbeitung in allen mit der Produktion zusammenhängenden Betriebsbereichen" [5] (vgl. Kap. 2.2). Wie **Bild 1.3.2-1** veranschaulicht, bietet CIM Verknüpfungspotentiale, die über die ursprünglich beabsichtigte informationstechnische Integration bestehender technisch-organisatorischer Unternehmensfunktionen hinausführen und in Richtung *Computer Integrated Management* [24] weisen (vgl. Kap. 2.4 und 4).

Die zukünftigen wirtschaftlichen Anforderungen haben Folgen für die Produkte, Produktionsverfahren und Unternehmensstrukturen, die mit Hilfe von CIM beherrscht werden sollen (vgl. [64]):

- Anstieg der Produktvielfalt bei abnehmender Losgröße und abnehmenden Innovationsintervallen: Verkürzung der Zeiten für Reaktionen und Entwicklungen; Erhaltung und Entwicklung der Innovationsfähigkeit; Erhöhung der Produktionsflexibilität bei kleineren wirtschaftlichen Losgrößen; Steigerung der Lieferbereitschaft.

- Zunehmender Preisdruck des Marktes: Verminderung von Planungs- und Entwicklungsfehlern; Erhöhung der Produktivität und der Anlagenauslastung; Verbesserung des Kosten/Nutzenverhältnisses der Systeme und Verfahren; Senkung der Lagerbestände; Produkt- und Verfahrensoptimierung durch bessere Nutzung der Qualifikation des Personals sowie durch Expertensysteme und Simulationstechnik.

- Verkürzung der Intervalle für unternehmerische Entscheidungen: Verbesserung und Rationalisierung des Informationsumsatzes zwischen kooperierenden Betriebsbereichen oder Firmen; Abflachung von Hierarchiepyramiden und Verminderung organisatorischer Schnittstellen; Vergrößerung arbeitsorganisatorischer Gestaltungsräume. (Vgl. Kap. 2.1.3.)

- Erhöhung der Qualität und Umweltverträglichkeit von Produkten und Produktionsprozessen: Verbesserung der Qualitätssicherung.

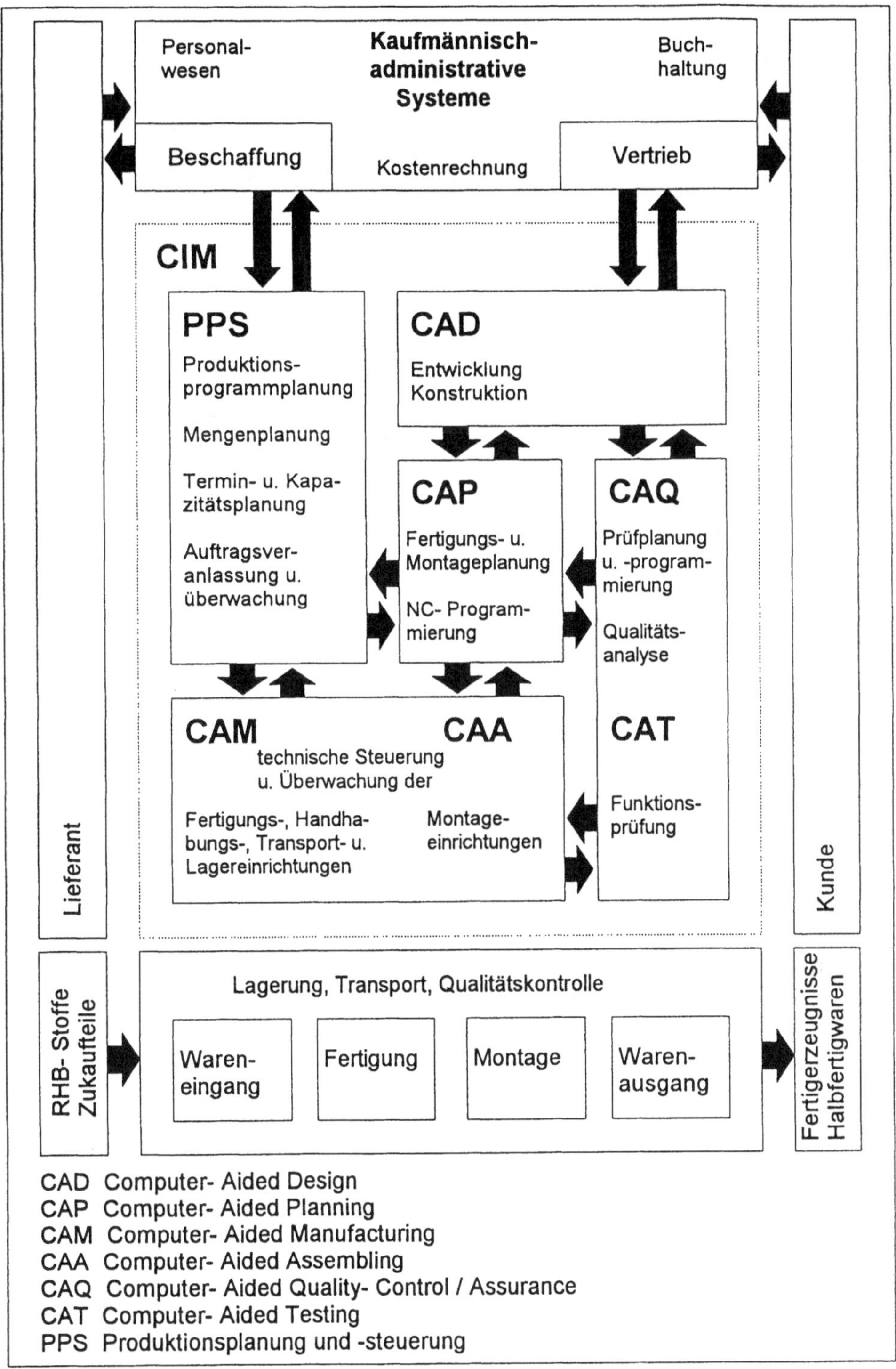

Bild 1.3.2-1: Verknüpfungspotentiale von CIM nach [90]

Die Möglichkeit, mit Hilfe des Computers in großem Umfang Informationen zu sammeln, zu verarbeiten und zu verteilen, bestimmt die Zielsetzung von CIM: Den Lebenslauf eines Produktes von der ersten Gestaltungsidee bis zur Vermarktung durch integrierte Kommunikations- und Informationstechnik zu unterstützen. CIM wird damit gleichermaßen zu einer Unternehmensstrategie und zu einem Instrument, das den gesamten Unternehmensprozeß von der Planung und Entwicklung des Produktes, über die Produktfertigung einschließlich der Montage und Verpackung, die Logistik bis zur Vertriebsplanung und zum Verkauf sowie administrative Unternehmensaktivitäten unterstützt.

Damit ist die Anwendung von CIM nicht unbedingt von dem Produktionsprogramm und von der Größe eines Unternehmens abhängig. Entscheidend für die Integration von Produktions- und Informationstechnik ist vielmehr die Erfüllung folgender Voraussetzungen:

- Die Programmierbarkeit aller erforderlicher Informationen.
- Die Kommunikationsfähigkeit sämtlicher Träger und Verwender von Informationen.
- Der direkte Informationsaustausch zwischen Maschinen sowie zwischen technischen Systemen und Menschen.

Deswegen hat die Gestaltung informationstechnischer Schnittstellen zwischen den Subsystemen der rechnerunterstützten Produktion häufig die Besonderheiten von Informationsflüssen in zwei entgegengesetzte Richtungen zu beachten (vgl. z. B. Kap. 2.3.4 u. 3.2.8, Bild 3.2.8-1).

1.3.3 Folgen für die Personalqualifizierung

Zukunftsorientierte Maßnahmen zur Personalqualifizierung setzen eine Bedarfs- und Qualifikationsermittlung mit abschließender Erstellung des beabsichtigten Qualifikationsprofils voraus. Die inhaltliche methodische und zeitliche Gestaltung der Curricula ist auf die Zeiträume der geplanten Entwicklung und Anwendung der Systeme und Verfahren abzustimmen. Außerdem sind die Lernvoraussetzungen und die Motivation der Adressaten sowie deren Bezug zum Lernstoff zu berücksichtigen. Curricula für eine Qualifizierung für die rechnerintegrierte Produktion haben neben funktionalen Qualifikationen, die eine Bedienung und Beherrschung der Systeme und Prozesse ermöglichen sollen, auch extrafunktionale, sogenannte Schlüsselqualifikationen, zu vermitteln (z. B. Systemdenken, Abstraktions-, Modellierungs-, Simulations- und Problemlösungsvermögen, Kommunikations- und Teamfähigkeit). (Vgl. z. B. Kap. 3.3.1.3.2: FFI, FFS.) Zur Vermittlung des Lehrstoffes empfiehlt sich ein handlungsorientiertes Training mit einer gleichzeitigen Vermittlung von Fach-, Methoden- und Sozialkompetenz sowie der Einleitung selbständigen Weiterlernens. Verfahren des *Teleteaching* und des *Computer-Based-Training* gewinnen zunehmend an Bedeutung. In einer Qualifikation für die rechnerintegrierte Produktion sollte eine Basisqualifizierung in einem funktionsfähigen CIM-Lernbetrieb mit hoher Invarianz der Komponenten durchgeführt werden, der modulartig aufgebaute Lernsequenzen zuläßt. Für die anschließende System- und Prozeßausbildung können Lernphasen *on the job* das Training im Labor unterstützen. In Lerninseln, die eine Fortbildung unter Betriebsrealität, jedoch ohne den zeitgebundenen Produktionszwang ermöglichen, können die Kreativität und Innovationsfähigkeit des Personals besonders effektiv für eine Qualifikationssteigerung genutzt werden (vgl. Kap. 5.2).

2. CIM - Eine Unternehmensphilosphie

2.1 Unternehmensstrukturen

2.1.1 Systemtheoretische Betrachtungsweise

Im Rahmen einer ganzheitlichen, systemtheoretischen Betrachtungsweise können Unternehmen als soziotechnische Systeme oder Handlungssysteme aufgefaßt werden. Solche Betrachtungsweisen sind häufig sehr nützlich sowohl für die Analyse als auch für die Gestaltung von Unternehmen. Andererseits muß darauf hingewiesen werden, daß in systemtheoretischen Betrachtungen Modelle gebildet werden. Dadurch wird jedoch auch ihre Anwendbarkeit begrenzt: Modelle sind mit der Realität nicht identisch.

Wichtige Merkmale zur Beschreibung solcher Handlungssysteme - wie überhaupt aller offener Systeme - sind **Funktion** und **Struktur**. Handlungssysteme tauschen mit ihrer natürlichen, technischen und gesellschaftlichen Umgebung sowie intern Stoffe, Energien und Informationen aus, genauer: sie wandeln, transportieren und speichern Stoff, Energie und Information. Hierzu sind Komponenten oder Subsysteme erforderlich, die selbst wiederum aus Komponenten oder Subsystemen bestehen können. Die Überführung der jeweiligen Input-Größen in Output-Größen eines Systems wird als **Funktion** des Systems bezeichnet. Dabei ist die Festlegung der Systemgrenzen abhängig von der Zielsetzung oder Fragestellung des Betrachters. Zudem kann insbesondere bei technischen Systemen die getrennte Betrachtung von Stoff-, Energie- und Informationsflüssen zweckmäßig sein, obgleich diese kombiniert auftreten.

So erfüllt z. B. das System *Fräsmaschine* die Funktion *Herstellen eines Werkstücks durch spanende Formgebung mit Hilfe eines Fräsers*. Dabei wird das unbearbeitete oder vorbearbeitete Werkstück (Input) mittels Abtragen von Werkstoff durch Fräsen unter festgelegten Fertigungsbedingungen in ein bearbeitetes Werkstück mit bestimmten Eigenschaften (Output) überführt. Je nach Betrachtungsweise läßt sich das System Fräsmaschine in Subsysteme mit zugehörenden Teilfunktionen untergliedern. So realisieren z. B. die Subsysteme *Ständer*, *Führungen* und *Lager* die Teilfunktionen *Stützen* und *Tragen*. Das Subsystem *Elektromotor* realisiert die Funktion *Antreiben*. Stehen beispielsweise etwa Schnittstellenprobleme wie die Kopplung einer CNC-Fräsmaschine (Computerized Numerical Control) mit einem CAD-System im Mittelpunkt des Interesses, so wird man hauptsächlich den Informationsfluß betrachten (vgl. Kap. 3.3.1.3.2, 3.3.1.5, 3.3.3).

Analysiert man die Anordnung der Systeme innerhalb von Handlungssystemen, so kann die jeweils vorliegende Art des Aufbaus, also der innere Ordnungszusammenhang oder die Organisation der Systeme, d. h. ihre **Struktur,** erkannt werden. Obgleich Funktionen und Strukturen immer verknüpft sind, kann auch hier eine getrennte Betrachtung häufig sehr nützlich sein. Interessieren z. B. institutionelle Probleme und Bestandsphänomene, wie die Gliederung von Unternehmen in aufgabenteilige Einheiten und ihre Koordination, so beschreibt man die **Struktur** als die Organisation der Systeme zu einem bestimmten Zeitpunkt. Dies ergibt eine *statische* Betrachtung, deren Ergebnis als Aufbauorganisation bezeichnet wird. Gängige Organisationsformen einschließlich ihrer stichwortartig genannten Merkmale sowie ihrer Darstellungsarten zeigt **Bild 2.1.1-1.**

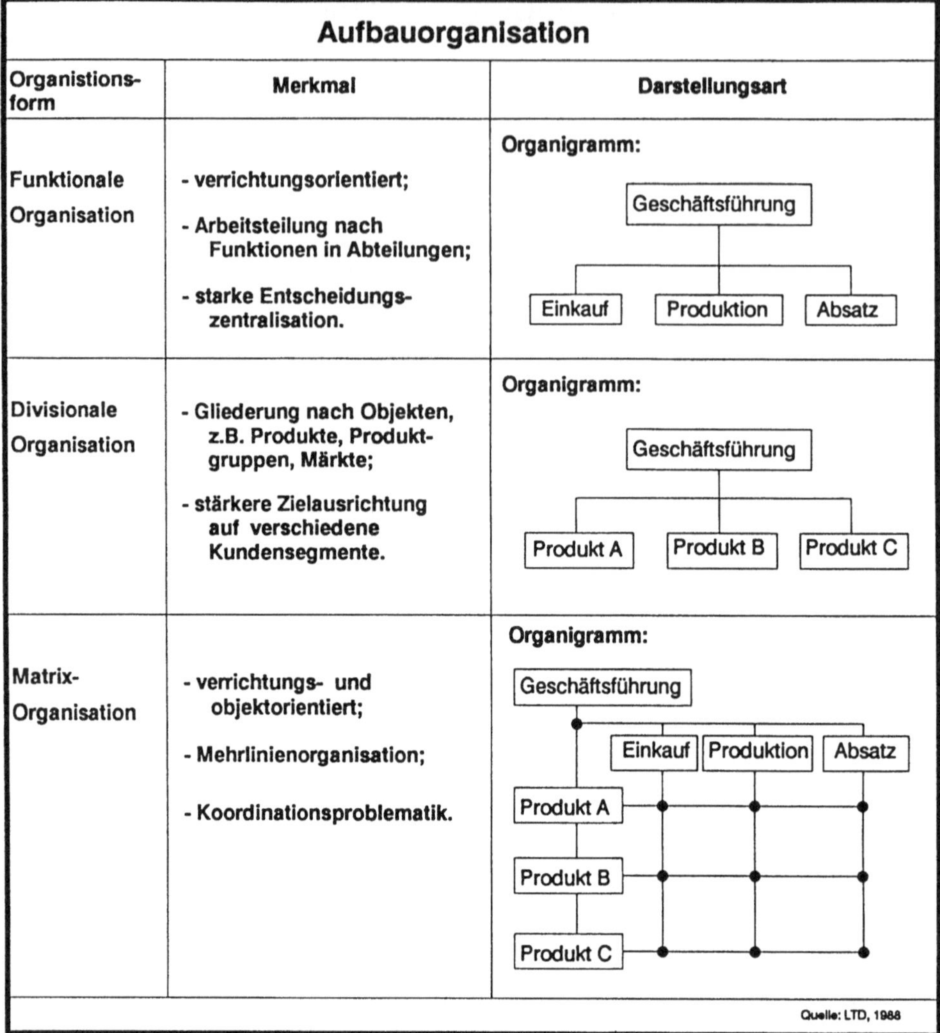

Bild 2.1.1-1: Aufbauorganisation in Unternehmen

In der Praxis sind die dargestellten Organisationsformen in reiner Ausprägung sehr selten. Meist trifft man Mischformen an, welche die Vorteile der einzelnen Organisationsformen bündeln und Nachteile abschwächen sollen.

Stehen indessen raumzeitliche Strukturierungen von Arbeits- und Bewegungsvorgängen, z. B. ihre Rhythmisierung und Terminierung, im Mittelpunkt des Interesses, so betrachtet man die Verknüpfung von Funktionen in einem Zeitintervall. Dies ergibt eine funktional-dynamische Betrachtung, deren Ergebnis als Ablauforganisation bezeichnet wird. Sie beschreibt damit den prinzipiellen Ablauf von Geschäftsereignissen in einem Unternehmen, z. B. eine bestimmte Aufgabenreihenfolge bei der Bearbeitung eines Werkstücks, wie dies in **Bild 2.1.1-2** einschließlich der Organisationsformen, Merkmale und Darstellungsarten gezeigt wird.

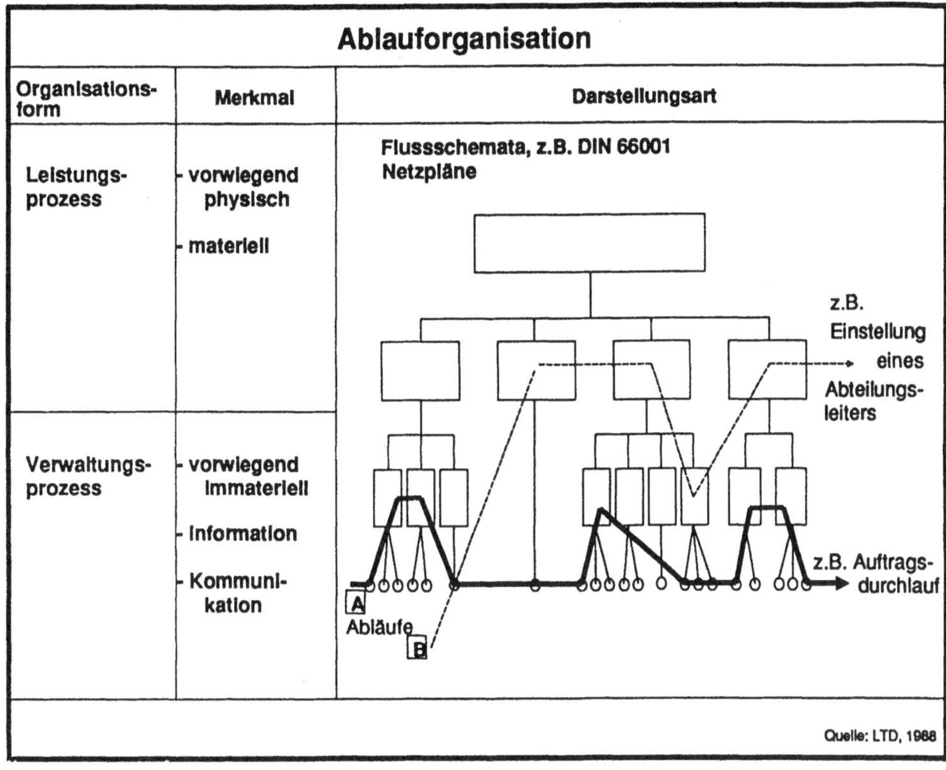

Bild 2.1.1-2: Ablauforganisation in Unternehmen

2.1.2 Unternehmensmodell

Jeder Ablauf in einem Unternehmen ist an die Wandlung, den Transport und die Speicherung von Information, also an einen Informationsaustausch oder Informationsfluß gebunden. Besonders wenn es gilt, CIM-Potentiale im Unternehmen auszuschöpfen, also eine reibungslose Integration aller Funktionen im Informationsfluß und im Stofffluß durch ein Unternehmen anzustreben, kommt der Analyse und Gestaltung der Ablauforganisation entscheidende Bedeutung zu. Eine solchermaßen angelegte Betrachtung offenbart u. a. die Zahl der Schnittstellen mit dem daraus resultierenden Aufwand an Koordination in einem Unternehmen. Daher sollte die Ablauforganisation das Fundament für die Aufbauorganisation sein. Dies ist jedoch in zahlreichen Unternehmen nicht der Fall.

Das in **Bild 2.1.2-1** dargestellte Unternehmensmodell zeigt die Ablauforganisation beim Auftragsdurchlauf durch die betrieblichen Funktionsbereiche, vgl.[78]. Es enthält daher nicht die hierfür weniger wichtigen Bereiche, z. B. Personalwesen und Rechnungswesen. Es ist gedacht als Orientierungsmodell; daher sind die dargestellten Flüsse nicht vollständig und damit auch nicht auf jeden Unternehmenstyp übertragbar. Außerdem werden bei dieser Darstellung die Begriffe *Information* und *Daten* synonym verwendet. So werden zwar in der DIN 44300 Daten von Informationen unterschieden; dies hat indes für die betriebliche Praxis und im hier interessierenden Zusammenhang keine Bedeutung. Ebenfalls synonym verwendet werden die Begriffe *Stoff* und *Material*.

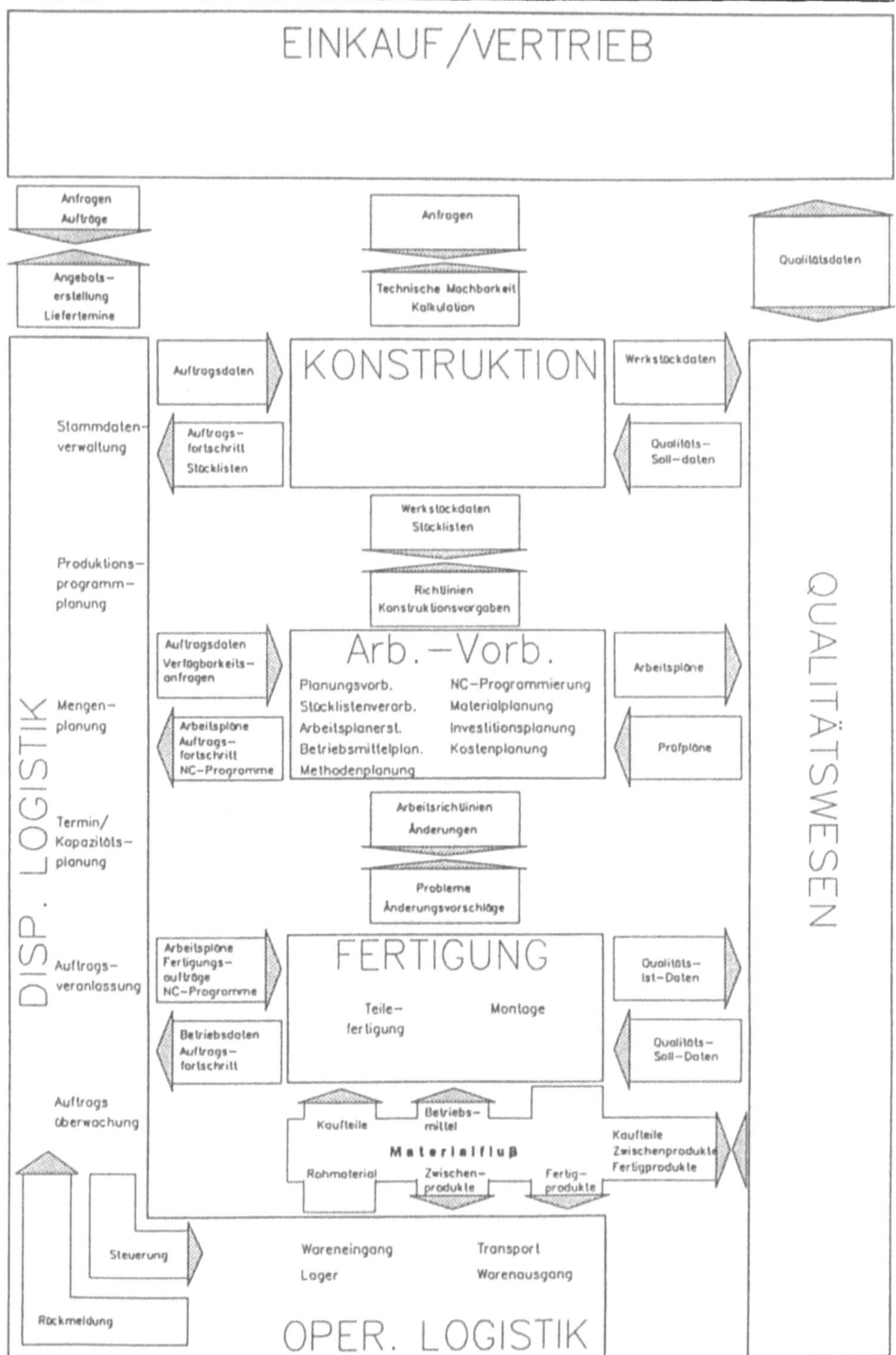

Bild 2.1.2-1: Unternehmensmodell nach [78]

2.1.3 Entwicklung und Tendenzen

Die dominierende Leitidee für die aufbau- und ablauforganisatorische Gestaltung der Arbeit in diesem Jahrhundert war der Taylorismus. Dieser ist durch die funktionale Teilung der Arbeitsabläufe, ausgeführt von spezialisierten Abteilungen, gekennzeichnet. Darauf basieren die heute vorfindbaren Organisationsformen zahlreicher Unternehmen. In breiter Übereinstimmung wird jedoch behauptet, solche Formen würden den heutigen Bedürfnissen des Marktes nicht gerecht, weil vor allem funktionale Organisationsformen schon wegen ihrer vielen zeitkritischen und kostenwirksamen Schnittstellen einige Forderungen, z. B. nach kurzen Lieferzeiten und hoher Flexibilität, nicht erfüllen könnten, vgl. [112]. Dies führte vor allem bei Großunternehmen in den letzten Jahren zu einer Ausrichtung auf prinzipiell divisionale Organisationsformen, die zum Beispiel für den Fertigungsbereich in *Cost-Centern* verwirklicht werden. Diesen liegt die Idee zugrunde, Führungskräfte, z. B. in der Fertigung, in steigendem Maße zu einem unternehmerischen ganzheitlichen Denken und Handeln zu veranlassen. Deren Aufgabe soll nicht länger nur die eines Kostenstellenleiters, sondern die eines eigenverantwortlich, mit wesentlich mehr Kompetenzen ausgestatteten Unternehmers sein. So hat z. B. 1986 die Firma VW das Pilot-Cost-Center *Leichtmetall-Gießerei* im Werk Hannover eröffnet. Derzeit existieren 30 Cost-Center in den deutschen Werken. Die Aufgaben seien erfolgreich bewältigt worden und die Fertigungskosten, z. B. im Werk Wolfsburg, seien durch die Cost-Center-Maßnahmen seit 1989 bis zu 10 % gesunken [38].

Aber selbst divisional organisierte Unternehmen oder Unternehmensteile sind derzeit innerhalb der Divisionen weitgehend nach dem Verrichtungsprinzip, also nach Tätigkeiten gegliedert. Dies hat wiederum Schnittstellen in Form von Abteilungsgrenzen zur Folge und reduziert damit die Fähigkeiten der Beschäftigten, die Zusammenhänge im Unternehmen zu erkennen und zu verstehen sowie die Auswirkungen von Arbeitsvorgängen mit Qualitäts-, Termin- und Reihenfolgeproblemen sachgerecht zu beurteilen. Dieses *Abteilungsdenken* orientiert sich nicht an übergeordneten Unternehmenszielen.

Zur Minderung oder Lösung dieser Probleme werden zwei generelle Leitlinien zur Organisation vorgeschlagen: Einerseits solle das Produkt oder der Prozeß oder der Auftragsdurchlauf grundlegendes Kriterium für die Unternehmensorganisation sein; damit würden weniger Abteilungen und damit weniger Schnittstellen etwa für einen Auftragsdurchlauf erforderlich. Andererseits sollten Aufgabeninhalte angereichert und Entscheidungen dezentralisiert werden; damit würde die Hierarchiepyramide flacher, vgl. **Bild 2.1.3-1**, [71].

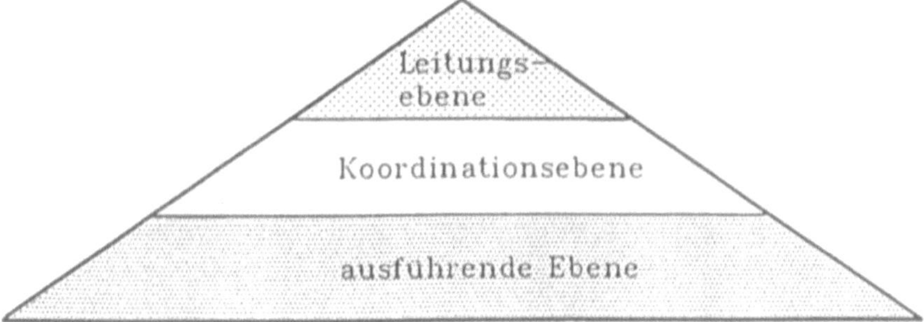

Bild 2.1.3-1: Flache Hierachiepyramide nach [71]

Zusammengefaßt bedeutet dies: Aufgeteilte Funktionen im Stoff- oder Materialfluß sowie im Informations- oder Datenfluß sind soweit wie möglich wieder zusammenzufassen, der Material- und Datenfluß ist zu integrieren und dies ist in eine wirksame Organisation einzupassen. Dies setzt jedoch die Fähigkeit der Beschäftigten voraus, vergleichsweise größere Aufgabengebiete zu überblicken und komplexere Arbeitsinhalte zu bewältigen. Daß dies vor allem durch neuartige Qualifizierungskonzepte zu leisten ist, wird nicht bestritten.

Den technologischen Rahmen für die Integration liefern Konzepte der Prozeßführung, die u. a. bestimmt sind durch Intensivierung, beispielsweise durch Erhöhung der Energiedichte an der Wirkstelle, Nutzung effektiver Wirkprinzipien und Aufwandminimierung. Den wirtschaftlichen Rahmen liefern Konzepte wie *just-in-time* sowie *zero inventory* (geringstmögliche Lagerung).

Nach einer neueren Analyse [78] ergeben sich Potentiale für eine solche Integration vor allem aus den in **Bild 2.1.3-2** stichwortartig beschriebenen Sachverhalten.

Datenintegration	Funktionsintegration

– Mehrfacheingaben
– erneute manu. Eingabe
  rechnererstellter Daten
– veraltete Daten
– ungenaue Daten
– fehlerhafte Daten
– Mehrfachspeicherung
  gleicher Daten
– nicht EDV–gestützte
    – Erfassung
    – Verarbeitung
    – Übertragung
 	
– fehlende Daten
	– Verzögerungen durch
	    – Schnittstellen
	    – Reihenfolgeprobleme
	    – Warteschlangen
	– Abstimmungsprobleme
	– hoher Koordinations–
	  aufwand durch unnötig
	  starke Spezialisierung
	
	– mangelhafte
	  Kommunikation

Bild 2.1.3-2: Integrationspotentiale nach [78]

2.2 CIM-Merkmale und Beschreibungsansätze

Zur Zeit der Einführung des Begriffs CIM im Jahr 1973 wurde damit im wesentlichen die mit Rechnern integrierte Fertigung bezeichnet [36] (vgl. Kap. 3.3.1). 1981 wurde **CIM** als Einsatz unterschiedlicher DV-Komponenten in den technischen Bereichen eines Unternehmens beschrieben (vgl. Kap. 1.3.2). Die Umsetzung war aufgrund der Konzentration auf CAD/CAM zögerlich. Man erwartete, daß durch den Rechnereinsatz eine fließende Auftragsbearbeitung stattfinden könnte; mit CIM sollte primär der Informationsfluß integriert werden. Organisatorische und qualifikatorische Aspekte spielten bei der Realisierung noch keine Rolle.

Der Inhalt des Begriffes CIM war von Anfang an einem Wandel unterworfen, ein einheitliches Verständnis darüber gibt es bis heute nicht.

2.3 CIM-Modelle zur Integration der Abläufe in einem Unternehmen

Modelle für CIM wurden und werden von zahlreichen Institutionen, Anwendern sowie Anbietern von Hardware- und Softwaresystemen entwickelt. Aus dieser Vielzahl unterschiedlicher CIM-Modelle soll eine Auswahl im Hinblick auf Ganzheitlichkeit, Interdisziplinarität und Allgemeingültigkeit verglichen werden, um die Anwendbarkeit dieser Modelle auf beliebige Unternehmen zu prüfen.

2.3.1 Anforderungen an ein CIM-Modell

Für eine ganzheitliche, interdisziplinäre und umfassende Beschreibung sollte ein CIM-Modell folgende Eigenschaften aufweisen, damit eine Anpassung an beliebige Unternehmen möglich wird.

- Ein CIM-Modell muß ein Unternehmen unabhängig von *Branche, Unternehmensgröße* und *Art der Fertigung* darstellen können, so daß es sich sowohl für kleinere als auch große Unternehmen eignet.
- Eine umfassende Betrachtung erfordert die Berücksichtigung innerbetrieblicher und außerbetrieblicher Verflechtungen. CIM wird daher auf den gesamten Produktzyklus ausgedehnt. Dieser endet nicht mit dem Ausliefern des Produktes, sondern er reicht von der Bedarfsermittlung bis zum Recycling bzw. zur Entsorgung.
- CIM ist mehr als Einsatz und Verknüpfung von Computern oder das Vorantreiben der Automatisierung. CIM rückt vielmehr die aufgabenorientierte Integration von *Mensch, Organisation* und *Technik* in den Vordergrund und geht über die durchgängige Bereitstellung von Informationen hinaus [73]. Ein CIM-Modell muß ein Unternehmen aufgaben- und problemorientiert abbilden.
- Die unterschiedlichen Funktionen und Komponenten eines Unternehmens müssen gleichberechtigt und in ihren Wechselwirkungen dargestellt werden. Das Modell muß den ganzheitlichen Charakter von CIM wiedergeben. Das Weglassen einzelner Elemente (weil diese für ein bestimmtes Unternehmen nicht relevant sind) muß ohne Schaden für das Modell möglich sein.
- Einführungsstrategien und Realisierung von CIM sind immer unternehmensspezifisch (vgl. Kap. 6). Ein CIM-Modell darf daher keine Strategie vorgeben, sondern jedes Unternehmen kann sich daraus seine eigene CIM-Strategie ableiten und an *beliebiger Stelle* mit der Realisierung von CIM beginnen. Besondere Bedeutung erfährt diese Vorgehensweise, wenn bereits Insellösungen vorhanden sind, die als Integrationskern für CIM dienen sollen.

Folgende CIM-Modelle werden repräsentativ beschrieben und entsprechend der obigen Anforderungen bewertet.

2.3.2 CIM-Modelle der ersten Generation

CIM-Modelle der ersten Generation entstanden um 1986, als viele Anbieter CIM-Systeme und -Komponenten auf breiter Front vorstellten. Diese Modelle können nach unterschiedlichen Merkmalen gegliedert werden.

Funktionsorientierte Betrachtung

Das **CIM-Modell nach AWF, Bild 2.3.2-1** [5], betont einzelne rechnerunterstützte Funktionen eines Unternehmens. Übergreifend ist die Qualitätssicherung. Die Produktionsplanung und -steuerung wird auf alle technischen Unternehmensbereiche ausgedehnt. Das Zusammenspiel der Funktionen im Bereich CAD/CAM mit anderen Bereichen und ihre Einflüsse auf die Aufbau- und Ablauforganisationen, auf Materialwirtschaft, Rechnungswesen, Controlling, Vertrieb usw. werden nicht berücksichtigt. Ebenso fehlen Netzwerke und eine unternehmensweite Datenbank zur Integration und Kommunikation auf der Systemseite.

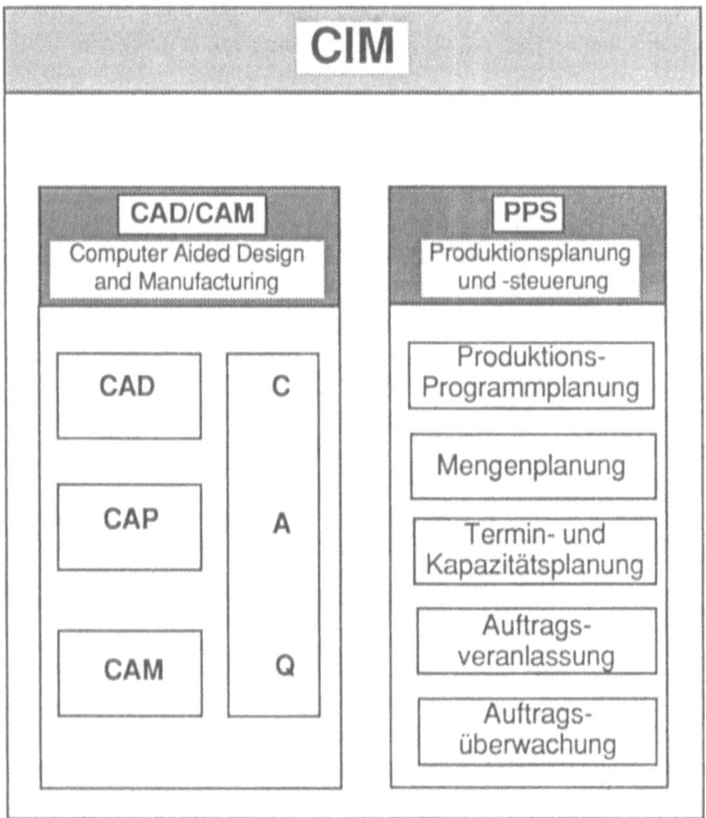

Bild 2.3.2-1: CIM-Modell nach AWF [5]

Eine ähnliche Darstellung bietet das **Y-Modell nach Scheer, Bild 2.3.2-2** [73]. Hier wird eine Datenbank zur Integration verwendet. Die Qualitätssicherung steht als Qualitätskontrolle am Ende der Prozeßkette. Dort kann sie lediglich Nachbesserungen einleiten und Qualität nicht permanent in einer Prozeßkette sicherstellen (vgl. Kap. 3.3.1.8.4). Während die Reihenfolge der Komponenten im Planungsteil der Reihenfolge im Produktentstehungsprozeß entspricht, enthält der Produktionsteil auch Querschnittsfunktionen (z.B. Steuerung von Transportsystemen und Handhabungsautomaten), so daß der Informationsfluß nicht mehr klar erkennbar bleibt.

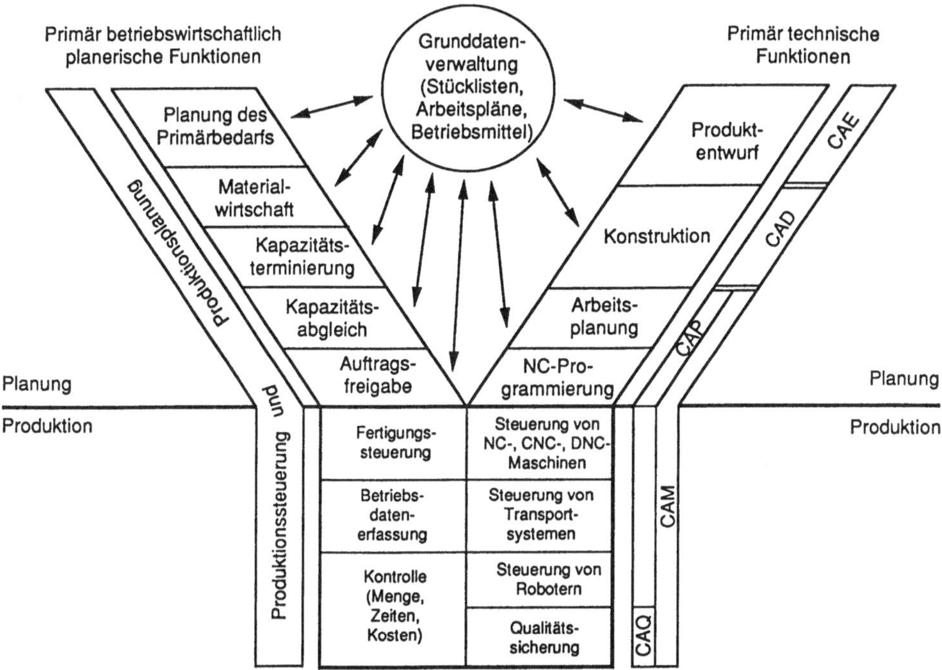

Bild 2.3.2-2: Das Y-Modell für CIM nach Scheer [73]

Kunden-, produkt- oder organisationsbezogenes Flußdenken
CIM wird mit Hilfe des Informations- und des Materialflusses dargestellt. Der Materialfluß wird analog zum Y-Modell nach Scheer (Bild 2.3.2-2) von PPS-Systemen geregelt (vgl. Kap. 3.4). Der Informationsfluß hat keine erkennbare Regelung, sondern wird durch nacheinander geschaltete rechnerunterstützte Funktionen realisiert. Die Fertigung bildet den Schnittpunkt der beiden Flüsse, die z.B. im **CIM-Modell des CAD/CAM-Labors**, **Bild 2.3.2-3** [56], zusätzlich durch eine Datenbank integriert werden. Alle Funktionen des Unternehmens werden als seriell ablaufend betrachtet. Die bisher existierende Funktionaltrennung wird übernommen.

Andere Beschreibungen stellen den Informationsfluß entsprechend der Unternehmensfunktionen vielfältig und zielgerichtet dar (z.B. **Modell** des **KCIM** im **DIN** [46]) und berücksichtigen so das Zusammenspiel der einzelnen Funktionen. Diese Darstellung wird auch von zahlreichen Systemanbietern (z.B. Digital Equipment Cooperation, Siemens-Nixdorf) bevorzugt.

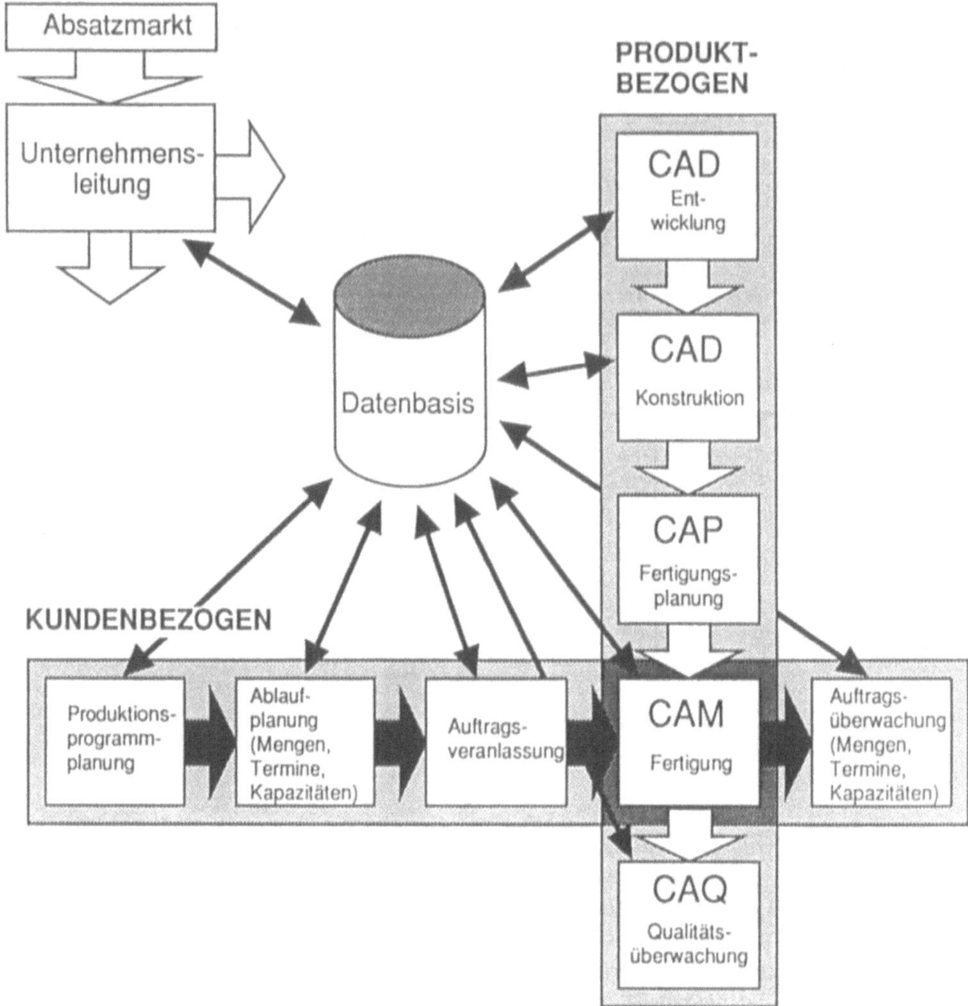

Bild 2.3.2-3: CIM-Modell des CADCAM-Labors Karlsruhe [56]

Betriebswirtschaftliche und fertigungsorganisatorische Betrachtung

Das PPS-System bildet den Kern von CIM (z.B. **Modell CIMOS** von **MTU** [110]). Auswahl und Reihenfolge der Funktionen entsprechen dem Materialfluß. Betriebswirtschaftliche Funktionen stehen im Vordergrund, Funktionen der produktdefinierenden Bereiche arbeiten dem PPS-System zu. Beziehungen zwischen einzelnen Funktionen und Möglichkeiten zu ihrer Integration werden nicht berücksichtigt.

Komponenten-Betrachtung

Betont werden die Komponenten der Informationstechnologie, die im gesamten Unternehmen, also nicht nur im technischen Bereich, eingesetzt werden können. Der Schwerpunkt der Verbindung (und der späteren Integration) der Anwendungen liegt auf der Softwaretechnik (z.B. **CIM-Architektur** von **IBM, Bild 2.3.2-4** [57]), da die rein hardwaremäßige Integration verschiedener Systeme heute von zahlreichen Anbietern als gelöst vorausgesetzt wird.

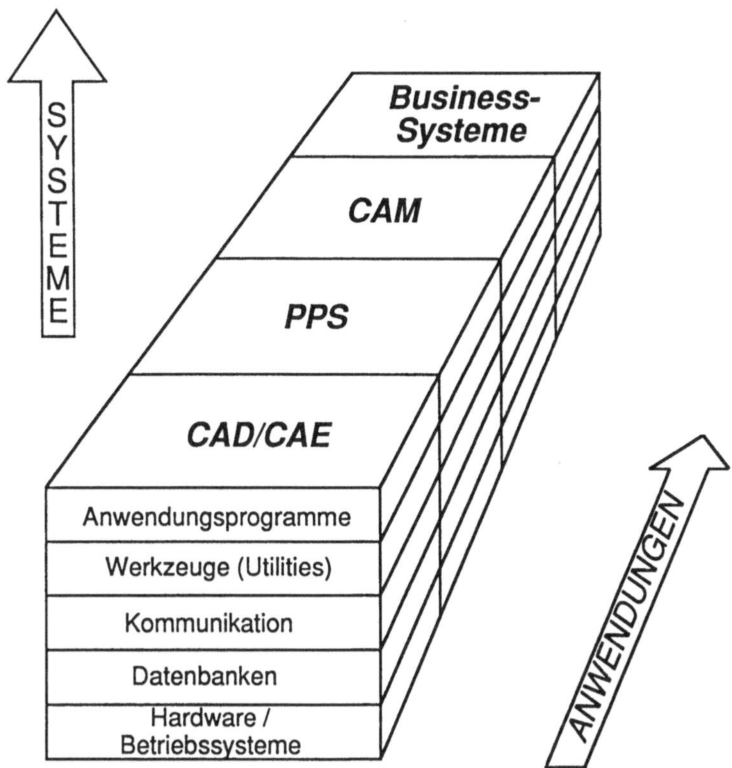

Bild 2.3.2-4: CIM aus Architektursicht von IBM Informationstechnologie[57]

Kommunikationsorientierte Betrachtung

Das Schwergewicht liegt auf der Verbindung einzelner Funktionen und Komponenten über unternehmensweite und unternehmensübergreifende Netzwerke (**Modell** nach **Geitner, Bild 2.3.2-5** [30]). Dabei dominiert der Informationsfluß zwischen den Kunden bzw. Lieferanten und einem Unternehmen. Die Beschreibung des Unternehmens folgt der existierenden Funktionaltrennung. Systeme werden den einzelnen Funktionen überlagert, die in Entscheidungssysteme, Planungs- und Steuerungssysteme, Ausführungssysteme sowie Kontrollsysteme gruppiert werden. Im Gegensatz zu anderen Modellen wirken Planungs- und Steuerungssysteme auf das gesamte Unternehmen ein.

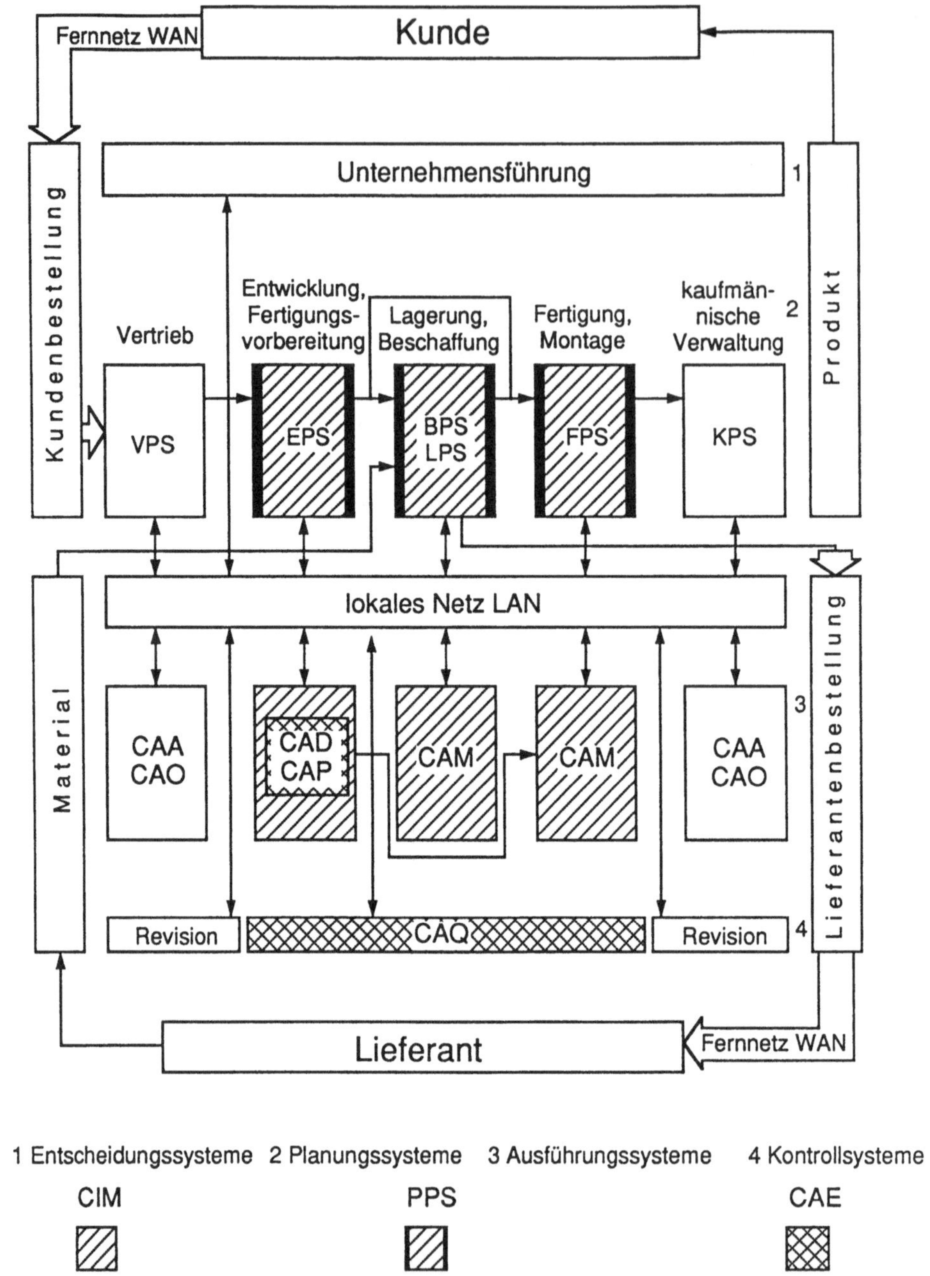

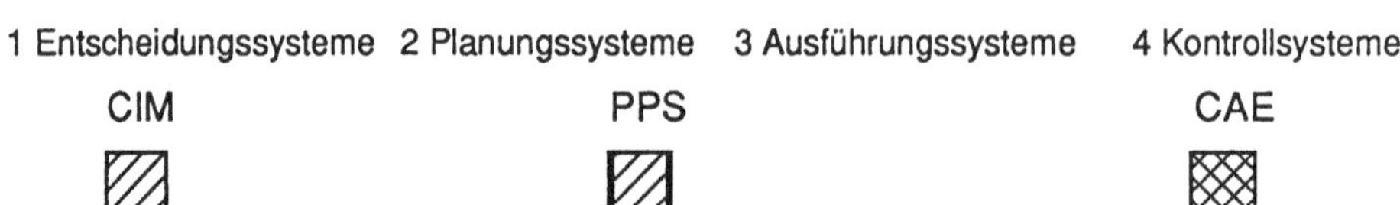

Bild 2.3.2-5: CIM im Unternehmensmodell nach [30]

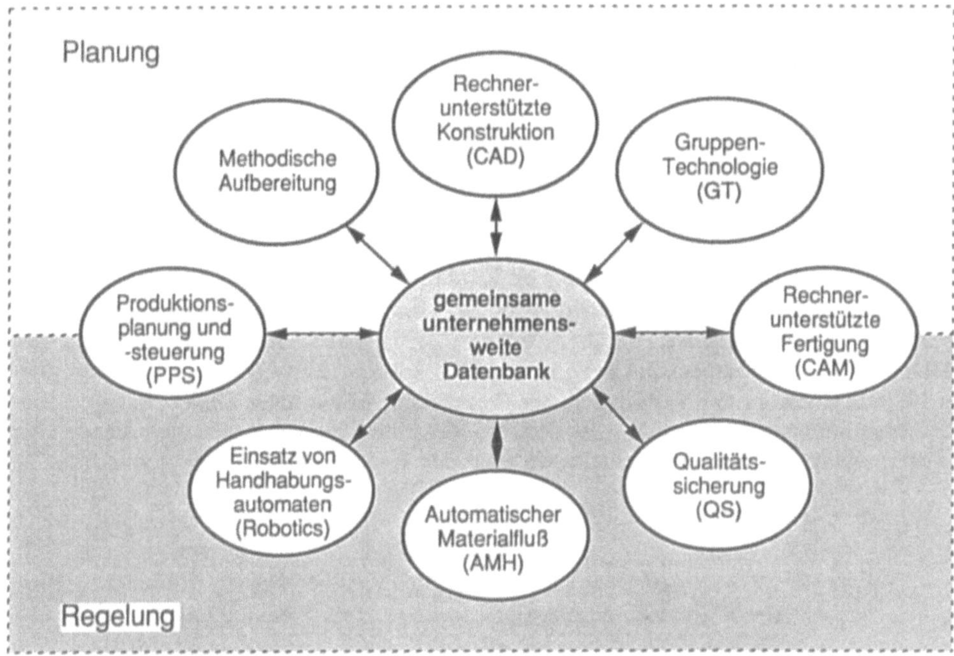

Bild 2.3.2-6: CIM als Kreisprozeß [92]

Ablauforientierte Betrachtung
Die einzelnen Arbeitsschritte der Produktentstehung (**Bild 2.3.2-6** [92], ähnlich auch von Hewlett Packard verwendet), laufen in einem Kreisprozeß ab. Die obere Hälfte stellt die Produktdefinition, die untere Hälfte die Produktion dar. Bindeglied ist ein PPS-System, das einerseits in der Produktdefinition planend, andererseits in der Produktion steuernd und regelnd wirkt. Neben den Unternehmensfunktionen werden auch Methoden aufgeführt, die bereits in der Produktdefinition eine Reduzierung der Teilevielfalt auf ein sinnvolles Maß zum Ziel haben (z.B. Konstruktionsmethodik, Gruppentechnologie). Die Integration der Arbeitsschritte erfolgt über eine Vernetzung der einzelnen Funktionen und über eine gemeinsame Datenbank. Die gegenseitige Beeinflussung der Funktionen bleibt unberücksichtigt.

Diese Modelle der ersten Generation betonen den informationstechnischen und/oder den technologischen Aspekt von CIM. Sie stellen die Funktionaltrennung nicht in Frage. Eine ganzheitliche Beschreibung von CIM mit allen Auswirkungen auf das Unternehmen ist mit diesen Modellen nicht möglich. Die Notwendigkeit der Integration eines Unternehmens durch Änderungen von Aufbau- und Ablauforganisation und durch die Qualifikation der Mitarbeiter wird nicht berücksichtigt. CIM kann mit diesen Modellen nicht unabhängig von Branche, Unternehmensgröße und Fertigungsart beschrieben werden.

2.3.3 CIM-Modelle heutiger Generation
CIM-Modelle heutiger Generation versuchen, die Komplexität eines Unternehmens mit seinen zahlreichen parallelen Abläufen und sich gegenseitig beeinflussenden Bereichen

ganzheitlich und übergreifend abzubilden. Dabei wird die Beschreibung abstrahiert, damit die Übertragbarkeit des Modells auf beliebige Unternehmen möglich wird. Stellvertretend für ähnliche Ansätze werden drei CIM-Modelle nach [25, 81, 85, 89] miteinander verglichen.

2.3.3.1 Das CIM-Modell nach Eversheim

Bei dem **CIM-Modell nach Eversheim** [25] dienen Prozeßketten, eine Musterfabrik und Werkzeuge als Basis (**Bild 2.3.3.1-1**). Die Einteilung in die einzelnen Prozeßketten *Produktdefinition* (von der Produktplanung bis zur NC-Programmierung), *Produktionsplanung Steuerung* (von der Produktionsprogrammplanung bis zur Auftragsüberwachung) und *Produktion* (von den möglichen Fertigungsverfahren bis zu Überwachungssystemen) folgt dem Material- und Informationsfluß (vgl. auch Bild 2.3.2-3 u. Kap. 3). Die Abbildung einer CIM-Musterfabrik unter Verwendung der Prozeßketten ist nur unter Einbeziehung des eingesetzten Personals möglich. Werkzeuge der Informationstechnologie dienen zur Sicherstellung der Rechnerunterstützung einzelner Funktionen bzw. der Kommunikation

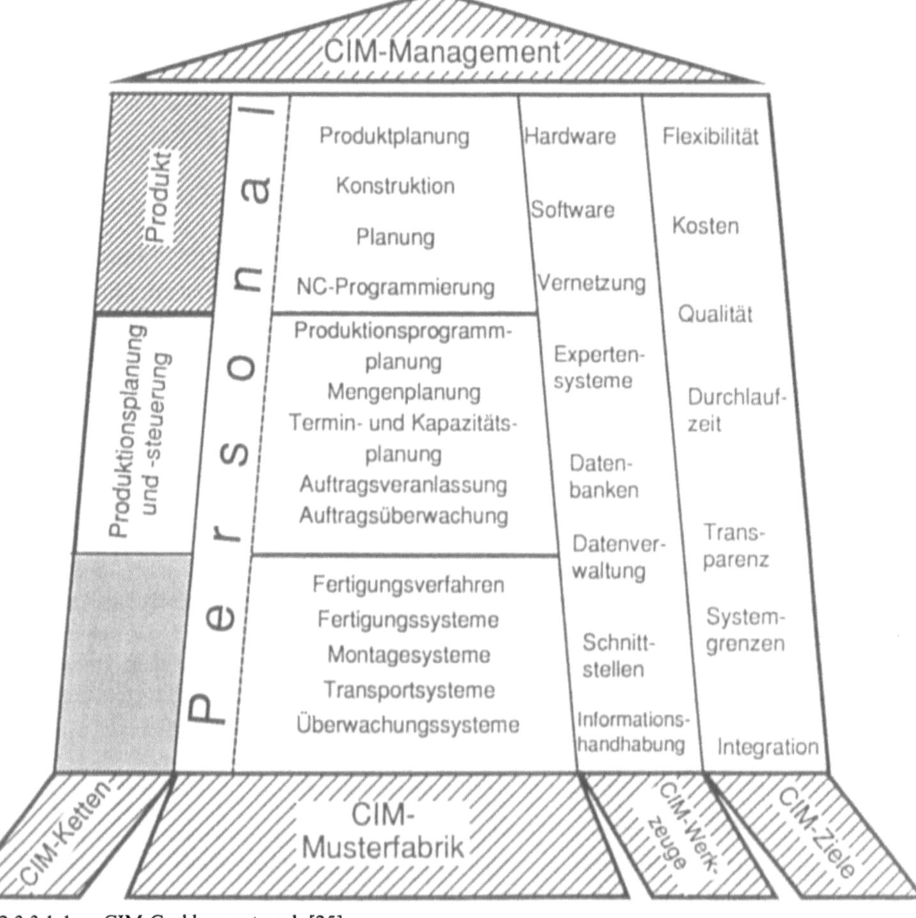

Bild 2.3.3.1-1:   CIM-Grobkonzept nach [25]

zwischen diesen Funktionen. Bei diesem CIM-Modell werden die einzelnen Funktionsgruppen mit vier unterschiedlichen Modellen zu einem Gesamtmodell zusammengeführt. Die Funktionen werden mit einem *Funktionsmodell* beschrieben, das alle benötigten Funktionen enthält, diese hierarchisch miteinander verknüpft und so die Bildung von Funktionsblöcken zuläßt. Das *Informationsmodell* beschreibt Inhalt und Art des Informationsflusses und der daran beteiligten Kommunikationspartner. Dabei wird vorausgesetzt, daß der Informationsfluß nur durch Rechnerunterstützung realisiert werden kann. Aus den Anforderungen der beiden Modelle ergibt sich das *Ressourcenmodell* für die einzelnen Hardware- und Software-Werkzeuge. Im *Organisationsmodell* werden die Abläufe zwischen den einzelnen Funktionen und die jeweiligen Verantwortlichkeiten festgelegt, damit die Auswirkung der Realisierung auf Aufbau- und Ablauforganisation sichtbar werden kann. Dieses Modell ermöglicht nur bedingt die vollständige Abbildung eines Unternehmens, da die Betonung auf der Fertigung und der Rechnerunterstützung für die Unternehmensbereiche liegt. Die einzelnen Funktionen und Gegebenheiten stehen zunächst isoliert nebeneinander. Das Zusammenführen zu einem CIM-Modell erfolgt erst im Zusammenspiel der Teilmodelle. Das Modell nach Eversheim erfüllt daher nicht den Anspruch der Ganzheitlichkeit, es läßt sich aber als Untermenge eines unternehmensweiten CIM-Modells verwenden.

2.3.3.2 Das CIM-Modell nach Spur und Seliger

Im **CIM-Modell nach Spur und Seliger** [81, 85] wird ein Unternehmen innerhalb seines Umfeldes gesehen, das sich aus den Komponenten Marktsituation, Gesetzeslage, Situation des Arbeitsmarktes, Interessengruppen, (private und staatliche) Förderungsmaßnahmen, Stand der Technik und Einfluß der Medien zusammensetzt.

Auf der obersten Ebene wird ein Unternehmen in *Vertrieb und Kundendienst, Produktionsprogrammplanung, Entwicklung und Konstruktion, Fertigungsplanung, Betriebsmittelerstellung, Fertigungsprogrammplanung* sowie *Fertigung steuern und überwachen* eingeteilt. Diese sieben Hauptfunktionen können in weitere Teilfunktionen untergliedert werden. Über den Informationsfluß werden die einzelnen Funktionen miteinander vernetzt (**Bild 2.3.3.2-1**). Mit der Abbildung des Unternehmens in sieben Hauptfunktionen mit entsprechender Detaillierung ist die Übertragbarkeit des Ansatzes auf beliebige Unternehmen möglich.

Das Zusammenführen der einzelnen Funktionsgruppen erfolgt durch die Abbildung der Ebene des Fabrikbetriebes auf technische und nichttechnische Gestaltungsfelder. Die Einflüsse und Beziehungen der einzelnen Funktionen untereinander lassen sich in einem *Funktionenmodell* abbilden. Die in CIM zu realisierenden Informationsflüsse werden in einem *Informationsmodell* dargestellt und modelliert. Technische Gestaltungsfelder dazu sind ein Modell für Anwendungssysteme, Datenhaltung, Netzwerke und Hardware. Änderung von Aufbau- und Ablauforganisation werden in einem *Organisationsmodell*, Qualifikationsmaßnahmen im *Personal-Qualifikationsmodell* berücksichtigt.

Dieses Modell stellt die Gegebenheiten in einem Unternehmen übergreifend dar. Nichttechnische Einflüsse werden berücksichtigt, soziale Aspekte der Mitarbeiter allerdings nur am Rand. Sofern CIM als Ansatz zur Modellierung des Informationsflusses verstanden wird, bietet dieses Modell die notwendigen Strukturen und Werkzeuge.

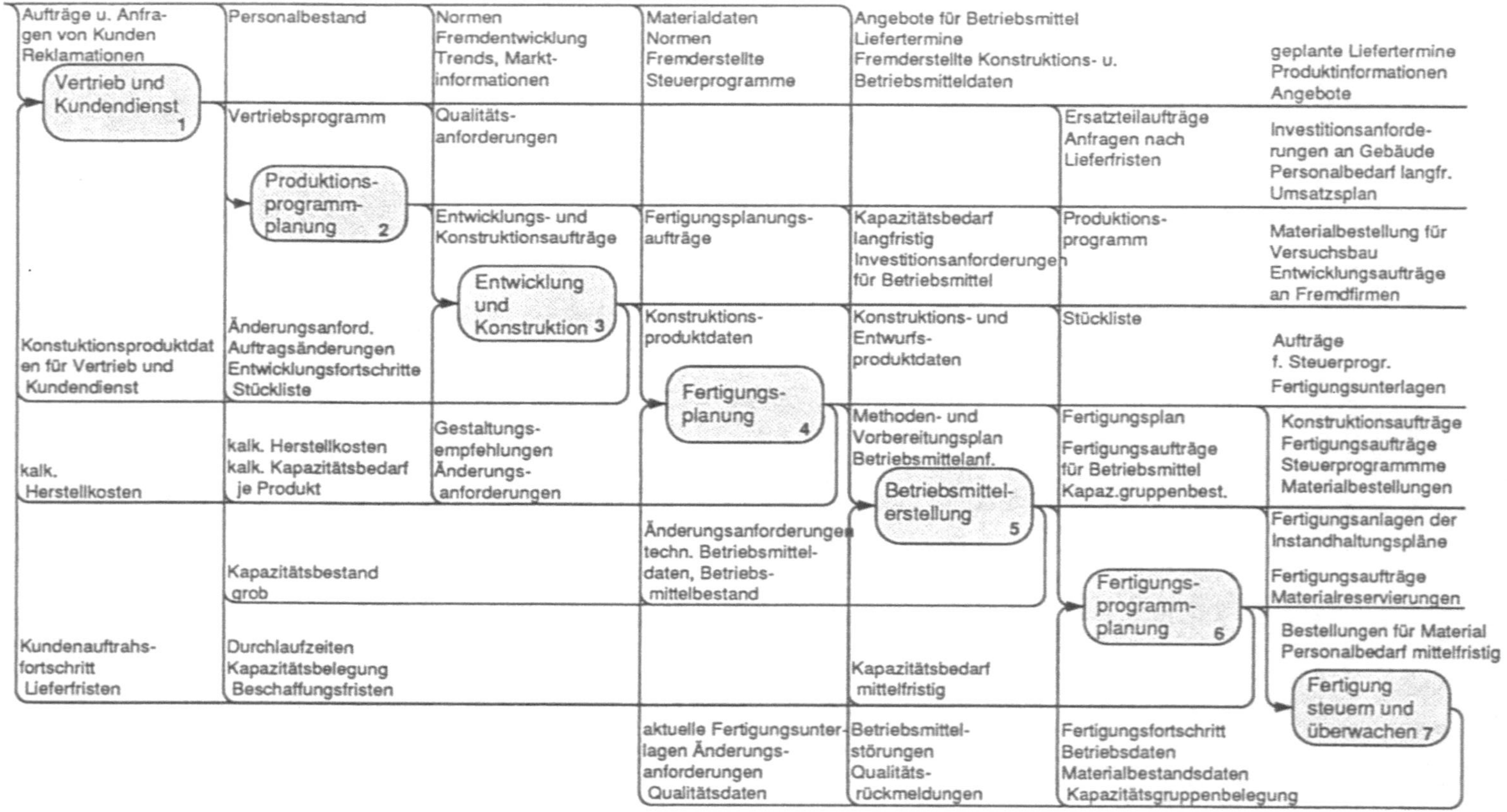

Bild 2.3.3.2-1:   CIM-Referenzmodell nach [81, 85]

2.3.3.3 Das CIM-Modell nach Tünschel

Der **CIM-Würfel nach Tünschel** [89] besteht in der ersten Dimension aus den *Zeithorizonten* (Vorbereitung, Planung, Durchsetzung und Ausführung), in der zweiten Dimension aus den *Verantwortungsbereichen* (Beschaffung, betriebliche Leistungserstellung, Absatz), in der dritten Dimension aus den *Aufgabenbereichen* (Produktion, Qualitätssicherung, Anlagentechnik, Kosten und Personal), **Bild 2.3.3.3-1.** Der Würfel hat folgende Kennzeichen:

- Bei den Zeithorizonten wird die Phase der *Durchsetzung* separat berücksichtigt. Diese Betrachtungsweise entspricht der betrieblichen Realität viel eher als die übliche Darstellung, bei der auf Vorbereitungs- und Planungsphase sofort die Ausführung folgt.

- Die Einbindung des Unternehmens in sein Umfeld wird durch *Beschaffung* und *Absatz* begrenzt berücksichtigt.

- Die Qualitätssicherung als permanente Aufgabenstellung begleitet ständig den Produktentstehungsprozeß.

- Die Anlagentechnik enthält auch die vorbeugende Instandhaltung für Betriebsmittel; eine Denkweise, die im EDV-Bereich (vorbeugende Wartung) aufgrund der Notwendigkeit nach hoher Verfügbarkeit und Betriebssicherheit üblich ist. Eine solche Vorgehensweise ist bei Mehrschichtbetrieb erforderlich, besonders, wenn ohne Bedienpersonal gefahren wird.

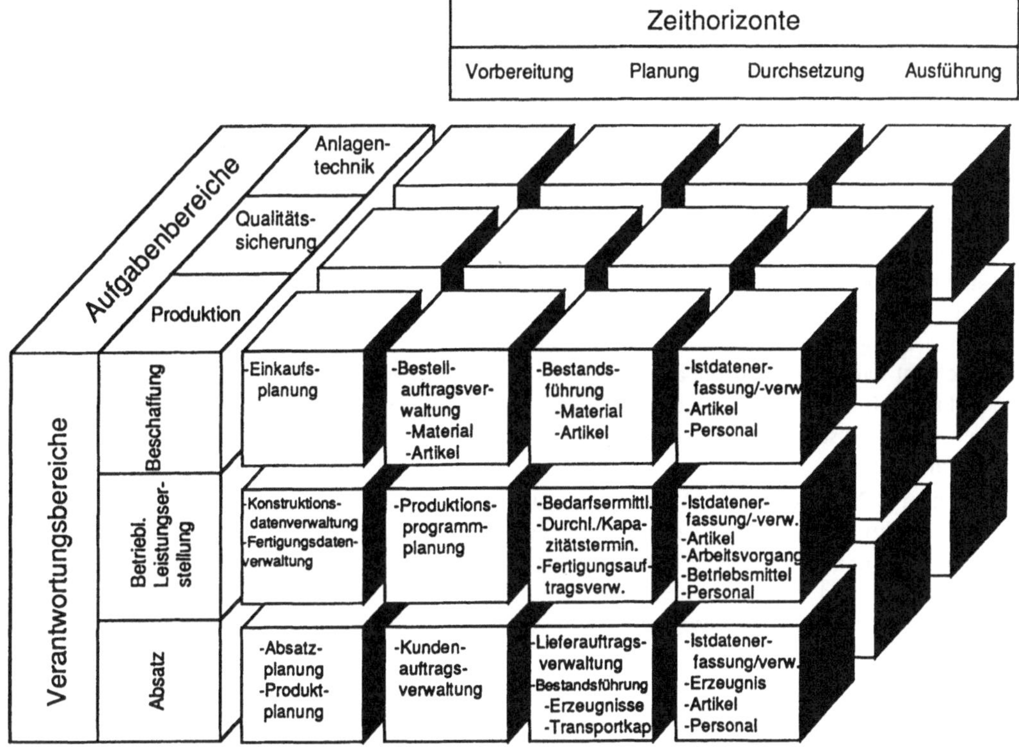

Bild 2.3.3.3-1:   CIM-Würfel nach [89]

Beim CIM-Würfel bilden die Schnitte der einzelnen Dimensionen Teilwürfel zur Darstellung des Beziehungsgeflechts der einzelnen Bereiche. Die Teilwürfel grenzen mit klaren Schnittstellen Subsysteme mit definierten Merkmalen (z.B. Ziele, Aufgaben, Daten und Methoden) ab. Durch die abstrahierte Darstellung der Funktionen und Gegebenheiten können mit dem CIM-Würfel auch z. B. Datenflüsse und Komponenten der Informationstechnologie abgebildet werden (z.B. als Konfigurations-Schema für eine unternehmensweite Datenbank). Damit bildet der CIM-Würfel einen bereichsübergreifenden Ansatz für zukünftige Realisierungen von CIM in unterschiedlichen Unternehmen, insbesondere aus der Sicht der Informationstechnologie.

2.3.4 Erweiterte Beschreibungsansätze für CIM-Modelle

Neben den in den vorigen Abschnitten dargestellten CIM-Modellen gibt es Ansätze zur Beschreibung und Modellierung eines Unternehmens vor allem unter Einbeziehung administrativer Bereiche und Tätigkeiten (Büroautomatisierung und Bürokommunikation). Dazu werden besonders zwei Begriffe verwendet: **CIB** (Computer Integrated Business) und **CIE** (Computer Integrated Enterprise).

- **CIB** enthält die informationstechnische Integration verschiedener Unternehmen über Fernnetze (Wide Area Network), wobei die Verbindung über die Funktionen Einkauf/Versand, Fertigungsplanung sowie Erzeugnisplanung der Entwicklung zwischen den Unternehmen erfolgen soll (vgl. hierzu aber auch das CIM-Modell von Geitner [30]).

- **CIE** betont den integrierten Rechnereinsatz für die gesamte Leistungserstellung und Auftragsabwicklung.

Entsprechende Modelle unterstellen allerdings, daß sich CIM einerseits nur auf den Bereich der Produktion ohne administrative Komponente beschränke und die Administration durch weitere Begriffe, z.B. **CAO** (Computer Aided Office) oder **CIO** (Computer Integrated Office), berücksichtigt werden müsse. Andererseits existiere CIM nur in der *inneren Welt* eines Unternehmens. Daraus resultiert der Vorschlag der Gleichung CIB = CIM + CIO [20]. Ähnliche Überlegungen führten zu der Gleichung **CAI** (Computer Assisted Industry) = **CIM + CAO** eines bekannten Herstellers [30]. Bei näherer Betrachtung dieser Beschreibungen stellt sich heraus, daß trotz neuer Begriffsbildung im wesentlichen die gleichen Inhalte wie bei den anderen CIM-Modellen beschrieben werden. Es erscheint daher als nicht unbedingt notwendig, neue Begriffe zu definieren, sondern vielmehr den Inhalt von CIM entsprechend zu erweitern. Das folgende CIM-Modell stellt einen ersten Ansatz dar, ein Unternehmen ganzheitlich, interdisziplinär und umfassend zu beschreiben (vgl. Kap. 3.1).

Bei dem **CIM-Modell nach Vajna et al.** [91] wird ein *Produktzyklus* zugrunde gelegt, der alle Funktionen und Aufgabengebiete enthält, die unmittelbar an der Entstehung, Betreuung und Verwertung eines Produkts bzw. einer Dienstleistung beteiligt sind. Die Funktionen und Gegebenheiten sind nicht auf die betrieblichen Grenzen eines Unternehmens beschränkt, sondern beziehen dessen Wechselwirkungen mit seinem Umfeld ein. Alle betrieblichen Funktionen und Gegebenheiten werden in vier Gruppen eingeteilt:

- **Funktionen**, die ein Produktzyklus sequentiell durchläuft. Diese sind Marktanalyse und Angebotsbearbeitung, Entwicklung, Konstruktion, Arbeitsvorbereitung, Fertigung, Verteilung und Verkaufsförderung, Kundendienst, Recycling und Entsorgung.

- **Querschnittsfunktionen**, die den Produktzyklus begleiten, nämlich Funktionen zur permanenten Sicherung der Qualität, die gesamtheitliche (operative) Planung, die gesamtheitliche (operative) Steuerung/Regelung, Funktionen zur Beschaffung, Lagerung, Bereitstellung und zum Transport, kaufmännisch verwaltende Funktionen sowie Systematisierung, Standardisierung und Normung.

- **Stoffe und Hilfsmittel,** nämlich Werkstoffe (Roh-, Hilfs- und Betriebsstoffe), deren Reststoffe, Betriebsmittel, die Informationstechnologie sowie Finanzmittel. Die ersten drei Komponenten betreffen den *Materialfluß*, die nächste den *Informationsfluß* und die letzte den *Geldfluß* in einem Unternehmen.
- **Betriebliche und außerbetriebliche Rahmenbedingungen** des Unternehmens. Diese sind Personal, Organisation, Unternehmensplanung (längerfristige zielorientierte Planung) und Mitwelt. *Personal* wird in diesem Modell an dieser Stelle eingeordnet, um die ganzheitliche Betrachtung des Menschen als Arbeitskraft und soziales Wesen zu betonen.

CIM-Modell

	1 Marktanalyse, Angebotsbearbeitung	2 Entwicklung	3 Konstruktion	4 Arbeitsplanung	5 Fertigung	6 Verteilung, Verkaufsförderung	7 Kundendienst	8 Recycling, Entsorgung	1 Qualitätssicherung	2 Methoden zur gesamtheitlichen Planung und Steuerung	3 Gesamtheitliche Produktionsplanung und -regelung	4 Beschaffung	5 Lagerung, Bereitstellung, Transport	6 Kaufmännische Funktionen	7 Systematisierung, Standardisierung, Normung	1 Werkstoffe und Reststoffe	2 Betriebsmittel	3 Informationstechnologie	4 Finanzmittel	1 Personal	2 Organisation	3 Längerfristige Planung	4 Mitwelt
1 Marktanalyse, Angebotsbearbeitung																							
2 Entwicklung																							
3 Konstruktion																							
4 Arbeitsplanung																							
5 Fertigung																							
6 Verteilung, Verkaufsförderung																							
7 Kundendienst																							
8 Recycling, Entsorgung																							
1 Qualitätssicherung																							
2 Methoden zur gesamtheitlichen Planung und Steuerung																							
3 Gesamtheitliche Produktionsplanung und -regelung																							
4 Beschaffung																							
5 Lagerung, Bereitstellung, Transport																							
6 Kaufmännische Funktionen																							
7 Systematisierung, Standardisierung, Normung																							
1 Werkstoffe und Reststoffe																							
2 Betriebsmittel																							
3 Informationstechnologie																							
4 Finanzmittel																							
1 Personal																							
2 Organisation																							
3 Längerfristige Planung																							
4 Mitwelt																							

Bild 2.3.4-1: Deckblatt des CIM-Modells nach [91]

In diesem CIM-Modell wird die gegenseitige Beeinflussung der Funktionen und Gegebenheiten dadurch berücksichtigt, daß diese zunächst für jede der vier Gruppen und anschließend in der Gesamtheit matrixförmig miteinander in Beziehung gebracht werden (**Bild 2.3.4-1**). In der Horizontalen und Vertikalen werden jeweils die gleichen Funktionen und Gegebenheiten aufgeführt. Die Felder dieser Matrix resultieren aus Verschneidungen der Elemente untereinander.

Felder auf der *Hauptdiagonalen* der Matrix (Schnitt identischer Elemente der Horizontalen mit denen der Vertikalen) werden für die Beschreibung der eigentlichen Funktion bzw. Gegebenheit verwendet. Die übrigen Felder entstehen aus dem Schnitt einer bestimmten Spalte mit jeweils anderen Zeilen; sie enthalten die Beschreibung der Abhängigkeiten und Zusammenhänge einzelner Aufgabenbereiche zu anderen Aufgabenbereichen. So entsteht das *Deckblatt* dieses CIM-Modells.

Der Matrizeninhalt unter der Hauptdiagonale ist aber nicht identisch mit dem Inhalt über der Diagonale, da bei den Abhängigkeiten und Zusammenhängen zwischen zwei Sichtweisen zu unterscheiden ist. Je nachdem, von welcher Funktion aus die Einflüsse und Zusammenhänge betrachtet werden, erhält man unterschiedliche Ergebnisse. So sind z. B. die Einflüsse der Konstruktion auf die Arbeitsvorbereitung (von der Konstruktion festgelegte Geometrie- und Technologieinformationen dienen als Grundlage des Arbeitsplanes) anders als die Einflüsse der Arbeitsvorbereitung auf die Konstruktion (nicht vorhandene Betriebsmittel müssen angefordert werden, es müssen Korrekturen an Geometrie und Technologie des Bauteils durchgeführt werden, die an die Konstruktion zurückgemeldet werden müssen).

Das zweidimensionale Deckblatt ist nicht geeignet, um die Verknüpfungen von mehr als zwei Aufgabenbereichen abzubilden. So wird z.B. der Einfluß des Einsatzes der Informationstechnologie auf die Ablauforganisation im Konstruktionsbereich (Schnittpunkt Konstruktion - Organisation) nicht berücksichtigt. Der Ansatz wird daher durch Hinzufügen einer dritten Dimension erweitert, indem sowohl die Beschreibung einzelner Aufgabenbereiche als auch die Darstellung der Einflüsse zwischen ihnen zusätzlich auf alle Produktzyklusfunktionen, Querschnittsfunktionen, Stoffe und Hilfsmittel sowie Rahmenbedingungen projiziert werden. Dazu wird das in Bild 2.3.4-1 gezeigte Deckblatt auf Ebenen projiziert, wobei jede dieser Ebenen einen bestimmten Aufgabenbereich aus den vier Gruppen repräsentiert (**Bild 2.3.4-2**).

Mit dieser Anordnung läßt sich die betriebliche Realität in einem Unternehmen vollständig, bereichsübergreifend und interdisziplinär abbilden. So sind z.B.

- CAD-Systeme auf der Projektion des Feldes der Hauptdiagonale *Konstruktion* auf die Ebene der Informationstechnologie zu finden,

- Qualitätszirkel am Schnittpunkt zwischen der Fertigung und der Sicherung der Qualität, projiziert auf die Ebene der Organisation,

- die Gruppentechnologie auf allen vier Schnittfeldern zwischen Arbeitsvorbereitung und Fertigung, projiziert auf die Ebene der Organisation.

Die Übertragbarkeit dieses CIM-Modells auf Unternehmen unterschiedlicher Größe, Branchen und Fertigungsverfahren ist dadurch gewährleistet, daß in jedem Unternehmen alle Funktionen und Gegebenheiten eines Produktzyklus für ein beliebiges Erzeugnis oder für eine Dienstleistung vorhanden sind, wenn auch in unterschiedlicher Gewichtung. Aufgrund des matrixförmigen Aufbaus ist es möglich, daß einzelne Funktionen entfallen oder neue hinzugefügt werden können, ohne daß die Beschreibung an Allgemeingültigkeit

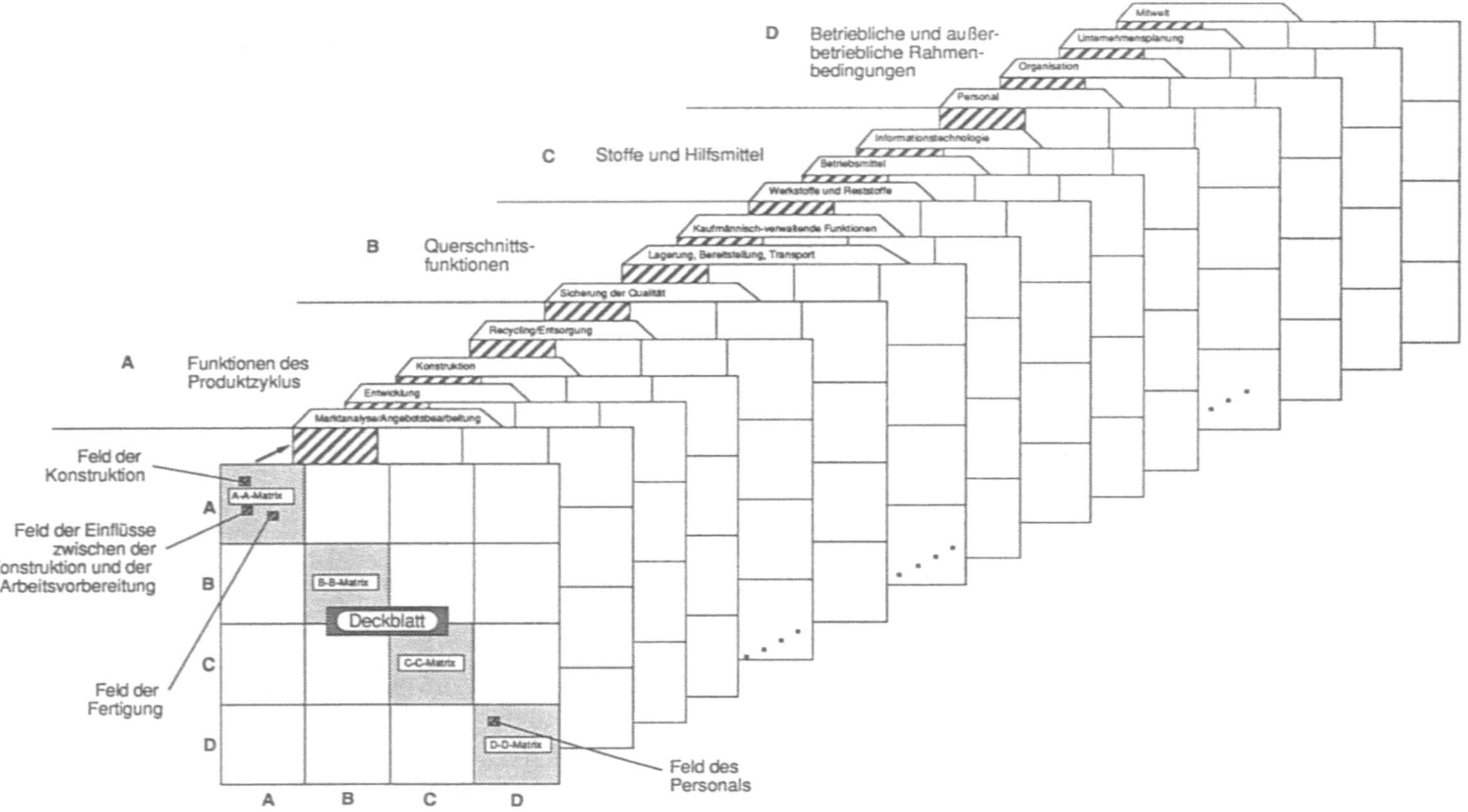

Bild 2.3.4-2: Interdisziplinäres und neutrales CIM-Modell nach [91]

verliert. Somit kann das Modell durch Hinzufügen, Entfernen oder Verändern einzelner Funktionen ständig an veränderte Gegebenheiten und gleichzeitig an beliebige Unternehmen angepaßt werden.

2.3.5 Vergleich von CIM-Modellen

Es zeigte sich, daß CIM-Modelle der ersten Generation überwiegend linear aufgebaut sind, heutige Eigenschaften eines Unternehmens (z.B. die Funktionaltrennung) als unveränderlich betrachten und sich überwiegend auf die Informationstechnologie konzentrieren. Als Vorteil bieten sie Handlungsanweisungen für die Realisierung der Rechnerunterstützung im Unternehmen an.

CIM-Modelle heutiger Generation verwenden übergreifende und interdisziplinäre Ansätze zur Beschreibung der Funktionen und Gegebenheiten in einem Unternehmen als vollständiges Ganzes. Es wird eine ganzheitliche, interdisziplinäre und umfassende Vorgehensweise unter Beteiligung aller möglichen technischen, betriebswirtschaftlichen und organisatorischen Maßnahmen möglich, damit CIM effizient, bezahlbar und in akzeptabler Zeit realisiert werden kann. Dabei ist die Berücksichtigung des Umfeldes, in dem sich das Unternehmen bewegt, genauso erforderlich wie die Kenntnis der innerbetrieblichen Abläufe, Verfahren und Zuständigkeiten.

Damit umfaßt CIM nicht nur das gesamte Unternehmen, sondern auch die vielfältigen Wechselbeziehungen zwischen dem Unternehmen und seinen Kunden und Zulieferanten. CIM ist, wenn es mit einem geeigneten Modell beschrieben wird, der Trägergedanke, mit dem ein Unternehmen zur Bewältigung zukünftiger Herausforderungen neu strukturiert werden kann.

2.4 Zielsetzungen für die Einführung von CIM in Unternehmen

Die wichtigen Ziele einer CIM-Realisierung sind:
- Erhöhung der Flexibilität in Auftragsbearbeitung und Fertigung,
- Senken der spezifischen Kosten im gesamten Unternehmen,
- Sicherstellen einer gleichbleibend hohen Qualität über die Prozeßketten hinweg,
- Senken der Durchlaufzeiten für alle direkten und indirekten Tätigkeiten,
- höhere Transparenz der Abläufe im Unternehmen,
- eine weitgehend optimierte Bereitstellung von Informationen über Systemgrenzen hinweg und
- die Integration aller Abläufe und eine Stärkung des Mitarbeiterpotentials.

Solche Ziele wurden bereits früher für die Einführung neuer Technologien formuliert. Daß sie nach wie vor Gültigkeit haben, liegt an dem schwierigen Umfeld eines Unternehmens, das durch eine Vielzahl von Größen und Einflüssen auf die Abläufe gekennzeichnet ist. Zu den wichtigsten zählen:
- Die Innovationszeiten für neue Produkte und ihre Lebensdauer werden immer kürzer. Parallel dazu steigt der Entwicklungsaufwand für ein neues Produkt aufgrund höherer Anforderungen des Kunden an.

- Durch das Ansteigen von Sonderlösungen werden die Losgrößen für die Mehrzahl der Produkte immer kleiner.
- Die Produktionskosten sind in Deutschland wesentlich höher als in anderen Ländern.
- Trotz moderner Fertigungsverfahren ist es nicht immer möglich, eine ausreichende Produktqualität sicherzustellen.
- Die Umwandlungsrate von Angebot zu Auftrag liegt bei nur 10 bis 15 %, wobei Kunden schon im Angebot eine detaillierte Beschreibung der Lösung erwarten.
- Der Anteil der wertschöpfenden Tätigkeiten an der Durchlaufzeit eines Auftrages liegt bei nur 10 bis 15 %.

Diese Gegebenheiten führen zu Anforderungen an neue Werkzeuge, Methoden und Verfahren sowie zu anderen Organisationsformen im Unternehmen und schließlich zu anderen Qualifikationsprofilen für die Mitarbeiter, um den veränderten Anforderungen des Marktes gerecht zu werden. Mit der Einführung und Realisierung von CIM entsprechend der in Abschnitt 2.3. beschriebenen Modelle kann ein Unternehmen in seiner Ganzheitlichkeit erfaßt und alle Abläufe können in ihrem Zusammenhang gesehen und optimiert werden. Wird CIM als dynamischer Prozeß zur fortlaufenden Anpassung des Unternehmens an die Erfordernisse des Marktes und nicht als fertig kaufbares System verstanden, so kann CIM auch ohne den Einsatz spezifischer Rechnersysteme erfolgreich realisiert werden.

CIM ist daher prinzipiell für jedes Unternehmen geeignet, unabhängig von Größe, Branche oder Fertigungsverfahren. Die Notwendigkeit für CIM steigt mit dem Maß der Funktionaltrennung in einem Betrieb und mit der Größe des Unternehmens. Mittlere und kleinere Unternehmen können CIM aufgrund ihrer Überschaubarkeit und ihrer größeren Flexibilität leichter realisieren als Großunternehmen mit komplexen Organisationen und schwerfälligen Entscheidungswegen.

2.5 Wirtschaftliche Rahmenbedingungen für die Realisierung von CIM

Vorgehensweisen zur Bestimmung der Wirtschaftlichkeit von CIM existieren nur in Ansätzen, da man den Nutzen von CIM nur schwierig erfassen und nicht immer direkt quantifizieren kann und da Vorgehensweisen fehlen, Kosten und Nutzen einander über Kostenstellen hinweg zuzuordnen. Bei der Bestimmung des Nutzens treten u. a. folgende Schwierigkeiten auf [93]:

- Produktivitätssteigerungen werden oft nicht am Ort ihres Entstehens, sondern in nachfolgenden Bereichen sichtbar.
- Die Verlagerung von Tätigkeiten aus der Produktion in die produktdefinierenden Bereiche durch die Anwendung von CIM-Komponenten führt zu neuen und dadurch nicht mehr direkt vergleichbaren Tätigkeitsprofilen der Mitarbeiter. Eine Nutzenermittlung über einen direkten Kostenvergleich ist damit nicht möglich.
- Die bisherigen Abläufe bei der Produktentstehung sind nur in der Produktion bekannt und werden nur dort laufend erfaßt. Eine Erfassung der Abläufe in den produktdefinierenden Bereichen wurde meistens nicht durchgeführt.

Der Nutzen von CIM kommt eher aus der Marktsituation des Unternehmens. In vielen Bereichen der Industrie müssen CIM-Komponenten eingesetzt werden, um das aktuelle Geschäft überhaupt halten zu können. Kunden verlangen zunehmend die rechnerunterstützte Bearbeitung ihrer Aufträge, besonders bei zeitparallelen Entwicklungen (Concurrent oder Simultaneous Engineering). Unternehmen, die das nicht sicherstellen können, verlieren Marktanteile.

Über die Einführung von CIM wird daher nach strategischen Gesichtspunkten entschieden. Dabei steht die Frage nach der Wirtschaftlichkeit nicht im Vordergrund, zumal ein auf ein **Return of Investment (ROI)** fixiertes Denken kaum zu strategischen Entscheidungen führt. Buchhalter können CIM nicht realisieren (vgl. Kap. 4.3).

Dagegen ist die Wirtschaftlichkeit einzelner CIM-Komponenten eher quantifizierbar (Verfahren dazu z. B. in [94]):

- In der Elektronik-Industrie wurden mit CAD 4 %, mit CAD/CAM 11 %, mit der Integration in der Fertigung 17 % und mit einer engen Kopplung zwischen Kunde und Lieferant 50 % der Durchlaufzeit eingespart.

- Würde man mit entsprechenden Investitionen alle Möglichkeiten der Rechnerunterstützung realisieren, wäre eine Reduktion der Gesamtkosten um etwa 25 % möglich [13]. Dabei stellt sich allerdings die Frage, ob diese Reduzierung höher ist als die dazu erforderliche Investitionssumme.

- Der Einsatz der Gruppentechnologie führt zu einer hausinternen Reduktion der Teile und damit der Fertigungsvielfalt, ohne die Variantenbreite zum Kunden hin zu verringern [92].

- Eine rechnerunterstützte Anlagenplanung ermöglicht neben der Planungsflexibilität eine Reduktion der Bearbeitungszeit um bis zu 40 % [2].

Diese Einzelergebnisse werden allerdings relativiert, da der wirtschaftliche Nutzen von CIM überwiegend aus der Synergie von *integrierten* Komponenten entsteht und das Rationalisierungspotential im Unternehmen heute in der Verkürzung der nicht direkt zur Wertschöpfung beitragenden Vorgänge liegt.

- Verfahren des Simultaneous Engineering ermöglichen die marktkonforme Einführung eines neuen Produkts, denn eine Verzögerung von z.B. sechs Monaten führt zu einer Reduktion des Gewinnes (nach Steuern) um rund ein Drittel, hingegen die Überschreitung der Entwicklungskosten um 50 % bei Beibehaltung des Einführungstermins nur zu einer Reduktion von 3,5 %.

- Allein die Beseitigung der innerbetrieblichen Reibungsverluste, nur durch eine verrichtungsorientierte Organisation und durch eine frühzeitige Einbindung aller Beteiligten in den Auftragsdurchlauf, kann ohne größeren Investitionen zu einer Senkung der Gesamtkosten um rund ein Drittel und zu einer Ersparnis von 25 - 40 % der bisherigen Durchlaufzeit führen [2].

Steigern der Qualifikation und Änderungen der Organisationsstrukturen zur Begradigung von Informations- und Materialflüssen führen daher zu einer höheren Produktivität als der Einsatz neuer Fertigungsverfahren oder der Informationstechnologie. Um die o.a. Synergien zu nutzen, bietet sich eine Vorgehensweise an, bei der CIM nicht funktionsbezogen, d. h. horizontal, sondern aufgabenbezogen für eine Produktfamilie über alle Stufen des Produktentstehungsprozesses hinweg, d. h. vertikal, realisiert wird.

2.6 Stand und Tendenzen der Nutzung von CIM in den Unternehmen

Während mit CIM in den USA die Massenproduktion in einer hochautomatisierten, menschenleeren Fabrik und in Japan Entflechtung, Vereinfachung und organisatorische Änderungen gemeint sind, lauten die Ziele von CIM in Europa und Deutschland die Verbesserung der Faktoren Produktivität, Qualität, Flexibilität und Zeit (vgl. Kap. 5.1.3).

CIM sollte eigentlich von oben nach unten mit Einbeziehung eines Machtpromoters geplant und von unten nach oben realisiert werden; Planung und Realisierung sind eine kontinuierliche Aufgabe aller im Unternehmen Beteiligten. In der Regel planen aber interne und externe Stäbe und pfropfen das Ergebnis auf das Unternehmen auf. Es werden überwiegend Einzellösungen entwickelt, die innerhalb vorhandener Strukturen realisiert werden können. Mitarbeiter, die CIM realisieren, werden in der Regel in Projektgruppen zusammengefaßt und oft vom Tagesgeschäft freigestellt.

Die Analyse zahlreicher Erfahrungsberichte über CIM-Realisierungen zeigt, daß dabei mehr die Rechnerintegration einzelner Prozeßketten als der ganzheitliche Planungsansatz nach Kap. 2.3 verwirklicht wurde, vergleichbar z.B. mit dem linken (PPS-) bzw. rechten (CAD/CAM-)Zweig des Y-Modells nach Scheer [73]. Diese beiden Prozeßketten bilden oft den Kern einer Realisierung, da einerseits Entwicklung und Konstruktion rund 75 % der späteren Herstellkosten festlegen (vgl. Kap. 3.2.3), andererseits der gesamte Materialfluß mit PPS-Systemen geplant werden kann. Weitere Einführungsschwerpunkte sind die permanente Qualitätssicherung bzw. CAQ und Systeme der Betriebsdatenerfassung [2].

Aus Gründen der Übersichtlichkeit, Beherrschbarkeit und Finanzierbarkeit werden zunächst Einzellösungen parallel zur herkömmlichen Auftragsbearbeitung favorisiert. Diese müssen nachher zu einer Gesamtlösung zusammengeführt werden. Wichtige Maßnahmen dabei sind nach einer Schwachstellenanalyse das Vereinfachen, Standardisieren, Automatisieren und Integrieren von Abläufen, um zu einer verrichtungsorientierten Vorgehensweise zu kommen. Die Gefahr ist allerdings groß, daß mit der Rechnerunterstützung die Arbeitsteilung eher zementiert als überwunden wird. Komplexe Probleme sollten daher nicht mit komplexen Systemen gelöst, sondern zuerst vereinfacht werden, z.B. durch eine Baukastensystematik der Produkte, mit der die Produktvielfalt hausintern niedrig, zum Kunden hin aber hoch ist. Einfache Systeme lassen sich zudem mit überschaubarem Aufwand integrieren.

Obwohl Klein- und Mittelbetriebe weniger arbeitsteilig sind und daher CIM einfacher verwirklichen können, sind die Großunternehmen in der Realisierung weiter als die Kleineren, denn meistens sind die Großen mutiger und kapitalkräftiger als die Kleineren, denen zudem qualifizierte Mitarbeiter fehlen, die die Realisierung durchführen könnten. Wenn kleinere Unternehmen CIM realisieren, dann deshalb, um in ihren Marktnischen Kosten zu senken und die Qualität der Produkte zu steigern. Von einem ganzheitlichen, interdisziplinären und unternehmensumfassenden CIM-Ansatz, wie in Abschnitt 2.3 beschrieben, kann bei den meisten der heute vorhandenen Lösungen noch nicht gesprochen werden.

3. Prozeßketten der rechnerintegrierten Produktion

3.1 Produktentstehungsprozeß aus systemtechnischer Sicht

3.1.1 Analyse und Synthese von Systemen

Einen konzeptionell geschlossenen systemtheoretischen Ansatz, der für die Analyse sozio-technischer Systeme genutzt werden kann, stellt die Systemanalyse dar. Sie dient der Beobachtung sozio-technischer Systeme mit dem Ziel, funktionale Abhängigkeiten zu analysieren, Aussagen zur Struktur und zum Zeitverhalten abzuleiten sowie solche Aussagen empirisch zu überprüfen. Über die analytische Funktion hinaus stellt sie eine Basis für die Strukturierung des Gestaltungsprozesses dar. **Bild 3.1.1-1** verdeutlicht die Struktur *des Lebenslaufes technischer Systeme und Produkte.* Eine feinere Strukturierung für die Phasen *System-Planung* und *Systementwicklung* zeigt **Bild 3.1.1-2** (vgl. Bild 3.2.1-3).

In der Systemplanung wird die Zielsetzung verfolgt, zu einer definitiven Problem- und Aufgabenbeschreibung für ein neu zu entwickelndes technisches System zu gelangen und realisierbare Vorschläge zu erarbeiten. In der anschließenden Phase der Entwicklung wird das System in Optimierungsprozessen konzipiert, entworfen und in Verfahrens- und Konstruktionsplänen ausgeführt. Die Methodik des Denkens und Handelns in diesen bei-

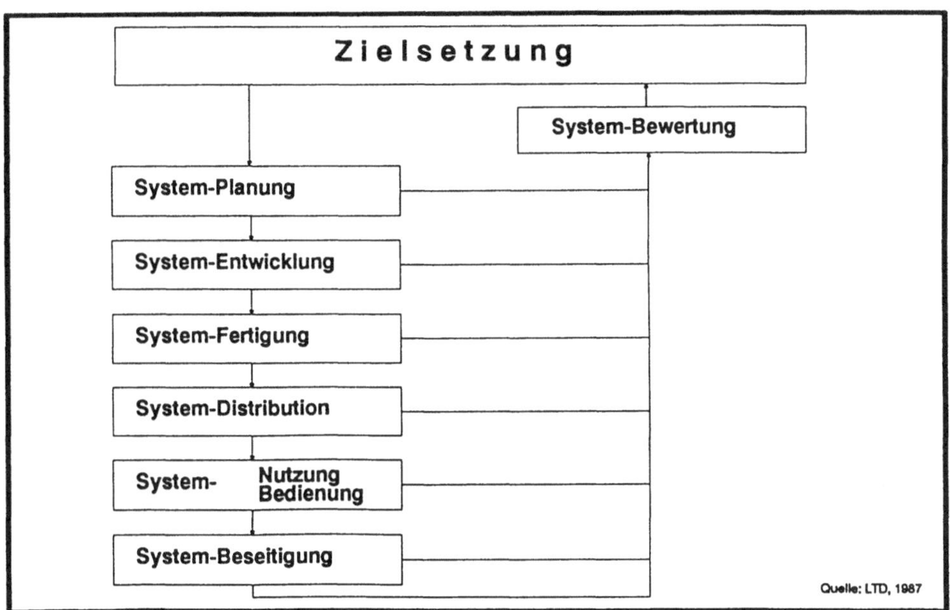

Bild 3.1.1-1: Grobstrukturierung des Lebenslaufes technischer Systeme und Produkte

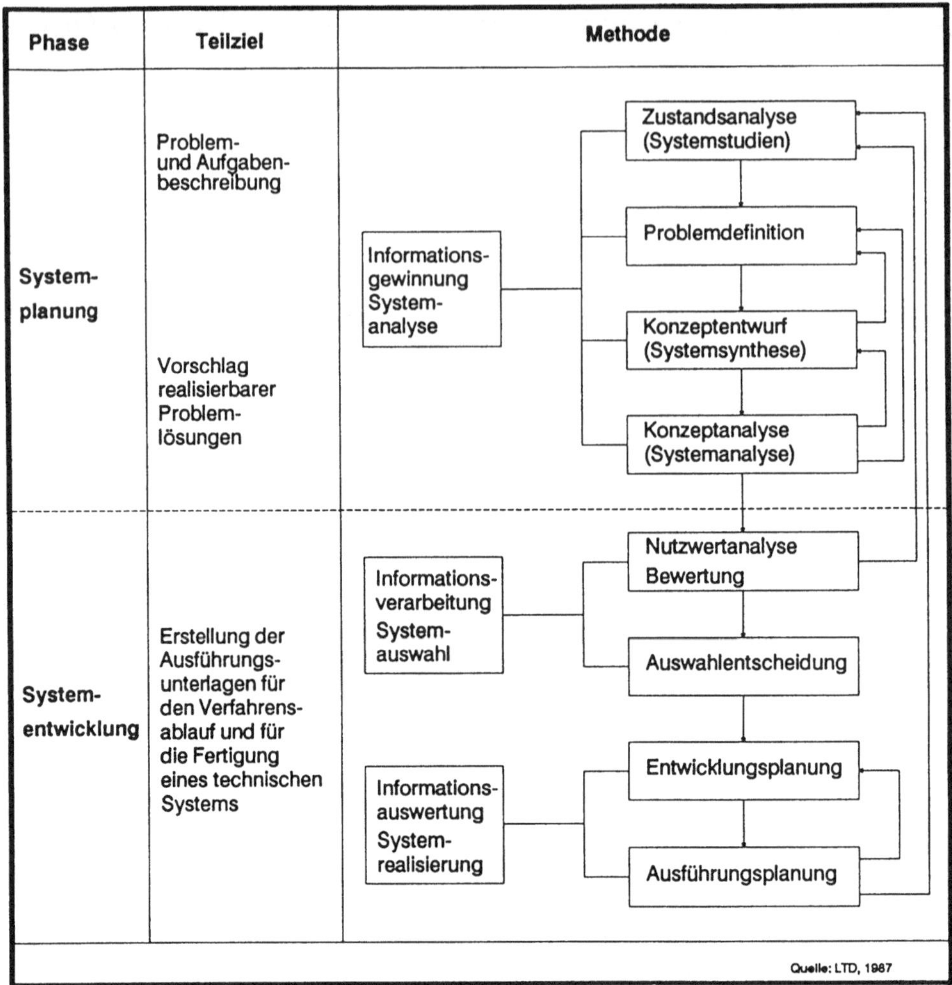

Bild 3.1.1-2: System-Planung und -Entwicklung

den Phasen wird von den Vorstellungen der Systemtechnik geprägt, die als Kunst des richtigen Handelns verstanden werden kann, und helfen soll, die Bearbeitung komplexer Systeme zu optimieren. Ihre Arbeitsschrittfolge wird im wesentlichen durch drei Hauptarbeitsabschnitte mit folgenden Inhalten gekennzeichnet:

- Informationsgewinnung oder Systemanalyse
- Informationsverarbeitung oder Systemauswahl
- Informationsauswertung oder Systemrealisierung.

Jeder dieser Abschnitte setzt sich wieder aus Einzelabschnitten mit gleicher Reihenfolge des Informationsumsatzes zusammen. Nicht das Prinzip dieses systemtechnischen Informationsumsatzes, sondern der zunehmende Grad der Konkretisierung bestimmen die Unterschiede zwischen den Handlungsbereichen der Planung und der Entwicklung.

Die Systemanalyse in der Planungsphase beginnt mit Systemstudien, in denen drei Betrachungsschwerpunkte miteinander zu verknüpfen sind:
- Gesellschaftliche Forderungen.
- Die Beziehungen zwischen natürlicher, technischer und gesellschaftlicher Umgebung.
- Die Beschaffenheit vorhandener technischer Systeme.

In der Phase der Systementwicklung sind sämtliche Ausführungsunterlagen für den Verfahrensablauf und für die Fertigung des geplanten technischen Systems zu erstellen. Dabei verläuft der Informationsumsatz nach dem gleichen Algorithmus, der auch für das Stadium der Planung kennzeichnend ist. Die Problembearbeitungen zielen jedoch auf Konkretisierung und Detaillierung der vorliegenden Planungsunterlagen hin und können in die Phasen des Konzipierens, Entwerfens und Ausarbeitens untergliedert werden.

Die verfahrenstechnischen, maschinentechnischen und gesetzlichen Komponenten der System-Zielsetzungen sowie sämtliche räumlichen und zeitlichen Bedingungen für diesen konstruktiven Optimierungsprozeß werden nun auf eine konkrete Konstruktionssituation bezogen. Darin werden Verknüpfungen von Input- und Outputgrößen hergestellt, die Funktionen und geometrische Abmessungen der Teilsysteme berechnet und ihre Struktur und räumliche Anordnung in Verfahrensablaufplänen und in Fertigungs- und Betriebsunterlagen festgelegt.

3.1.2 Systemgestaltung

Als besonders leistungsfähig hat sich u. a. die Rückführung des Systemverhaltens auf die elementaren Grundphänomene der Steuerung und Regelung erwiesen [23], diese Instrumentarien gestatten vor allem die Analyse des Übertragungsverhaltens.

Als spezifisch systemtheoretische Modellierungsmethodik kann, unter Berücksichtigung von Kosten/Nutzen-Überlegungen zwischen den konkurrierenden Forderungen nach Komplexreduktion einerseits und Abbildungstreue andererseits, die in **Bild 3.1.2-1** veranschaulichte Vorgehensweise angewendet werden.

In einem ersten Schritt (Systempräzisierung) wird der zu untersuchende Realitätsbereich eingegrenzt und strukturiert. Im nächsten Schritt (Systemerkennung) sind die relevanten Systemelemente und -bezeichnungen zu erfassen, wobei in einem weiteren Schritt (Systemidentifikation) typische Struktur- und Verhaltensmuster zu quantifizieren sind. Sodann dient der nächste Schritt (Modellerstellung) der Abbildung von Ausschnitten des Systems zur Gewinnung zusätzlicher Erkenntnise; es folgt in einem weiteren Schritt die Modell-Lösung. Hierbei werden Aussagen erarbeitet, die das Systemverhalten modellhaft beschreiben, z. B. mit Hilfe analytischer, algorithmischer und heuristischer Lösungsverfahren, u. a. durch die Simulation.

Anhand eines solchen Modells können nun Konsequenzanalysen alternativer Gestaltungsaktivitäten im nächsten Schritt (Objektgestaltung) herangezogen werden, die dann als Entscheidungsaktivitäten eine optimale Zielerreichung bewirken.

3.1.3 Prozeßketten

In konsequenter Anwendung der beschriebenen systemtechnischen Konzepte können CIM-Prozeßketten bezogen auf das *Produkt*, die *Produktion* und die *Produktionsplanung* und *-steuerung* analysiert bzw. geplant und erstellt werden.

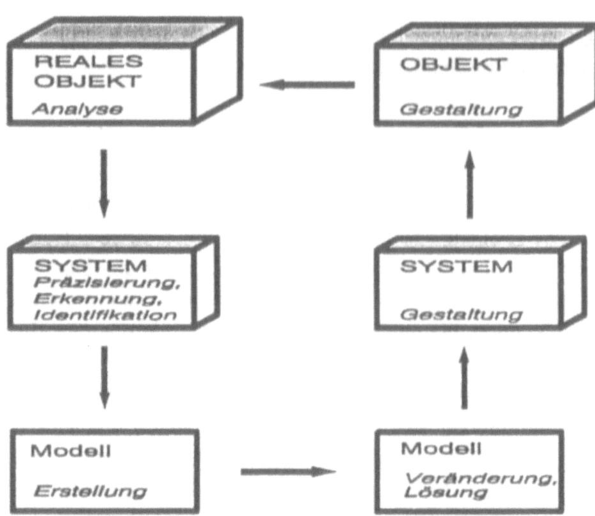

Bild 3.1.2-1: Vorgehensweise beim Arbeiten mit systemtheoretischen Modellen

3.2 CIM-Kette *Produkt*

3.2.1 Definition und Zielsetzung

Die richtigen Produkte zum richtigen Zeitpunkt am Markt anbieten zu können, wird für immer mehr Unternehmen nicht nur zu einem Beurteilungskriterium der Leistungsfähigkeit von deren Entwicklungs-, Konstruktions- und Fertigungsabteilungen, sondern zur *Überlebensfrage*. Dies mag, betrachtet man den durchschnittlichen mittelständischen Maschinenbaubetrieb, unglaubhaft klingen. Wirft man aber einen Blick auf Produkte im EDV-Bereich, z. B. auf Workstation, Laserdrucker oder Plotter, so ist die Tragweite dieser Aussage sicher zu erkennen, denn wer hat sich noch nicht über die enorme Geschwindigkeit gewundert, mit der neue Produkte entwickelt und am Markt eingeführt werden. Mit anderen Worten, je kürzer der Lebenszyklus eines Produktes ist, um so wichtiger wird für ein Unternehmen die Frage nach der *Time to Market* für Nachfolgeprodukte. **Bild 3.2.1-1** zeigt schematisch die mit der raschen Markteinführung verbundenen Vorteile: zum einen die Chance, diese Produktgeneration über einen möglichst langen Zeitraum verkaufen zu können, zum zweiten die Wahrscheinlichkeit, durch die im Vergleich zu Mitbewerbern frühere Markteinführung sowohl wegen der anfänglich konkurrenzlosen Situation über eine längere Zeit höhere Verkaufspreise realisieren (vgl. Kap. 2.5) als auch durch den frühen Bekanntheitsgrad zu einem größeren Marktanteil auf diesem Produktsektor zu kommen. Wie leicht einzusehen ist, schlagen sich all diese Einzelaspekte in einer Erhöhung des während des Produktlebenszyklus erzielbaren Gesamtumsatzes nieder.

Die Reduktion der Zeitphase bis zur Markteinführung neuer Produkte ist allerdings nur eine der möglichen Zielsetzungen im Zusammenhang mit der Effektivitätssteigerung der CIM-Kette *Produkt*. Zwei weitere wichtige Zielgrößen zeigt das als Beispiel von Resultaten einer entsprechenden Analyse eines Maschinenbau-Unternehmens ausgewählte **Bild 3.2.1-2**: Steigerung der Qualität und Reduktion der Kosten. Diese grundsätzlichen Ziele

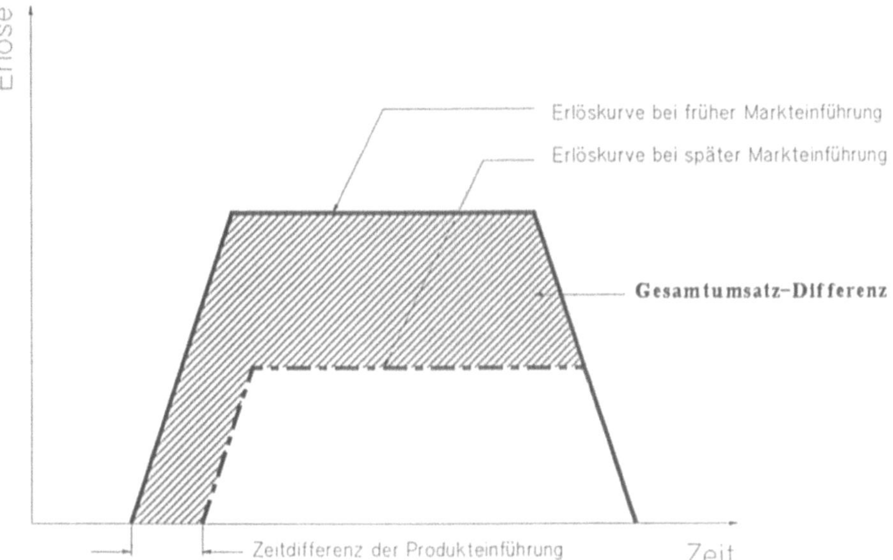

Bild 3.2.1-1: Schematische Darstellung des Wettbewerbsvorteils infolge einer schnelleren
Markteinführung eines neuen Produkts im Vergleich zu dem des Wettbewerbers

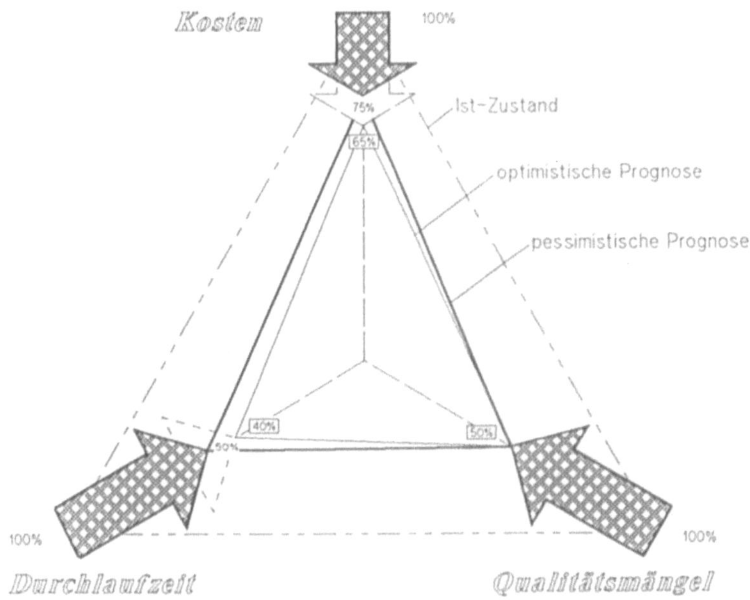

Bild 3.2.1-2: Die drei wesentlichen Nutzen-Faktoren bei der Realisierung typischer CIM-Lösungen im
Maschinenbau: Reduktion von Durchlaufzeit, Qualitätsmängeln und Kosten

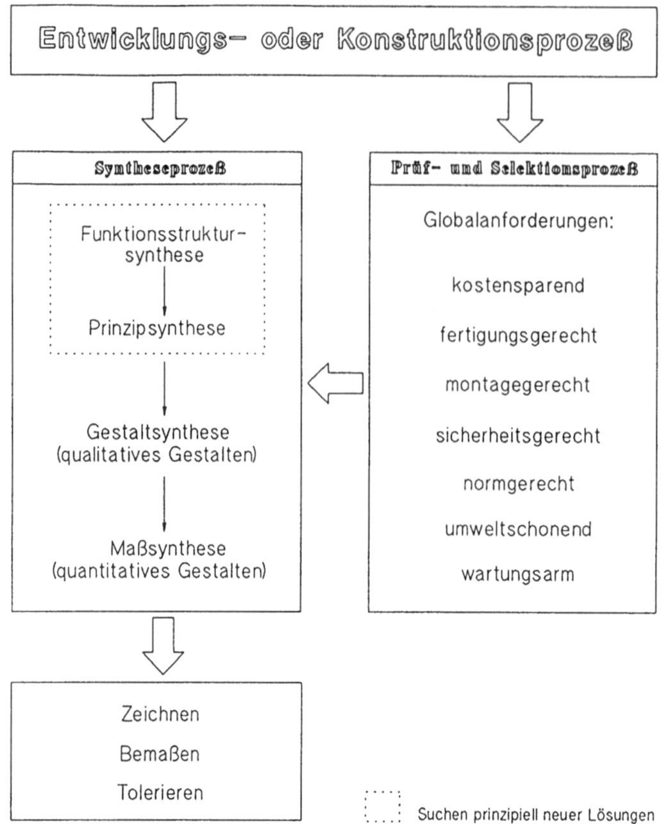

Bild 3.2.1-3: Der Prozeß der Produktentwicklung und -konstruktion: Ein ständiges Prüfen und
Selektieren während der einzelnen Phasen des Syntheseprozesses

sollen nun unter anderem dadurch erreicht werden, daß der gesamte Prozeß der Produktentwicklung und -konstruktion (**Bild 3.2.1-3**) rechnerunterstützt durchgeführt wird, um so diesen Prozeß selbst weitestgehend zu effektivieren und Folgeprozesse möglichst wirtschaftlich zu determinieren (vgl. Kap. 3.1.2). Mit anderen Worten: Durch den Einsatz von CAD-Systemen (u.U. auch erst solcher zukünftiger Generationen) sollen Entwickler und Konstrukteure sowohl während aller Schritte des Syntheseprozesses als auch während der dazu parallelen Prüf- und Selektionsprozesse mit dem Ziel der Entwicklung optimaler Lösungen unterstützt werden. Wie weitgehend Daten (Geometrie, Zeichnungen, Informationen) und Funktionen (Planen, Ausführen, Kontrollieren), ausgehend von der tradierten Vorgehensweise im Konstruktionsbereich, in einem CAD-System integriert werden können, zeigt schematisch die Übersicht in **Bild 3.2.1-4**.

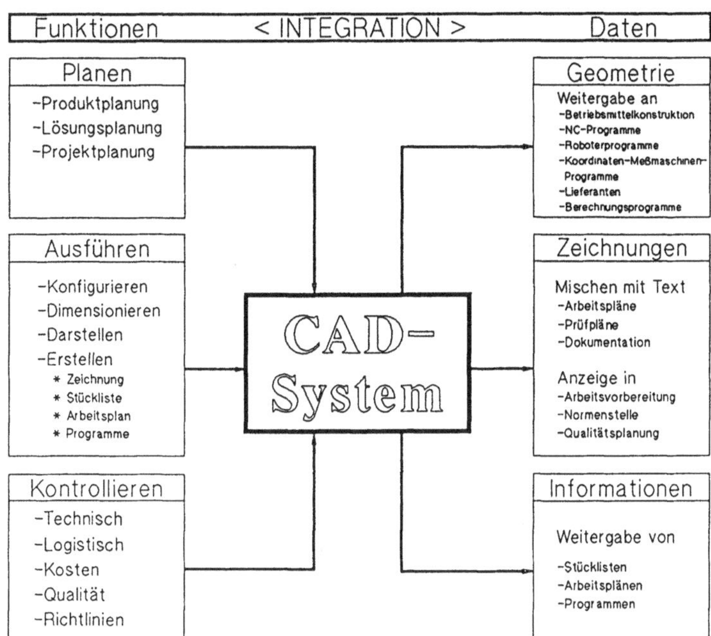

Bild 3.2.1-4: Schematische Darstellung der Integrationsmöglichkeiten verschiedenster Daten und
Funktionen in einem CAD-System

3.2.2 Stand und Entwicklungstendenzen von rechnerunterstützten Produktplanungs- und -entwicklungssystemen

Der Einsatz von DV-Systemen ist überall möglich, wo Informationen verarbeitet werden, und das heißt im Falle eines Industrieunternehmens in praktisch allen Bereichen. In den zurückliegenden Jahren wurden deshalb die unterschiedlichsten Begriffe zur Kennzeichnung von Rechner-Anwendungsbereichen geschaffen, die nicht immer eine einheitliche Interpretation erfuhren. Verbände, Vereinigungen, Standardisierungsgremien usw. waren deshalb im Interesse einheitlicher Sprachregelungen gefordert, entsprechende Empfehlungen für die Begriffsbestimmung der meist aus dem englischen Sprachraum stammenden Abkürzungen wie CAD, CAE (Computer Aided Engineering), CAM usw. zu erarbeiten. Stellvertretend ist in diesem Zusammenhang insbesondere der Ausschuß für Wirtschaftliche Fertigung e.V. (AWF) zu nennen (vgl. Kap. 1.3.2 u. 2.3.2 u. [5]).

Während in den ersten Jahren zunehmender Verbreitung dieser sogenannten CAx-Techniken mehr und mehr der Wunsch laut wurde, Daten, die während einer Anwendung erfaßt bzw. erzeugt wurden, dann möglichst auch bei der Integration als zusätzliche *Rechneranwendungsinseln* weiterverwenden zu können, ohne diese bei entsprechendem Fehlerrisiko nochmals eingeben zu müssen, gehen heute die Anforderungen mehr in die Richtung, die Abkürzung CAD neu zu interpretieren: Anstelle *Computer Aided Design* wird *Computer Aided Development*, also rechnergestützte Entwicklung und damit die Integration von CAE in CAD gefordert (vgl. Kap. 3.2.4.3).

In der Folge wird sich somit der traditionelle Design-Prozeß wohl spürbar verändern. Von der Iterationsschleife *Zeichnung - Prototypbau - Anwendungstest*, die gegebenenfalls - und dies verbunden mit sehr hohen Kosten - mehrfach durchlaufen werden muß, wird man immer häufiger zu *Design-Loops* kommen (**Bild 3.2.2-1 a/b**). Diese *Konstruktions-Schlei-*

Tradierter Konstruktionsprozeß (Design Redesign Loop)

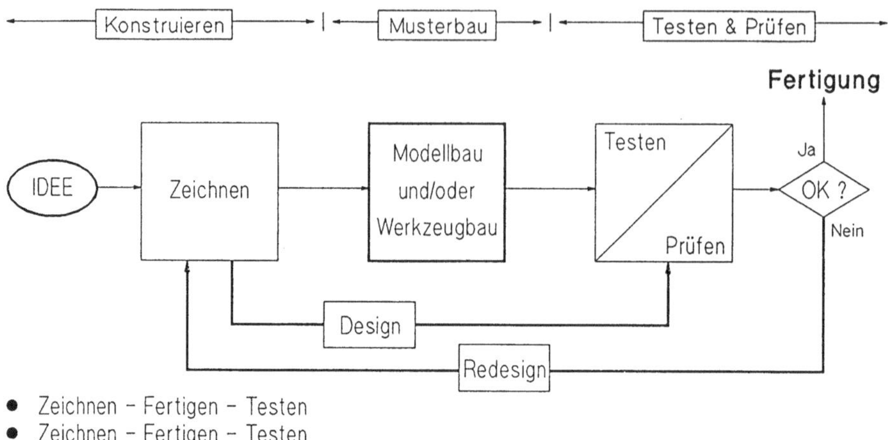

Zukünftiger Konstruktionsprozeß (Design Automation)

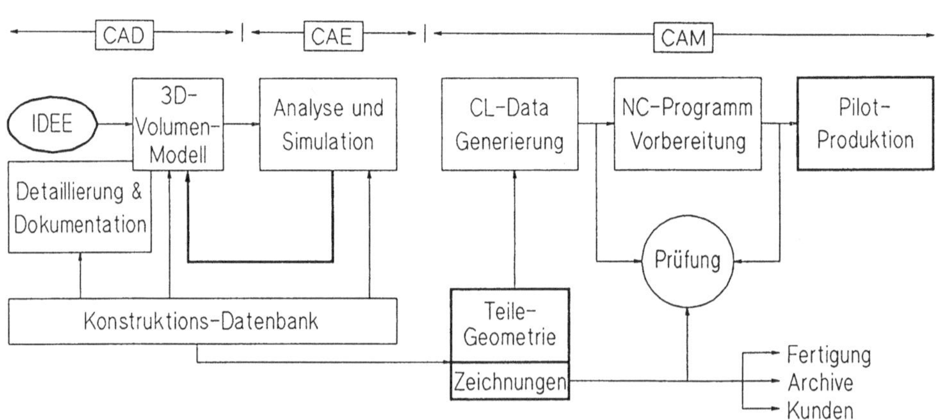

Bild 3.2.2-1: Gegenüberstellung der grundsätzlichen Abläufe beim traditionellen Konstruktionsprozeß (a) und dem zukünftig zu erwartenden Konstruktionsprozeß (b)

fen sind dadurch gekennzeichnet, daß das Konstrukt unter Zuhilfenahme von Analyse- und Simulationswerkzeugen in verschiedenster Hinsicht (z.B. in bezug auf Beanspruchung, Fertigungseignung, Kosten, Recycling) optimiert wird, und dann anschließend nur noch die Daten dieser so optimierten Lösung weiterverwendet werden, um beispielsweise NC-Programme zu erstellen und erste Funktionsmuster zu fertigen, die dann wohl nur noch recht selten zu Konstruktionsänderungen führen werden. Die Vorteile eines solchen Vorgehens liegen also auf der Hand, und das noch vor uns liegende Entwicklungsfeld wird wohl besonders deutlich, wenn man Verfahren des *Rapid Prototypings* (z.B. die *Stereolithografie*) in die Überlegungen mit einbezieht, die wohl in nicht allzuferner Zukunft die automatische Ausgabe von Funktionsmustern am Ende des Design-Zyklus erwarten lassen, ohne daß es bis zu diesem Zeitpunkt je zum Drucken oder Plotten einer Zeichnung gekommen wäre.

3.2.3 Rechnerunterstützte Produktplanung

Hinter dem Ansatz der rechnerunterstützten Produktplanung und -entwicklung verbirgt sich zunächst die Konsequenz aus der Erkenntnis, daß die Produktkosten-Verantwortung des Bereichs Entwicklung/Konstruktion in einem Unternehmen bei ca. 70% liegt (**Bild 3.2.3-1**), also die Konstruktion sich auf die Produktausführung festlegt, und die nachfolgenden Abteilungen sehen müssen, wie sie damit zurechtkommen (*Over-the-wall-design*). Mit anderen Worten: Wird nicht spanungsgerecht konstruiert, so kann dieser sich auf die Fertigungskosten negativ auswirkende Designfehler auch durch erhebliche Anstrengungen

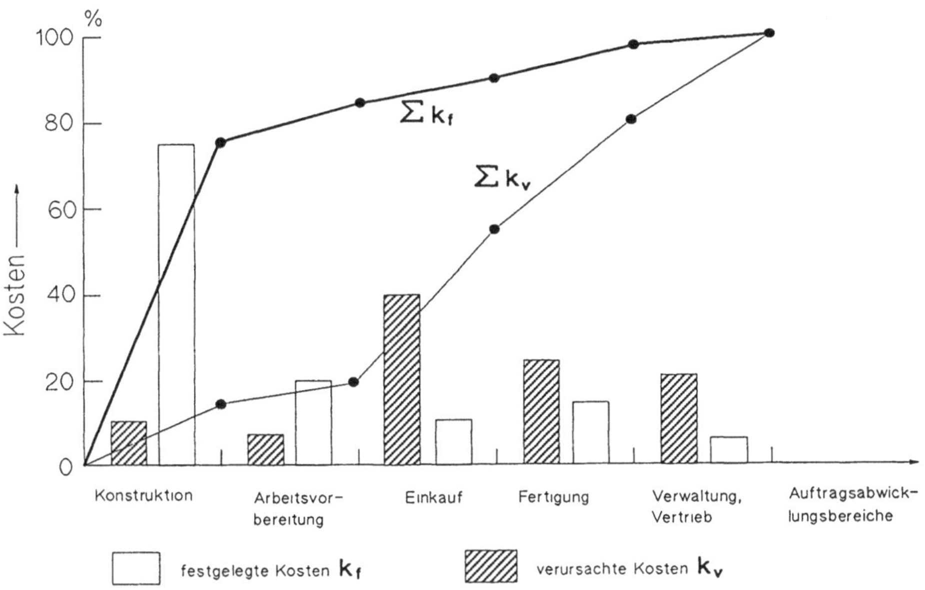

Bild 3.2.3-1: Vergleichende Gegenüberstellung von Kostenfestlegung und Kostenverursachung bei der Auftragsabwicklung zwecks Beurteilung der Produktkosten-Verantwortung des Bereichs Konstruktion/Entwicklung

im Fertigungsbereich nicht mehr komplett ausgeglichen werden. Wird nicht gemäß den Anforderungen an eine automatisierte Montage konstruiert, so kann die Folge sein, daß gewisse Teilprozesse überhaupt nicht oder nur mit erheblichem gerätetechnischen Aufwand, erhöhter Störanfälligkeit oder gar erst nach konstruktiven Änderungen automatisiert werden können.

Wie weitreichend die während des Designprozesses vom Konstruktionsteam zu berücksichtigenden Aspekte alleine in punkto Fertigungsgerechtheit sind, soll exemplarisch in der folgenden Übersicht aufgezeigt werden. Sie sind geordnet nach Verfahrenshauptgruppen und werden ergänzt um Anforderungen bezüglich der Hilfsprozesse, und sie beziehen alle Phasen des Produktlebenszyklus, also auch die Recyclinggerechtheit mit ein. Im einzelnen sind dies:

Rohteilherstellung und Teilefertigung
- urformgerechtes Gestalten von Gußteilen:
  gerecht den Werkstoffen und Beanspruchungen, Modellen, Einformungen, Gießprozessen, Abkühlungen, Folgeprozessen
- umform- und zerteilgerechtes Gestalten von Freiform- und Gesenkschmiedeteilen:
  gerecht den Werkstoffen und Fließvorgängen, Fertigungsmitteln, Folgeprozessen.
- umform- und zerteilgerechtes Gestalten von Blechteilen:
  materialsparend und gerecht den Werkstoffen, Schneidewerkzeugen und Umformwerkzeugen.

  spanungsgerechtes Gestalten:
  * Minimierung qualitativer und quantitativer Anforderungen (Werkstoffvolumen, Werkzeugwege, Qualität)
  * und gerecht den Fertigungsverfahren, dem Spannen, der Handhabung, den Werkzeugen, den Vorrichtungen und der Entsorgung.
- kunststoffverarbeitungsgerechtes Gestalten:
  gerecht den Werkstoffen, Verfahren, der Entformung, den Funktionen.
- wärmebehandlungsgerechtes Gestalten:
  bezüglich der Montage gerecht dem Fügen und Schweißen sowie den Baugruppen und der Automatisierung,
  bezüglich der Hilfsprozesse gerecht der Handhabung, dem Transport, der Lagerung, Prüfung und Instandhaltung sowie dem Recycling.

Aus den geschilderten Sachverhalten leitet sich also die Forderung ab, den Konstrukteuren und Entwicklern möglichst solche *Software-Werkzeuge* (Tools) zur Verfügung zu stellen, die es ihnen gestatten, die unterschiedlichsten Einflüsse und Faktoren zu simulieren und basierend auf diesen Ergebnissen das Konstrukt zu optimieren. Diese *Simulations-Tools* stehen heute für die unterschiedlichsten Vorhaben zur Verfügung, und nicht zuletzt wegen der enorm gewachsenen und noch weiter zunehmenden Leistungsfähigkeit der Hardware gestatten diese Applikationen inzwischen bereits Simulationen von Zusammenhängen, die selbst am konkreten Produkt bzw. System nur mit enormen Aufwendungen zu untersuchen wären.

Die Anwendungsfelder dieser Simulations-Tools sind schon heute sehr vielfältig, und für die nächsten Jahre wird ein enormes Wachstum dieses Software-Marktsegmentes sowie die Breiteneinführung solcher Applikationen prognostiziert (vgl. Kap. 3.3.1.3.7). Bei der riesigen Fülle derartiger Simulations-Pakete, die inzwischen eine mehr oder minder große Verbreitung gefunden haben, kann an dieser Stelle exemplarisch nur ein kleiner Ausschnitt wiedergegeben werden:

Simulation von Beanspruchungen und Verformungen

Beispiele: Spannungen im Bereich von Kerben und Bohrungen, Verformungen im Bereich von Krafteinleitungsstellen, Beanspruchungen im Zylinderkopfbereich von Verbrennungsmotoren, Schwingungs- und Dämpfungsverhalten von Systemen, Crash-Analysen und Unfallfolgenvorhersagen (erspart die Zerstörung teurer Systeme für Testzwecke und ermöglicht logischerweise nicht-testbare Unfallfolgenabschätzungen bei Menschen).

Simulation von Strömungsvorgängen

Beispiele: Strömungswiderstände in Leitungssystemen, Auftriebswirkung an Tragflächen, Wirkungsanalyse von Spoilern, Optimierung von Luftwiderstandsbeiwerten (z.B. anstelle von Windkanalversuchen).

Simulation von Fertigungsprozessen

Beispiele: Simulation von Spritzgießvorgängen (Moldflow-Analysen), Simulation spanender Prozesse unter Heranziehung unterschiedlichster Werkzeugmaschinen. Auftretende Hinterschneidungen etc. können so beispielsweise während des Simulationslaufes erkannt und daraufhin sofort die notwendigen konstruktiven Änderungen vorgenommen werden. Da im Zuge dieser interaktiv ablaufenden Simulations-Session die entsprechenden geometrischen und technologischen Zusatzdaten festgelegt werden, läßt sich damit auch das NC-Programm generieren (vgl. Kap. 3.2.7.2).

Simulation von Getrieben und Mechanismen

Beispiele: Simulation des Bewegungsverhaltens beliebiger Getriebeelemente mit dem Ziel der Kollisionskontrolle in entsprechenden Extremlagen, Simulation von Handling- und Montagesystemen. (Derartige *Robotics-Applikationen* gestatten häufig nicht nur kinematische und dynamische Analysen von Robotersystemen, sondern - analog der NC-Programm-Generierung im vorherigen Simulationsfall - auch die Generierung der entsprechenden Robotersteuerungs-Programme.)

Montagefähigkeits-Simulation

Beispiel: Mittels der **Assembly Evaluation Method (AEM)** ist es möglich, Montageoperationen Schwierigkeitsgrade zuzuordnen und darauf basierende Bewertungen vorzunehmen, um die Montageabläufe selbst sowie die darin einbezogenen Teile konstruktiv zu optimieren, und zwar mit dem Ziel gesteigerter Präzision, schnellerer Montageabläufe und einer Vereinfachung der Montageanlage selbst.

3.2.4 Rechnerunterstützte Produktentwicklung

Nach den Boom-Jahren mit stürmischer Umsatzentwicklung von CAD-Systemen, wird dieser Software-Marktsektor zunehmend durch Konsolidierungs- und Konzentrations-Erscheinungen geprägt, was für den Anwender mit Vor- und Nachteilen verbunden ist. Als Vorteile lassen sich Standards, vereinfachter Datenaustausch, Aufwärtskompatibilität usw. aufzählen. Andererseits werden beispielsweise Unternehmen im Falle der Einstellung der

Weiterentwicklung eines CAD-Produktes sehr schmerzlich erfahren, welchen Stellenwert Investitionssicherung bei der Beurteilung und Anwendung einer CAD-Applikation haben sollte. Die "Top-Ten-Liste 1991" (Quelle: Dataquest) der Anbieter von CAD/CAM-Software für Workstations führt folgende Unternehmen mit Jahresumsätzen zwischen 184 Mio. und 25 Mio. US-Dollar auf: Prime/Computervision, McDonnell/EDS, SDRC, Hewlett-Packard, Schlumberger, Matra Datavision, Hitachi, NEC, IBM und Intergraph.

Weitergehende Standardisierungen sind wohl auch durch den *ACIS Kernel* von Spatial Technology (ca. 45 Lizenzen wurden bislang vergeben) zu erwarten, der beispielsweise die Freiformflächen und 3D-Volumenobjekte integrierende Modeller-Basis von Hewlett-Packards *Solid Designer* darstellt, und der zwischenzeitlich auch von Autodesk, Schlumberger u.a. lizenziert wurde (vgl. Kap. 3.3.1.3.5, Standardisierung).

Häufig treten in der Praxis unternehmensspezifische Anforderungen an das CAD-System auf, das deshalb grundsätzlich offen, also erweiterungsfähig für spezielle Anwendungen und Anpassungen sein sollte. Wie bisherige Erfahrungen zeigen, ist nur mit derartigen Systemen ein durchgehender Datenfluß in Richtung CIM erreichbar.

3.2.4.1 CAD-Systeme

3.2.4.1.1 Aufgaben und Anwendungsbereiche

Generelle Aufgabe des Einsatzes von CAD-Systemen ist es, die Arbeit des Entwicklers und Konstrukteurs während des Designprozesses in allen Phasen zu unterstützen: Funktionsfindung, Prinziperarbeitung, Gestaltung, Detaillierung. Hierbei entsteht eine Vielzahl an Unterlagen (Schemadarstellungen, Diagramme, Funktionspläne, Fließschemata, Prinzipskizzen, Berechnungsunterlagen, Entwurfsskizzen, Detailzeichnungen, Stücklisten, Arbeitspläne, Prüfpläne, Montagepläne, NC-Programme, Werkzeug- sowie Vorrichtungszeichnungen etc.), die den Werdegang einer technischen Lösung dokumentieren und zur eindeutigen Beschreibung der Funktionsweise, Gestalt, Herstellung und Wartung eines Produktes erforderlich sind. Diese allgemeine Auflistung zeigt jedoch, daß die aktuelle Generation von CAD-Systemen dieser Summe an Anforderungen noch nicht gerecht wird und erst zukünftige Software-Generationen über dementsprechend umfassende Leistungsmerkmale verfügen werden.

Als Vorteile des rechnerunterstützten Konstruierens sind insbesondere zu nennen:
- Reduktion des Aufwandes bei der Ausführung sich wiederholender Vorgänge
- Vereinfachung der Optimierung von Konstruktionslösungen durch rasche Entwicklung von Lösungsalternativen
- Reduktion von Fehlern, z.B. auch bei der Weiterverwendung von Zeichnungsdaten
- Anwendung von Methoden (FEM, Bewegungssimulation etc.), die manuell praktisch nicht einsetzbar sind.

Art und Umfang der möglichen Rechnerunterstützung sind dabei neben den Leistungsmerkmalen der eingesetzten Software insbesondere vom Bekanntheitsgrad einer technischen Lösung - also den jeweiligen Konstruktionsregeln - abhängig, woraus sich die nachfolgende Unterscheidung von Konstruktionsarten ableitet:

- Neukonstruktionen

  Die Gesamtfunktion ergibt sich aus der Aufgabenstellung, sie liegt somit fest. Funktionsstruktur, Physikalische Wirkprinzipien sowie alle Konstruktionsmerkmale sind hingegen variabel.

- Anpassungskonstruktionen

  Neben der Gesamtfunktion liegt hierbei auch die Funktionsstruktur fest. Variabel sind hingegen die Physikalischen Wirkprinzipien sowie alle Konstruktionsmerkmale.

- Variantenkonstruktionen

  Die Freiheit des Konstrukteurs ist hier noch weiter eingeschränkt, da Gesamtfunktion, Funktionsstruktur, Physikalische Wirkprinzipien und generelle Anordnung der Teile feststehen und lediglich noch Gestalt und Abmessungen variabel bleiben. **Bild 3.2.4.1-1** zeigt als Anwendungsbeispiel eine Variantenkonstruktion von Brauereikessel-Abdeckhauben. Lediglich 9 unabhängige Design-Variablen (Gefäß-Durchmesser, Zargen-Wandstärke, Hauben-Wandstärke, Hauben-Winkel, Dunstrohr-Durchmesser, Dunstrohr-Wandstärke, Hauben-Blechbreite, Kondensatleitungs-Winkel und Senkbodenwinkel) definieren dieses relativ komplexe Konstrukt. Interessant ist ferner noch die Tatsache, daß das Zeichnungslayout mit Schnitten und Einzelheiten ebenso vollautomatisch erfolgt

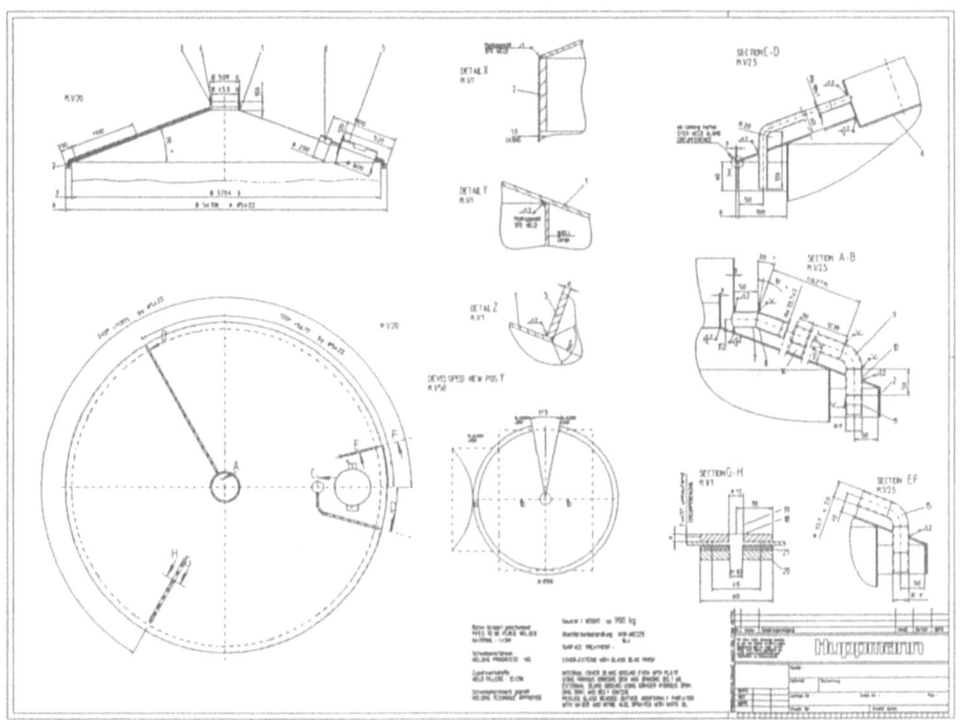

Bild 3.2.4.1-1: Variantenkonstruktions-Beispiel (Abdeckhaube), die von lediglich neun Design-Variabeln abgeleitet wird. Auch die Ermittlung der Einzelheiten/Schnitte, der Bemaßung, der Blechabwicklung und des Seitenlayouts erfolgt automatisch

wie die komplette Bemaßung und die Hauben-Blechabwicklung. Nach Einführung dieser automatischen Variantenkonstruktions-Lösung konnte der Zeitaufwand für die zuvor übliche Lösung (unter Anwendung von *Kopier-, Kratz- und Rubbeltechniken*) von ca. 2 Tagen auf ca. 5 Minuten reduziert werden.

- Prinzipkonstruktionen

  Im Vergleich zur Variantenkonstruktion ist bei dieser Konstruktionsart auch noch die Gestalt festgelegt, so daß hier letztlich nur noch die Abmessungen variabel sind.

Das Finden der Lösungen kann - je nach Konstruktionsart und Software-Umgebung - automatisch, halbautomatisch und manuell/interaktiv erfolgen. Heute dominiert noch immer die letztere Vorgehensweise, bei der der Konstrukteur das CAD-System mehr oder weniger als *Elektronisches Zeichenbrett* benutzt und sich bei der Lösungsfindung der gleichen intuitiven oder rekursiven Konstruktionsmethoden bedient wie dies ohne Rechneranwendung der Fall wäre. Es liegt auf der Hand, daß hierbei die Kommunikation zwischen Anwender und CAD-System eine herausragende Rolle spielt, und man unterscheidet diesbezüglich die Systeme nach der

- Art der Ein- und Ausgabegeräte,

- Art der Kommunikation,

- Art der Eingabesprache,

- Art der Übersetzung.

Je nachdem, ob alphanumerische oder grafische Daten zum Informationsaustausch notwendig sind, werden für die Eingabe Tastaturen, Grafiktabletts, Mäuse, Drehknopf-Einheiten, Leseeinrichtungen, Digitalisierer, Scanner (auch 3D-Geräte) usw. und für die Ausgabe Drucker, Plotter, Fotobelichter, Sichtgeräte/Terminals etc. verwendet.

Bei der Art der Kommunikation wird unterschieden, ob der Dialog ausschließlich vom Benutzer oder vom System (z.B. durch die Vorgabe von Handlungsalternativen) geführt wird, wobei auch Mischformen möglich sind. Die Kommunikation selbst erfolgt in Form spezieller Eingabesprachen, wobei man insbesondere Anforderungen wie leichte Erlernbarkeit, hoher Benutzerkomfort und ausreichende Fehlertoleranz stellt. Unterschieden werden hierbei:

- Höhere Programmiersprachen

- Kommandosprachen für Batch- und Dialogbetrieb

- Tabelleneingaben bzw. Eingabemasken

- Bildschirm- und Tablett-Menüeingaben

Programmiersprachen mit Prozeduren für grafische Datenobjekte finden bei der Erstellung von Programmen für Varianten- oder Prinzipkonstruktionen Anwendung. Besondere Bedeutung haben hier - neben allgemeinen Grafik-Sprachen - Fortran, C und LISP erlangt.

Kommandosprachen werden überwiegend im Dialogbetrieb verwendet, und deshalb wird häufig eine enge Anlehnung an die Umgangssprache gefordert. Manche Systeme lassen sich deshalb in unterschiedlichen Sprachen installieren oder konfigurieren, was dann einerseits z.B. deutsche Interaktionskommandos gestattet, andererseits aber z.B. die Verwendung von Batch-Routinen in einem ausländischen Zweigwerk, das die gleiche CAD-Applikation mit anderer Sprachkonfiguration anwendet, nicht mehr erlaubt. Die Kompromißlösung ist in solchen Fällen dann nicht selten die gemeinsame Installation der englischen Arbeitsumgebung. Modernere Lösungen gestatten hier allerdings auch schon einen *divided language support* (**Bild 3.2.4.1-2**), wobei die Sprache der Bedieneroberfläche, also der

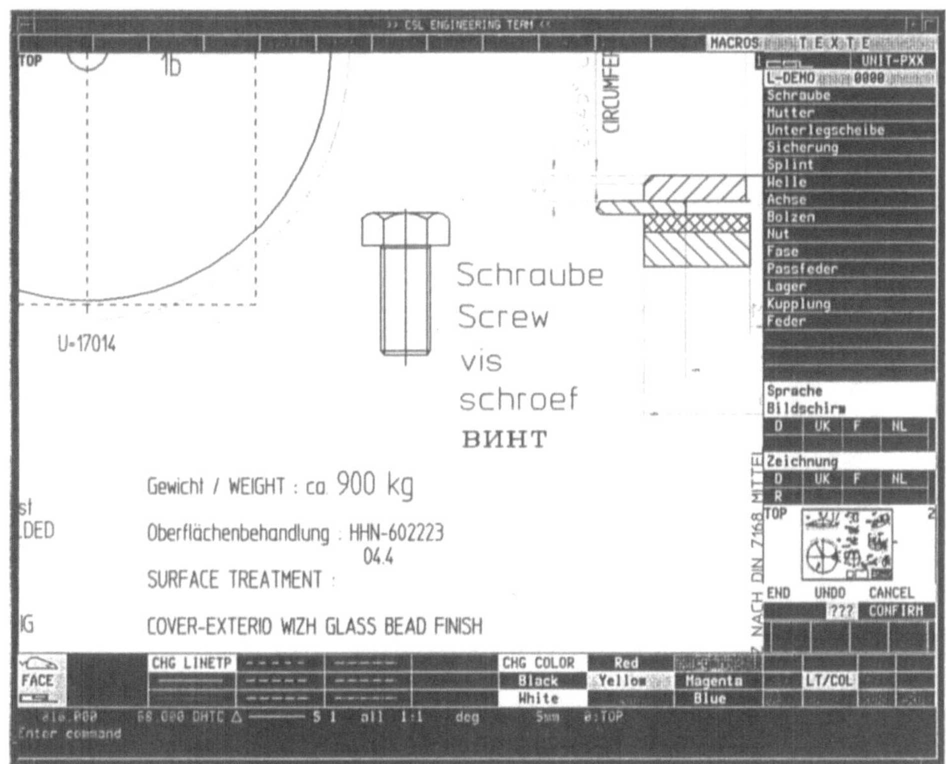

Bild 3.2.4.1-2: Beispiel für den "Divided Language Support": Bedieneroberfläche und Zeichnungsbereich können auf verschiedene Sprachen eingestellt werden. Begriffe - z. B. Schraube - werden im Bildschirmmenü gewählt und in der definierten Zielsprache in die Zeichnung eingetragen (ggf. auch mit Zeichensatz-Wechsel, z. B. kyrillischer Font)

Arbeitsumgebung, und die der Zeichnungsumgebung getrennt und interaktiv umschaltbar ist.

Tabelleneingaben bzw. Eingabemasken finden vorwiegend bei Varianten- oder Prinzipkonstruktionen zur Eingabe von Konstruktions- oder Steuerdaten Anwendung. Oftmals wird hier auch eine direkte Kopplung mit Sachmerkmalleisten-Systemen (SML) oder auch Tabellenkalkulationsprogrammen (z.B. Lotus 1-2-3) vorgenommen.

Bildschirm-(**Bild 3.2.4.1-3**) und Tablett-Menüeingaben (**Bild 3.2.4.1-4**) stellen gewissermaßen den Standard der interaktiven Mensch-Maschine-Kommunikation bei CAD-Systemen dar. In der Regel sind die Systeme leicht den spezifischen Bedürfnissen des Anwenders entsprechend konfigurierbar (customizing). Kommandos und sonstige Programmaufrufe müssen in diesen Fällen dann nicht mehr über die Tastatur eingegeben werden, sondern sie sind bei irgendwelchen Menüfeldern (auf Bildschirm- oder Tablett) hinterlegt, und sie werden jeweils dann automatisch aktiviert bzw. abgesetzt, sobald der Bediener das entsprechende Menüfeld auswählt, also anklickt.

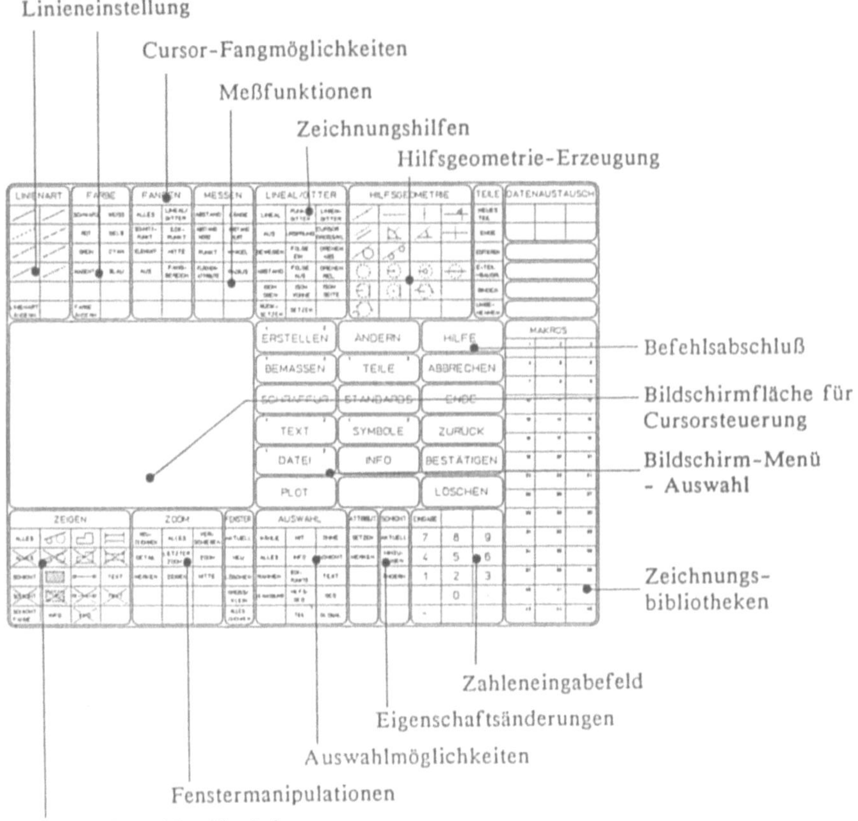

Bild 3.2.4.1-3:   Beispiel des Tablett-Menü-Layouts eines 2D-CAD-Systems (ME10 von Hewlett-
Packard) mit seinen verschiedenen Befehlsbereichen

In der Vergangenheit hat man sich bemüht, möglichst viele Kommandos, Makros und Informationen über eine direkte Menüauswahl zur Verfügung zu stellen. Nicht zuletzt aus Gründen der begrenzten Bildschirmgröße wurde hierbei Tablettmenüs (oft deutlich größer als das A3-Format) der Vorzug gegeben. Dem Standardisierungs-Trend folgend, findet man heute jedoch mehr und mehr OSF (Open Software Foundation)/Motif-basierende Benutzerschnittstellen mit Maus-Bedienung und ausgeklügelten Bildschirmmenü-Konzepten (z.B. dynamische Menüstrukturen, die nur jeweils solche Informationselemente anzeigen, die im Augenblick als Auswahloptionen etc. zur Verfügung stehen. **Bild 3.2.4.1-5** zeigt als Beispiel eine Maus-Version (nur Bildschirmmenüs) der in den Bildern 3.2.4.1-3 und 3.2.4.1-4 vorgestellten Menü-Kombinations-Lösung.

Der Gestaltung des *User Interface* kommt bezüglich des Benutzerkomforts eine große Bedeutung zu, denn die notwendigen Trainings- bzw. Einarbeitungszeiten werden damit ebenso bestimmt wie die Arbeitsgeschwindigkeit mit dem System. Weitere Kennzeichen des Anwendungskomforts sind z.B.

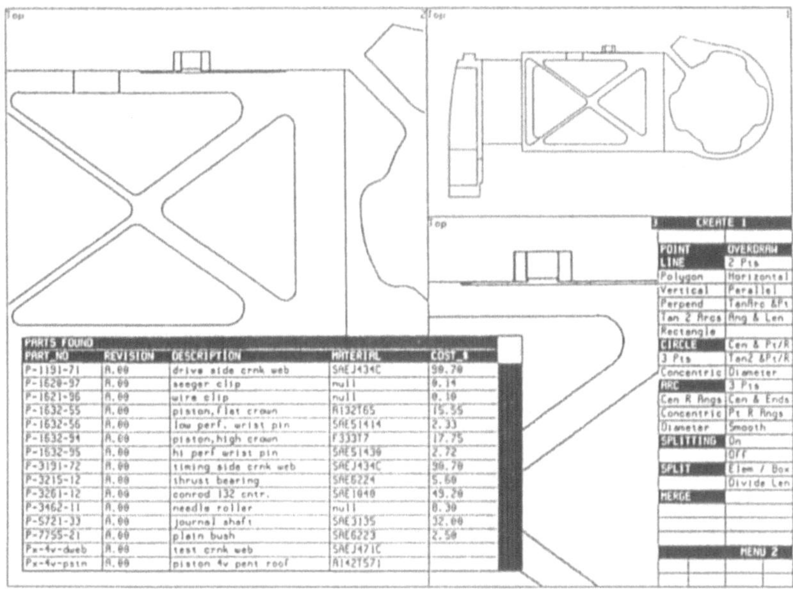

Bild 3.2.4.1-4:   Beispiel des Standard-Bildschirm-Menü-Layouts eines 2D-CAD-Systems (ME10 von Hewlett-Packard, englische Version) mit selektiertem "Erstelle-Menü" (rechts) und einer aktivierten logischen Teile-Auswahltabelle (links)

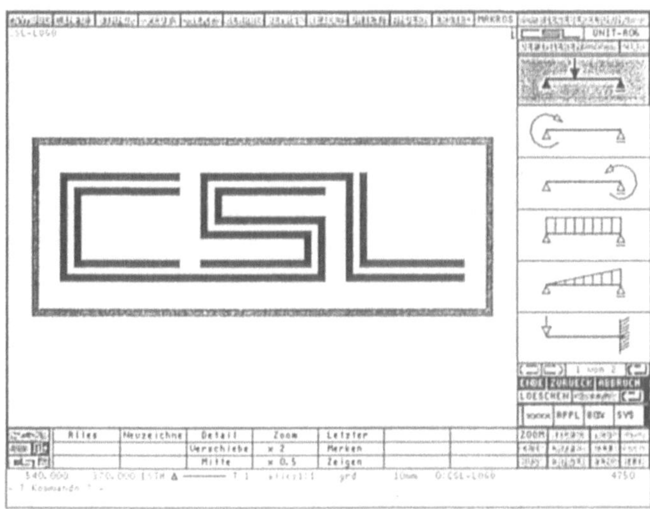

Bild 3.2.4.1-5:   *Maus-Version* des in Bild 3.2.4.1-3 u. 3.2.4.1-4 exemplarisch vorgestellten Systems. Die Bildschirm-Menü-Auswahl erfolgt über die Felder der oberen Menü-Zeile, die Befehlsmatrix unten rechts gestattet das Anwählen der Tablett-Funktionsbereiche (das Beispiel zeigt die Fenstermanipulationen "ZOOM").

- Möglichkeit, Kommandos und Daten über beliebige Eingabegeräte eingeben zu können,
- Weglassen von Parameterkennworten bei eingehaltener Standardeingabereihenfolge der Daten,
- Kurzschreibweise von sich wiederholenden Kommandosegmenten,
- Erkennen der unterschiedlichen Datentypen,
- Unterbrechung der Kommandoeingabe bei Messungen oder Zwischenberechnungen,
- Ausgabe von Hilfsinformationen und verständlichen Fehlermeldungen.

3.2.4.1.2 Klassifizierung von CAD-Systemen

CAD-Systeme lassen sich nach verschiedensten Kriterien unterscheiden. Verbreitet sind Einteilungen nach

- der erforderlichen Rechnerplattform (Großrechner, Workstations, Personal Computer),
- der Portabilität und Skalierbarkeit der Software (nicht-portable proprietäre Software, Software für verschiedene Hardware-Plattformen, Software für verschiedene Rechner-Leistungsklassen),
- der Erzeugung der Daten einer Lösung (Daten als Bestandteil des Programms oder als eine rechnerinterne Darstellung),
- der Art der rechnerinternen Darstellung (2D, 3D, Produktmodell),
- die Art der zu verarbeitenden Objekte (analytische Flächen, Freiformflächen),
- dem Anwendungsgebiet (Zeichnungserstellung,Schaltplanerstellung, Elektro-CAD, Mechanik-CAD, Bau-CAD, Anlagen-CAD),
- dem Angebot des Herstellers (schlüsselfertige Systeme, offene oder modulare Software-pakete).

Die Klassifizierung nach der Art der rechnerinternen Darstellung ist hierbei von besonderer Bedeutung, weil sich daraus nicht nur wesentliche Anforderungen an den Konstruktionsprozeß selbst und an die notwendige Rechner-Hardware ableiten, sondern weil damit auch festgelegt wird, inwieweit Folgeprozesse der CAD-CAM-CIM-Kette durch diese Designdaten eindeutig im Sinne einer Solldaten-Bereitstellung determiniert sind.

Wie **Bild 3.2.4.1-6** zeigt, werden technische Konstrukte durch unterschiedliche Informationselemente beschrieben, wobei man zwischen form- und gestaltspezifischen, funktionsbeschreibenden, fertigungsspezifischen und organisatorischen Informationen unterscheidet. Heutige CAD-Systeme verwenden als rechnerinterne Darstellung fast ausschließlich geometrische Werkstückmodelle, und sie bieten damit - im Gegensatz zu sogenannten integrierten Produktmodellen - keine weitergehenden Informationen über Mikrogeometrie, Wirkfunktionen, Herstellungsprozeß, spezifische Eigenschaften usw. des späteren Produkts.

Bei der rechnerinternen Darstellung von Lösungen, also Werkstücken und daraus zusammengesetzten Baugruppen, Maschinen usw., werden hinsichtlich der modellierten Eigenschaften die Modellstrukturen wie folgt unterschieden:

- Zweidimensionale Modelle (2D)

  Hierbei denkt der Benutzer wie am herkömmlichen Zeichenbrett, wenn er Elemente positioniert, verbindet und manipuliert. Dank der überschaubaren Datenmenge bei Anwendung dieser Modellstruktur werden hohe Arbeitsgeschwindigkeiten auch auf vergleichsweise leistungsschwachen Hardware-Plattformen (z.B. auf PCs) erzielt.

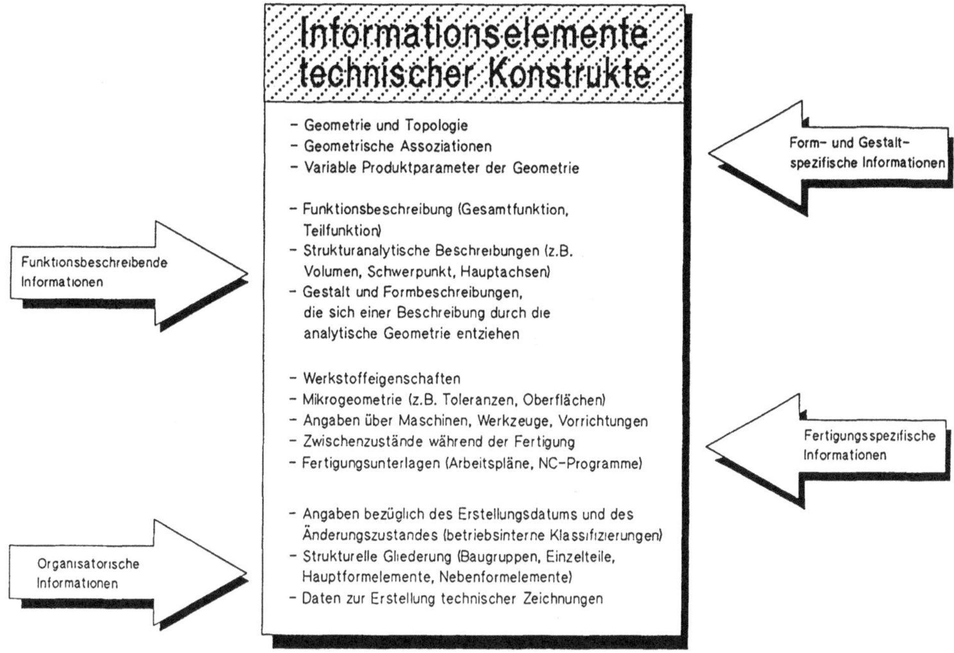

Bild 3.2.4.1-6:   Technische Konstrukte werden durch die vier in den Pfeilen genannten Informationselement-Klassen beschrieben

- Dreidimensionale Modelle (3D)
  * Kantenmodelle

    Von den Körpern werden lediglich die Kanten und Eckpunkte ins Modell übernommen; d.h. das Modell ist durch die Schnitt- und Umrißkanten-Punktmenge definiert. Kantenmodelle, auch Drahtmodelle genannt, erlauben die Berechnung von Schnittpunkten und Umrißkanten.

  * Flächenmodelle

    Von den Körpern werden lediglich die Begrenzungsflächen ins Modell übernommen. Die Flächen sind dabei mathematisch beschrieben, und zwar entweder analytisch (Ebene, Zylinder, Kegel, Kugel, Torus) oder approximativ durch die Aneinanderreihung von Flächenelementen (B-Spline-Flächen, Bezierflächen) (vgl. Kap. 3.3.3.2.1). Diese Modelle werden durch die Menge der Begrenzungsflächen-Punkte sowie die Menge der Schnitt- und Umrißkanten-Punkte definiert. Flächenmodelle erlauben die Bestimmung von Punkten auf einer Fläche sowie die Berechnung von Schnittkanten (Schnittkurven). In Ansichten können verdeckte Kanten bestimmt und ausgeblendet werden.

  * Volumenmodelle

    Ein Körper wird in diesem Modell durch die Übernahme aller Punkte des realen Körpers repräsentiert. Es gehen somit keine Informationen in bezug auf Geometrie und

Topologie verloren. Nur dieses Modell bietet somit eine vollständige und eindeutige Beschreibung eines Körpers, denn es enthält neben der Menge der Begrenzungsflächen-Punkte sowie der Menge der Schnitt- und Umrißkanten-Punkte auch die Menge alle Punkte im Volumen. In Ansichten können verdeckte Kanten bestimmt und ausgeblendet werden. Die größte Bedeutung haben die topologisch-geometrischen Strukturmodelle (**B-Rep-Model**; **B**oundary **R**epresentation **M**odel) erlangt. Technische Berechnungen und vielfältige Analysen lassen sich direkt von diesen Volumenmodellen ableiten, so daß Fragen der Herstellbarkeit vor der Erstellung teurer Prototypen geklärt werden können. Dem Vorteil des vollständigen Modells stehen natürlich auch Nachteile gegenüber. Hier ist insbesondere das hohe Datenvolumen zu nennen, das die Anwendung von Volumenmodellierern für komplexe Bauteile bei akzeptablen Reaktions- und Bildaufbauzeiten nur auf äußerst leistungsstarker Hardware gestattet.

Abhängig von diesen Modellen können vom Benutzer unterschiedliche Operationen und Eingabeelemente benutzt werden (vgl. Kap. 3.3.3.2.1). Die geometrischen Grundelemente sind dabei

- Punkt und Linien (Gerade, Kreis, Kreisbogen, Ellipse, Polylinien etc.),
- Flächen (Quadrat, Rechteck, Trapez, Kreisfläche etc.),
- Volumina (Kubus, Quader, Zylinder, Polyeder etc.).

Aus diesen parametrischen Grundelementen lassen sich in der Regel beliebig viele neue Benutzerelemente (z.B. Gewindedurchgangsbohrungen, Paßfedernuten, Schrauben, Stahlbauprofile etc.) zusammensetzen. Mittels all dieser Elemente lassen sich dann Konstruktionsobjekte zusammenfügen oder modifizieren (**Bild 3.2.4.1-7**) (vgl. Kap. 3.3.3.2.1).

Weitere Eingabeelemente dienen zum Erzeugen geometrischer Konstruktionen wie Rotationsflächen, Schiebeflächen usw. sowie zum Beschriften und Vermaßen. In Verbindung mit einer Vielzahl an Konstruktionsoperationen (Einfügen, Löschen, Trimmen, Verbinden, Verschieben, Rotieren, Spiegeln, Kopieren etc.) ergeben sich somit, verglichen mit der tradierten Arbeit am Reißbrett, zahlreiche Vorteile:

- Anwendungsmöglichkeit günstiger Gestaltungsgesetze,
- Möglichkeit eines zunächst unmaßstäblichen Entwurfs mit anschließender Dimensionierung,
- einfache Möglichkeiten des Modifizierens sowie des Entwickelns alternativer Lösungen,
- dreidimensionale Anwendungsstudien,
- verbesserte Kommunikation und Information durch plastische Darstellungen.

Neben den Eingabeelementen bestimmen auch Strukturierungshilfen den Leistungsumfang von CAD-Systemen. Eine häufig genutzte Form, grafische Daten zu strukturieren, ist die Ebenen- bzw. Schichten-Technik (engl. Layer-Technik). Eine Zeichnung wird hierbei in eine beliebige Anzahl von Ebenen (vergleichbar mit übereinandergelegten Transparenten) unterteilt, wobei jeder Ebene verschiedene grafische Elemente zugeteilt werden. Die Anordnung der Bemaßung auf einem solchen Layer und der Schraffuren auf einem weiteren Layer würde es beispielsweise gestatten, an einen Folgeprozeß (z.B. NC-Programmiersystem) die 2D-Geometrie-Informationen ohne eben diese *störenden* Daten zu übergeben, die anderenfalls getrennt herausgelöscht werden müßten.

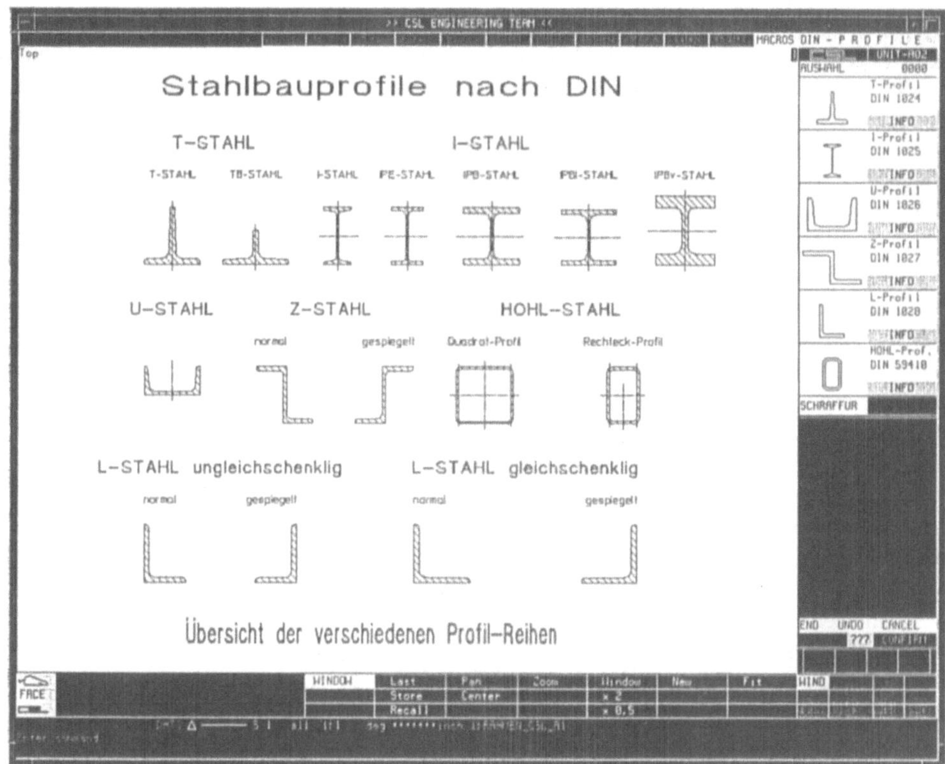

Bild 3.2.4.1-7:   Beispiel von in einer Stahlbauprofile-Bibliothek zusammengefaßten
Konstruktionsobjekten, deren Auswahl durch ikonenbasierende Bildschirmmenüs
erleichtert wird

Bei der Erstellung komplexer Zeichnungen hat ferner das Teilekonzept, bei dem die einzelnen Teile in eine Teilestruktur integriert sind, besondere Bedeutung erlangt. Eine solche Teilestruktur läßt sich als Baum veranschaulichen, aus dem das hierarchische Gefüge der einzelnen Teile hervorgeht. Innerhalb dieser Hierarchie sind die Teile auf Ebenen verteilt. Ein solches Konzept bietet nicht nur den Vorteil, daß komplexen Zeichnungen eine übersichtliche, logische Struktur verliehen wird, sondern daß mit Änderungsfunktionen ganze Teile und nicht nur einzelne Elemente modifiziert werden können. Ferner lassen sich solche Teile sehr einfach in Bibliotheken speichern und von dort abrufen.

3.2.4.2 Der PC in der rechnerunterstützten Konstruktion

Bei der Diskussion *PC versus Workstation* geht es in erster Linie nicht um konkurrierende Systeme im Wettbewerb um Marktanteile, sondern vielmehr um zwei historisch verschiedene Lösungsansätze für unterschiedliche Anwendungsbereiche. Während Workstations darauf ausgelegt waren, maximale Leistungen für professionelle Anwendungen für einen netzwerkfähigen Rechner am Arbeitsplatz zur Verfügung zu stellen, sollen PCs die *persönlichen* Computer für die gesamte Applikations-Bandbreite sein.

Neben Einsatzgebiet und Software-Angebot spielen auch die Prozessoren als Unterscheidungskriterium eine Rolle. In den frühen 80er Jahren vertrat man die Meinung, daß zur Ausführung komplexer Aufgabenstellungen ein Prozessor auch komplexe Instruktionen aufweisen soll, da so mehr Aufgaben in einem Schritt durchgeführt werden können. Somit war die **CISC**-Architektur (Complex Instruction Set Computer) geboren, wie sie beispielsweise von den Intel-Prozessoren 8086 bis 80486 und den Motorola-Prozessoren 680xx verkörpert wird. Analysen zeigten jedoch, daß in den CISC-Rechnern die komplexesten Instruktionen zwar viel Siliziumfläche auf dem Chip blockierten, jedoch nur relativ selten durchgeführt wurden.

Das war die Geburtsstunde der **RISC**-Architektur (**R**educed **I**nstruction **S**et **C**omputer), die sich auf die am häufigsten benutzten Instruktionen beschränkt und insgesamt erhebliche Performance-Gewinne mit sich bringt. Bereits heute stellen die RISC-basierenden Systeme den Schwerpunkt auf dem Workstation-Markt, und für 1994 wird gar ein Marktanteil von 90% prognostiziert. Aber auch die einfache Formel *CISC für den PC und RISC für die Workstation* verliert langsam an Bedeutung, da die Grenzen zwischen den beiden Architekturen langsam verschmelzen zur **CRISP**-Architektur (**C**omplex **R**educed **I**nstruction **S**et **P**rocessor), die beispielsweise durch Intels neuen P5-Prozessor (80486-Nachfolger) verkörpert wird, der dennoch binärkompatibel zu seinen Vorgängern bleibt.

Häufig wird zum Vergleich auch das Betriebssystem herangezogen: DOS- bzw. Windows-Welt einerseits und Unix-Welt andererseits. Längst ist die DOS-Limitation des Hauptspeichers auf 640 kByte dank **EMS** (**E**xpanded **M**emory **S**pecification) auch nur noch eine virtuelle Grenze, und die Ankündigung von Windows NT zeigt, daß sich auch hier die beiden Welten aufeinander zubewegen. Auch ein Blick auf die zu erwartende Entwicklung der PC-Leistungsdaten (**Bild 3.2.4.2-1**) bis zum Ende dieses Jahrzehnts veranschaulicht, daß hier Geräte mit einer Performance erwartet werden dürfen, von der heute selbst Anwender von Workstations der oberen Leistungsklasse nur träumen können.

So bleibt abschließend festzustellen, daß sich die Leistungsbereiche von High-End-PCs überschneiden mit denen von Entry-Level-Workstations. Die Verfügbarkeit mannigfacher Software-Lösungen und die Preisvorteile bei PC-Hardware und -Software sprechen zur

Maßstab	1987	2000 konstanter Preis	2000 maximale Leistung
MIPS	0,75	23	300
MFLOPS	0,1 *	3	45
Hauptspeicher	1 MByte	50 MByte	600 MByte
Massenspeicher	20 MByte	200 MByte	4 GByte
Preis	3000 $	3000 $	12 k$

*) mit Gleitkommabeschleuniger

Bild 3.2.4.2-1:   Die prognostizierte Entwicklung der PC-Leistungsdaten bis zum Ende dieses Jahrzehnts. Der Praktiker-PC ist dann leistungsfähiger als heute eine Standard-CAD-Workstation

Zeit bei reinen 2D-Zeichnungsaufgaben nicht selten für die PC-Lösung. Aber auch hier sind rasche Änderungen der Situation zu erwarten, denn während die PC-Preise die Untergrenze schon bald erreicht haben dürften, geht der Preisverfall bei den Workstations jetzt praktisch erst richtig los. So ist zu verstehen, daß inzwischen von zahlreichen Fachleuten die **PW (Personal Workstation)** vorhergesagt wird.

2D-PC-CAD-Arbeitsplätze werden häufig aus Gründen der Kosteneinsparung und der höheren Funktionalität auf Spezialgebieten parallel und in Ergänzung zu Großrechner- bzw. Workstation-Arbeitsplätzen installiert. Nicht selten sind diese unterschiedlichen Systeme vernetzt, so daß eine gemeinsame Datenbasis erreichbar ist. So gestattet beispielsweise der Einsatz von PC-NFS (Network File System) vom PC aus die Ansprache des UNIX-Filesystems als logisches DOS-Laufwerk. Ein direkter Zugriff auf CAD-Daten der UNIX-Anlage ist damit möglich, was natürlich nur dann wirklich sinnvoll ist, wenn die CAD-Applikation auch auf beiden Rechner-Plattformen verfügbar ist.

Da diese Verfügbarkeit gar manchen Vorteil mit sich bringt (z.B. die Möglichkeit des CAD-SW-Einsatzes auf Notebooks für Vertriebsfachleute), ist zu beobachten, daß inzwischen einige typische Workstation-Pakete auf PCs portiert wurden. Umgekehrt zeigt das Beispiel AutoCAD nach dessen Portierung auf einige UNIX-Plattformen die in der strategischen Ausrichtung gleiche Öffnung nach oben.

3.2.4.3 Rechnerunterstützte Berechnung und Konstruktion

Berechnungsverfahren haben zum Ziel, Zahlenwerte noch unbekannter Größen zu bestimmen. Es wird hierbei unterschieden zwischen Rechenprozessen, die sich durch mathematische Formeln ausdrücken lassen und solchen, die wegen verschiedener Randbedingungen sowie Zusatzkriterien nur über komplexere Algorithmen darstellbar sind. Im CAD-Umfeld finden Berechnungsprogramme in vielfältigster Form Anwendung. Leider sieht der Alltag aber auch häufig noch so aus, daß der Konstrukteur mit einem Taschenrechner vor einer relativ teuren Workstation sitzt, von dort irgendwelche Werte in seine aktuelle Berechnung übernimmt, um dann nach Vorliegen des Kalkulationsergebnisses dieses bei der Fortsetzung der CAD-Konstruktionsarbeit wiederum zu übernehmen.

Daß die in einer aktuellen Zeichnung enthaltenen Informationen über Hauptmaße, Querschnittsgrößen etc. auch unmittelbar für Berechnungszwecke übernommen werden können, zeigt **Bild 3.2.4.3-1**. Der Berechnungsvorgang der Stapler-Klammer läuft hier so ab, daß im CAD-System zunächst der Biegeberechnungsmodul gestartet wird. Nach der Auswahl des Biegefalls (hier einseitig eingespannter Biegebalken mit Punktlast am freien Balkenende) wird der Anwender aufgefordert, in der Zeichnung den Einspann- und den Kraftangriffspunkt durch Anpicken zu selektieren. Nach Eingabe bzw. Übernahme von Flächenträgheitsmoment und E-Modul blendet das System zusätzlich zur Zeichnung den Verlauf der Biegelinie mit ausgezeichneten Werten und/oder den Biegemomentenverlauf ein, der dann wiederum für Folgeberechnungen zur Verfügung steht. Die Ergebnisse können für Dokumentationszwecke in kommentierter Form auch in einen File geschrieben oder formatiert ausgedruckt werden.

Praktisch nur mit Datenverarbeitungsanlagen anwendbare Berechnungsmethoden sind:
- Methode der Finiten Elemente (**FEM**, Finite Element Method),
- Randintegralgleichungsmethode (**BEM**, Boundary Element Method),

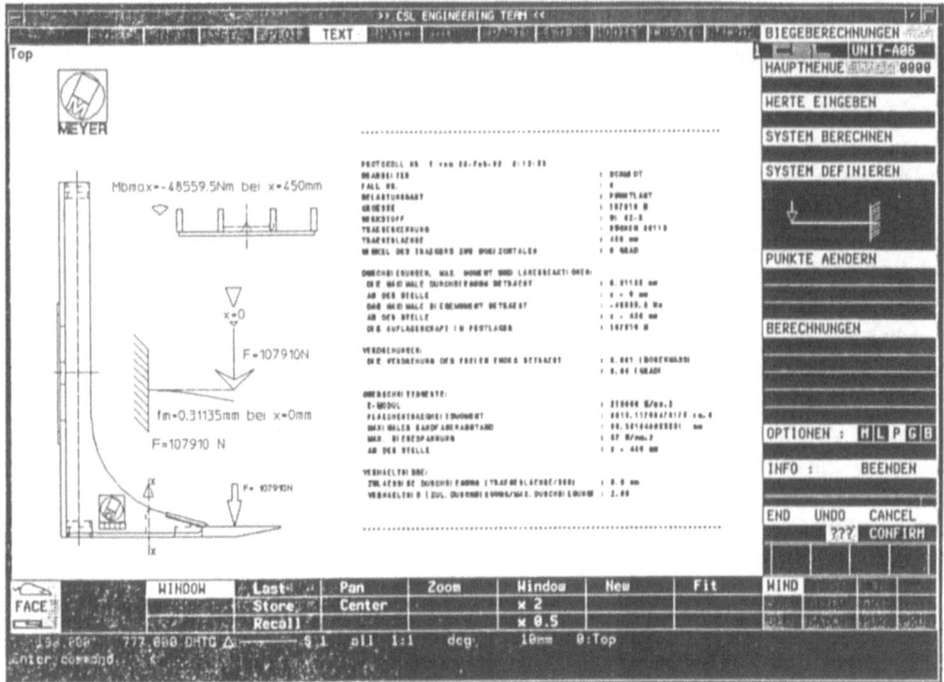

Bild 3.2.4.3-1:   Biegeberechnungsroutinen im CAD-System: Nach der Selektion des Biegefalls (hier einseitig eingespannter Balken) stehen die Geometriedaten der aktuellen Zeichnung sofort für Berechnungszwecke zur Verfügung

- Mathematische Optimierungsmethoden (z.B. nichtlineare Optimierung nach der Zufallsstichproben-Methode).

Im CAD-Umfeld hat die FEM inzwischen eine relativ große Verbreitung gefunden. Hierbei handelt es sich um eine interaktive Methode zur Berechnung von physikalischer Struktur und Verhalten eines Objekts (Kontinuum, komplexe Bauteilgeometrie). Dabei wird das Objekt in endlich große, mechanisch und mathematisch bestimmbare Elemente (Finite Elemente) zerlegt. Die Elemente sind untereinander an ihren Eckpunkten (Knotenpunkten) miteinander verkoppelt. Den Elementen werden verschiedenste Eigenschaften in Form von Parametern für die Analyse zugeordnet. Das Verhalten des Objekts unter Belastung wird durch schrittweises Übertragen der Zustandsgrößen über die Knoten durch Näherungsverfahren berechnet.

FEM-Programmsysteme enthalten neben den eigentlichen Berechnungsprogrammen auch Module, mit denen die Finiten Elemente für das zu berechnende Bauteil erzeugt (Netzgenerator) und die Ergebnisse (z.B. die verformte Struktur) zusammen mit der Ausgangssituation grafisch dargestellt werden können (**Bild 3.2.4.3-2**). Diese Methode dient u.a. zur Analyse mechanischer Eigenschaften (Durchbiegung, Belastung, Spannungen u.ä.), zur Simulation von Strömungsverhalten und bestimmten Fertigungsverfahren, z.B. des Spritzgießens von Kunststoffen und Elastomeren. Simulationsprogramme gestatten fer-

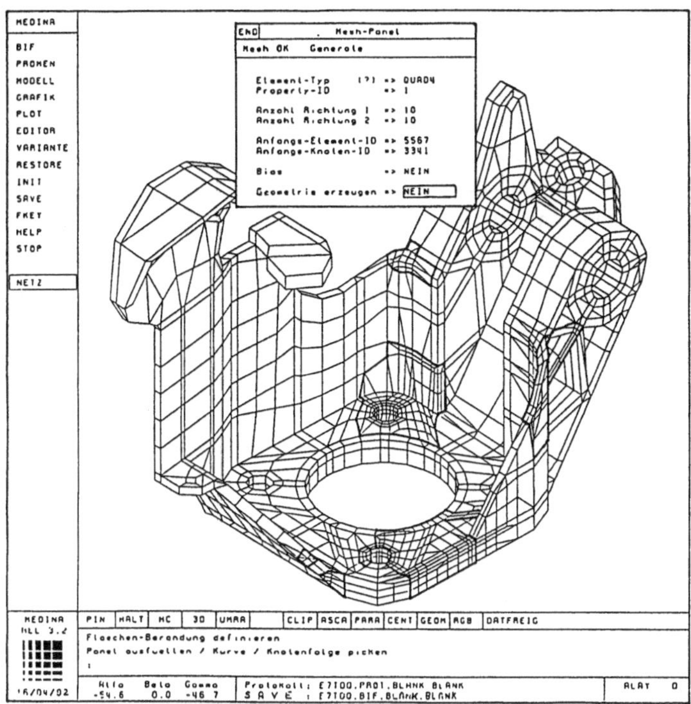

Bild 3.2.4.3-2:   Beispiel eines mit der Applikation MEDINA für die anschließende FEM-Berechnung vernetzten (3D Berechnungsmodell) Maschinenelements

ner die Änderungen von Parametern am Rechenmodell, so daß verschiedene Modellzustände untersucht und spezifische Auswirkungen konstruktiver Entscheidungen analysiert werden können.

Zur Lösungsfindung werden Suchverfahren auf der Grundlage von Sachmerkmalen (SML), Klassifizierungsnummern usw. in Verbindung mit Datenbanksystemen - oft **EDB**, **Engineering Data Base**, genannt - verwendet. Hierbei müssen, um danach suchen zu können, die Lösungsmerkmale bereits bekannt sein. Ist dies nicht der Fall, so bietet sich unter Umständen der Einsatz wissensbasierter Systeme (sogenannte Expertensysteme) an.

3.2.5 Kopplung und Schnittstellen von CAD mit anderen CIM-Komponenten

Die im Rahmen des Konstruktionsprozesses entstandenen CAD-Daten bilden den Kern der sogenannten produktbeschreibenden Daten, und sie sollen deshalb eine möglichst vollständige Menge aller für die Weiterverarbeitung wichtigen Produktdaten umfassen. Da eben diese Daten in einer bestimmten Systemumgebung entstehen, werden diese auch in systemspezifischer Weise verwaltet sowie archiviert, und sie sind somit im Standardfall nicht in fremde Systeme transferierbar bzw. von fremden Weiterverarbeitungssystemen interpretierbar. Mit anderen Worten: Ein direkter CAD-Datenaustausch ist also nur zwischen Systemen mit identischer CAD-Datenbasis realisierbar. Andererseits gewinnt gerade die Kommunikation zwischen heterogenen Systemen bzw. Datenbasen aus folgenden Gründen zunehmend an Bedeutung:

- Die Funktionalität einzelner CAD-Systeme ist aus technischen Gründen begrenzt, was immer häufiger zu Lösungen mit verteilten Systemkomponenten unterschiedlicher Datenbasen führt. Ein Austausch der CAD-Daten dient hier also der Kommunikation zwischen lokalen Systemen in verteilten Umgebungen.

- Als verteilte Systemlösungen sind von besonderer Bedeutung:
  * verteilte CIM-Systeme in einem Unternehmen, die über verteilte Datenbasen und Archive verfügen,
  * erhöhte Kommunikationsanforderungen an externe Kooperationspartner und Zulieferer, auch über größere Entfernungen und unter Nutzung öffentlicher Kommunikationsnetze,
  * verbesserte Langzeit-CAD-Datenspeicherung in neutralen Datenformaten mit dem Ziel der Erleichterung der Datenübernahme in eventuelle Nachfolge-CAD-Systeme.

- Die verstärkte Verfügbarkeit moderner Breitband-Kommunikationssysteme mit standardisierten Protokollen (FDDI, ISDN-B) bietet bald auch in öffentlichen Netzen Datenübertragungsraten von bis zu 140 Mbit/s, so daß der globale Produktdatenaustausch zwischen Niederlassungen oder mit Partnerfirmen immer naheliegender erscheint (vgl. Kap. 3.3.1.3.5).

Zusammenfassend läßt sich feststellen, daß der CAD-Datenaustausch im Zuge der weiteren Entwicklung an die Kommunikationssysteme, die heterogene, verteilte CAD/CAM/CIM-Umgebungen verbinden, bezüglich der Kommunikationsformen folgende Anforderungen stellen wird:

- Filetransfer zwischen unterschiedlichen CAD-Datenbasen,
- Modellierdialog mit grafischen und produktbeschreibenden Inhalten über geeignete prozedurale Formate,
- Realisierung von *CAD-Konferenzen* auf kommandoorientierter Ebene.

Der Datenaustausch zwischen unterschiedlichen CAD-Systemen sowie einzelnen CIM-Teilsystemen erfolgt gegenwärtig über Schnittstellen für spezifische Anwendungen, die als Standards von nationalen Normierungsgremien entwickelt wurden (vgl. Kap. 3.3.1.3.5, Bild 3.3.1.3-24). Die Schnittstelle **STEP** (**S**tandard for the **E**xchange of **P**roduct Model Data, **Bild 3.2.5-1**) als internationale Norm (ISO) ist noch in Entwicklung, und in sie sollen alle bisherigen Vorschläge für den Produktmodelldatenaustausch einfließen. Fünf Bereiche sind hierbei vorgesehen: Referenzmodell und Spezifikationswerkzeuge, Partialmodelle des Produktmodells, Anwendungsprotokolle, Test- und Verifizierungsmethoden sowie Implementierungsmethoden. Die Partialmodelle des STEP-Produktmodells werden dabei in die Klassen Anwendungsmodelle (Mechanik, Elektronik, Bauwesen, Schiffsbau, Produktrepräsentation und Berechnung) sowie Basismodelle unterteilt. Die Basismodelle selbst - sie dienen der anwendungsunabhängigen Beschreibung der Produktgestalt, der Darstellung und der Materialeigenschaften - gliedern sich wiederum in folgende Modelle (-M.): *Darstellungs-M., Material-M., Toleranz-M., Oberflächen-M., Formelement-M., Topologie-M., Shape-M. (Volumen-, Flächen-, Kanten-M.), Geometrie-M.* (analytische und parametrische Beschreibung von Linien und Flächen), wobei sich hinter den letztgenannten die bereits früher vorgestellten geometrischen Werkstückmodelle verbergen (vgl. Kap. 3.2.4.1.2).

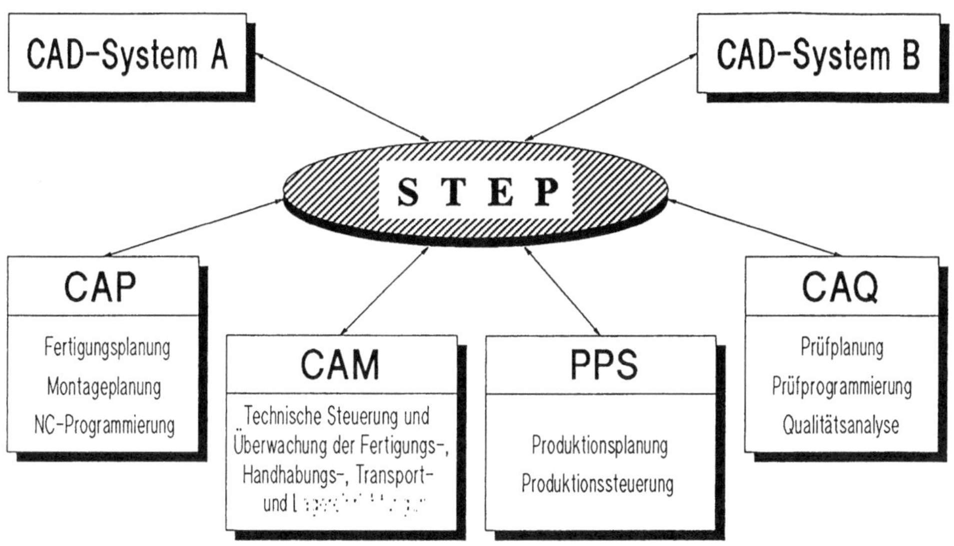

Bild 3.2.5-1: Schematische Darstellung des Produktdatenaustauschs mit STEP. Dieser kann sowohl zwischen unterschiedlichen CAD-Systemen als auch zwischen den verschiedenen *CIM-Inseln* erfolgen.

Die heutigen Standards beziehen sich durchweg nur auf bestimmte Teilmengen von CAD/CAM/CIM-Anwendungen und legen dafür bestimmte Datenformate für einen neutralen Informationsaustausch über Filetransfer fest. Diese Daten werden von einem Preprozessor des Quellsystems (sendendes System) in das standardisierte neutrale Übergabeformat gewandelt und anschließend von einem Postprozessor des Zielsystems (empfangendes System) in die interne Datenstruktur dieses Systems übersetzt. Zu den wichtigsten und am weitesten verbreiteten Standards und De-facto-Standards der Datenaustauschformate zwischen CAD/CAM/CIM-Systemen zählen heute IGES, SET, VDAFS, VDAPS, VDAIS und EDIF (vgl. Kap. 3.2.8, 3.3.1.3.5 u. Bild 3.3.1.3-24).

IGES (Initial Graphics Exchange Specification)
Bei IGES handelt es sich um ein Austauschformat produktbeschreibender Daten, das seit mehr als zehn Jahren weiterentwickelt wurde und das die datenmäßige Beschreibung von Grundelementen der Produktdefinition sowie die Organisation einer sequentiellen Datei für den CAD-Datenaustausch festlegt (**Bild 3.2.5-2**). IGES umfaßt Elemente zur Beschreibung von geometrischen und nicht-geometrischen Produkteigenschaften sowie Elemente zur Organisation des Produktmodells. Zur Geometrie zählen die Modellklassen Kantenmodell (2D, 3D), Flächenmodell und Volumenmodell. Ferner stehen Elemente für die Zeichnungsbemaßung und -beschriftung (Annotation) zur Verfügung. IGES deckt damit den Bedarf von Informationstypen für zeichnungsorientierte CAD-Systeme ziemlich vollständig ab. Bei höherwertigen Produktmodelltypen sind die Beschreibungsmittel - insbesondere in topologischer Hinsicht - begrenzt, was häufig keinen verlustfreien Informationsaustausch zwischen verschiedenen Systemen gestattet.

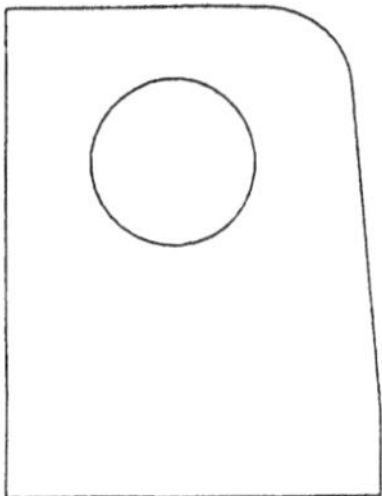

```
PROFILE GEOMETRY CREATED BY SDRC GEOMOD 2.5                        S    1
,,,,,,,,,,,,1.0,2,2MM, ,,,,,, ;                                    G    1
       110        1        1        1        0        0        0   000000000D    1
       110        0        0        2        0                            0D    2
       110        3        1        1        0        0        0   000000000D    3
       110        0        0        2        0                            0D    4
       110        5        1        1        0        0        0   000000000D    5
       110        0        0        2        0                            0D    6
       100        7        1        1        0        0        0   000000000D    7
       100        0        0        2        0                            0D    8
       110        9        1        1        0        0        0   000000000D    9
       110        0        0        2        0                            0D   10
       110       11        1        1        0        0        0   000000000D   11
       110        0        0        2        0                            0D   12
       124       13        1        1        0        0        0   000000000D   13
       124        0        0        3        0                            0D   14
       100       16        1        1        0        0       13   000000000D   15
       100        0        0        2        0                            0D   16
110, 0.0000000E+00, 0.0000000E+00, 0.0000000E+00,                      1P    1
 0.4484998E+02, 0.0000000E+00, 0.0000000E+00, 0, 0;                    1P    2
110, 0.4484998E+02, 0.0000000E+00, 0.0000000E+00,                      3P    3
 0.4484998E+02, 0.9999997E+01, 0.0000000E+00, 0, 0;                    3P    4
110, 0.4484998E+02, 0.9999997E+01, 0.0000000E+00,                      5P    5
 0.4140544E+02, 0.4937166E+02, 0.0000000E+00, 0, 0;                    5P    6
100, 0.0000000E+00, 0.3144330E+02, 0.4849986E+02, 0.4140544E+02,       7P    7
 0.4937166E+02, 0.3148663E+02, 0.5849998E+02, 0, 0;                    7P    8
110, 0.3148665E+02, 0.5849998E+02, 0.0000000E+00,                      9P    9
 0.0000000E+00, 0.5849998E+02, 0.0000000E+00, 0, 0;                    9P   10
110, 0.0000000E+00, 0.5849998E+02, 0.0000000E+00,                     11P   11
 0.0000000E+00, 0.0000000E+00, 0.0000000E+00, 0, 0;                   11P   12
124,-0.1000000E+01, 0.0000000E+00, 0.0000000E+00, 0.1237153E+02,      13P   13
 0.0000000E+00, 0.1000000E+01, 0.0000000E+00, 0.4646573E+02,          13P   14
 0.0000000E+00, 0.0000000E+00,-0.1000000E+01, 0.0000000E+00,0,0;      13P   15
100, 0.0000000E+00,-0.7628483E+01,-0.6465759E+01, 0.0000000E+00,      15P   16
 0.0000000E+00, 0.0000000E+00, 0.0000000E+00, 0, 0;                   15P   17
S    1G    1D   16P   17                                               T    1
```

Sektion ↑

Bild 3.2.5-2: Beispiel eines IGES-Datenfiles für die einfache Kontur des dargestellten Blechteils mit kreisförmigem Durchbruch ([30], S. 613)

Da seitens der Systemanbieter der IGES-Funktionsumfang oftmals nur unvollständig implementiert wurde, kam es ebenfalls nicht selten zu Datenaustauschproblemen. Zwischenzeitlich wurden jedoch geeignete Test- und Verifizierungsmethoden festgelegt, und eine Vielzahl der angebotenen IGES-Interfaces wird heute mit einem entsprechenden Prüfzertifikat des Karlsruher CAD-CAM-Labors angeboten.

SET (Standard d'Echange et de Transfert)

Die französische Schnittstelle SET wurde mit der Zielvorgabe entwickelt, alle im CAD/CAM-Bereich anfallenden Daten übertragen zu können. Sie verfügt, von Einzelheiten abgesehen, über einen ähnlichen Funktionsumfang wie IGES, und sie zeichnet sich insbesondere durch eine kompaktere sowie besser strukturierte Form des physischen Dateiformats aus. SET wird vor allem in Frankreich sowie in der europäischen Luft- und Raumfahrtindustrie eingesetzt.

VDAFS (VDA-Flächenschnittstelle)

Die Flächenschnittstelle des Verbandes der Deutschen Automobilindustrie (VDA) wurde insbesondere zum Austausch von Freiformflächen-Daten ohne Zeichnungsbemaßung und -beschriftung entwickelt. Diese Schnittstelle wird erfolgreich im Automobilbau und zum Datenaustausch zwischen Freiform-Modelliersystemen eingesetzt.

VDAIS (VDA-IGES-Subset)

Das VDAIS-Interface definiert eine feste Untermenge der IGES-3.0-Version, die in der Hauptsache alle zeichnungsorientierten Elemente sowie diejenigen von Freiform-Geometrie enthält. Ziel dieser VDA-Richtlinie war es, den Implementierern von IGES-Schnittstellen einen definierten Pflichtumfang von Elementen vorzugeben.

VDAPS (VDA-Programmschnittstelle)

Hierbei handelt es sich um eine zwischenzeitlich auch vom DIN genormte, systemneutrale CAD-Programmierschnittstelle, die in Kürze auch als Europäische Vornorm (ENV) veröffentlicht wird. Die definierte FORTRAN-Unterprogramm-Schnittstelle (ursprünglich; Einbettung der Funktionsaufrufe heute auch in andere höhere Programmiersprachen möglich) dient zur Generierung der Geometrie von Normteilen, Zukaufteilen, Normalien und Werksnormteilen in CAD-Systemen. Die tabellarische Beschreibung von Sachmerkmalen und Geometrie liegt dabei nach Art von Katalogen vor, und die Inhalte dieser Tabellen können vom CAD-System interpretiert und als Geometrieinformationen (z.B. als Schraube in normgerechter Darstellung) grafisch dargestellt werden (**Bild 3.2.5-3**).

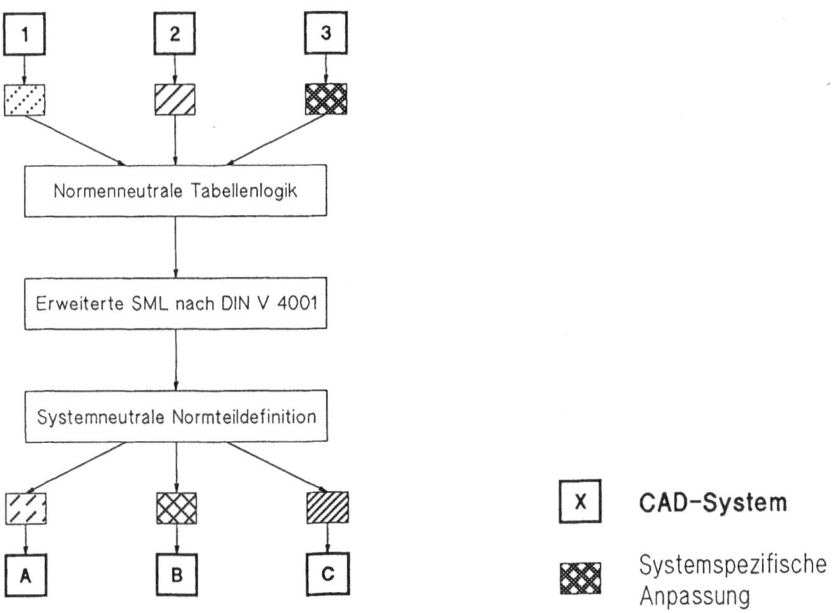

Bild 3.2.5-3: Schemadarstellung des Datenfluß' während der Übertragung von Daten und Strukturen im Gesamtsystem der VDA-Programmierschnittstelle (VDAPS)

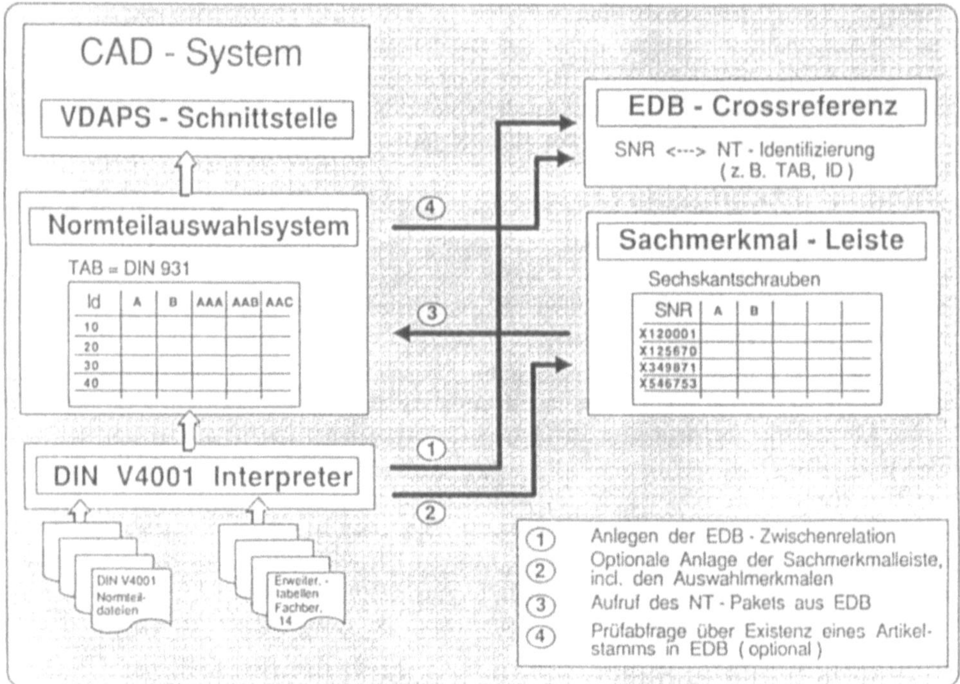

Bild 3.2.5-4: Beispiel einer in ein VDAPS-basierendes Normteile-Konzept eingebundenen
Sachmerkmalleiste SML [Quelle: Eigner & Partner]

Dem Anwender bietet diese Schnittstelle den Vorteil, systemneutrale Datentabellen von
Normteilen bei der DIN-Software-GmbH sowie von sonstigen Katalogteilen (Wälzlager,
Pneumatik-Zylinder, Befestigungselemente, Getriebemotoren u.v.m.) bei den jeweiligen
Lieferfirmen zu erwerben und diese einfach in seine CAD-Umgebung integrieren zu können. Vermeid- und Vorzugskenner lassen sich leicht realisieren, wodurch zusätzliche ko-
stensparende Effekte im CAD-Umfeld zu erzielen sind. **Bild 3.2.5-4** zeigt die Verbindung
eines VDAPS-basierenden Normteilauswahlsystems mit einer Sachmerkmalleiste.

Nachdem sich im Bereich des Produktdatenaustauschs der STEP-Standard zu etablieren
beginnt, wurde das der VDAPS unterlegte Geometriemodell zwischenzeitlich einer Anpassung an das STEP-Modell unterzogen, wodurch sichergestellt wird, daß die durch die
VDAPS erzeugten Geometrieelemente anschließend auch mittels STEP übertragbar sind.

EDIF (Electronic Design Interchange Format)

Die EDIF-Schnittstelle dient zum Austausch produktdefinierender Daten elektrischer und
elektronischer Produkte. Sie umfaßt Daten für den logischen bis zum physikalischen Entwurf integrierter Schaltungen und Leiterplatten, und sie erlaubt dabei insbesondere die
Übertragung von Baustein-Bibliotheken, Design-Regeln sowie Prozeß- und Layout-Daten.
Parametrische und prozedurale Objektdefinitionen sind also möglich.

Der Austausch von produktbeschreibenden Daten über Rechnernetze steht heute erst an der
Schwelle von Entwicklungen, die in einigen Jahren gänzlich neue Dimensionen in Qualität

und Quantität erwarten lassen. Automatische elektronische Daten-Updates im Falle von Normänderungen werden eines Tages dann wohl ebenso selbstverständlich sein wie der weltweite Austausch von Produktmodell-Daten bei international arbeitsteilig organisierten Entwicklungs- und Fertigungsprozessen.

3.2.6 Wissensbasierte und ganzheitliche Produktplanungs- und -entwicklungssysteme

Zur Lösungsfindung werden im CAD-Umfeld in zunehmendem Maße Verfahren angewendet, die Funktionen von deklarativen (funktionale, logikorientierte oder objektorientierte) Programmiersprachen und damit entwickelten wissensbasierten Systemen (Expertensysteme) benutzen. Die Wissensbasis eines solchen Expertensystems enthält Lösungsmuster, Fakten und Konstruktionsregeln. Wird nun eine Problemstellung eingegeben, so ist ein solches Expertensystem in der Lage, Lösungsvorschläge auszugeben und den Lösungsweg zu erläutern bzw. zu kommentieren. Zur Zeit sind unterschiedliche Entwicklungsrichtungen auszumachen:

- Kopplung wissensbasierter Systemkomponenten mit einem vorhandenen CAD-System,
- Integration von wissensbasierten Konstruktionsmodulen in vorhandene CAD-Systeme in einem Systemkonzept,
- Einheitliches Konzept der wissensbasierten Produktentwicklung.

Bekannte Expertensysteme werden insbesondere für sogenannte Konfigurationsprobleme sowie in Verbindung mit Variantenkonstruktionssystemen verwendet.

Soll nun ein CAD-System zum entscheidungsunterstützenden Instrument weiterentwickelt werden, so ist sicherlich die Frage nach dem Informations- und Wissensbedarf des Konstrukteurs während der vier typischen Konstruktionsphasen hilfreich. Hierzu zeigt die in **Bild 3.2.6-1** dargestellte Übersicht, daß es zur Nutzung dieser Wissenselemente im Idealfall gewissermaßen einer Struktur dergestalt bedarf, daß die betreffenden Aufgabenstellungen direkt formuliert und im Dialog mit dem System gelöst werden können. Von besonderer Bedeutung ist also die Art der Wissensrepräsentation.

Ein gut brauchbares Hilfsmittel bei Entscheidungsprozessen mit sehr weitreichenden Aufgabenstellungen sind die sogenannten Entscheidungstabellen. Im Gegensatz zu Datenfluß- und Programmablaufplänen sagt eine solche Entscheidungstabelle jedoch zunächst nichts über die Reihenfolge von Operationen aus, sondern sie gibt vielmehr nur die Bedingungen an, unter denen bestimmte Operationen auszuführen sind. Solche *Geflechte* von *Wenn-Dann-Bedingungen* können in vielfältiger Weise im Zusammenhang mit automatisierten Designprozessen Anwendung finden. Ein Beispiel wird schematisch in **Bild 3.2.6-2** gezeigt. Es handelt sich hierbei um Abtriebswellen-Varianten von Getriebemotoren, die gemäß der möglichen Bestelloptionen in folgenden Alternativen angeboten werden:

a) ein Absatz ohne Paßfeder,

b) ein Absatz mit Paßfeder, ein Absatz beschichtet,

c) ein Absatz mit Paßfeder und Querbohrung,

d) zwei Absätze mit je einer Paßfeder,

e) 1. Absatz ohne Paßfeder, 2. Absatz mit Gewinde,

f) ein Absatz mit Paßfeder und Kegelbohrung,

g) ein Absatz mit Querbohrung und Nut,

h) ein Absatz mit Paßfeder und stirnseitigen Gewindebohrungen,

i) ein Absatz mit zwei Paßfedern.

Wissen –Methoden –Objekte	Problemlösen Bewerten Dokumentieren Stand der Technik Umweltwissen	Problemlösen Bewerten Technische Prinzipien	Suchen Darstellen Analysieren Kommunizieren Werkstoffe Fertigung Montage Ergonomie	Suchen Darstellen Kommunizieren Projekte leiten Richtlinien Normen Vorschriften
	Planen/Klären	Konzipieren	Entwerfen	Ausarbeiten
Aufgabe	Produktfindung – Suchen – Bewerten – Auswählen	Lösungsfindung – Suchen – Bewerten – Auswählen	Gestalten Berechnen Bewerten	Fertigungs- unterlagen erstellen
Infor- mation	Marktdaten Mitbewerber Patentlage Unternehmens- daten	Lösungs- kataloge Fach- information Patente	Formeln Kennzahlen Kostenwerte Berichte Frühere Lösungen Fachbereiche	Zeichnungen Stücklisten Norm-/Wieder- holteile Fachbereiche

Bild 3.2.6-1: Zusammenstellung der während des ablaufenden Prozesses Konstruktion/Entwicklung benötigten Informations- und Wissenselemente des Konstrukteurs

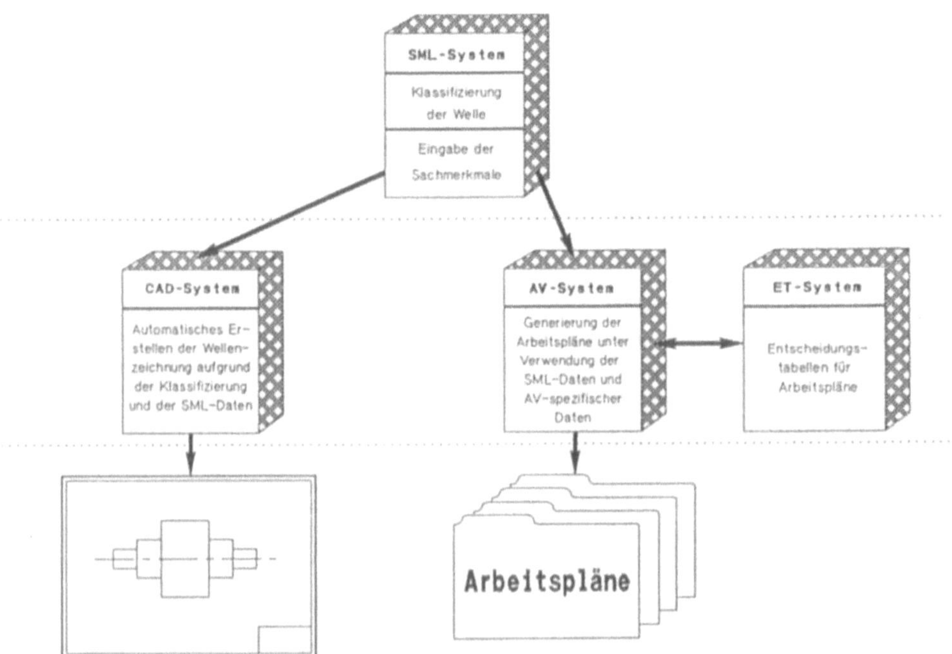

Bild 3.2.6-2: Beispiel einer CAD/CAP-Kopplung zur selbständigen Entwicklung der Fertigungszeichnung aufgrund von SML-Eingaben sowie zur automatischen Generierung des dazugehörigen Arbeitsplans

Diese Optionen werden vom Sachmerkmalleisten-System (SML-S.) als wellenklassifizierende Merkmale verwaltet, während in einem Entscheidungstabellen-System (ET-S.) alle Regeln für die Fertigung dieser Getriebemotoren-Abtriebswellen, auch in Abhängigkeit der Losgröße, zusammengefaßt sind. Nach Bestelleingang muß bei diesem Lösungskonzept nur noch die betreffende Option im SML-System ausgewählt werden. Das CAD-System erhält daraufhin die notwendigen Daten für die Variantenkonstruktion, und danach wird die Zeichnung vollautomatisch generiert und ausgegeben. Ebenso werden unter Verwendung der SML-Daten und unter Anwendung der im ET-System abgelegten Regeln die dazugehörigen Arbeitspläne generiert. Das Ergebnis der Variante d) zeigt **Bild 3.2.6-3** für zwei unterschiedliche Losgrößen.

Bedarf es hingegen einer automatischen projektspezifischen Auswahl an Bauteilen und deren Parametrisierung, so vermögen herkömmliche Softwaresysteme (CAD, SML, PPS, CAP) in Verbindung mit Entscheidungstabellen-Programmen diesen Anforderungen an ein Konfigurationssystem nur noch zum Teil zu genügen. Es sind dann Expertensysteme vonnöten, die die Grenzen konventioneller Programmiertechniken überwinden helfen. Derartige Systeme erlauben die Speicherung und Verarbeitung von Fachwissen über Konstruktionselemente, Materialverhalten und Konstruktionsrichtlinien. Auch erprobte Vorgehensweisen bei der methodischen Produktentwicklung können gespeichert und allgemein verfügbar gemacht werden.

Kurzum: Wissensbasierende Verfahren sollten dort angewendet werden, wo bisherige Methoden bei der Lösung von Problemen versagten, die Probleme selbst aber als so wichtig erscheinen, daß Lösungswege zu schaffen sind.

3.2.7 Rechnerunterstützte Arbeitsplanung

Die Arbeitsplanung nimmt im Rahmen der technischen Auftragsabwicklung zwischen Konstruktion und Fertigung eine zentrale Stellung ein und *"umfaßt alle einmalig auftretenden Planungsmaßnahmen, welche unter ständiger Berücksichtigung der Wirtschaftlichkeit die fertigungsgerechte Gestaltung eines Erzeugnisses oder die ablaufgerechte Gestaltung einer Dienstleistung, sichern"* [7, S.6].

Rationalisierungserfolge, die in Konstruktion, Arbeitssteuerung und Fertigung durch den Einsatz von CAD-, PPS- und CAM-Systemen erreicht wurden, haben die Arbeitsplanung, in der die Rechnerunterstützung noch nicht so weit fortgeschritten ist, zu einem Engpaß innerhalb der technischen Auftragsabwicklung werden lassen.

Die Planungstätigkeiten der Arbeitsplanung lassen sich in kurzfristige und langfristige Funktionen aufteilen [28]. Während mit den kurzfristigen Funktionen eine fertigungsgerechte und kostengünstige Gestaltung von Erzeugnissen (Einzelteil, Baugruppe, Produkt) unmittelbar, d.h. auftragsbezogen, durchgeführt wird, soll mit den langfristigen Funktionen die fertigungs- und ablauforientierte Gestaltung der Produktion, unabhängig von einzelnen Aufträgen, grundsätzlich gesichert werden.

In **Bild 3.2.7-1** sind die langfristigen (auftragsneutral) und kurzfristigen (auftragsbezogen) Funktionen der Arbeitsplanung zusammengefaßt dargestellt.

Der Engpaß, den die Arbeitsplanung bei der technischen Auftragsabwicklung bildet, ist besonders bei der Einzel- und Kleinserienfertigung im Maschinenbau bedingt durch den zeitlich hohen Aufwand bei den kurzfristigen Planungsfunktionen. Ziel muß es demnach sein, den zeitlichen Aufwand dieser Tätigkeiten unter Gewährleistung einer hohen Pla-

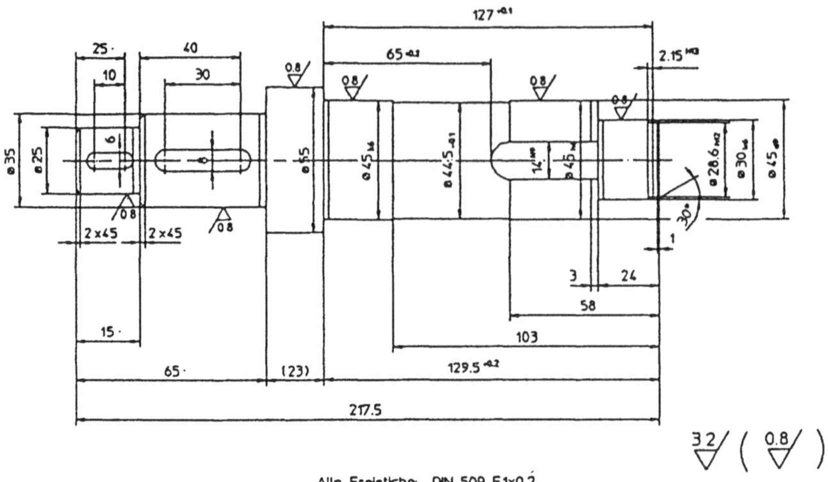


```
-------------------------------------------------------------------------------
 Datum:            A R B E I T S V O R G A E N G E          Seite:
 17.11.92                                                      1
                        zum Arbeitsplan 000
-------------------------------------------------------------------------------
 Vorg.Nr    KoSt MaGr    tr      TE      Vorgangsbezeichnung
-------------------------------------------------------------------------------
   10       100  101    12.0    0.66     SAEGEN LAENGE
                                         L   235
   30       200  251    50.0    1.92     ANFZENBOHGEW
   40       300  301    17.0    2.10     DREHEN R.S.
                                         PROG 601
   50       300  370    17.0    3.17     DREHEN L.S.
   60       400  400     5.0    0.40     SIGNIEREN
  120      1000 1052    17.0    3.41     FRAESEN,NUT,GRAT
  160      1400 1401    45.0    4.27     SCHLEIFEN R.S.
                                         PROG. 9015
  170      1400 1450    20.0    3.85     SCHLEIFEN L.S.
  210      1700 1700            0.25     ENDKONTROLLE
```

```
-------------------------------------------------------------------------------
 Datum:            A R B E I T S V O R G A E N G E          Seite:
 17.11.92                                                      1
                        zum Arbeitsplan 000
-------------------------------------------------------------------------------
 Vorg.Nr    KoSt MaGr    tr      TE      Vorgangsbezeichnung
-------------------------------------------------------------------------------
   10       100  100    12.0    1.25     SAEGEN LAENGE
                                         L   235
   30       200  250    16.0    1.69     AZB DM12
   40       300  350    17.0    1.57     DREHEN KOMPLETT
   60       400  400     5.0    0.40     SIGNIEREN
  120      1000 1052    17.0    3.41     FRAESEN,NUT,GRAT
  160      1400 1400    38.0    4.00     SCHLEIFEN KOMPL.
  210      1700 1700            0.25     ENDKONTROLLE
```

Bild 3.2.6-3: Beispiel einer mit Hilfe des in Bild 3.2.6-2 gezeigten Systems automatisch erzeugten Fertigungszeichnung einer Getriebemotor-Abtriebswelle und zwei für unterschiedliche Losgrößen generierten Arbeitsplänen der gleichen Welle

kurzfristige, auftragsbezogene Funktionen der Arbeitsplanung	langfristige, auftragsneutrale Funktionen der Arbeitsplanung
Angebotsbearbeitung Konstruktionskontrolle Stücklistenbearbeitung Planungsvorbereitung Arbeitsplanerstellung NC-Programmierung Sonderfertigungsmittelplanung Prüfplanerstellung	Konstruktionsbetreuung Unterlagenverwaltung Materialplanung Methodenplanung Investitionsplanung Zeitwirtschaft Qualitätssicherung Kostenplanung

Bild 3.2.7-1: Funktionen der Arbeitsplanung

nungsqualität zu minimieren. Besondere Beachtung erfordern dabei die Arbeitsplanungsfunktionen *Arbeitsplanerstellung* und *NC-Programmierung*, die zeitlich im allgemeinen den höchsten Anteil an der Auftragsabwicklung haben (vgl. [1]) und somit für eine Rationalisierung das größte Potential darstellen.

3.2.7.1 Arbeitsplanerstellung

In Produktionsunternehmen nimmt der Arbeitsplan als Informationsträger eine zentrale Stellung ein. Er enthält Angaben über die Fertigung (Teilefertigung, Montage), die in vielen Bereichen des Unternehmens benötigt werden. Aufgrund von unterschiedlichen betrieblichen Randbedingungen weichen die Arbeitspläne in den verschiedenen Unternehmen erheblich voneinander ab, so daß sie weder in Form und Aufbau, noch in ihrem Inhalt einheitlich sind. So ist auch die Begriffsbestimmung des Verbandes für Arbeitsstudien und Betriebsorganisation e.V. (REFA) lediglich als Richtlinie für den minimal erforderlichen Inhalt des Arbeitsplanes zu verstehen:

Im Arbeitsplan ist die Vorgangsreihenfolge zur Fertigung eines Teiles, einer Gruppe oder eines Erzeugnisses beschrieben; dabei sind mindestens das verwendete Material sowie für jeden Arbeitsvorgang der Arbeitsplatz, die Betriebsmittel, die Vorgabezeiten und gegebenenfalls die Lohngruppe angegeben (vgl. [108]).

Prinzipiell lassen sich die Daten eines Arbeitsplanes unterteilen in [108]: *allgemeine Daten, Ausgabe- und Eingabe-Daten* sowie *Ablaufdaten*.

Allgemeine Daten umfassen zum einen die Auftragsdaten (Auftragsnummer, Auftragsmenge u.a.) und zum anderen organisatorische Daten (Gültigkeitsbereich, Arbeitsplannummer u.a.). Diese Daten dienen in erster Linie zur Kennzeichnung des Arbeitsplans und geben seinen Anwendungsbereich an.

Die **Ausgabedaten** beschreiben den Arbeitsgegenstand nach der Bearbeitung (Bezeichnung des Arbeitsgegenstandes, Sachnummer, Zeichnungsnummer u.a.).

Die **Eingabedaten** beschreiben den Arbeitsgegenstand vor der Bearbeitung. Bei Arbeitsgegenständen für die Teilefertigung bezieht sich diese Beschreibung auf das zu verwendende Ausgangsmaterial (Bezeichnung, Menge, Ausgangsmaß u.a.); bei Arbeitsgegenständen für die Montage kann die Beschreibung durch einen Verweis auf die entsprechende Stückliste erfolgen. Ausgabe- und Eingabedaten ermöglichen eine eindeutige Identifizierung und Klassifizierung des Arbeitsgegenstandes.

Die **Ablaufdaten** sind wesentlicher Bestandteil des Arbeitsplanes. Sie beschreiben die Fertigung des Arbeitsgegenstandes in einer sequentiellen Folge einzelner Arbeitsvorgänge. Für jeden Arbeitsvorgang werden die betriebsspezifisch notwendigen Informationen eingetragen (Arbeitsvorgangsbezeichnung, Arbeitssystem, Werkzeug, Vorrichtung, Vorgabezeit, Lohnform u.a.).

Die Arbeitsplanerstellung umfaßt verschiedene Teilfunktionen:

- Bestimmung des Ausgangsmaterials/-teils,

- Festlegung der Arbeitsvorgangsfolge,

- Auswahl des Arbeitssystems (Arbeitsplatz, Maschine),

- Bestimmung der Fertigungshilfsmittel (Werkzeuge, Vorrichtungen und andere Hilfsmittel),

- Ermittlung der Vorgabezeiten und der Lohngruppen sowie

- Zuordnung der Arbeitsvorgangstexte.

Um die Arbeitsplanerstellung in ein betriebsspezifisches CIM-Konzept einbinden zu können, müssen diese Teilfunktionen durch den Einsatz von EDV rationalisiert werden. Eine Rechnerunterstützung kann aber nur dann Erfolg haben, wenn zuvor die Planungshilfsmittel, die Planungsergebnisse sowie die Planungsmethode systematisiert und standardisiert werden.

3.2.7.1.1 Systematisierung und Standardisierung der Arbeitsplanerstellung

Planungshilfsmittel: Für die Ausführung der verschiedenen Funktionen der Arbeitsplanerstellung greift der Arbeitsplaner auf eine Vielzahl allgemeiner Planungsunterlagen zurück. Im wesentlichen sind das:

- Normen, innerbetriebliche Vorschriften und Richtlinien,

- Materialkataloge,

- Werkstoffkataloge,

- Maschinenkataloge, -schlüssel,

- Fertigungshilfsmittelkataloge, -schlüssel und

- Zeitrichtwertkataloge, -funktionen.

In der Praxis sind solche Unterlagen häufig nur unvollständig vorhanden. Vieles weiß der Arbeitsplaner aus seiner Erfahrung. Damit ist der gesamte Planungsprozeß und auch das Planungsergebnis in hohem Maße vom Fachwissen und von der individuellen Beurteilung des jeweiligen Arbeitsplaners abhängig.

Ziel der Systematisierung der Planungshilfsmittel ist es, die Unterlagen so aufzubereiten, daß bei systematischem Vorgehen die Arbeitspläne *vollständig*, *genau*, *verständlich*, *gleichmäßig* und *reproduzierbar* sind.

Planungsergebnisse: Um Arbeitspläne nicht immer wieder vollständig neu erstellen zu müssen, sind unterschiedliche Arbeitsplanarten entwickelt worden, mit denen die Arbeitsplanerstellung stark rationalisiert werden kann. Es wird im allgemeinen unterschieden zwischen *Basis-Arbeitsplänen*, *Standard-Arbeitsplänen* und *Komplexteil-Arbeitsplänen*.

Beim **Basis-Arbeitsplan** handelt es sich um den Plan eines konkreten Erzeugnisses, bei dem lediglich die Auftragsdaten ausgelassen werden. Bei der wiederholten Fertigung muß der Arbeitsplan nur um die auftragsbezogenen Daten ergänzt werden (z. B. Stückzahl).

Der **Standard-Arbeitsplan** beschreibt nicht die Fertigung eines einzelnen konkreten Arbeitsgegenstandes, sondern die geometrischen und technologischen Varianten eines Grundtypen. **Bild 3.2.7.1-1** zeigt ein Beispiel für einen solchen Standard-Arbeitsplan.

Im **Komplexteil-Arbeitsplan** wird die Fertigung mehrerer Grundtypen mit ihren unterschiedlichen Fertigungsinhalten zusammengefaßt dargestellt. Durch Streichen von Arbeitsvorgängen und unter Angabe geometrischer und technologischer Daten können so Basis-Arbeitspläne für verschiedene Arbeitsgegenstände aus dem Komplexteil-Arbeitsplan abgeleitet werden.

Planungsmethode: Die Systematisierung und Standardisierung der Planungsmethode zielt auf eine Vereinheitlichung des Planungsvorganges ab. Verstärkt werden dabei die Rationalisierungseffekte durch systematisches Zugreifen auf Vergangenheitswerte, d.h. auf bereits erstellte Arbeitspläne, die in den verschiedenen Arbeitsplanarten vorliegen. Generell wird unterschieden zwischen *Wiederholplanung, Ähnlichkeitsplanung* sowie *Neuplanung*.

Bei der **Wiederholplanung** wird auf einen bestehenden Arbeitsplan zurückgegriffen, in den die aktuellen Auftragsdaten eingetragen werden.

Für die **Ähnlichkeitsplanung** (Variantenprinzip) müssen zunächst die vorhandenen Ähnlichkeiten zu bereits geplanten Arbeitsgegenständen ermittelt und die Abweichungen erkannt werden. Grundlage für die Ähnlichkeitsplanung können alle Arten von Arbeitsplänen sein. Um die Ähnlichkeitsplanung anwenden zu können, müssen Verfahren zur systematischen Auffindung ähnlicher Einzelteile, Baugruppen oder Produkte eingesetzt werden. (Vgl. Kap. 3.3.3.2.3.)

Die **Neuplanung** (vgl. Generierungsprinzip Kap. 3.3.3.2.3) erfolgt in der Regel nur auf Basis allgemeiner Planungsunterlagen. Dabei werden die verschiedenen Teilfunktionen der Arbeitsplanerstellung in entsprechender Reihenfolge durchgeführt, ohne dabei auf vorhandene Arbeitspläne zurückzugreifen.

3.2.7.1.2 Rechnerunterstützte Arbeitsplanerstellung

CAP stellt im wesentlichen die Rechnerunterstützung der Arbeitsplanungsfunktionen (Bild 3.2.7-1) dar. Sie gewinnt als Bindeglied zwischen Konstruktion (CAD) und Fertigung (CAM) zunehmend an Bedeutung; dies gilt insbesondere für die Unternehmen, die eine informationstechnische Integration (CIM) aller Bereiche anstreben. Die Rechnerunterstützung der Arbeitsplanerstellung wird in der Regel - zur Abgrenzung und eindeutigen Begriffsbestimmung - als **CAPP** (Computer Aides Process Planning) bezeichnet.

Trotz der großen Rationalisierungsvorteile, die der Einsatz von CAPP-Systemen bietet, werden solche Systeme derzeit erst in wenigen Unternehmen eingesetzt. Zum einen ist es schwierig, überbetrieblich einsetzbare Systeme zu erstellen, und zum anderen haben firmenspezifische Lösungen den Nachteil, daß sie oftmals nicht flexibel genug sind und sich daher neuen technologischen und organisatorischen Gegebenheiten nur mit hohem Aufwand anpassen lassen.

Gegenwärtig ist in Produktionsunternehmen in der Regel die rechnerunterstützte Arbeitsplanerstellung als Teilmodul des PPS-Systems realisiert, da hier ohnehin alle Auftragsarbeitspläne verwaltet werden müssen (vgl. Kap. 3.4). Dieses Teilmodul basiert i. a. auf

Grundtyp-Nr.: *4711*	Standardarbeitsplan-Nr.: *007*	Datum: *13.03.1991*

Grundtyp-Skizze: *Zahnrad*

Grenzwerte:

$90 \le Da < 150$
$35 \le Di < 80$
$10 \le NB < 20$
$2 \le Z < 20$

Da := Außendurchmesser   Z := Zähnezahl
Di := Innendurchmesser   NB := Nutbreite

Rohmaterial:

Stange rund
$Dr = 1.05 * Da$
$Lr = L + 5$
Werkstoff: *C45*

Dr := Rohdurchmesser
Lr := Rohlänge

AVO-Nr	Arbeitsvorgangs-Text	Fertigungs-hilfsmittel	Wahlarbeitsvorgang / Entscheidungskriterien	Masch.-gruppe	Kosten-stelle	tr [min]	Berechnungsformel für die Stückzeit te [min/Stck]
01	sägen LR mm lang und entgraten			55/1	1101	3	te = 0,05 * Dr
02	drehen und Haupt-bohrung anfertigen	Skizze	$120 \le Da < 240$ und $30 \le L < 80$	66/1	1212	12	te = 1,5*(Dr-Da)+0,1*Lr
03	anreißen		Axialbohrungen vorhanden		1300	0	te = 0,5*Anz. d. Löcher
04	Hilfsbohrungen anfertigen		Axialbohrungen vorhanden und Bohrungs-ø$\le$10 mm	71/1	1217	2	te = 0,5*Anz. d. Löcher
			Axialbohrungen vorhanden und Bohrungs-ø>10 mm	72/2	1217	2	te = 0,05*Anz. d. Löcher *Lochtiefe

Bild 3.2.7.1-1:   Standard-Arbeitsplan [28]

einfachen Editoren (z.T. selbstentwickelt), mit denen lediglich die Wiederholplanung oder die Ähnlichkeitsplanung auf der Grundlage bereits erstellter Auftrags-Arbeitspläne möglich ist, ohne daß hierbei eine aktive Unterstützung, z.B. bei Berechnungsvorgängen, durch den Rechner erfolgt.

Um die Leistungsfähigkeit von CAPP-Systemen beurteilen zu können, muß der Anwender zunächst überprüfen, inwieweit sich die verschiedenen Teilfunktionen der Arbeitsplanerstellung in seinem Unternehmen automatisieren lassen. Kriterien zur Beurteilung der Automatisierbarkeit sind:

- Algorithmierbarkeit der Planungsfunktionen,
- Häufigkeiten der heuristischen Entscheidungen,
- Transparenz der Tätigkeit,
- Komplexität der Tätigkeit,
- anfallende Datenmenge und
- anfallender Verarbeitungsumfang.

Wie in **Bild 3.2.7.1-2** dargestellt, zeichnen sich die Funktionen der Arbeitsplanerstellung durch einen unterschiedlichen Grad der Formalisierbarkeit aus.

Speziell das Erfahrungswissen des Planers ist derartig komplex, daß eine Formalisierung nicht oder nur mit hohem Aufwand möglich ist. Derzeit lassen sich drei verschiedene Typen von CAPP-Systemen unterscheiden:

- Konventionelle CAPP-Systeme,
- CAPP-Entscheidungstabellen-Systeme und
- CAPP-Expertensysteme.

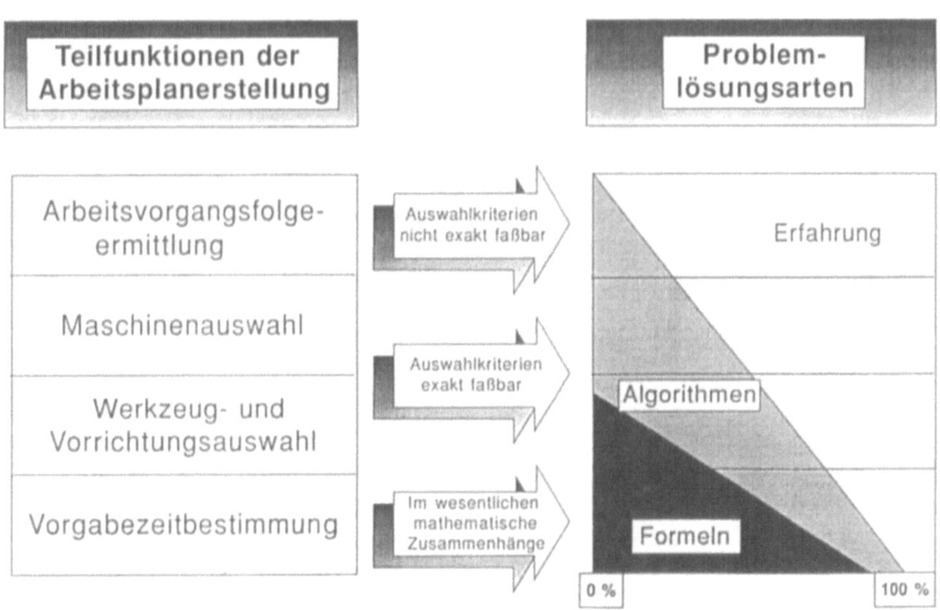

Bild 3.2.7.1-2:   Teilfunktionen der Arbeitsplanerstellung und Problemlösungsarten ([28], S. 122)

Ein wesentliches Unterscheidungskriterium dieser Systeme liegt in der Art und Weise, wie das zur Planung erforderliche Wissen abgebildet wird. Dabei kann das Wissen in **Sach- und Kontrollwissen** unterteilt werden [41]. Das Sachwissen *weiß*, was die Lösung ist, und das Kontrollwissen *weiß*, wie die Lösung gefunden wird.

Bei konventionellen Systemen werden Sach- und Kontrollwissen mit Hilfe konventioneller Programmiertechniken (z. B. mit der Programmiersprache **TABULA** im CAPP-System **AVOPLAN**) in einem Programm vermischt abgelegt.

Bei den Entscheidungstabellen-Systemen wird das Sachwissen des Planers in Form der in DIN 66241 [22] genormten Entscheidungstabellen abgelegt. Das Wissen über den Planungsablauf wird durch eine starre Verbindung einzelner Tabellen zu sogenannten Tabellenverbunden vom Planer festgelegt. Die Trennung von Sach- und Kontrollwissen ermöglicht eine übersichtliche und einfache Änderung von Sachwissen sowie eine flexible Anpassung der Planungsablaufsteuerung (Kontrollwissen).

In Expertensystemen wird das Sachwissen des Planers in Form von Regeln, Objekten u.a. in der Wissensbasis strukturiert hinterlegt. Das Kontrollwissen bzw. die Planungsablaufsteuerung ist in der sogenannten Inferenzkomponente implementiert. Mit Hilfe dieser Komponente kann das System aus dem hinterlegten Wissen selbständig eine entsprechende Entscheidung aufbauen. **Bild 3.2.7.1-3** zeigt einige Beispiele von CAPP-Systemen sowie deren Vertreiber.

3.2.7.2 NC-Programmierung

In Teilefertigung und Montage kommen verstärkt industrielle Fertigungseinrichtungen zum Einsatz, deren Funktionsabläufe nicht durch mechanische, elektrische, pneumatische oder hydraulische, sondern durch **numerische** Komponenten gesteuert werden. Solche Kompo-

konventionelle Systeme	AVOPLAN, CCI, Hannover CAFT 2.0, Weber Datentechnik, Pforzheim G-V-A, Krämer & Partner, Darmstadt LOCAM, Pafec Ltd., GB-Nottingham RM-CAP, SAP AG, Walldorf SIAPS, GSSE, Braunschweig
Entscheidungs- tabellen- Systeme	ADIPLAN, ADI-Software, Karlsruhe ENGIN, CAMOS, Stuttgart ET-CAP, TDV, Karlsruhe
Expertensysteme	APEX, Deutsche MTM Gesellschaft, Hamburg AVOGEN, IFW Hannover ICEM PART, Control Data, Frankfurt UPS, FAW Ulm

Bild 3.2.7.1-3:   Übersicht CAPP-Systeme

nenten sind allgemein unter dem Begriff **NC** (Numerical **C**ontrol = numerische Steuerung) zusammengefaßt und steuern im wesentlichen industrielle Fertigungseinrichtungen, wie *Werkzeugmaschinen, Meßmaschinen* und *Industrie-Robote*r.

Auch wenn die Steuerungen dieser Fertigungseinrichtungen aufgrund der Anforderungen der verschiedenen Bearbeitungsfunktionen Unterschiede aufweisen, so ist doch das Grundprinzip gleich. Der große Vorteil der numerischen Steuerung liegt in der einfachen Änderbarkeit von Funktionsabläufen, die nicht durch festgelegte Schaltungen oder Verdrahtungen, sondern durch Programmierung einer sequentiellen Abfolge von Befehlen, abgebildet als binäre Zahlenwerte, also *numerisch* gesteuert werden.

Mit dem Einsatz von NC-Maschinen und ihrer flexiblen Anpaßbarkeit an verschiedene Bearbeitungsaufgaben sind entscheidende Auswirkungen auf das zu fertigende Produkt sowie die Ablaufstrukturen der Betriebsorganisation verbunden. So steuert beispielsweise bei konventionellen Werkzeugmaschinen der Maschinenbediener, nach eingehender Betrachtung der Konstruktionszeichnung, die Maschine selbst aufgrund seiner Kenntnisse und Fertigkeiten. Bearbeitungsqualität und -zeit sind unmittelbar von seinen Fähigkeiten abhängig und variieren deshalb mehr oder weniger stark. Diese Nachteile können bei NC-Werkzeugmaschinen weitgehend ausgeschaltet werden, da die Funktionsabläufe durch das einmal festgelegte Programm bei jeder Wiederholung des Prozesses unverändert bleiben. Die Festlegung der Steuerungsprogramme stellt jedoch gegenüber konventionellen Maschinen einen zusätzlichen Aufwand dar, der in die betrieblichen Aufbau- und Ablaufstrukturen eingebunden werden muß und zu einer neuen Funktion der Arbeitsplanung geführt hat: **NC-Programmierung.**

Die Vorgehensweise bei der Erstellung von NC-Programmen kann prinzipiell mit der Arbeitsplanerstellung verglichen werden. Die NC-Programmierung setzt auf der Arbeitsplanerstellung auf und erstellt im Grunde einen sehr detaillierten Arbeitsplan [102, S. 264]. Die zur Erstellung notwendigen Teilfunktionen der NC-Programmierung sind in **Bild 3.2.7.2-1** zusammengefaßt dargestellt.

Nach DIN 66257 lassen sich *Quell-, Steuer-,* und *Teileprogramme* unterscheiden.

Quellprogramm: "Ein mit Anweisungen einer problemorientierten Programmiersprache abgefaßtes Programm. Das Quellprogramm beschreibt den Ablauf eines Bearbeitungsvorganges und wird unter Verwendung eines NC-Prozessors und NC-Postprozessors in ein Steuerprogramm umgesetzt."

Steuerprogramm: "Eine vollständige Folge von Sätzen, die den Ablauf eines Bearbeitungsvorganges auf einer bestimmten numerisch gesteuerten Arbeitsmaschine beschreibt und von der numerischen Steuerung verstanden wird."

Teileprogramm: "Ein Programm, welches den Ablauf eines Bearbeitungsvorganges beschreibt, und das als Quellprogramm und/oder als Steuerprogramm vorliegen kann."

Voraussetzung für die Steuerung der NC-Maschine ist stets das Steuerprogramm, welches auf einem entsprechenden Datenträger codiert abgelegt ist und von der NC-Steuerung gelesen werden kann. Typische Datenträger sind beispielsweise Lochstreifen, Disketten sowie Datenspeicher von CNC-Steuerungen. Des weiteren besteht die Möglichkeit, das Steuerprogramm auf einem externen Datenspeicher abzulegen und bei Bedarf über eine **DNC**-Kopplung der NC-Steuerung zur Verfügung zu stellen. DNC wird daher heute nicht mehr im Sinne einer zentralen, direkten numerischen Steuerung Direct Numerical Control, son-

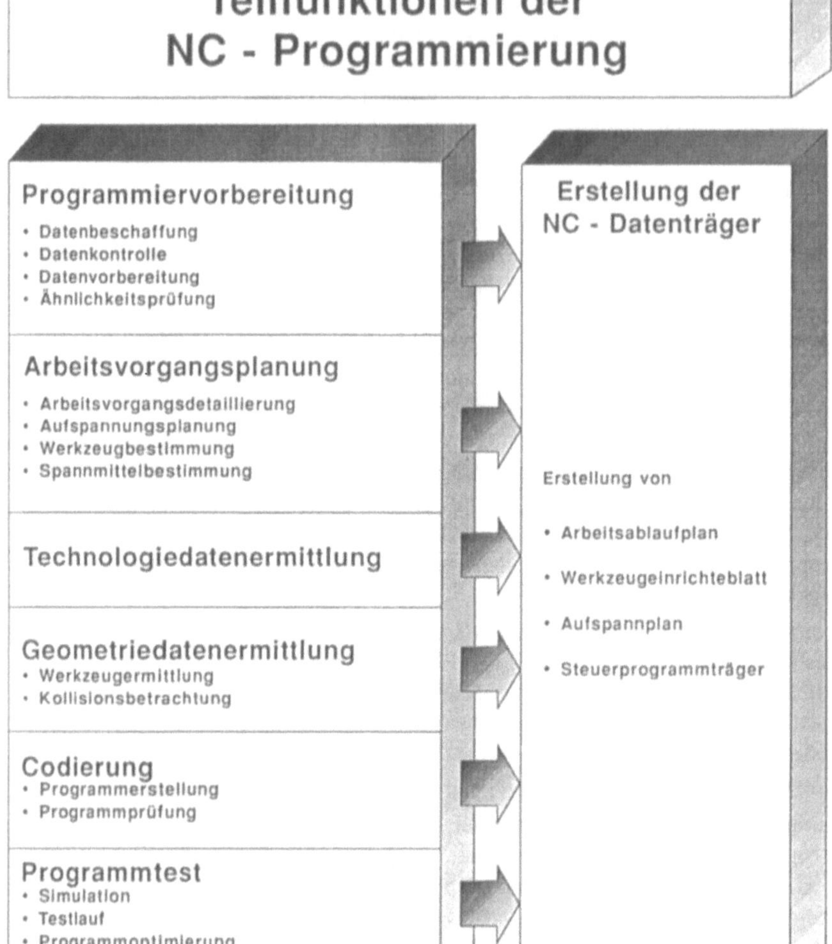

Bild 3.2.7.2-1:   Teilfunktionen der NC-Programmierung ([61], S. 28)

dern im Sinne einer dezentralen, verteilten numerischen Steuerung als Distributed Numerical Control (vgl. [37]) verstanden.

In Abhängigkeit von der Art der Programmerstellung unterscheidet man zwischen manueller und maschineller Programmierung. Bei der manuellen Programmierung werden Teileprogramme im steuerungsspezifischen Verarbeitungsformat "ohne Verwendung computergesteuerter Programmiergeräte oder Programmiersprachen erstellt" [44]. Dazu beschreibt der Programmierer die Bearbeitungsaufgabe mit allen dazu erforderlichen Weg- und Schaltinformationen in einer sequentiellen Abfolge von Einzelschritten. Bei der maschinellen Programmierung werden die Teileprogramme "unter Verwendung computergesteuerter Programmiergeräte und Programmiersprachen bzw. durch grafisch interaktive Eingabe" erstellt. Im Gegensatz zur manuellen Programmierung werden nicht der Werkzeugweg sowie die Schaltfunktion Schritt für Schritt beschrieben, sondern das Teil, wie es vor und nach der Bearbeitung aussieht. Bei der Festlegung der Bearbeitungstechnologie wird der Programmierer umfangreich unterstützt (z.B. durch Übernahme von abgespeicherten Technologie- und Werkstoffdaten).

Bezüglich der in der Praxis angewandten Programmierverfahren lassen sich derzeit drei Konzepte der NC-Programmierung unterscheiden [88]:

- Programmierung nach DIN 66025 [21]

- Programmierung mit einer fertigungstechnischen Programmiersprache und

- Werkstattorientierte Programmierung (**WOP**)

Bei der **Programmierung nach DIN 66025** handelt es sich um ein Verfahren, bei dem geometrische und technische Anweisungen der NC-Maschine in Form von Codes sequentiell eingegeben werden. Dieser Programm-Code wird bei fast allen NC-Steuerungen als Steuerungsgrundlage verwendet; so können Programme unmittelbar in diesem Steuerungs-Code erstellt oder Programme, die in fertigungstechnischen Programmiersprachen oder durch werkstattorientierte Programmierung erstellt wurden, in das DIN-Format übersetzt werden. Im Vergleich zu den anderen Programmiermethoden wird der Programmierer durch den sehr kleinen Funktionsumfang nur gering unterstützt:

- Übernahme von Geometriedaten aus CAD nicht oder nur begrenzt möglich;

- keine Unterstützung bei der Bestimmung der Bearbeitungsparameter aus Karteien und Dateien;

- nur einfache Plausibilitätsprüfung bei der Programmüberprüfungen möglich (z.B. max. Spindeldrehzahl).

Die Programmierung nach DIN 66025 setzt eine hohe Qualifikation des Programmierers voraus. Bei komplexem Produktaufbau hat diese Methode durch den zur Erstellung notwendigen hohen Programmieraufwand extreme Programmierkosten zur Folge. Ein weiterer Nachteil liegt darin, daß für dieselbe Bearbeitungsaufgabe auf einer anderen Maschine eine Programm-Neuerstellung notwendig ist, da das Programm maschinenspezifisch erstellt wird.

Bei der maschinellen **Programmierung mit fertigungstechnischen Programmiersprachen** gelangen problemorientierte höhere Programmiersprachen zur Anwendung. In der Regel wird dieses Programmierverfahren in der Arbeitsvorbereitung eingesetzt. Der wesentliche Unterschied gegenüber der Programmierung nach DIN 66025 besteht darin, daß nicht alle Weg- und Schaltinformationen eingegeben werden, sondern das Werkstück in seinem Zustand vor und nach der Bearbeitung sowie die dazu erforderliche Bearbeitungsreihenfolge beschrieben wird. Dazu notwendige Berechnungen (Geometrie, Schnittdaten o.a.) werden vom Rechner automatisch durchgeführt. Geometrie- und Bearbeitungsdaten werden in getrennten Programmblöcken eingegeben, wodurch die Übernahme von CAD-Daten ermöglicht wird. Als Ergebnis einer Programmierung wird in der Regel ein steuerungsneutrales Programm, sog. **CLDATA**-File (Cutter Line-DATA) erzeugt, welches über einen Post-Prozessor für die Maschinensteuerung in das DIN-Format übersetzt wird. Die maschinelle Programmierung mit fertigungstechnischen Programmiersprachen zeichnet sich durch einen hohen Funktionsumfang für den Programmierer aus.

Die steigende Leistungsfähigkeit von Rechenanlagen hat in den vergangenen Jahren zur
Entwicklung der **Werkstattorientierten Programmierung (WOP)** geführt. Dabei handelt
es sich um ein Programmierverfahren, mit dem sowohl der Facharbeiter in der Werkstatt
als auch der Programmierer in der Arbeitsvorbereitung optimal unterstützt werden. Die
vereinheitlichte Bedienung sowie die Programmierung mit Hilfe von werkstattgerechten
Begriffen und Symbolen führen zu einer schnellen Erlernbarkeit des Verfahrens, da die
Kenntnis einer abstrakten Programmiersprache nicht notwendig ist. Auch bei WOP erfolgt
eine getrennte Eingabe von Geometrie- und Bearbeitungsdaten. Damit läßt sich organisatorisch z. B. eine Programmierung realisieren, bei der die Geometriedaten in der Arbeitsvorbereitung und die Bearbeitungsdaten in der Werkstatt eingegeben werden. Die Einga-
ben erfolgen im grafisch-interaktiven Dialog und werden vom System mit Hilfe umfang-
reicher Plausibilitätsprüfungen auf ihre Sinnhaftigkeit geprüft. Bei der Bestimmung der
Technologiedaten erhält der Bediener Informationen durch Zugriff auf entsprechende Dateien, die gemäß der Bearbeitungsfolge aufgerufen werden. Dabei werden fehlende Parameter vom System ermittelt und erforderliche Berechnungen automatisch durchgeführt.

WOP-Systeme umfassen alle Funktionsmerkmale der Programmierung nach DIN 66025
sowie der fertigungstechnischen Programmiersprachen. Darüber hinaus erlauben die
grafischen Bildschirmarbeitsplätze eine dynamische Prozeßsimulation, mit der mögliche
Kollisionen als Folge von Programmierfehlern erkannt werden können. Zum einen lassen
sich damit Maschinenschäden vermeiden und zum anderen hilft die Simulation bei der Optimierung des Bearbeitungsprozesses.

Der große Vorteil von WOP liegt vor allem in der direkten Nutzung des Fertigungswissens
und der Betriebserfahrung des Facharbeiters in der Werkstatt. Dessen Wissen über die jeweiligen NC-Maschinen, die Eigenschaften der Werkstoffe, z. B. Spänebruch, sowie
technologische Daten kann mit Hilfe dieser Methode unmittelbar in die Programmierung
einfließen. Ein weiterer Vorteil liegt in der maschinennahen Anpassungsmöglichkeit der
Programme, womit die Flexibilität der WOP-Systeme weit höher liegt als bei der Anpassung durch NC-Programmierabteilungen.

3.2.8 Kopplung von CAP mit anderen CIM-Komponenten

Die informationstechnische Integration (CIM) erscheint derzeit nur über die Kopplung von
Teilsystemen (CAx-Komponenten, PPS) realisierbar, wodurch die einzelnen in der Regel
getrennten Abläufe bzw. unterstützenden Programmsysteme sukzessive zusammenwachsen
können. Der in **Bild 3.2.8-1** dargestellte Datenfluß in CAP verdeutlicht die für eine Integration notwendigen Kopplungen zu den einzelnen CIM-Komponenten.

CAP-PPS: Beim Austausch von Daten zwischen diesen Komponenten werden von PPS an
CAP die Aufträge zur Arbeitsplan- und zur NC-Programmerstellung erteilt und die dazu-
gehörenden Stammdaten (z.B. Teilestammdaten) zur Verfügung gestellt. Nachdem der Arbeitsplan erstellt ist, wird er an das PPS-System zur Kapazitätsplanung und zur Terminierung der Aufträge weitergeleitet. (Vgl. Kap. 3.4.3.3.)

CAP-CAD: Dieser Schnittstelle kommt bezüglich der Integration im CIM-Verbund eine
besondere Bedeutung zu. Im Gegensatz zum Austausch alphanumerischer Daten bei den
anderen Schnittstellen von CAP geht es bei dieser Schnittstelle vor allem darum, die von
CAD erstellten grafischen Daten für die Arbeitsplan- bzw. die NC-Programmerstellung
aufzunehmen und zu interpretieren. Darüber hinaus sollte es möglich sein, Konstruktions-

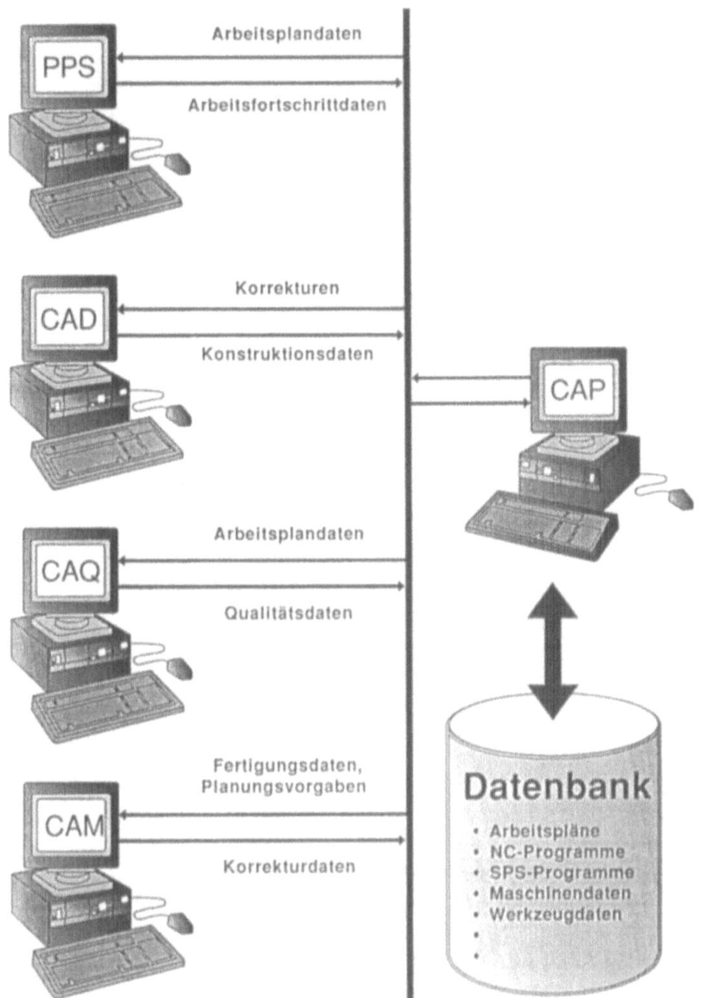

Bild 3.2.8-1: Datenfluß in CAP ([102], S. 262).

korrekturen in CAP vorzunehmen und an das CAD-System in verarbeitungsgerechter Form zu übertragen (vgl. Kap. 3.2.5). Die zum Einsatz kommenden Kopplungen von CAD und CAP ermöglichen bislang lediglich eine datentechnische Verknüpfung, bei der Konstruktionszeichnungen vom System A nach System B übertragen werden können; die Interpretation der grafischen Daten obliegt dabei weiterhin dem Arbeitsplaner bzw. dem NC-Programmierer. Derzeit kann eine Integration von CAD und CAP nur mit Hilfe eines einheitlichen Produktdatenmodells sinnvoll realisiert werden, auf welches beide, Konstrukteur und Arbeitsplaner, zugreifen können (**Bild 3.2.8-2**).

CAP-CAQ: Da mit QS-Systemen die Qualität über alle Phasen der Auftragsabwicklung hinweg gesichert werden soll, werden über die Schnittstelle zwischen CAP und CAQ zwei

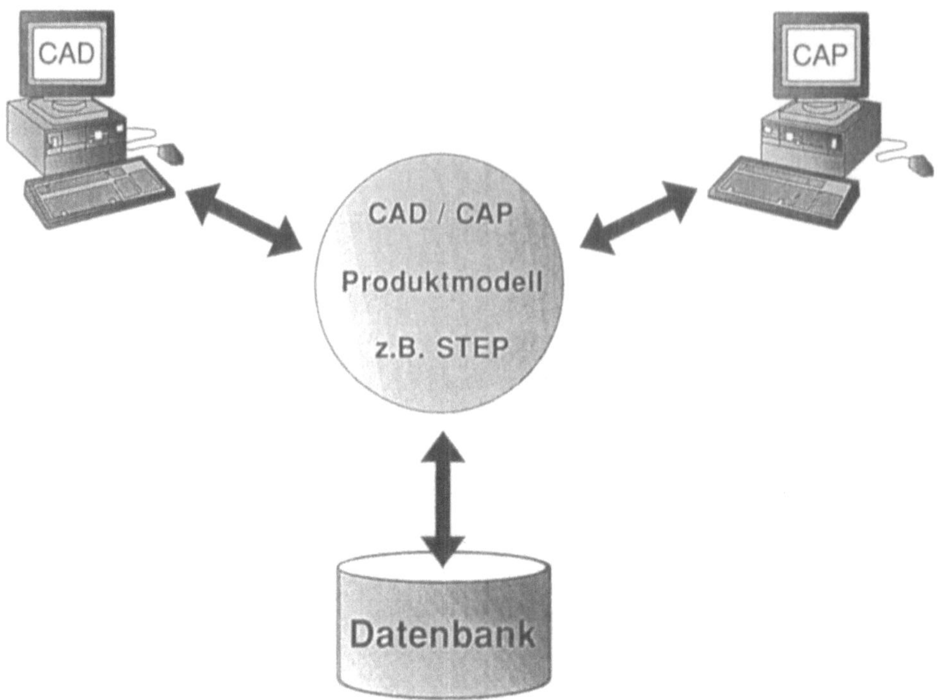

Bild 3.2.8-2: Datenaustausch zwischen CAD- und CAP-Systemen ([15], S.29)

grundlegende Aufgaben abgewickelt. Zum einen müssen die in der Arbeitsplanung erstellten Unterlagen (Arbeitsplan, NC-Programm u.a.) qualitativ erfaßt und geprüft werden, und zum anderen müssen, basierend auf den festgelegten Arbeitsvorgängen, die für die Fertigung notwendigen Prüfpläne erstellt werden. (Vgl. Kap. 3.3.2.4.3.)

CAP-CAM: Die Kopplung dieser Teilsysteme empfiehlt sich besonders beim Einsatz von DNC-Systemen, welche die von CAP ausgegebenen Arbeitspläne und NC-Programme verwalten und dem zugehörenden Fertigungsprozeß zuführen. Dabei reicht zur Realisierung der Schnittstelle eine datentechnische Verknüpfung über lokale Netze mittels File-Transfer. Parallel dazu ist die Übertragung von Korrekturdaten aus der Fertigung an CAP möglich, um damit das zur Verfügung stehende Planungswissen zu aktualisieren oder bei Störfällen alternative Arbeitsvorgangsfolgen anzufordern. (Vgl. Kap. 3.3.1.5.)

Für die Kopplung zwischen den verschiedenen Komponenten eines CIM-Verbundes ist eine Datenkonversion notwendig, die den Datenaustausch in der Regel über ein neutrales Format ermöglicht. Die Standardisierung dieser Austauschformate bezieht sich derzeit auf Schnittstellen zur Steuerung von NC-Maschinen (CLDATA, APT, Automatically Programmed Tools), zur Steuerung von Robotern (IRDATA, Industrial Robot Data), zur Graphikverarbeitung (GKS, Grafisches Kern-System, PHIGS, Programmer's Hierarchical Interactive Graphics System), zum CAD-Datenaustausch (VDAFS, SET, IGES), zur Verarbeitung von Normteilen (VDAPS) sowie zum Austausch von Produktdaten (PDES,

Product Data Exchange Specification, STEP) (vgl. [14], S.11). Bild 3.3.1.3-24 enthält eine Zusammenfassung standardisierter Schnittstellen.

Besonderes Interesse gilt gegenwärtig der Entwicklung des Austauschformates STEP. Angestrebt wird, mit STEP eine international akzeptierte Norm zur systemneutralen Darstellung von Produktmodellen aus unterschiedlichen Anwendungen zu schaffen (vgl. Kap. 3.2.5 und 3.3.1.3.5 und [14]).

3.3 CIM-Kette *Produktion*

3.3.1 Rechnerunterstützte Fertigung

Mit **CAM**, rechnerunterstützte Fertigung, wird die Steuerung bzw. Koordination von rechnerunterstützten Produktionsmaschinen, Transport- und Lagereinrichtungen im Fertigungsbereich bezeichnet. CAM umfaßt somit die NC-Technik und die Rechnerunterstützung bzw. die Rechnersteuerung von Handhabungs-, Transport-, Lager- und Montagesystemen (vgl. Bild 1.3.2-1 und [74]).

3.3.1.1 Funktionen der rechnerunterstützten Fertigung

3.3.1.1.1 Definition und Aufgaben der rechnerunterstützten Fertigung

In der Bundesrepublik Deutschland unternahm erstmals der AWF 1984 einen umfassenden Versuch, CIM zu definieren (vgl. Kap. 1.3.2 und 2.3.2). Im Zuge dieser Definitionen wurden ebenfalls auch die Begriffe CAD/CAM und CAM definiert. Der AWF gründete einen Arbeitskreis, der überwiegend aus Hochschulvertretern bestand. Ergebnis war eine AWF-Empfehlung im November 1985 über Begriffe, Definitionen und Funktionszuordnungen zum Thema **Integrierter EDV-Einsatz in der Produktion** (vgl. Bild 2.3.2-1 und Bild 1.3.2-1).

Neben PPS ist CAD/CAM die technische Komponente jeder CIM-Struktur und mehr als nur die Verbindung von CAD und NC-Programmierung. Die AWF definiert: **CAD/CAM** beschreibt die Integration der technischen Aufgaben zur Produkterstellung und umfaßt die EDV-technische Verkettung von CAD, CAP, CAM und CAQ.

Auf der Basis der im CAD erzeugten digitalen Objektdarstellungen werden im CAP Steuerinformationen erzeugt, die im CAM zum automatischen Betrieb der Fertigungseinrichtungen eingesetzt werden (vgl. Kap. 3.2.4.1.2 und 3.2.7). Die entsprechenden Aufgaben werden im Rahmen von CAQ für Meß- und Prüfeinrichtungen durchgeführt.

Der Begriff **CAM** ist aus der NC-Technik entstanden. Mit ihm werden die durch Rechnereinsatz automatisierten Prozesse in der Fertigung zusammengefaßt. Zu diesen Prozessen zählen die Fertigung von Werkstücken, die Komponenten- und Endmontage, der Transport und die Lagerung und die Handhabung von Material und Fertigungshilfsmitteln.

CAM bezeichnet damit die EDV-Unterstützung zur **technischen** Steuerung und Überwachung der Betriebsmittel bei der **Herstellung** der Objekte im Fertigungsprozeß. Das bedeutet die **direkte** Steuerung von Arbeitsmaschinen, verfahrenstechnischen Anlagen, Handhabungsgeräten, Transport- und Lagersystemen. Damit wird jedes CAM-System in folgende Grundstrukturen zerlegt: *Fertigen* (incl. Montage), *Handhaben, Transportieren* und *Lagern*.

Die **Betriebsdatenerfassung** und **Maschinendatenerfassung (BDE/MDE)** ist nicht Bestandteil der AWF-Definition. Sie gehört jedoch ebenfalls zu jedem CAM-System (vgl. Kap. 3.4.3.6).

3.3.1.1.2 Koordination von Produktions-, Transport-, Montage- und Lagersystemen

In Fertigungseinrichtungen, die überwiegend flexibel automatisiert sind, erfüllt der **Leitrechner oder Leitstand** die Aufgabe, den Informations- und Materialfluß miteinander zu koordinieren.

3.3.1.1.3 Aufgaben der Informationsverarbeitung

Der Informationsfluß hat folgende Aufgaben, **Bild 3.3.1.1-1**:
- Verwalten und Verteilen der NC-Programme,
- Verwalten der Werkzeugbestände,
- Fertigungsfeinplanung,
- Roh- und Fertigteiltransport,
- Werkzeugtransport und
- Späneentsorgung.

Zum **Verwalten und Verteilen der NC-Programme** verfügt der Fertigungsleitrechner über alle NC-Programme (vgl. Kap. 3.2.7.2), die zur Fertigung des aktuellen Produktspektrums nötig sind. Gemäß den Anforderungen der Fertigungsfeinplanung werden die Programme an die jeweiligen Maschinensteuerungen übertragen.

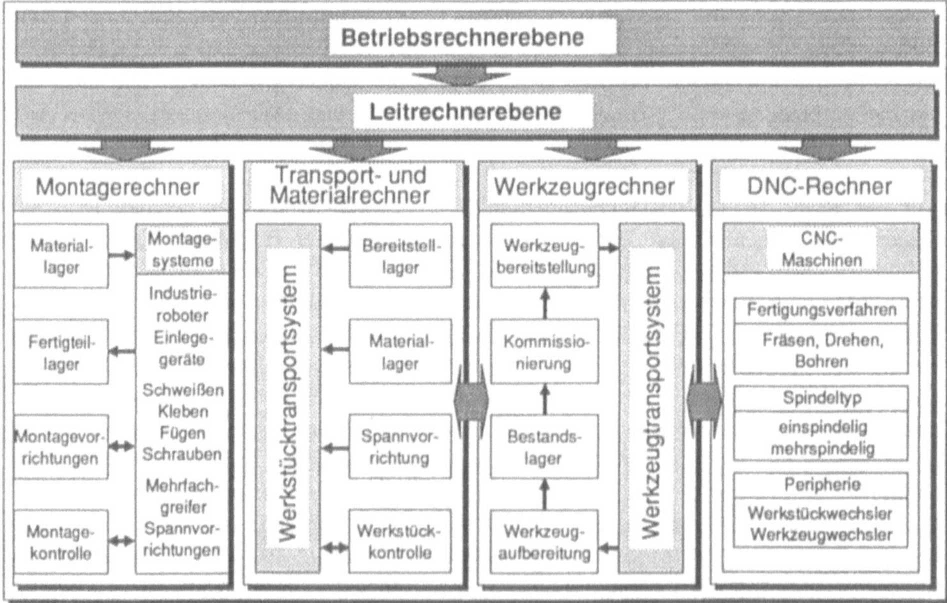

Bild 3.3.1.1-1:   Informations- und Materialfluß in einem komplexen CAM-System

Zur **Verwaltung der Werkzeugbestände** gehören werkzeugspezifische Daten wie Werkzeugnummer, Geometrie, Position im Werkzeuglager, Werkstoffkennwerte, Standzeiten, Einstellmaße. Eine auftragsbezogene Zusammenstellung von Werkzeugsätzen (Kommissionierung) ist ebenso zu leisten, wie die Veranlassung einer Werkzeugaufarbeitung nach abgelaufener Standzeit. In komplexen CAM-Systemen werden diese Aufgaben einem Werkzeugrechner übertragen.

Bei der **Fertigungsfeinplanung** bezieht der Fertigungsleitrechner die Produktionseckdaten aus dem übergeordneten PPS-System und führt die Auftragsterminierung und Maschinenbelegungsplanung durch (vgl. Kap. 3.4.3).

Im klassischen Sinne wird die Fertigungsfeinplanung oder **Fertigungssteuerung**, auch als **Werkstattsteuerung** bezeichnet, der Produktionsplanung und -steuerung zugeordnet. Aufgrund einer Verlagerung von Entscheidungskompetenzen und Aufgaben in fertigungsnahe Bereiche wird die Fertigungssteuerung immer mehr dem CAM-Bereich zugeordnet. Innerhalb der Fertigungssteuerung werden die freigegebenen Arbeitsgänge nach neuen Optimierungskriterien auf Betriebsmittelgruppen bezogen geordnet. Optimierungskriterien sind:

- fertigungstechnische Bedingungen, wie gleichmäßige Auslastung bestimmter Einrichtungen,
- Vermeidung von Abfall durch eine Zuschnittoptimierung und Minimierung von Umrüstvorgängen.

Die Dezentralisierung der betrieblichen Abläufe hat auch Auswirkungen auf die Gestaltung der EDV-Architektur. Die Fertigungssteuerung ist auf die Fertigung und deren Arbeitszeiten ausgerichtet und arbeitet daher häufig ebenfalls im Zwei-, Drei-, Vier- oder Fünf-Schicht-Betrieb. Weiterhin wird eine hohe Flexibilität bezogen auf den Anschluß von Peripheriekomponenten gefordert. Für die Fertigungssteuerung werden daher häufig Prozeßrechner- oder Workstationsysteme eingesetzt. Die kurzfristige Fertigungssteuerung hat im Rahmen der Auftragsfreigabe weitere Aufgaben zu erfüllen, **Bild 3.3.1.1-2**. Da durch die Fertigungssteuerung technische Systemabläufe angestoßen werden, müssen auch die nötigen Betriebshilfsmittel und Informationen bereitgestellt werden:

- erforderliche Arbeits-, Prüf- und Montagepläne,
- Steuerprogramme für NC-Maschinen,
- Transportkapazitäten, Quellen- und Zielinformationen, Mengen- und Qualitätsangaben und
- Rohteile und Werkzeuge.

3.3.1.1.4 Roh- und Fertigteiltransport

Auf der Seite des Materialflusses sind drei wesentliche Aufgaben zu lösen. Der Werkstücktransport **(Roh- und Fertigteiltransport)** vom Rohteil- zum Fertigteillager muß gemäß der Bearbeitungsfolge koordiniert werden. Typische Transportsysteme sind: fahrerloses Transportsystem (FTS), Rollenförderer und Hängebahnen. In großen Systemen, in denen eine Vielzahl von Werkstücken zu transportieren ist, wird ein eigener Materialflußrechner eingesetzt.

Bild 3.3.1.1-2:   Funktionen der Fertigungssteuerung

3.3.1.1.5 Werkzeugtransport

Ein automatisierter **Werkzeugtransport** ist gegenwärtig nur sehr selten realisiert. Ansätze für eine Automatisierung bieten sich jedoch an, da moderne Werkzeugmaschinen in der Regel über einen automatischen Werkzeugwechsel verfügen. Weiterhin müssen Werkzeugaustausch, Werkzeugvoreinstellung und Kommissionierung von Werkzeugsätzen in ein Automatisierungskonzept einbezogen werden.

3.3.1.1.6 Späneentsorgung

Aufgrund der hohen Leistungsfähigkeit heutiger CNC-Werkzeugmaschinen und Bearbeitungswerkzeuge ist das Zerspanungsvolumen pro Zeiteinheit so hoch, daß gerade im personalarmen Schichtbetrieb die vollautomatische **Späneentsorgung** von größter Bedeutung für den störungsfreien Betrieb der Fertigungseinrichtung ist. Entsprechende Systeme werden oftmals unterflur angeordnet. Auf eine Materialtrennung ist für ein nachfolgendes Recycling streng zu achten. Neben der Späneentsorgung stellt die **Kühlmittelver- und -entsorgung** ebenfalls einen wesentlichen Faktor dar.

3.3.1.2 Struktur von CAM-Systemen

3.3.1.2.1 CAM-Subsysteme

Komponenten, die innerhalb von CAM Verwendung finden, sind: NC-, CNC-, DNC-Bearbeitungs- und -Meßmaschinen, Werkstück-, Werkzeug- und Spannmittelhandhabungseinrichtungen, automatisierte Transportsysteme, automatisierte Lagersysteme und Montagemaschinen und -systeme (CAA) und konventionelle Werkstattbereiche. Dazu gehören auch die jeweiligen Maschinensteuerungen und die Peripherie. Unabhängig vom Systemlayout ist jedoch die informationstechnische Verknüpfung und Durchdringung der Fertigung.

3.3.1.2.2 Allgemeine Bedeutung der Datenverarbeitung für CAM-Komponenten

Das Ausmaß der mit flexiblen Fertigungssystemen gegenüber herkömmlichen Fertigungsstrukturen tatsächlich erzielbaren organisatorischen und wirtschaftlichen Verbesserungen wird zu einem Großteil von der *Intelligenz* und der Leistungsfähigkeit des übergeordneten Informationssystems zur Steuerung und Überwachung sämtlicher Bearbeitungsabläufe und Materialbewegungen bestimmt. Die Funktionssoftware flexibler Fertigungssysteme muß in der Lage sein, sowohl im Normalbetrieb als auch bei Störungen oder Ausfall einzelner Betriebsmittel die im Bearbeitungs- und Materialflußsystem vorhandene Flexibilität voll zu nutzen. Nur so kann die gewünschte Produktivität des Gesamtsystems unabhängig vom aktuellen Auftragsmix und den jeweiligen Systemzuständen gewährleistet werden [30].

3.3.1.2.3 Material- und Informationsfluß, Logistik in CAM

Die Lager- und Materialflußtechnik auch im Werkstattbereich wird heute ebenfalls als wichtige Komponente der Logistik angesehen (vgl. Kap. 3.3.1.6.3). Entsprechend dem allgemeinen Ansatz wird unter **Logistik** die ganzheitliche Betrachtung bzw. Gestaltung von Prozessen aus Material-, Informations- und Energiefluß verstanden. In Abhängigkeit vom Wirkungsraum der Systeme unterscheidet man Mikrologistik (Unternehmenslogistik, Handelsunternehmen, Speditionen) und Makrologistik (Systeme der Verkehrsträger). Die Logistik umfaßt die zielgerichtete, betriebswirtschaftliche und technische Gestaltung, Planung, Steuerung und Kontrolle der ein- und ausgehenden Objektbewegungen in das jeweilige System (vgl. Kap. 3.3.1.6.1/2). Innerhalb eines Systems erfolgt das Transportieren, Speichern und Handhaben von Objekten in unterschiedlicher Kombination und Folge (vgl. Kap. 3.3.1.6.3 und 3.3.1.7). Dabei müssen die in ein Unternehmen ein- und ausgehenden Material-, Güter- und Informationsflüsse im Hinblick auf das Unternehmensziel optimiert werden.

Für die Realisierung eines zuverlässigen Materialflusses ist besonders in automatisierten Systemen ein integrierter Informationsfluß die Voraussetzung. Ein Fertigungsleitrechner muß beispielsweise die Information über den Zielort für ein fahrerloses Transportsystem an die Materialflußsteuerung liefern oder Angaben über Menge und Zusammensetzung der zu transportierenden Güter an den Kommissionierbereich übermitteln. Fehlen notwendige Informationen, so sind falsche Transportaufträge unausweichlich. Es kann zu Stillstandszeiten ganzer Produktionsbereiche kommen. Abhilfe dürfen nicht großzügig dimensionierte Puffer sein, denn dies führt zu einer erhöhten Kapitalbindung, die mögliche oder nötige Rationalisierungsinvestitionen verzögert oder verhindert.

Die Vorteile eines z.B. über **Just-in-Time-Strategien (JIT)** optimierten Materialflusses (kleine Pufferkapazitäten, kleine Läger) schaffen die Voraussetzungen für die wirkungsvolle Umsetzung der übrigen CA-Techniken (vgl. Kap. 3.3.1.6.2 und 3.4.4.1). Grundlage hierfür sind physikalische Kopplungsmöglichkeiten (Handhabungseinrichtungen, Greifer, Palettensysteme, handhabungsgerechte Konstruktionen) wie auch die informatorische Einbindung automatischer Materialflußsysteme in ein übergeordnetes Konzept im Sinne einer integrierten CIM-Strategie.

Informationssysteme im Sinne der Logistik umfassen folgende Funktionen: *Bereitstellung*, *Speicherung* und *Übertragung* aller Informationen, die zur Realisierung eines zielgerichteten, geordneten Materialflusses erforderlich sind.

Materialflußprozesse sind Prozesse des materiellen Stoffflusses, welche die Operationen *Fördern*, *Handhaben* und *Lagern* sowie Hilfsfunktionen beinhalten. Die technische Systemgestaltung von Arbeitsoperationen bzw. Materialflußfunktionen geschieht durch Fördermittel und Handhabungseinrichtungen, **Bild 3.3.1.2-1**. Die **Objekte** von Materialflußprozessen sind: *Stückgüter*, *Flüssigkeiten*, *Gase*, *Datenträger*, *Lebewesen* und *Schüttgüter*.

Durch den Einsatz von Hilfsmitteln lassen sich alle Objekte wie Stückgüter behandeln. Damit wird der Materialfluß wesentlich vereinfacht. Als **Stückgüter** (VDI 3565) bezeichnet man alle Gegenstände, die ohne Rücksicht auf ihre Form und Größe während des Förderns als eine Einheit behandelt werden können. Typische Beispiele sind Säcke, Kisten, **Paletten** und Fässer, aber auch Maschinen und sonstige Einzelteile.

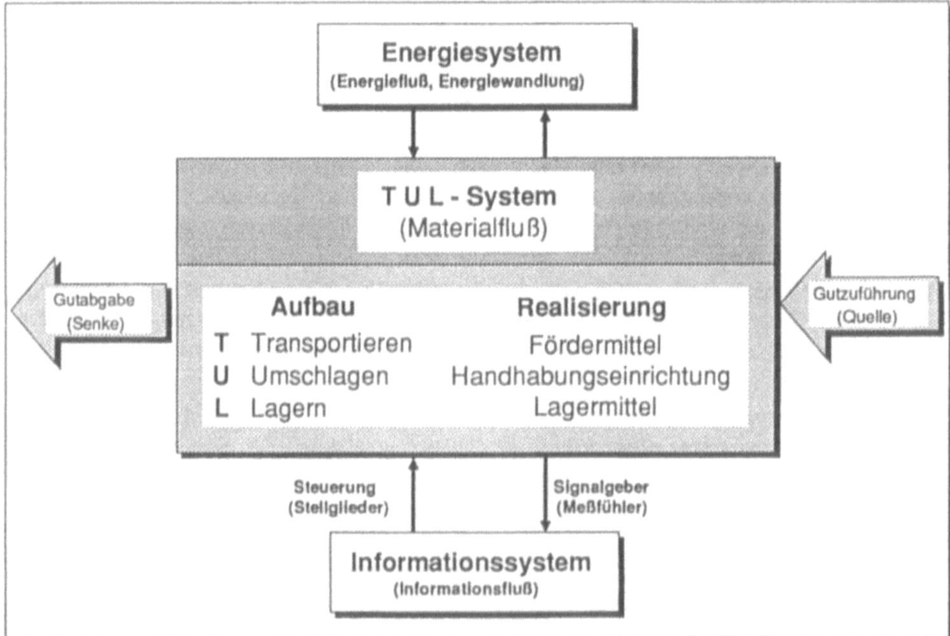

Bild 3.3.1.2-1:   Aufbau und Realisierung von logistischen Systemen in CAM

3.3.1.2.4 Betriebs-, Fertigungsleit-, Werkzeug-, DNC-, Material- und Transport- sowie Montagerechner in CAM

Der **Betriebsrechner** ist der Rechner in der Rechnerhierarchie, der bei sehr großen Fertigungsstrukturen, also z.B. bei mehreren flexiblen Fertigungssystemen, weiteren flexiblen Strukturen und konventionellen Werkstattbereichen die übergreifende Koordination und Stammdatenverwaltung übernimmt. In der Funktion als Zentralrechner laufen oftmals ganze PPS-Systeme oder zumindest einige Komponenten auf dem Betriebsrechner. Aufgaben der rechnerunterstützten Konstruktion oder Arbeitsplanung werden hingegen auf dezentralen Workstations durchgeführt. Die Ablage und Verwaltung der CAD- und CAP-Daten erfolgt wiederum auf dem Betriebsrechner.

Der **Fertigungsleitrechner** initiiert in Abhängigkeit vom zu bearbeitenden Auftrag Transportvorgänge für Werkstücke und Betriebshilfsmittel und sorgt für die Verteilung der NC-Programme und Arbeitspläne. Zur Überwachung bzw. zur Durchführung der Fertigungsaufgaben muß der Fertigungsleitrechner ständige Rückmeldungen über Fertigungsfortschritt und Störungen im Betrieb bekommen. Die Erfassung dieser Daten wird unter den Begriffen BDE (Betriebsdatenerfassung) und MDE (Maschinendatenerfassung) zusammengefaßt. (Vgl. Kap. 3.4.3.)

Eine umfassende Werkzeugverwaltung muß Werkzeuge lückenlos von der Anlieferung bis zur Ausmusterung verwalten. Bei größeren Systemem überträgt man daher oftmals alle außerhalb der CNC-Steuerung ablaufenden Verwaltungsaufgaben einem eigenen **Werkzeugverwaltungsrechner**. Dieser befindet sich in der Regel in der Werkzeugvoreinstellung und ist mit dem Werkzeugvoreinstellgerät verbunden sowie mit den CNCs der Einzelmaschinen oder mit einem DNC-Rechner. Bei CNC-Maschinen im DNC-Verbund oder flexiblen Fertigungssystemen kann der DNC-Rechner die gesamte Werkzeugverwaltung mit übernehmen.

Heutige DNC-Systeme haben im wesentlichen die Aufgabe, die vorhandenen NC-Programme zu verwalten und an die einzelnen Maschinensteuerungen zu übertragen. Der **DNC-Rechner** verwaltet darüber hinaus auch Programme für Werkstückhandling- und -transportsysteme, Werkstückkorrekturdaten, Reststandzeiten, Bedienerhinweise, Aufspannpläne und Meßprogramme.

Der Transport der zu fertigenden Werkstücke und der zugehörigen Betriebshilfsmittel zu den einzelnen Maschinen und Spannstationen ist Aufgabe des **Material- und Transportrechners**. Der Transportrechner erhält seine Transportaufträge vom übergeordneten Leitsystem und führt ein rechnerinternes Anlagenabbild, das jederzeit über den Zustand einzelner Paletten Auskunft gibt. Bei Anlagen mit ausgeprägten automatisierten Montagetätigkeiten (CAA) wird das System durch einen eigenen **Montagerechner** geführt. Seine Aufgaben entsprechen denen eines Leitrechners für die Fertigung.

3.3.1.2.5 Betriebsdatenerfassung und Maschinendatenerfassung in CAM

Die zeitnahen Aufgaben der **Betriebs- und Maschinendatenerfassung** (BDE, MDE) können nur erfüllt werden, wenn eine Datenbasis vorhanden ist, die zeitgleich mit der Entstehung von Meldungen aktualisiert wird. Aus diesem Grunde muß sie eng mit einem BDE/MDE-Rechner verbunden sein. Werden die Rückmeldungen jedoch nicht direkt an der Maschine oder einer Betriebsmittelgruppe erfaßt, sondern nur zentral durch eine Terminaleingabe im Meisterbüro, so ist ein aktueller Stand über den Auftragsfortschritt nicht gewährleistet (vgl. Kap. 3.4.3.6). Die verstrichene Zeit von der Aufschreibung an der Maschine bis zur Eingabe im Erfassungsbüro verfälscht die Ist-Zeit so stark, daß eine aktuelle Übersicht über Aufträge und Kapazitäten nicht erstellt werden kann (vgl. Kap. 3.4.3.5).

Die Erfassung der Betriebsdaten ist nicht nur Voraussetzung für eine zeitnahe Fertigungssteuerung, sondern auch für andere Anwendungsbereiche. So werden mitarbeiterbezogene Daten für die Bruttolohnberechnung benötigt sowie auftragsbezogene Daten für eine mitlaufende Kalkulation. Allerdings müssen hier Abstimmungen mit allen Beteiligten erfolgen, um die Akzeptanz zu erhöhen und Auseinandersetzungen aufgrund vermeindlicher Kontrollen von Mitarbeitern zu vermeiden. Werden im Rahmen von Soll-/Istvergleichen Mengen und Kosten zeitnah kontrolliert, kann auch bei laufendem Auftrag korrigierend in den Fertigungsablauf eingegriffen werden. Durch die enge Kopplung von Rückmeldeinformationen (Zeit und Ort) aus einem BDE-System mit der Fertigungssteuerung wird sie eigentlich zur Fertigungsregelung.

CAM-Komponenten wie DNC-Systeme, fahrerlose Transportfahrzeuge oder Lagerverwaltungssysteme können so ausgerüstet sein, daß Signale unmittelbar an BDE-Systeme übertragen werden. Man spricht dann von der Maschinendatenerfassung.

Beschränkt sich die Datenverarbeitung der CAM-Komponenten auf die reine Datenerfassung, so müssen die Daten zur Anlagensteuerung aufbereiten werden. Bei intelligenten Systemen kann jedoch eine direkte Kopplung mit der Fertigungssteuerung, Lohnerfassung oder Kalkulation erfolgen. Beispiele für fertigungssteuerungsrelevante Daten sind in **Bild 3.3.1.2-2** zu finden.

Die benötigten Informations- und Datenverknüpfungen werden nach der erforderlichen Informationsart und Aktualität beurteilt und bestimmen die Auswahl von Datenbasis, Netzwerk, Rechnerhardware und Betriebssystem.

3.3.1.2.6 DNC-Betrieb

Beim Betrieb von mehreren NC- und CNC-Maschinen wirkt sich der Aufwand zur Verteilung, Bereitstellung und Eingabe der NC-Programme negativ auf die Produktivität aus [51].

Aus diesem Grunde sind sogenannte DNC-Systeme geschaffen worden, bei denen ein zentraler Rechner die Funktion der Teileprogrammverwaltung, -erstellung und -zuteilung für mehrere Maschinen übernimmt. Die fortschreitende Entwicklung der Mikroprozessortechnik hat dazu geführt, daß heute Steuerungen mit größerer Speicherkapazität und anwendungsfreundlicher Software zur Verfügung stehen. DNC-Systeme der 2. Generation können daher komplette Teileprogramme an die angeschlossenen CNC-Maschinen übertragen [51].

Beim Einsatz von flexiblen Fertigungszellen und -inseln, ist DNC eine unabdingbare Voraussetzung für einen durchgängigen Datenfluß von den Subsystemen bis zu den unmittelbar an der Fertigung beteiligten Bereichen. Physikalisch erfolgt die Anbindung direkt an entsprechend vorbereitete CNC-Maschinen oder über nachrüstbare DNC-Terminals (mit Puffermöglichkeit) auf der Basis von genormten Protokollen. Inhaltlich wurde jedoch das DNC-Anforderungsprofil stark ausgeweitet. Gefordert ist die Übertragung aller relevanten Daten zur Feststellung des Anlagenzustands durch den Leitrechner.

Die DNC-Systeme der 3. Generation sehen sich einer Vielzahl von neuen Aufgaben gegenüber, **Bild 3.3.1.2-2**.

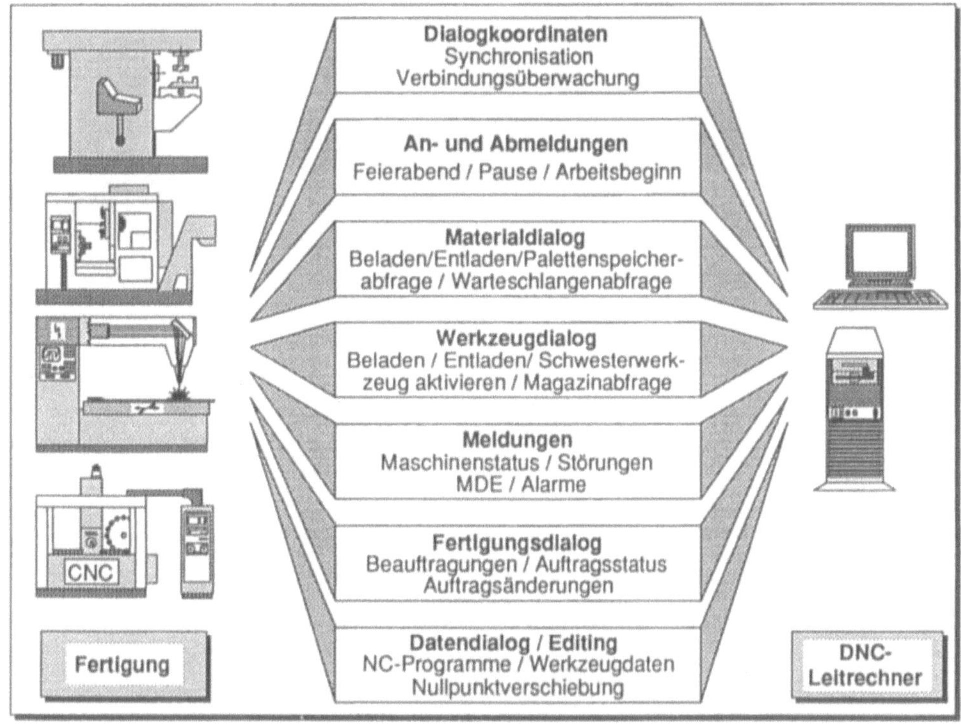

Bild 3.3.1.2-2:   Funktionsanforderungen an moderne DNC-Systeme

3.3.1.3 Komponenten flexibler Fertigungseinrichtungen

Flexible Fertigungseinrichtungen setzen sich generell aus folgenden technischen Komponenten zusammen (**Bild 3.3.1.3-1**): *Bearbeitungssystem, Werkstückflußsystem, Werkzeugflußsystem* und *Steuerungs-* und *Überwachungssystem*.

Aus diesen Systemgruppen sind geeignete Bausteine, abgestimmt auf jede individuelle Lösung, auszuwählen, wobei die Bedeutung der Peripherie ständig zunimmt und im Bereich Werkzeug- und Werkstückfluß durch die Teilfunktionen Handhaben, Transportieren und Speichern geprägt ist.

Während in Bearbeitungszentren mehrere NC-Achsen integriert sind, wobei CNC-Meßeinrichtungen ebenfalls zu den Bearbeitungssystemen gezählt werden können, bestehen Werkstückflußsysteme aus Komponenten wie Werkstücktransportsystem, Wasch- und Spülkabinen, Umsetzstationen, Spannpaletten und -speicher, Werkstückspeicher und -magazine und Rüst- und Spannstationen. Für Werkzeuge wird meist ein weiteres Materialflußsystem installiert, obwohl es einige Ansätze für integrierte Lösungen gibt.

Das Steuerungs- und Überwachungssystem ergibt sich aus den Steuerungen der Einzelkomponenten, die zusammengefaßt und durch Leitrechner koordiniert werden. Die Thematik ist gekennzeichnet durch die erforderliche Verknüpfung vielfältiger Einzelkomponenten.

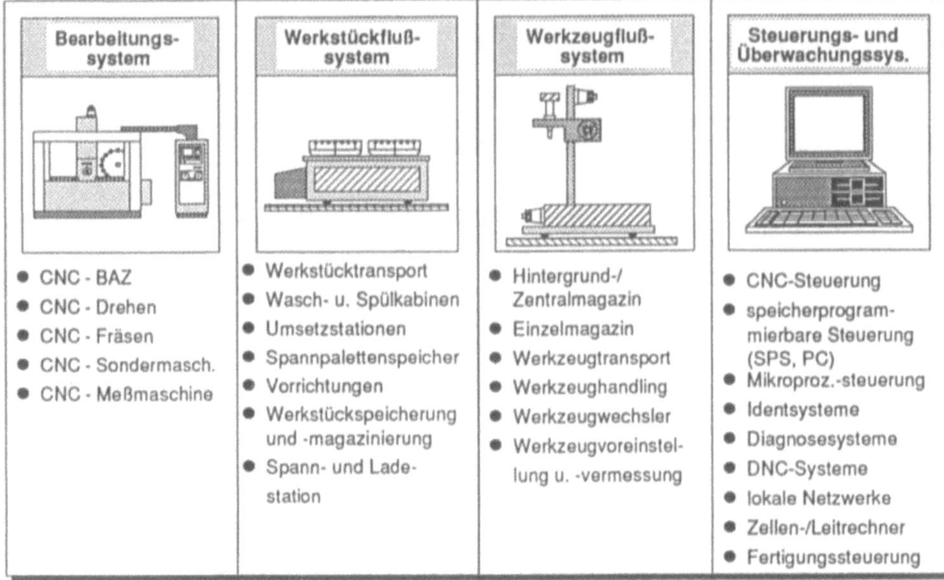

Bild 3.3.1.3-1:   Komponenten flexibler Fertigungseinrichtungen

3.3.1.3.1 Zielsetzungen

Neben den wirtschaftlichen Zielen der flexiblen Fertigung ist zwischen organisatorischen und technischen Zielen zu unterscheiden. Die organisatorischen Ziele sind:

- Verkürzung der Durchlaufzeiten,
- schnelles Reagieren auf veränderte Marktanforderungen,
- Verkürzung von Entwicklungszeiten und schnellere Umsetzung technischer Neuerungen,
- hohe Losgrößenflexibilität,
- Reduzierung von Beständen und damit Senkung der Kapitalbindung,
- Sicherung der Qualität und Ausschußsenkung und erhöhte Auslastung durch personalarme zusätzliche Schichten.

Planungskonzepte für flexible Fertigungseinrichtungen müssen folgende technische Ziel-
vorgaben berücksichtigen:

- Einbeziehung bereits vorhandener Maschinen und anderer Automatisierungskomponen-
  ten,
- Ausbaumöglichkeiten ohne Unterbrechung der laufenden Fertigung,
- Anpassung der Steuerungs- und Informationsstrukturen an geänderte Layouts durch mo-
  dularen Aufbau,
- Überwachung und Fehlerdiagnose und automatisierte Übernahme von Daten aus der
  Fertigung vorgelagerten Bereichen (CAD, CAP-AV, CAD-NC).

3.3.1.3.2 Strukturen flexibler Fertigungseinrichtungen

Der Einsatz flexibler Fertigungsstrukturen, wie *CNC-Maschine, Bearbeitungszentrum* (**BAZ**), *flexible Fertigungszelle* (**FFZ**), *flexible Fertigungsinsel* (**FFI**), *flexibles Fertigungssystem* (**FFS**) und *flexible Transferstraße*, ist seit ihrer ersten Einführung in den siebziger Jahren erheblich gestiegen. So hat sich ihre Anzahl in der Bundesrepublik Deutschland von 1983 bis Ende 1985 verdoppelt. Anfang 1986 waren rund 200 flexible Fertigungszellen und knapp 100 Mehrmaschinensysteme in Betrieb, wobei sich deutlich ein Trend zur flexiblen Fertigungszelle erkennen läßt.

Die Aussichten zur Einführung weiterer flexibler Fertigungseinrichtungen werden sehr positiv eingeschätzt. Vorsichtige Schätzungen sprechen von einer Verdreifachung des Umsatzes für flexible Systeme in den nächsten fünf Jahren in Europa. Von anderen wird ein Bedarf an Systemen gesehen, der in der BRD um den Faktor fünf höher liegt als zur Zeit.

Die klein- und mittelständische Industrie tendiert zunehmend zur CNC-Technik und zur flexiblen Fertigung.

Nachfolgend werden die Grundkonzepte der flexiblen Fertigung vorgestellt. In **Bild 3.3.1.3-2** werden die flexiblen Fertigungseinrichtungen bezüglich der Anzahl der zu fertigenden Teilevarianten und der Losgröße zueinander in Beziehung gesetzt.

CNC-Maschine

Eine numerisch gesteuerte Werkzeugmaschine, deren Steuerung nicht fest verdrahtet ist, sondern durch einen Mikrocomputer erfolgt, nennt man **CNC-Maschine**.

Zu Beginn der NC-Technik waren die numerischen Steuerungen noch fest verdrahtet (NC) und die Programme wurden über Lochstreifen eingegeben. Programmänderungen waren nur durch erneutes Einlesen eines geänderten Lochstreifens möglich. Der Einsatz von Mikroprozessoren in numerischen Steuerung ermöglichte hier eine wesentlich flexiblere Handhabung. Die Programme werden weiterhin über Lochstreifen oder Diskette eingegeben, stehen aber nun im Hauptspeicher der CNC-Steuerung zur Verfügung. So können Programmeingaben und -änderungen direkt am Bildschirm der Maschine vorgenommen werden.

Die CNC-Einzelmaschine ist der Ursprung einer flexiblen, rechnerunterstützten Fertigung. CNC-Maschinen werden überall in der Fertigungstechnik eingesetzt. Stand der Technik sind heute *CNC-gesteuerte Bohrmaschinen, Drehmaschinen, Fräsmaschinen, Abkantmaschinen, Stanz-* und *Nibbelmaschinen, Rohrbiegemaschinen, Erodiermaschinen, Drückmaschinen, Laserbearbeitungsmaschinen* und *Meßmaschinen.*

Eine einfache CNC-Maschine verfügt noch nicht über automatische Werkstückwechseleinrichtungen. CNC-Steuerungen besitzen heute über die Grundfunktionen hinaus - Steuerung der Relativbewegung zwischen Werkzeug und Werkstück - weitere wichtige Zusatzfunktionen, wie z.B.:

- Programmerstellung und -korrektur direkt an der Maschine (CNC-Steuerungen verfügen i.a. über einen eigenen Bildschirm),
- grafische Simulation der Bearbeitung am Bildschirm der Steuerung,
- hauptzeitparallele NC-Programmierung,
- Bedienerführung,
- Werkzeugverschleißkorrektur,

- Standzeitüberwachung der Werkzeuge,
- Maschinen- und steuerungsinterne Diagnose,
- Betriebsdatenerfassung und Maschinendatenerfassung sowie
- DNC-Fähigkeit.

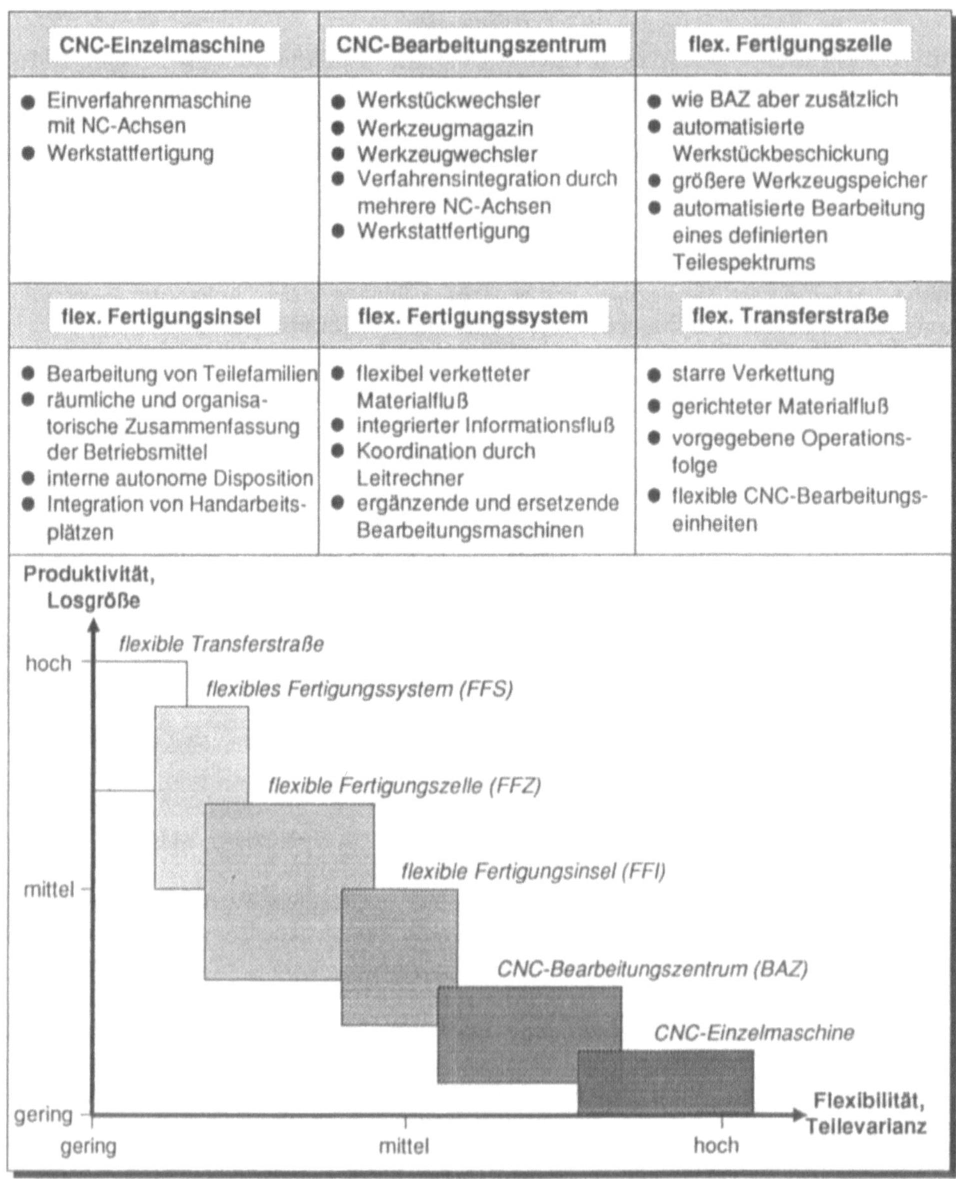

Bild 3.3.1.3-2:   Konzepte der flexibel automatisierten Fertigung

Die Funktionalitätserweiterung von CNC-Steuerungen sowie NC-Programmiersysteme auf separaten Rechnern mit der Möglichkeit zur Simulation der Maschinensteuerung führen in neuerer Zeit wieder zu einer verstärkten maschinennahen NC-Programmierung. Dieser Trend wird als werkstattorientierte Programmierung (WOP) bezeichnet und bedingt eine stärkere Ausrichtung der Unternehmensorganisation auf die Werkstatt. Hiermit wird einmal mehr deutlich, wie eng Technik und Organisation im Produktionsbetrieb aufeinander abgestimmt sein müssen (vgl. Kap. 3.3.3.2.3, Verfahrensintegration).

Die DNC-Fähigkeit ist unter dem CIM-Aspekt eine wesentliche Funktion der CNC-Steuerung. Sie bedeutet, daß die CNC-Steuerung der Einzelmaschine an einen übergeordneten Leitrechner oder DNC-Rechner anschließbar ist, der die Verwaltung und Zuteilung der NC-Teileprogramme übernimmt. Bestimmte Organisationsformen der rechnerunterstützten Fertigung, wie z.B. die autonome Fertigungsinsel, beziehen auch CNC-Maschinen ohne DNC-Schnittstelle und konventionelle Maschinen mit ein.

Bearbeitungszentrum (BAZ)

Ein **Bearbeitungszentrum** (BAZ) ist eine mehrachsige CNC-Maschine, die zur Bearbeitung überwiegend prismatischer Werkstücke eingesetzt wird. Besonderes Kennzeichen ist die Integration von mehreren Bearbeitungsverfahren in einer Maschine. Bearbeitungszentren sind beispielsweise für die Fräs- und Bohrbearbeitung von Werkstücken ausgelegt, wobei in der Regel das Maschinenkonzept einer Fräsmaschine vorgegeben ist. Ein wesentlicher Vorteil dieses Konzeptes besteht darin, daß die Werkstücke in einer Aufspannung von mehreren Seiten (max. 5 Seiten) bearbeitet werden können. Die Bearbeitungsgenauigkeit einer solchen Maschine ist daher sehr hoch, da ein Umspannen der Werkstücke entfällt. Ein weiteres wichtiges Kriterium eines Bearbeitungszentrums ist der automatische Werkzeug- und Werkstückwechsel, der programmgesteuert ausgeführt wird. Bearbeitungszentren werden in horizontaler und vertikaler Bauweise auf dem Markt angeboten und durch die Anzahl der Achsen, durch die Größe des Arbeitsbereiches, durch den Antrieb bzw. die Maschinenleistung und durch die Anzahl der im direkten Zugriff befindlichen Werkzeuge klassifiziert. Die wesentlichen Komponenten eines Bearbeitungszentrums sind, **Bild 3.3.1.3-3**: *Werkzeugwechsler, Werkzeugspeicher, Werkstückwechsler* und *CNC-Steuerung*.

Von den Maschinenherstellern werden viele unterschiedliche Prinzipien für **Werkzeugspeicher** angeboten. Man unterscheidet Revolver-, Trommel-, Scheiben-, Ketten- und Kassettenmagazine. Charakterisiert werden die Magazine hinsichtlich der Speicherkapazität und der Zugriffsart. Einige Hersteller bieten zusätzlich einen Werkzeugmagazinwechsel an, so daß eine höhere Flexibilität hinsichtlich des zu bearbeitenden Werkstückspektrums erzielt wird. Heute setzt sich immer mehr das Prinzip der Werkzeugkassette durch.

Das zu einem Bearbeitungszentrum gehörende System zum **Werkzeugwechsel** ist je nach Bauweise der Maschine und des Werkzeugspeichers meist als Doppelgreifer ausgeführt. Dadurch können die, durch den Werkzeugwechsel bedingten Nebenzeiten einer Maschine, minimiert werden. Eine weitere Reduzierung der Nebenzeiten erreicht man durch den automatischen **Werkstückwechsel**. Je nach Ausrüstung des Bearbeitungszentrums werden die Werkstücke z.B. vom Maschinenbediener auf einem Drehtisch aufgespannt. Während das erste Teil bearbeitet wird, erfolgt von Hand das Ausrichten und Aufspannen eines zweiten Werkstückes auf dem anderen freien Drehteller. Komplexe Systeme verwenden für den

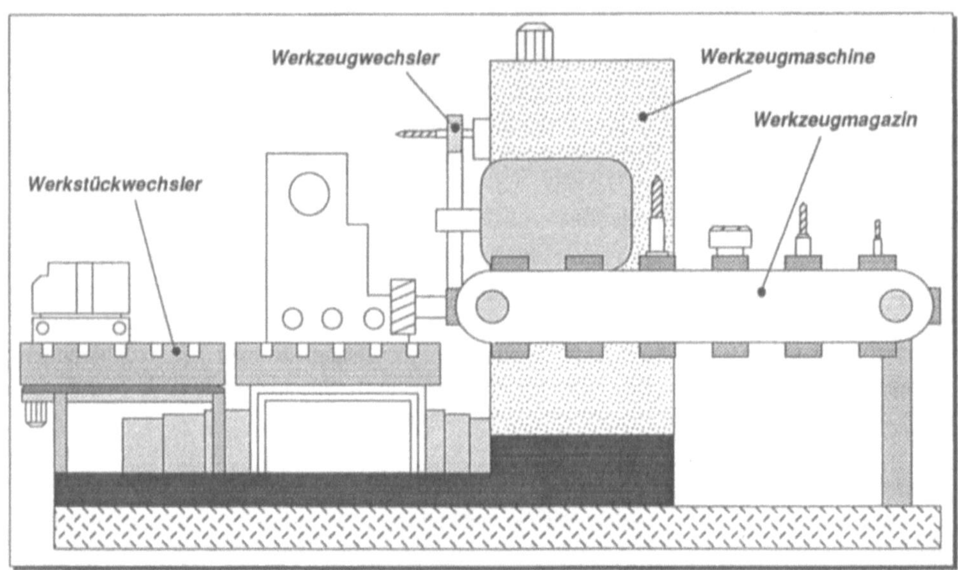

Bild 3.3.1.3-3:   Komponenten eines Bearbeitungszentrums

Werkstückwechsel Spannpaletten, auf denen der Bediener das Werkstück außerhalb des Arbeitsraumes aufspannt.

Zur **Steuerung** eines Bearbeitungszentrums setzt man eine CNC-Steuerung ein, die entsprechend dem Ausbau der Maschine die Zusatzfunktionen für Werkzeug- und Werkstückwechsel beinhaltet.

Bearbeitungszentren werden häufig in der Klein- und Mittelserienproduktion eingesetzt und sind schon bei geringen Stückzahlen komplizierter Werkstücke wirtschaftlich. Durch Erweiterung mit den erforderlichen Peripheriekomponenten, die einen personalarmen Schichtbetrieb ermöglichen, entsteht eine flexible Fertigungszelle.

Flexible Fertigungszelle (FFZ)

Eine **flexible Fertigungszelle** (FFZ) ist eine numerisch gesteuerte Maschine, oft ein Bearbeitungszentrum, die durch entsprechende Zusatzeinrichtungen in der Lage ist, eine begrenzte Zeit ohne Eingriff durch den Bediener zu arbeiten [44]. Folgende Zusatzeinrichtungen werden dazu benötigt: *Werkzeugüberwachung*, *Werkstückspeicher mit Werkstückwechseleinrichtung* und *Bearbeitungs-* und *Qualitätskontrolle*.

Für den personalarmen Betrieb der Zelle ist ein ausreichend großer **Werkstückspeicher** nötig, der die Werkstücke vereinzelt oder auf Paletten für die Bearbeitung bereithält. Der **Werkstückwechsel** erfolgt automatisch. Ein Speicher zur Aufnahme der fertig bearbeiteten Teile ist ebenfalls erforderlich. Beide Teilespeicher werden häufig zu einem Speicher zusammengefaßt. Hier ist durch geeignete Maßnahmen (z.B. Palettencodierung) dafür Sorge zu tragen, daß bereits bearbeitete Teile nicht wieder in die Maschine gelangen. Bezüglich Werkzeugbruch und -verschleiß muß eine **Werkzeugüberwachung** vorhanden sein. Durch ein Umschalten auf Schwesterwerkzeuge (identische Werkzeuge, die als Ersatz bereits im Werkzeugspeicher enthalten sind) bei Überschreiten einer Verschleißgrenze kann die Bearbeitung fortgesetzt werden.

Die Maßhaltigkeit der gefertigten Werkstücke muß durch geeignete Einrichtungen der **Bearbeitungs- und Qualitätskontrolle** sichergestellt werden. Dies kann z.B. durch Einsetzen eines in die Werkzeughalterung und Maschinenspindel passenden Meßfühlers direkt in der Maschine oder durch separate Meßeinrichtungen außerhalb des Arbeitsraumes geschehen. Moderne CNC-Steuerungen ermöglichen eine direkte Beeinflussung der Werkzeugkorrekturwerte aufgrund der Meßergebnisse. (Vgl. Kap. 3.3.2.4 und 3.3.3.2.2.)

Der Programmspeicher der CNC-Steuerung in der flexiblen Fertigungszelle muß ausreichend groß zur Aufnahme aller NC-Programme für alle im Werkstückspeicher zur Bearbeitung anstehenden Werkstücke sein, wenn sie nicht in ein DNC-System mit eingebunden ist. Das Be- und Entladen der Paletten erfolgt in der Regel manuell durch den Bediener vor und nach der personalarmen Schicht. Die Größe des erforderlichen Werkstückspeichers hängt von der mittleren Bearbeitungszeit der Werkstücke ab. Sie sollte nicht zu kurz

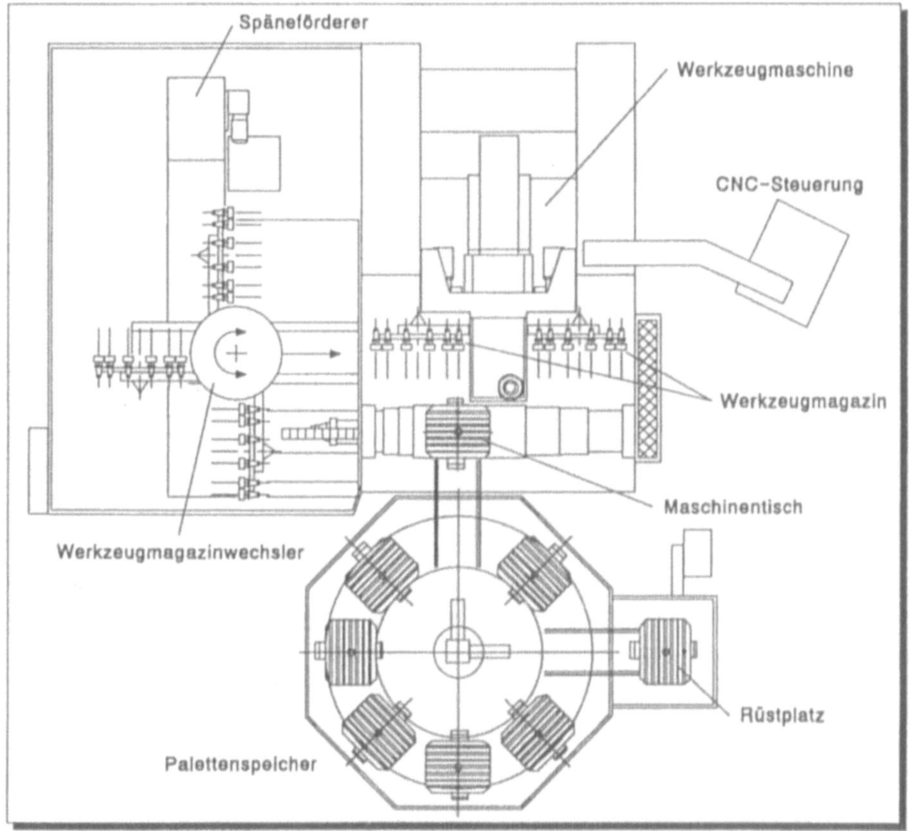

Bild 3.3.1.3-4:   Flexible Fertigungszelle mit Palettenpool und Werkzeugmagazinwechsel

sein, da sonst der Speicher sehr groß angelegt werden muß und die Aufwendungen für Spannmittel steigen. Bei einer Werkstückzuführung mittels Paletten sollte die Bearbeitungszeit nicht weniger als 30 min betragen. Durch die Möglichkeit, flexible Fertigungszellen auch in der personalarmen Schicht einzusetzen, gewinnt man eine erhebliche Produktivitätssteigerung gegenüber einem Bearbeitungszentrum. **Bild 3.3.1.3-4** veranschaulicht eine flexible Fertigungszelle mit Palettenpool und Werkzeugmagazinwechsler.

Flexible Fertigungsinsel (FFI)

Die **flexible Fertigungsinsel (FFI)**, auch **autonome Fertigungsinsel** genannt, stellt einen weiteres Konzept der flexiblen Fertigung dar. Sie ist nicht die einfache Weiterentwicklung von Bearbeitungszentrum oder flexibler Fertigungszelle im Sinne einer Höherautomatisierung, sondern ein anderes arbeitsorganisatorisches Konzept gegenüber der Fertigung nach dem Verrichtungsprinzip. In der autonomen Fertigungsinsel werden alle Arbeitsplätze, die zur weitgehenden Fertigbearbeitung einer Werkstückfamilie oder von Baugruppen notwendig sind, räumlich und organisatorisch zusammengefaßt. Eine Werkstück- oder Teilefamilie ist eine Anzahl von Werkstücken, die gleiche Bearbeitungsmerkmale, wie z.B. geometrische Form, Bearbeitungsart, Fertigungstechnologie und Arbeitsvorgangsfolge aufweisen [51].

Die Kennzeichen einer flexiblen Fertigungsinsel sind im wesentlichen, **Bild 3.3.1.3-5:**
- räumliche und ablauforganisatorische Zusammenfassung aller zur Komplettbearbeitung einer Teilefamilie notwendigen Betriebsmittel,
- Zusammenfassung von Werkstücken mit gleichen Bearbeitungsmerkmalen zu einer Teilefamilie,
- Unterstützung der planerischen Aufgaben der Mitarbeiter durch einen Inselrechner,
- Übertragung aller direkten und möglichst vieler indirekter Funktionen an die Inselmitarbeiter. Besonders wichtig ist hier die interne, autonome Disposition der an die Insel übergebenen Aufträge durch die Mitarbeiter selbst,
- Einsatz in der Klein- und Serienfertigung.

Der Begriff Autonomie beinhaltet, daß die Mitarbeiter die interne Disposition der vom übergeordneten PPS-System an die autonome Fertigungsinsel übergebenen Fertigungsaufträge in Abhängigkeit vom vorgegebenen Endtermin selbständig und eigenverantwortlich vornehmen. Hierzu sind entsprechende, rechnerunterstützte Planungshilfsmittel erforderlich. Das arbeitsteilige Prinzip (Taylor, vgl. Kap. 1.1.3) wird hier aufgelöst, da die Mitarbeiter sowohl direkte Funktionen wie Werkstückbearbeitung und Kontrolle als auch indirekte wie Arbeitsplanung und Fertigungssteuerung, d.h. die Komplettbearbeitung einer Teilefamilie übernehmen. In einer autonomen Fertigungsinsel werden neben automatisierten Maschinen (NC-, CNC-Maschinen, flexible Fertigungszellen) auch konventionelle Maschinen und Handarbeitsplätze eingesetzt. Alle Mitarbeiter der Fertigungsinsel sollten möglichst auch alle Funktionen ausüben können. Hieraus ergibt sich gegenüber den anderen flexiblen Automatisierungskonzepten ein verändertes Qualifikationsprofil für die Mitarbeiter der autonomen Fertigungsinsel. Die benötigten Investitionen in die Produktionsmittel der autonomen Fertigungsinsel sind im Gegensatz zu den bei Material- und Informationsfluß vollständig verketteten flexiblen Fertigungssystemen relativ gering. Dies macht das Konzept der autonomen Fertigungsinsel für kleine und mittelständische Unter-

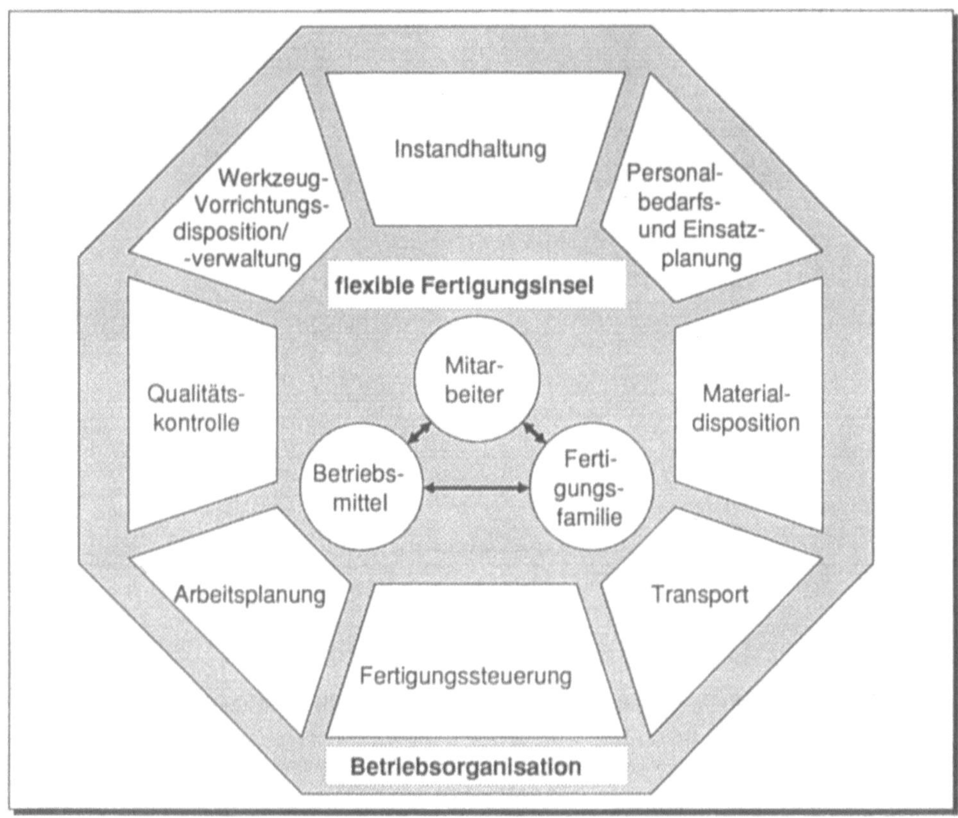

Bild 3.3.1.3-5:   Organisationsstruktur einer flexiblen Fertigungsinsel

nehmen besonders attraktiv. Zu vernachlässigen sind jedoch nicht die Kosten für eine entsprechende Qualifizierung der Mitarbeiter.

Flexibles Fertigungssystem (FFS)

Kennzeichen eines **flexiblen Fertigungssystems** (FFS) ist, daß mehrere CNC-gesteuerte Bearbeitungsmaschinen zur Bearbeitung von nach Teilefamilien geordneten Werkstücken zu einer automatisierten Einheit zusammengefaßt werden. Die einzelnen Maschinen arbeiten unabhängig voneinander und ermöglichen die Fertigbearbeitung von Rohteilen oder Halbzeugen. Der Materialfluß der Werkstücke von einer Bearbeitungsstation zur nächsten erfolgt individuell durch Fördersysteme, Werkstückspeicher oder Handhabungsgeräte. Der Materialfluß ist dabei programmgesteuert und nicht richtungsgebunden. (Vgl. Kap. 3.4.4.2.)

Ein typisches FFS besteht aus folgenden Komponenten, **Bild 3.3.1.3-6:**

- Roh- und Fertigteillager: zur Speicherung von Roh- und Zulieferteilen werden Regalsysteme verschiedener Bauformen benötigt (1).

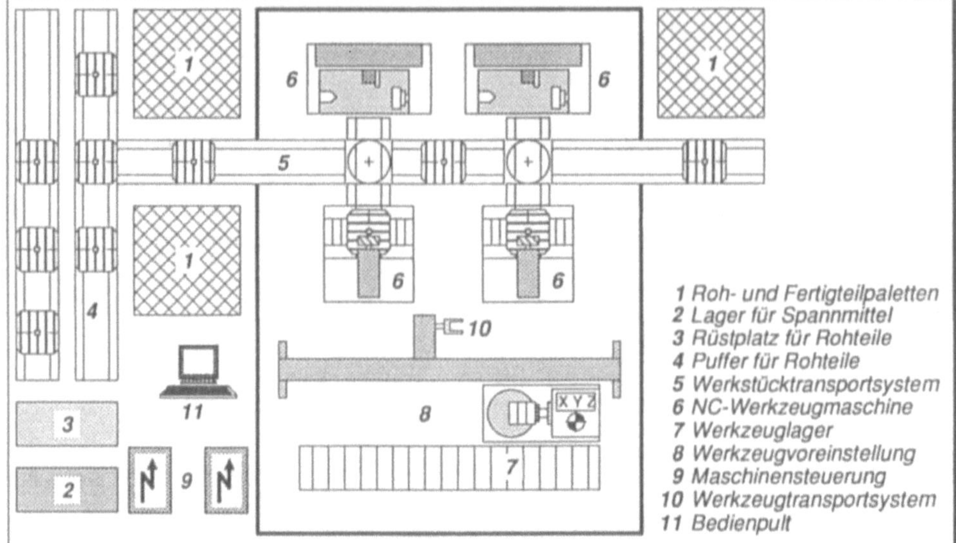

Bild 3.3.1.3-6:   Layout eines flexiblen Fertigungssystems

- Spannmittellager: hier werden die für die Aufspannung benötigten Spannelemente und Werkzeuge gelagert (2).
- Rohteilerüstplatz: hier werden die Rohteile auf Paletten gespannt, zumeist von Hand (3).
- Rohteilepuffer: um einen personalarmen Schichtbetrieb aufzubauen, müssen in einem Palettenpuffer genügend Rohteile fertig gespannt bereitgestellt werden (4).
- Werkstücktransportsystem: zum Einsatz kommen Kettenförderer, Bandförderer, fahrerlose Transportsysteme, u.a. (5).
- CNC-Bearbeitungsmaschinen: Bearbeitungszentren, CNC-gesteuerte Fräs- und Bohrmaschinen, Waschmaschinen, Prüf- und Signiermaschinen usw. werden je nach zu bearbeitenden Werkstückspektren in flexiblen Fertigungssystemen eingesetzt (6).
- Werkzeuglager: Lagerpaletten für Werkzeuge mit Werkzeugvoreinstellung, Werkzeugtransportsystem, usw. (7).
- Werkzeugvoreinstellung: Vermessen und Einstellen der Werkzeuge sowie Ermittlung der Korrekturwerte für die NC-Programme (8).
- Maschinensteuerungen: in flexiblen Fertigungssystemen werden für Werkzeugmaschinen CNC-Steuerungen, für Peripheriekomponenten speicherprogrammierbare Steuerung (**SPS**) und für Industrieroboter Mikroprozessorsteuerungen eingesetzt (9).
- Werkzeugtransportsystem: für den Werkzeugtransport werden verschiedene Transportsysteme eingesetzt. Neben Industrierobotern erfolgt der Werkzeugaustausch zwischen Werkzeuglager und Werkzeugwechselsystem an der Maschine oft manuell (10).
- Bedienpult: hier wird die Steuerung und Überwachung des Systems ausgeführt (11).

Die Anordnung der einzelnen Maschinen wird anhand der zu bearbeitenden Werkstücke strukturiert. Die einfachste Maschinenanordnung ist die Linie. Bei einer hohen Anzahl von

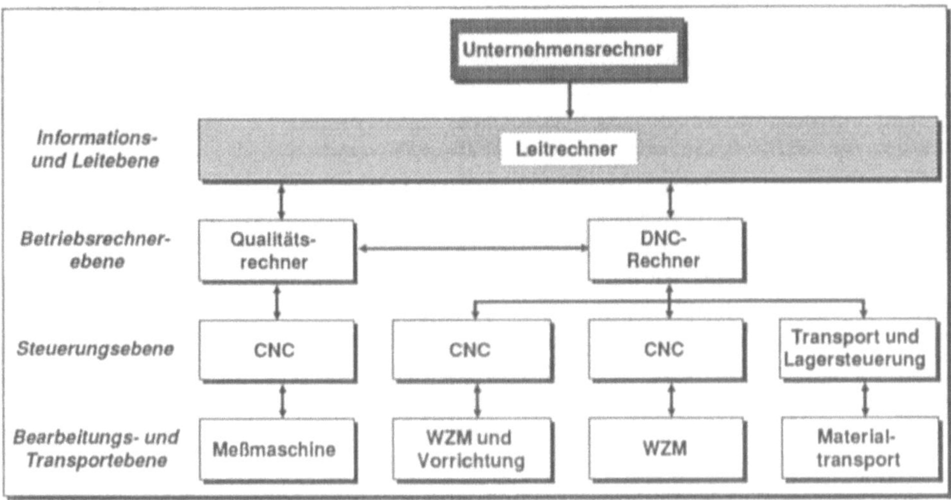

Bild 3.3.1.3-7:   Hierarchische Steuerungsstruktur

Bearbeitungsstationen wird die Aufstellung in Ring- oder Flächenstruktur bevorzugt. Die optimale Maschinenaufstellung bzw. die optimale Aufbaustruktur des FFS ist jedoch vom Teilespektrum und von der Anzahl der Maschinen abhängig. Die Steuerung des Fertigungsvorganges erfolgt in der Regel durch horizontale und vertikale Vernetzung der einzelnen Maschinensteuerungen, Robotersteuerungen und speicherprogrammierbaren Steuerungen untereinander und mit dem übergeordneten Leitrechner. Eine typische hierarchische Steuerungsstruktur zeigt **Bild 3.3.1.3-7**, [43]. Der Informationsaustausch der einzelnen Steuerungen erfolgt über ein geeignetes Netzwerk, dessen Aufbau besondere Aufmerksamkeit bezüglich der Schnittstellen und der Datenübertragungsprotokolle erfordert.

Die Bedienung eines FFS erfordert qualifizierte Mitarbeiter zur Übernahme von Handhabungs-, Überwachungs- und Steuerungsfunktionen [51].

Gegenüber anderen Fertigungskonzepten haben FFS eine Reihe von Vorteilen [55]:

- Hohe Produktivität bei gleichzeitiger Flexibilität. Dies bedeutet eine schnelle Anpassung des Fertigungsablaufes an ein geändertes Teilespektrum.
- Gute Erweiterbarkeit. Bei Änderung der Produkte in Richtung höherer Komplexität oder weiteren erforderlichen Bearbeitungstechnologien lassen sich FFS durch zusätzliche Maschinen, Transportsysteme, Lagerbereiche oder andere Komponenten erweitern.
- Hohe Wirtschaftlichkeit. Mit einem an ein Produktionsspektrum angepaßtes FFS lassen sich kleine bis mittlere Stückzahlen wirtschaftlich fertigen, da die Nebenzeiten gering sind und ein schnelles Umrüsten auf ein anderes Produktionsspektrum möglich ist.

Bei großen Stückzahlen bzw. großer Ausbringungsmenge des gleichen Produktes ist die Fertigung auf einem FFS nicht mehr wirtschaftlich. Sinnvoller ist in diesem Fall die Fertigung auf einer flexiblen Transferstraße.

Flexible Transferstraße

Eine **flexible Transferstraße** enthält mehrere automatisierte Werkzeugmaschinen in Universal- und Sonderbauart, die durch einen automatischen Werkstücktransport nach dem Linienprinzip verknüpft sind. Sie ist in der Lage, sequentiell oder gleichzeitig verschiedene Werkstücke zu bearbeiten. Kennzeichen der Transferstraße ist der gerichtet ablaufende Materialfluß, der, abhängig von der langsamsten Bearbeitungseinheit, getaktet abläuft, wobei Auslassungen ggf. möglich sind. Voraussetzung für den Einsatz ist eine entsprechenden Typenreihe mit ähnlichen Arbeitsvorgangsfolgen. Dies ist z.B. dann der Fall, wenn hohe Serienstückzahlen mit verschiedenen Varianten vorliegen. Heute kommen immer häufiger auch Bearbeitungszentren und Maschinen in mehrspindeliger Ausführung zum Einsatz. Eine Flexibilisierung der einzelnen Bearbeitungseinheit, allerdings in Sonderbauweise, wird auch bei diesem Fertigungskonzept angestrebt und z.B. durch Werkzeugmagazine und Werkzeugwechselsysteme erreicht, **Bild 3.3.1.3-8**.

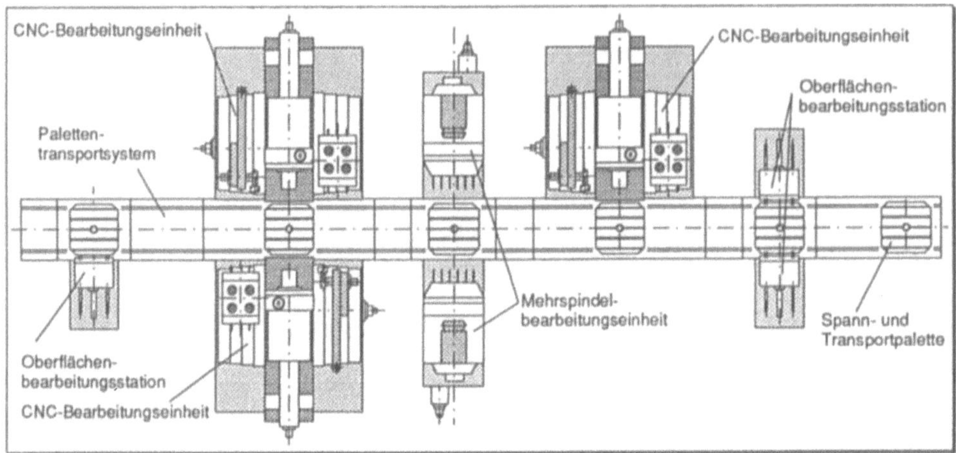

Bild 3.3.1.3-8:   Layout einer flexiblen Transferstraße

Der Aufwand für das Umrüsten einer Transferstraße auf ein neues Produkt ist im allgemeinen wesentlich höher, da Maschinen, Transport- und Informationssysteme optimal auf das jeweilige Werkstück bzw. Produkt angepaßt werden müssen. Da jedoch eine Reihe der Bearbeitungseinheiten durch CNCs gesteuert werden, können die Bearbeitungen in Grenzen verändert werden.

3.3.1.3.3 Werkzeuglogistik und -identifikation

CNC-Werkzeugmaschinen verlangen, insbesondere, wenn sie in flexible Fertigungsstrukturen eingebunden sind, eine ungestörte Werkzeugversorgung, um wirtschaftlich zu arbeiten. Neben einer automatisierten Werkstückversorgung und einem integrierten Informationsfluß, erfordern flexible Fertigungseinrichtungen auch eine automatisierte Werkzeuglogistik. Die Werkzeuglogistik umfaßt dabei alle Tätigkeiten, die für einen automatischen Transport und Handling vom Werkzeugraum bis zum Arbeitsraum der Werkzeugmaschine (WZM), ja sogar bis in die Maschinenspindel, sowie den dazugehörigen Datenverkehr und

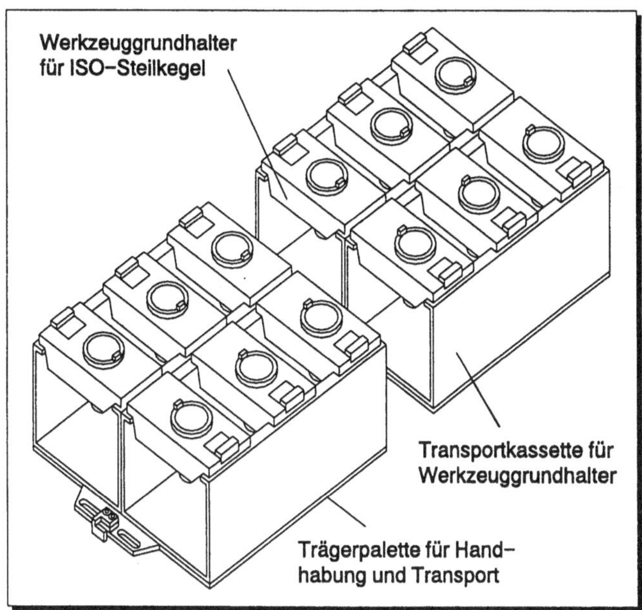

Bild 3.3.1.3-9:   Werkzeugtransportkassette zur Handhabung kleiner Werkzeugsätze

die Datenverwaltung. Für den Transport von Einzelwerkzeugen oder kleinen Werkzeugsätzen können standardisierte Paletten oder Kassetten eingesetzt werden, **Bild 3.3.1.3-9**.

Unter dem **Werkzeugtausch** versteht man das wechselseitige Tauschen von Werkzeugen zwischen dem Magazin der Maschine und einem zentralen Werkzeugspeicher. Mit **Werkzeugwechsel** wird der Vorgang des wechselseitigen Tauschens von Werkzeugen zwischen Arbeitsspindel und Magazin innerhalb der Maschine bezeichnet. (Vgl. Kap. 3.3.3.2.2.)

Zur Sicherstellung eines reibungslosen vollautomatischen Betriebs ergeben sich unterschiedliche **Anforderungen an die Werkzeugversorgung**. Diese Anforderungen sind:

- bedarfsgerechte Bestückung der Magazine mit Werkzeugen,
- Erkennung und Ersatz verschlissener und defekter Werkzeuge,
- vorausschauende Umbestückung der Magazine bei Auftrags- und Loswechsel sowie
- Erfassung und Verwaltung der Werkzeugkorrekturwerte, -standzeiten und -zustände.

Um diese umfassenden, auf die gesamte Werkzeuglogistik bezogenen Anforderungen zu erfüllen, bedarf es bestimmter auf die WZM, die Maschinensteuerung und die Werkzeugverwaltung bezogener Voraussetzungen.

Die **maschinenseitigen Voraussetzungen** sind unabhängig von der Magazinbauweise. Die im folgenden aufgeführten Voraussetzungen dürfen nicht alle als zwingend verstanden werden, sondern es handelt sich um alternative und ergänzende Möglichkeiten:

- Aufnahme von normal- und übergroßen Werkzeugen,
- automatischer Austausch defekter oder standzeitabgelaufener einzelner Werkzeuge sowie Aktualisierung der zugehörigen Werkzeugdaten,

- Austausch kompletter Werkzeugsätze, -magazine oder -kassetten,
- messende oder tastende Systeme zur Erfassung von Werkzeugbruch und
- Überwachungssysteme für im Eingriff befindliche Werkzeuge zur Ermittlung des Verschleißzustandes (Vorschubkraft- oder Momentenmessung).

Die gerade beschriebenen Voraussetzungen verlangen entsprechende steuerungstechnische Maßnahmen. Als **steuerungstechnische Voraussetzungen** sind daher folgende zu nennen:

- Verwaltung übergroßer und auszuwechselnder Werkzeuge, sowie erforderliche Magazinfreiplätze,
- Ersatz- und Schwesterwerkzeugverwaltung und damit Kennung und Sperrung abgelaufener Werkzeuge,
- Übernahme von Werkzeugdaten über eine DNC-Schnittstelle oder von mobilen Datenträgern am Werkzeug oder an der Werkzeugtransporteinheit,
- Verarbeitung von Sensor- und Meßsignalen, sowie die zugehörige Entscheidungslogik, insbesondere Aktualisierung von Korrekturwerten nach maschineninternen oder -externen Meßvorgängen,
- variable Platzcodierung mit Wegoptimierung für nachfolgende Werkzeuge,
- externe Zugriffsmöglichkeiten auf steuerungsinterne Werkzeugdaten ohne Hauptzeitunterbrechung und
- Identifikation von Werkzeugen.

Der Werkzeugverwaltung kommt in flexibel automatisierten Fertigungseinrichtung ohnehin bereits eine besondere Bedeutung zu. Unter dem Aspekt von automatisierten Werkzeugtransport- und -handhabungsvorgängen sind jedoch **zusätzliche Aufgaben der Werkzeugverwaltung** zu berücksichtigen:

- Feststellen, Austauschen und Ersetzen von verschlissenen und defekten Werkzeugen,
- vorausschauende Entnahme und Bestückung von Maschinenmagazinen bei Auftrags- und Loswechsel,
- Erfassen von Meß- und Einstelldaten von Werkzeugen, Übertragung der Korrekturwerte in die CNC-Maschinensteuerung und Zuordnung von Schwesterwerkzeugen,
- Cross-Check bei mehrspindeligen Werkzeugmaschinen: Identitätsüberprüfung bei gleichen Werkzeugsätzen und
- Erfassung und Verwaltung von Reststandzeiten und Korrekturwerten.

Das **Werkzeugmagazin** stellt den lokalen Werkzeugspeicher an jeder Maschine dar. Durch die Kapazität der Magazine ist der Vorrat an Werkzeugen begrenzt. Man unterscheidet daher drei unterschiedliche Gruppen von Werkzeugen:

- Standard-Werkzeuge, die den Großteil jeder Bearbeitung abdecken und in fast allen Bearbeitungsfolgen vorkommen,
- Serien-Werkzeuge, die nur für bestimmte Werkstücke notwendig sind, und
- Sonder-Werkzeuge, die für wenige Teile des Gesamtspektrums erforderlich sind, weil bestimmte hohe technologische Anforderungen erfüllt werden müssen oder sich besondere wirtschaftliche Effekte (Zeitersparnis) ergeben.

Bei einem Loswechsel sind ggf. alle Arten von Werkzeugen auszutauschen, weil sie für nachfolgende Bearbeitungen unnötig sind, oder weil die Kapazität der Magazine erschöpft ist. Der automatische Austausch von Werkzeugen kann dabei z.B. mit einem Roboter erfolgen, der die Werkzeuge einzeln aus einem Kettenmagazin entnimmt. Der Trend bei neueren Bearbeitungszentren geht jedoch zur Magazinierung mittels Kassetten. Dies ermöglicht die maschineninterne Kommissionierung von Werkzeugsätzen, die dann komplett ausgetauscht werden können.

Zur **Identifikation** von Werkzeugen im Magazin der Maschine durch die CNC-Steuerung stehen grundsätzlich vier verschiedene Möglichkeiten zur Verfügung. Man unterscheidet: *feste Platzcodierung, variable Platzcodierung, mechanische Werkzeugcodierung* und *elektronische Werkzeugcodierung.*

Bei der **festen Platzcodierung** wird jedem Werkzeug ein fester Magazinplatz zugewiesen. Der Werkzeugaufruf im Bearbeitungsprogramm erfolgt daher durch die Programmierung des entsprechenden Magazinplatzes. Dieses Verfahren hat jedoch erhebliche Nachteile (Verwechselungsgefahr) und wird daher bei den meisten WZM nicht mehr angewandt. Nur bei Drehmaschinen mit ihren fest bestückten Revolvern wird diese Art der Codierung noch verwendet.

Die Plazierung der Werkzeuge im Magazin ist bei der **variablen Platzcodierung** beliebig und wird der CNC-Steuerung bei der Magazinbestückung mitgeteilt. Die Zuordnung von Werkzeug und Platz übernimmt die Steuerung, ebenso die Verwaltung von Korrekturwerten und Standzeiten. Aufgrund der variablen Zuordnung von Werkzeug und Magazinplatz kann die Steuerung die Magazinbelegung optimieren, wodurch z.B. Werkzeugwechselzeiten verkürzt werden können. Wichtig ist, daß bei der NC-Programmierung kein Magazinplatz, sondern eine Werkzeugnummer programmiert wird.

Bei der **mechanischen Codierung** befinden sich an der Grundaufnahme des Werkzeuges Ringe oder Stifte zur Kennzeichnung des Werkzeuges, die mechanisch abgetastet werden. Gleiche Werkzeuge erhalten gleiche Identifizierungsmerkmale und können so eindeutig erkannt und einem Magazinplatz zugeordnet werden. Anstelle mechanischer Codierungen können auch **Klebeetiketten mit aufgedrucktem Barcode** verwendet werden. Die rauhe Arbeitsumgebung durch Kühlschmiermittel und Späne machen sie jedoch schnell unleserlich, so daß dieser Art der Codierung enge Grenzen gesetzt sind.

Vielmehr beginnt sich die **elektronische Codierung** in der Praxis durchzusetzen. Ein in den Werkzeughalter integrierter mobiler Datenträger enthält dabei nicht nur eine Information zur Identifizierung des Werkzeuges, sondern weitere Daten wie Korrektur- und Einstellwerte, Standzeiten, empfohlene Schnitt- und Vorschubgeschwindigkeiten und Drehzahlen. Voraussetzung ist jedoch eine CNC-Steuerung mit integrierter lokaler Werkzeugverwaltung. Bei Entnahme des Werkzeuges aus dem Magazin werden die Werkzeugdaten im Speicherchip aktualisiert und können in der Werkzeugaufbereitung wiederum ausgelesen und dem zentralen Werkzeugverwaltungssystem zugeführt werden.

Innerhalb der flexiblen Fertigung hat die **Werkzeugverwaltung** vielfältige Aufgaben zu erfüllen, **Bild 3.3.1.3-10.** Die Aufgaben beziehen sich dabei auf die *vorausschauende Werkzeugverwaltung,* die *Verwaltung von Schwesterwerkzeugen* und die *Werkzeugstandzeit-* und *Werkzeugbruchüberwachung.*

Bei der **vorausschauenden Werkzeugverwaltung** muß aufgrund der vorhandenen Reststandzeit, der Programmlaufzeit, der geplanten nächsten Bearbeitungen entschieden werden, wann Werkzeuge zu wechseln sind und welche Transporte zu welchen Maschinen durchzuführen sind. Dies verlangt komplexe Entscheidungslogiken, die auf Basis einer ausreichenden, zeitlich aktuellen Datenbasis getroffen werden.

Werkzeugverwaltung

Lagerverwaltung	Schnittdaten-verwaltung	Handhabung und Transport	Programmierung
Werkzeugkatalog • Ident-Nr. • Abmaße • Spezifikation • Ersatzteile • Preis	**Schneidstoff** • Hartmetall • Keramik • Diamant • andere **Schnittwerte** • Umdrehung • Vorschub • Standzeit	**Logistik** • Logistikdaten: was, wann, wo, wohin? • Werkzeugident-Nr. • Einsatzzeitpunkt • Einsatz-Maschine od. -System • ggf. Ort im System	**Datenbank** • NC-Programmiersystem • Einstellgerät • WZM
Lieferanten • Erst-/Zweitlieferant • Bestellnr. • Bestellauftragerteilung • Bestellauftragsbearbeitung	**Leistungsdaten** • empfohlene Schnittleistung • empfohlene Spandicke **Grenzwerte** • max. Schnittleistung • max. Schnitttiefe • max. Vorschub • max. Vorschubgeschwindigkeit • max. Drehzahl	**interne Routinen** • Listenausgabe • Restbestandüberwachung **Datenaustausch** • Soll-Daten zur WZM • Ist-Daten von der WZM	**Datenarten** • alle genannten Daten
Werkzeuglager • Bestandüberachung • Lagerortverwaltung	**Lebenslauf** • Soll-Standzeit • Einsatzzeit • Reststandzeit • Ist-Standzeit	**Zuordnungsfreigabe** • gesperrt für WZM1, WZM2, ... • Freigabe für WZM7, WZM8, ...	
Instandhaltung • Zustand: neu, gebraucht, defekt	**Montagedaten** • Montageplan • Montagstückliste • Soll-Abmessungen		**NC-Programmierung** • an der CNC (WOP)
Kennzeichnung • Standandard-WZ • Serien-WZ • Sonder-WZ	**Werkzeugeinstelldaten** • Längenkorrekturwerte • Radienkorrekturwerte	**Schwesterwerkzeuge** • wieviele? • wo? • Zustand • Einsatzanforderung	• in der Werkstatt (NC-Programmiersystem) • in der AV (CAP) • in der Konstruktion (CAD)

Bild 3.3.1.3-10: Aufgaben der Werkzeugverwaltung

Von einer vorausschauenden Werkzeugverwaltung wird ebenfalls erwartet, daß Werkzeuge mit kleinen Reststandzeiten zusammengefaßt werden, so z.B. zu Gruppen mit max. 10, 20 oder 30 min. Reststandzeit, so daß nicht jedes Werkzeug einzeln gewechselt werden muß, sondern jeweils in Gruppen, um den Rüst- und Nebenzeitaufwand zu minimieren.

Die **Verwaltung von Schwesterwerkzeugen** ermöglicht den Einsatz von gleichen Werkzeugen bei Standzeitablauf oder Werkzeugbruch, durch die Vergabe von Schwesterkennungen oder gleichen Identnummern. Besonders intelligente Verwaltungssysteme erkennen Schwesterwerkzeuge durch einen Merkmalsvergleich in der Werkzeugdatenbank.

Voraussetzung für das Einwechseln eines Schwesterwerkzeuges ist die Meldung *Werkzeug verbraucht* an das lokale oder zentrale Werkzeugverwaltungssystem. Daher ist für eine gesicherte automatisierte Prozeßführung bei der Zerspanung auch im Hinblick auf Maßnahmen zur Kostenreduzierung die **Standzeit- und Werkzeugbruchüberwachung** besonders wichtig. Es sind geeignete Meßverfahren erforderlich, die die im Schnitt auftretenden Werkzeugbelastungen erfassen. Bei Werkzeugbruch oder -abnutzung müssen schnelle Reaktionen der Maschine erfolgen, um Folgeschäden am Werkstück und an der Maschine zu vermeiden. Hierzu sind im wesentlichen sechs Verfahren bekannt:

- indirekte **Messung der Schnittkräfte** durch Kraftmeßlager an der Hauptspindel,
- **Kontrolle der Schnittleistung** durch Überwachung der Stromaufnahme durch den Hauptspindelantrieb,
- direkte **Messung der elastischen Verformung** am Werkzeugträger durch Dehnungs-Meß-Streifen (DMS),
- **Überwachung der Werkzeug-Einsatzdauer** und Vergleich mit vorgegebener Standzeit,
- **Werkzeugbruchkontrolle** mittels Taster oder Lichtschranke und
- indirekte **Kontrolle durch Vermessen** des bearbeiteten Werkstücks.

Flexible Fertigungseinrichtungen stellen hohe Anforderungen an Steuerungen und Rechner, um die kapitalintensiven Werkzeuge zu verwalten. Gerade ältere CNC-Steuerungen bieten nicht die erforderliche Leistungsfähigkeit und Funktionalität. Erst neuere Steuerungen, oft in Kombination mit maschinengebundenen Personal-Computern, bieten die Voraussetzungen für umfangreiche Software zur Werkzeugverwaltung.

Nur zusammen mit der Werkzeugbruchüberwachung macht die Werkzeugverwaltung eine flexibel automatisierte Werkzeuglogistik möglich. Dazu bedarf es aber nicht nur einer Brucherkennung, sondern adaptiver Steuerungsstrukturen, die bei Erkennen von Werkzeugverschleiß automatisch Vorschub und Schnittgeschwindigkeit korrigieren und dafür sorgen, daß das Werkzeug sicher im Schnitt bleibt, bis der Bearbeitungsschritt vollständig ausgeführt ist. Was heute noch nicht möglich ist und woran Forschung und Entwicklung zukünftig noch zu arbeiten haben werden, ist das Unterbrechen und Wiederanfahren der Bearbeitung an jeder beliebigen Stelle, z.B. ausgelöst durch einen automatisch generierten Werkzeugwechsel. Es zeigt sich, daß Tool-Management noch ein weites Feld mit ungenutzten Rationalisierungsreserven ist [43].

3.3.1.3.4 Werkstückversorgung

Ein wesentliches Kennzeichen flexibler Fertigungssysteme ist die werkstückseitige Verkettung von Bearbeitungsmaschinen. Durch ein Transportsystem wird ein automatisierter Materialfluß zwischen Werkstückbereitstellung, Spann- und Beladestationen, Bearbeitungsstationen, Meß- und Waschstationen ermöglicht. Die Auswahl des geeigneten Transportsystems wird bestimmt durch verschiedene Kriterien wie *Werkstückgröße* und *-gewicht*, *Bearbeitungsdauer, mittlere Losgröße* und *Art der Aufspannung*.

Die Entkopplung des Menschen vom Transportprozeß durch automatische Übergabesysteme und Roboter hat besondere Vorteile im Hinblick auf

- höhere Auslastung des Produktionsmittels Werkzeugmaschine,
- satz- oder baugruppenweise Komplettbearbeitung,
- schnelleren Durchlauf und damit höhere Auslastung von Spannvorrichtungen,
- geringere Durchlaufzeiten durch eine optimierte Disposition,
- Wegfall von Zwischenlagern, d.h. Senkung der Kapitalbindung.

Träger des Werkstückmaterialflusses sind **Paletten** in unterschiedlichsten Ausführungsformen. Dabei werden i.a. die Spannpaletten, also die auswechselbaren Maschinentische der Bearbeitungszentren, als Transporthilfsmittel für Spannvorrichtungen und Werkstücke verwendet. Es gibt jedoch auch Paletten als Werkstückeinzelträger für den ausschließlichen Werkstücktransport und das Werkstückhandling.

Die Aufspannung der Werkstücke geschieht in **Spannvorrichtungen,** seltener direkt auf der Spannpalette. Dabei wird zwischen unterschiedlichen Spannvorrichtungen unterschieden. In Systemen mit automatischer Vorrichtungsbeladung werden kraftbetätigte Vorrichtungen, überwiegend hydraulisch arbeitend, eingesetzt.

Die Hauptaufgabe von **Palettentransportsystemen** ist die unterbrechungsfreie Versorgung der Werkzeugmaschinen mit Werkstücken. Dabei kommen in Abhängigkeit vom Automatisierungsgrad und vom Anlagenlayout unterschiedliche Systemkomponenten zum Einsatz, **Bild 3.3.1.3-11:** *Palettenwechsler, Palettenspeicher* (Palettenbahnhof), *Fertigungspuffer* und *Beschickungsautomat, Rollenbahnen, Doppelgurt-Transportband, schienengebundene Transportwagen, induktiv gesteuerte Flurförderzeuge, Portalroboter, Industrieroboter* und *Unterflurschleppkettenförderer.*

Der **Palettenwechsler** dient der Übergabe der Spannpaletten zwischen Transportsystem und WZM. Bei Palettenwechslern mit zwei Wechselplätzen wird auf dem einen Platz das als nächstes zu fertigende Werkstück vom Transportsystem bereitgestellt, auf dem anderen steht das bereits fertig bearbeitete Werkstück zur Abholung bereit. Die dritte Palette befindet sich im Arbeitsraum und trägt das gerade in Arbeit befindliche Werkstück. Bei nicht verketteten Bearbeitungszentren wird auf dem Palettenwechsler vor der Maschine manuell umgerüstet.

Der **Palettenspeicher oder Palettenbahnhof** ist das Kennzeichen flexibler Fertigungszellen. Bei einer Speicherkapazität zwischen fünf und 50 Spannpaletten können Werkstücke oftmals im Teilemix in die personalarme Schicht hinein gefertigt werden. Die Paletten sind in der Regel codiert. Über die Abfrage der Identnummer wird das zugehörige NC-Programm aufgerufen. Palettenspeicher gibt es in runder Bauweise mit bis zu 8 Speicherplätzen, in linearer Bauweise mit bis zu 16 Plätzen und in mehretagiger Regalbauweise mit bis zu 50 Paletten.

Fertigungspuffer mit Beschickungsautomaten bilden fertigungsnahe Lager mit Speicherkapazitäten zwischen 50 und 500 Plätzen. Die Ein- und Auslagerung erfolgt über kleine Regalbediengeräte. Besonderes Kennzeichen ist die autonome Lagersteuerung auf Mikroprozessorbasis. Derartige Fertigungspuffer werden oft sowohl bei konventioneller wie auch bei automatisierter Fertigung eingesetzt, wenn im Fertigungsbereich Aufträge mit mehrstufigen Bearbeitungsfolgen zwischengelagert werden müssen.

Relativ selten werden **Rollenbahnen** in flexibel automatisierten Fertigunssystemen eingesetzt. Es handelt sich um sog. Staurollenförderer bei denen die Paletten durch angetriebene Rollen der Rollenbahn kraftschlüssig bewegt werden. Identifiziert werden die Paletten durch mobile Datenträger. Im Einschleusbereich der WZM wird der Codeträger abgefragt und das Werkstück erkannt. Aufgrund des Typs und des Bearbeitungszustandes - beides kann entweder von der CNC-Steuerung beim Leitrechner abgefragt werden, oder die Information befindet sich direkt im Datenspeicher - wird entschieden, ob das Teil bearbeitet wird oder auf der Rollenbahn weiter umläuft. Dieser Vorgang kann sich an nachgeschalteten Bearbeitungs- , Wasch- und Meßstationen wiederholen. Sind entsprechende Vorgänge

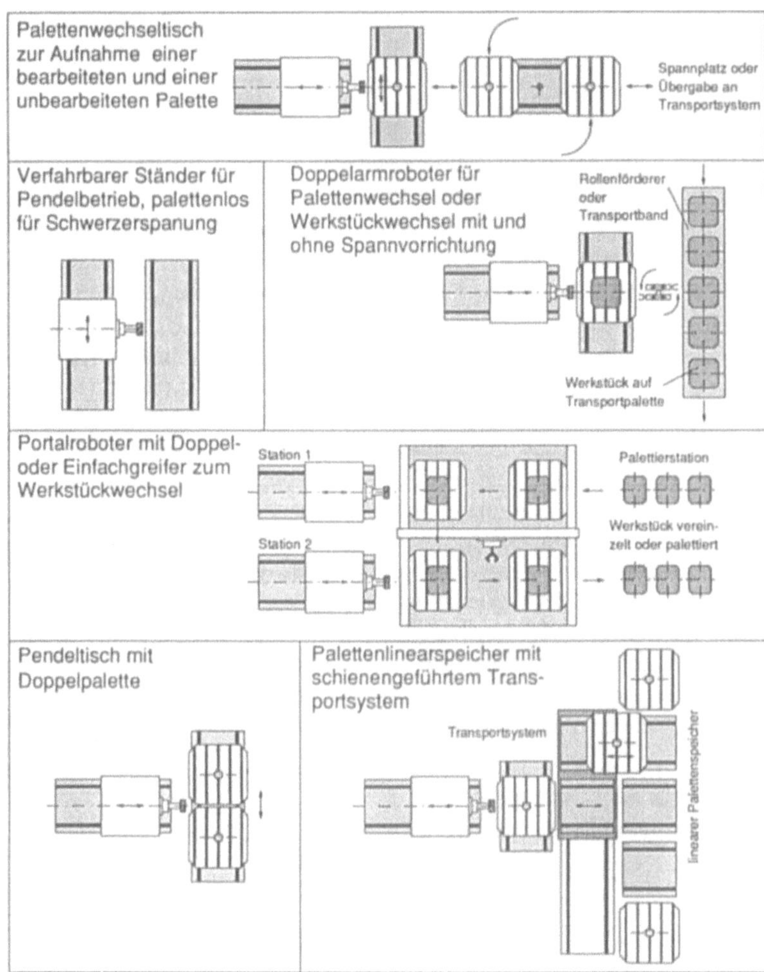

Bild 3.3.1.3-11: Werkstückwechselprinzipien

am Werkstück ausgeführt worden, so wird der veränderte Status im Codeträger der Palette oder im Leitrechner abgelegt. Der Nachteil bei Rollenbahnen ist, daß die Paletten im System nur mit hohem Aufwand nachzuverfolgen und daher meistens nicht unmittelbar zu finden sind.

Nach einem ähnlichen Prinzip arbeitet das **Doppelgurt-Transportband**. Aufgrund der Ausführung als Baukastensystem sowohl der mechanischen wie auch elektrischen Komponenten besteht hier eine höhere Umbauflexibilität, was bei Änderungen des Systemlayouts Vorteile hat.

Sehr oft zum Einsatz bei linear verketteten WZM kommen **schienengebundene Transportwagen**. Die Fahrstrecke besteht aus einem Gleis ohne Kurven und Weichen.

Den hohen Investitionskosten stehen folgende besondere Vorteile dieser Systemvariante gegenüber:

- hohe Tragfähigkeit, bis mehrere Tonnen,
- hohe Verfahrgeschwindigkeit und hoher Mengendurchsatz,
- exaktes und schnelles Anfahren der Übergabepositionen und
- hohe Zuverlässigkeit und damit hohe Systemverfügbarkeit.

Die Wagen werden je nach Größe und Bedarf mit einem oder zwei Transportplätzen für die Paletten ausgerüstet. Die Übergabeeinrichtung des Wagens arbeitet nach beiden Seiten, damit Ablage- und Übergabeplätze links und rechts der Fahrstrecke bedient werden können.

Die **induktiv gesteuerten Flurförderzeuge** werden auch als fahrerlose Transportsysteme (**FTS**) oder automated guided vehicles (**AGV**, deutsch: automatisch geführte Fahrzeuge) bezeichnet. Sie besitzen gegenüber schienengebundenen Transportsystemen einen wesentlich größeren Einsatzbereich. Sie können vom Wareneingang über alle Produktionsstufen bis hin zum Versand eingesetzt werden. Die einzelnen anzufahrenden Stationen müssen nicht zwangsweise linear angeordnet sein. Ihr besonderes Kennzeichen ist die Führung durch einen **Leitdraht**, der in einer nur wenige mm breiten und tiefen Nut im Flurboden verlegt werden kann. Jedes Fahrzeug verfügt über Berührungssensoren, die bei Kollision sofort das Fahrzeug blockieren. FTS können nicht nur Werkstücke, sondern auch weitere Betriebshilfsmittel, wie Werkzeuge und Vorrichtungen transportieren und eignen sich daher insbesondere für einen integrierten Materialfluß. Als Energiequelle dienen Nickel-Cadmium-Batterien, die während der Fahrpausen an speziellen Stationen wieder aufgeladen werden. Hier seien noch einige Vorteile aufgezählt:

- kurze Installationszeiten,
- hohe Flexibilität im Hinblick auf Systemlayout,
- freie Zugänglichkeit aller Systemkomponenten,
- geringer Platzbedarf durch Nutzung normaler Verkehrswege,
- stufenweise Anpassung an das benötigte Transportaufkommen,
- Verfügbarkeit des Systems auch bei Fahrzeugausfall und
- hohe Verkehrssicherheit.

Portalroboter gewinnen heute zunehmend gerade innerhalb flexibler Systemstrukturen an Bedeutung. Innerhalb komplexer Materialflußstrukturen können Portalroboter sowohl die Be- und Entladefunktionen von Maschinen übernehmen, darüber hinaus aber noch Aufgaben wie Palettieren und Kommissionieren, was besonders wichtig für nachgelagerte Montagevorgänge ist.

Als Systemstrukturen sind Portalroboter als **Linearportale** oder als **Flächenportale** ausgebildet. Sie kommen in der einen Form oftmals an Drehmaschinen zum Einsatz. Flächenportale besitzen aufgrund von mehr Freiheitsgraden die höhere Flexibilität und werden daher bei Bearbeitungszentren und flexiblen Systemen eingesetzt. Ist das Handhabungsspektrum entsprechend breit angelegt, so werden Portale ebenso wie Industrie-Roboter mit einem Greiferwechsel ausgestattet.

Industrieroboter (IR) werden eingesetzt, wenn nur ein begrenzter Arbeitsraum bedient werden muß. Dies ist insbesondere bei flexiblen Fertigungszellen in der Blechbearbeitung der Fall. Hier kann ein IR besonders auf die hohe Formänderung zwischen Roh- und Fertigteil reagieren. Den verschiedenen Einsatzmöglichkeiten von IR sind ansonsten kaum Grenzen gesetzt. (Vgl. Kap. 3.3.1.7.)

Unterflurschleppkettenförderer ermöglichen zwar einen hohen Automatisierungsgrad, lassen jedoch eine geringe Flexibilität zu. Ihre Verbreitung ist deshalb heute sehr gering.

Die **Steuerung von Transportsystemen** ist anlagenspezifisch und daher in der Ausführungsform sehr unterschiedlich. Es kommen im einfachsten Fall sowohl speicherprogrammierte Steuerungen (SPS) zum Einsatz, wie auch Mikroprozessorsysteme. Bei sehr komplexen Systemen werden auch Rechner der mittleren Datentechnik eingesetzt, die eine aufwendige Software zur Systemverwaltung und -steuerung benötigen. Dann wird ein Anlagenabbild geführt, und Identifizierungssysteme, ggf. mit mobilen Datenträgern, geben Auskunft über den Systemzustand, [43].

3.3.1.3.5 Informationsstrukturen, Kommunikationssysteme und Datenbanken in Verbindung mit CAM

Informationstechnische Systeme

Der Datentransfer zwischen unterschiedlichen Systemen innerhalb eines Unternehmens erfordert nicht nur gemeinsame Datenschnittstellen, sondern zunächst auch eine physikalische Kopplung aller Einzelsysteme. Für diese Verbindungen gibt es verschiedene Konfigurationen, **Bild 3.3.1.3-12**. Alle Konfigurationen sind in der Industrie heute anzutreffen, angefangen von der durchgehenden Systemtrennung und dem Einsatz von dezentralen Kleinrechnern über den Zugriff auf zentrale Großrechner bis hin zu einzelnen Workstations für spezielle Anwendungen, z.B. CAM, und die On-line- oder Off-line-Kopplung an andere CIM-Bausteine (vgl. Kap. 3.2.5). Der Trend geht aber zunehmend in Richtung von Verbundsystemen mit dezentraler Rechenleistung. Die verschiedenen Systeme werden dabei über lokale Netzwerke (**LAN**, **L**ocal **A**rea **N**etwork) miteinander gekoppelt (vgl. Kap. 4.2).

Um verschiedene Automatisierungskomponenten unterschiedlicher Hersteller kombinieren zu können, werden einheitliche Regeln zur Abwicklung der innerbetrieblichen Datenkommunikation benötigt, **Bild 3.3.1.3-13** [3]. In verschiedenen Forschungsprojekten, Normungsgremien und Fachverbänden bestehen daher auch Bestrebungen, Standards für eine Vereinfachung der Kopplung von EDV-Systemen zu entwickeln. Zu berücksichtigen sind dabei die entsprechenden Anforderungen der verschiedenen betrieblichen Ebenen, wie Leitebene, Führungsebene, Steuerungsebene und Sensorebene.

Zum Leitfaden für die Vernetzung ist die inzwischen zur Philosophie gewordene **offene Systemarchitektur** erhoben worden. Sie ermöglicht die Verknüpfung derjenigen Einzelkomponenten, deren Schnittstellen sich am ISO-Referenzmodell des **O**pen **S**ystem **I**nterconnection (**OSI**) orientieren, **Bild 3.3.1.3-14** [4].

Das Ziel der freizügigen und offenen Kommunikation ist die Verbindung von einzelnen Bestandteilen innerhalb jedes Automatisierungsverbundes. Wichtig für die Verwirklichung einer offenen Systemarchitektur sind kompatible Systemübergänge zur Bürowelt sowie zu den Fernmeldediensten (vgl. Kap. 3.2.5).

Die unterschiedlichen Kommunikationsanforderungen in den einzelnen Ebenen eines Unternehmens finden ihre Berücksichtigung in entsprechenden Normentwürfen, Kommunikationsstandards und Protokollen. Genannt seien hier folgende:

- **MAP** (Manufacturing Automation Protocol) für die Rechnervernetzung im Fertigungs-
  bereich, in abgewandelter Form auch für zeitkritische Anwendungen,
- **CNMA** (Communications Network for Manufacturing Application) sowie
- **TOP** (Technical Office Protocol) für die Bürowelt,
- **ISDN** (Integrated Services Digital Network) für die inner- und überbetriebliche Kom-
  munikation über ein digitales Fernsprechnetz.

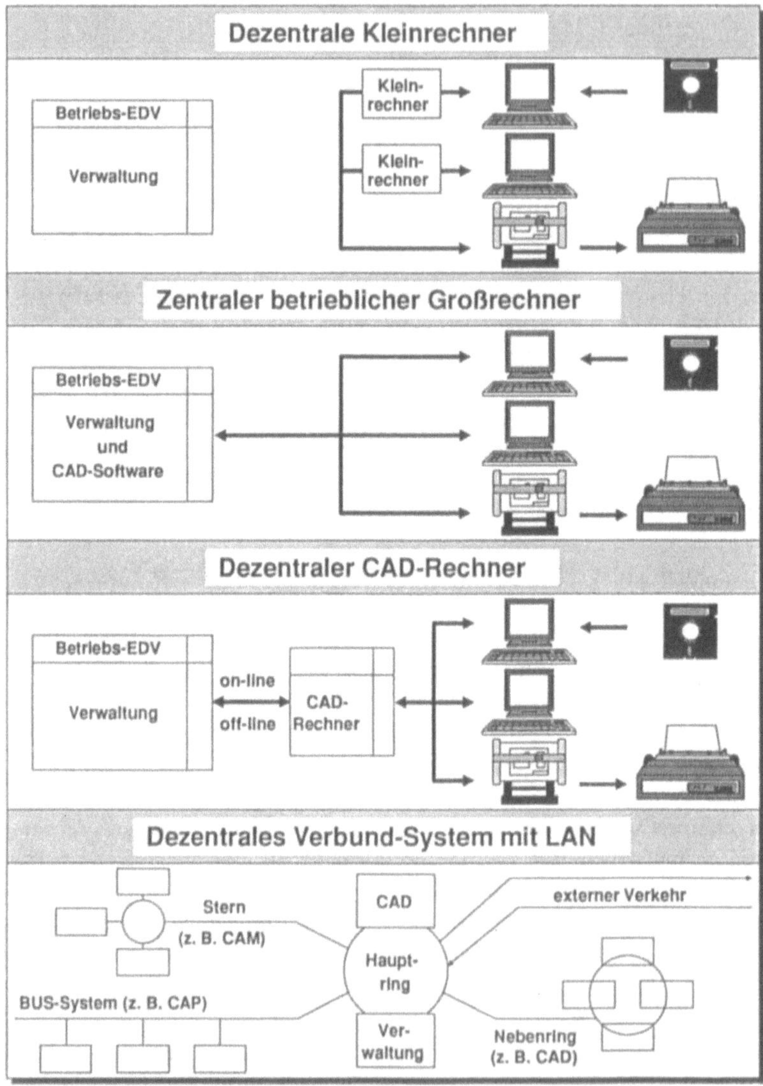

Bild 3.3.1.3-12:   Mögliche Rechnerkonfigurationen für CAD-Systeme

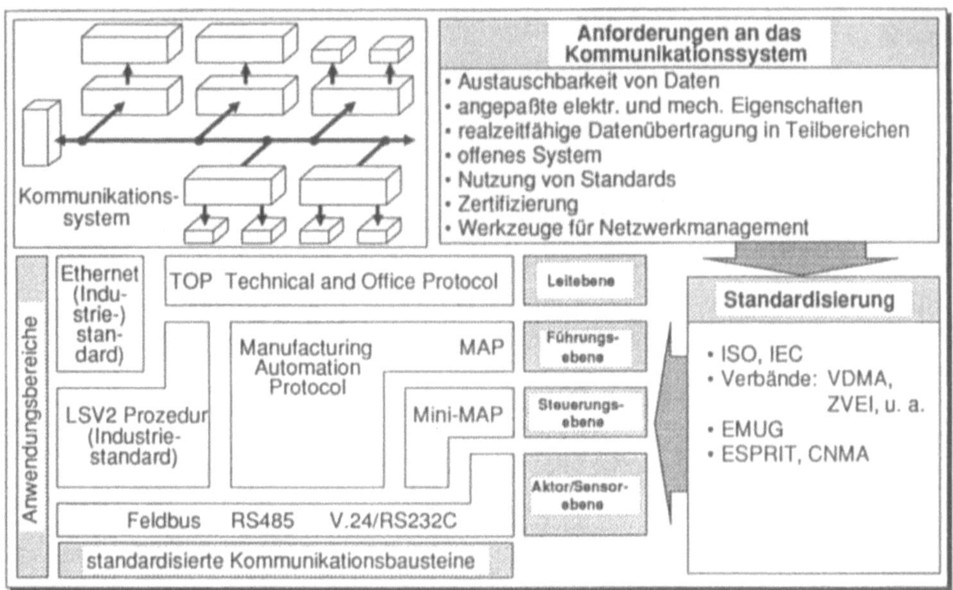

Bild 3.3.1.3-13: Standardisierung im Kommunikationsbereich

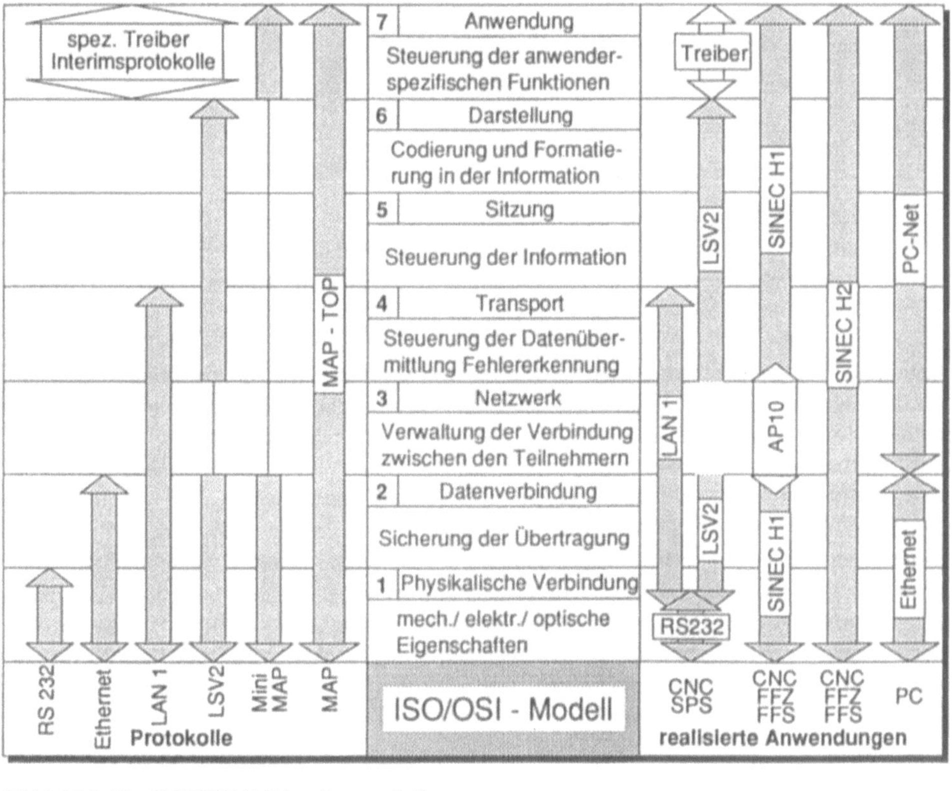

Bild 3.3.1.3-14: ISO/OSI-MAP-Interimsprotokolle

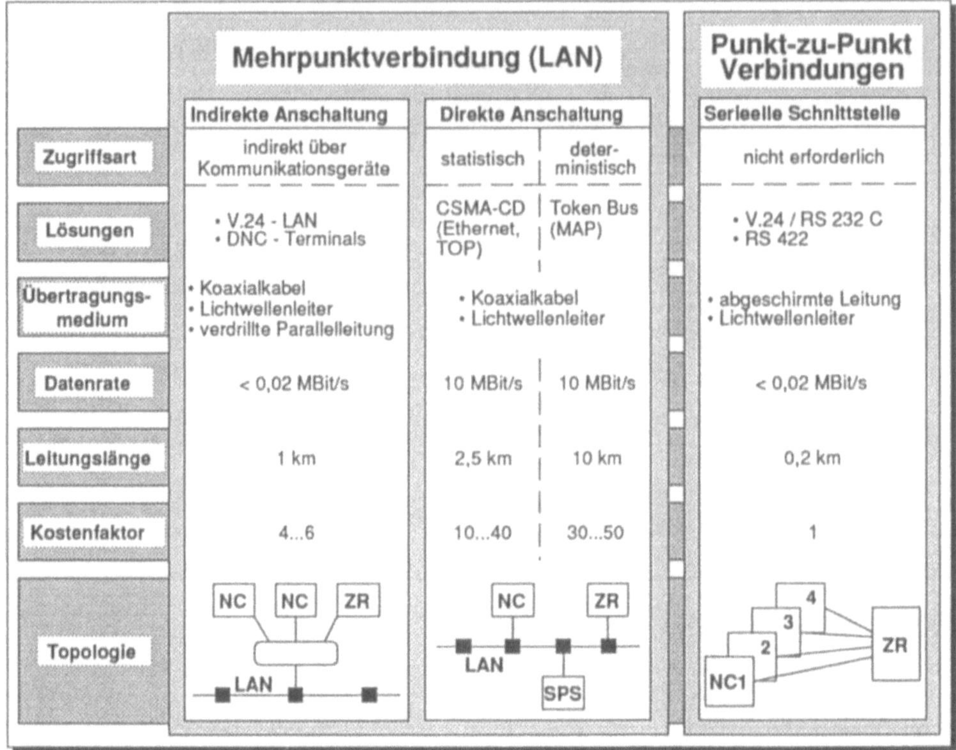

Bild 3.3.1.3-15: Kommunikationssysteme

Die direkte Rechnervernetzung ist im einfachsten Fall eine Punkt-zu-Punkt-Verbindung. Dazu ist an der zusätzlichen Hardware nur die Datenleitung erforderlich, mit der die zu vernetzenden Systeme über die V.24-Schnittstelle verbunden werden, **Bild 3.3.1.3-15**. Über diese Schnittstellen kann ebenfalls die Kommunikation nach außen (Datex-P, Ferndiagnose) abgewickelt werden. Vor allem die Systemöffnung und Flexibilität ist neben technisch bedingten Leistungsgrenzen (Datenrate, Leitungslänge) eingeschränkt. Der Installations- und Verkabelungsaufwand steigt mit zunehmender Anzahl an Kommunikationsteilnehmern, wodurch die Erweiterbarkeit beschränkt ist. Die Systemflexibilität ist ebenfalls begrenzt, da nur die Steuerungen und Rechner Daten austauschen können, die direkt miteinander verbunden sind. Eine gemeinsame Nutzung von Druckern und weiteren Peripheriegeräten ist daher nicht möglich.

Neuere Entwicklungen verbinden die Vorteile der weitverbreiteten V.24-Schnittstelle mit der Technologie lokaler Netzwerke. Es können mit derartigen Systemen Mehrpunktverbindungen aufgebaut werden, wobei der Übertragungsvorgang selbst weiterhin auf der V.24-Basis über spezielle Netzwerkschnittstelleneinheiten abgewickelt wird. Als Hardware sind Verbindungskabel, Übertragungsmedien, wie z.B. Breitbandkabel oder Lichtwellenleiter, sowie Netzwerkeinheiten erforderlich.

Lokale Netzwerke mit der Möglichkeit zur direkten Anschaltung der einzelnen Teilsysteme, wie Rechner, Steuerungen und Peripheriegeräte an den Kommunikationskanal bieten die größte Flexibilität zum Aufbau von leistungsfähigen, offenen Kommunikationssystemen, **Bild 3.3.1.3-16.**

Der Verkabelungsaufwand wird gegenüber anderen Konzepten durch die direkte Ankopplung der Systeme an einen Kommunikationsträger in erheblichem Maße verringert. Da die angeschlossenen Geräte nicht direkt miteinander vernetzt werden müssen, wird eine Steigerung der Flexibilität bei der Kopplung erreicht. Die zusätzliche Ankopplung weiterer Systeme stellt ebenfalls keinen großen Aufwand mehr dar, da diese Systeme lediglich an das LAN angeschlossen werden müssen und nicht mehr an alle Systeme, mit denen eine Kommunikation erwünscht ist.

Lokale Netzwerke werden nach verschiedenen Kriterien unterteilt und beschrieben. Eine sehr wichtiges Merkmal ist die Topologie eines lokalen Netzwerkes, **Bild 3.3.1.3-17.** Man unterscheidet grundsätzlich zwischen Stern-, Ring-, Bus- und Maschenstrukturen. Die zur Zeit gebräuchlichsten Topologien sind dabei die Ring- und Busstruktur.

Ein weiteres sehr wichtiges Unterscheidungskriterien ist das Zugriffsverfahren, das den Zugang zum Netz für die einzelnen Teilnehmer regelt. Hier können zwei Hauptentwicklungsrichtungen unterschieden werden: das **Token**-Verfahren und das Zugriffsverfahren **CSMA/CD (Carrier Sense Multiple Access with Collision Detection).**

Beim Zugriffsverfahren **CSMA/CD** hört jeder Nutzer die im Netz ablaufende Kommunikation ab, **Bild 3.3.1.3-18.** Wenn das lokale Netz nicht belegt ist, sendet er seine Botschaft und beobachtet ihre Übertragung. Wenn möglicherweise ein zweiter Nutzer gleichzeitig das freie Netz erkennt und eine Nachricht absetzt, kann es zu Kollisionen kommen. Diese Kollisionen können von den Absendern durch das Mithören erkannt werden. Nach einer gewissen Zeitverzögerung, die statistisch berechnet wird, wird dann ein erneuter Sendeversuch gestartet.

Beim **Token**-Verfahren läuft ein sog. Token (*Datentransporter*) durch das Netz, **Bild 3.3.1.3-19.** Dieser Token ist mit einer Kennung versehen, die anzeigt, ob er frei oder belegt ist. Der Nutzer muß so lange warten, bis ein freier Token seinen Platz passiert. Dann kann er seine Nachricht an den Token anhängen. Der Token läuft durch das Netz, bis der Empfänger erreicht ist. Der Empfänger überprüft nun die Nachricht auf Vollständigkeit und schickt sie zur Kontrolle und Bestätigung noch einmal an den Absender zurück. Danach ist der Token wieder frei und der nächste Teilnehmer kann seine Nachricht über das Netz übermitteln.

Die unterschiedlichen Zugriffsverfahren sind nicht zwangsläufig an bestimmte Topologien gebunden. Es haben sich drei Standardkombinationen herausgebildet, **Bild 3.3.1.3-20,** der *Token-Bus,* der *Token-Ring* und das sogenannte *Ethernet* als Kombination von CSMA-CD mit der Bus-Topologie. Der Einsatz dieser drei Netztypen ist sehr stark vom jeweiligen Einsatzgebiet abhängig. Allgemeingültige Aussagen können dabei jedoch nicht getroffen werden.

Neben den Informationsflußwegen sind auch Systeme für die Datenspeicherung und -verwaltung notwendig. Hierzu benutzt man sog. **Datenbanken,** die die Daten beherrschbar machen und **effizient verwalten.** Die bisher vorherrschende Aufbau- und Ablaufstrukturierung eines Produktionsbetriebes mit seiner funktionalen Arbeitsteilung führt zu ständig hin- und herbewegten Daten und meist selbständiger Verwaltung. Dies führt zu Konsi-

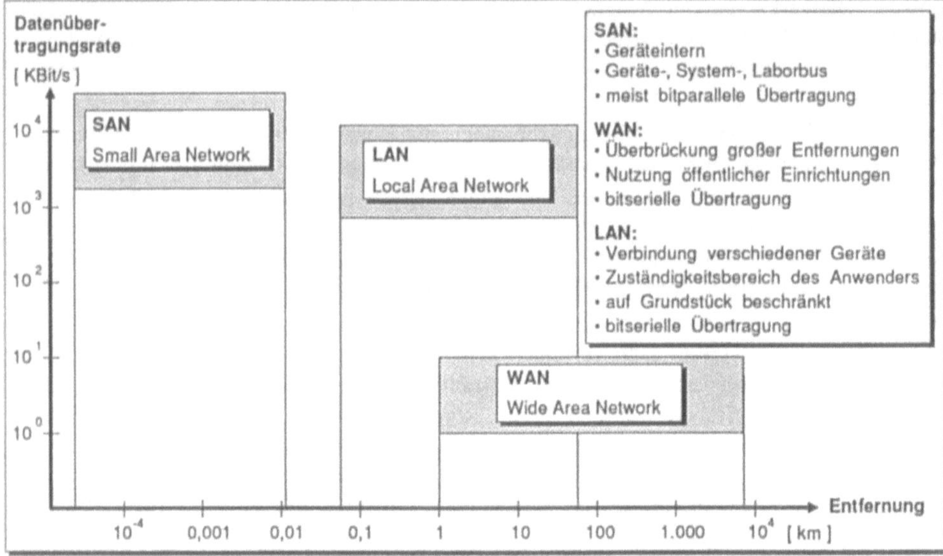

Bild 3.3.1.3-16:   Klassifizierung von Netzwerken

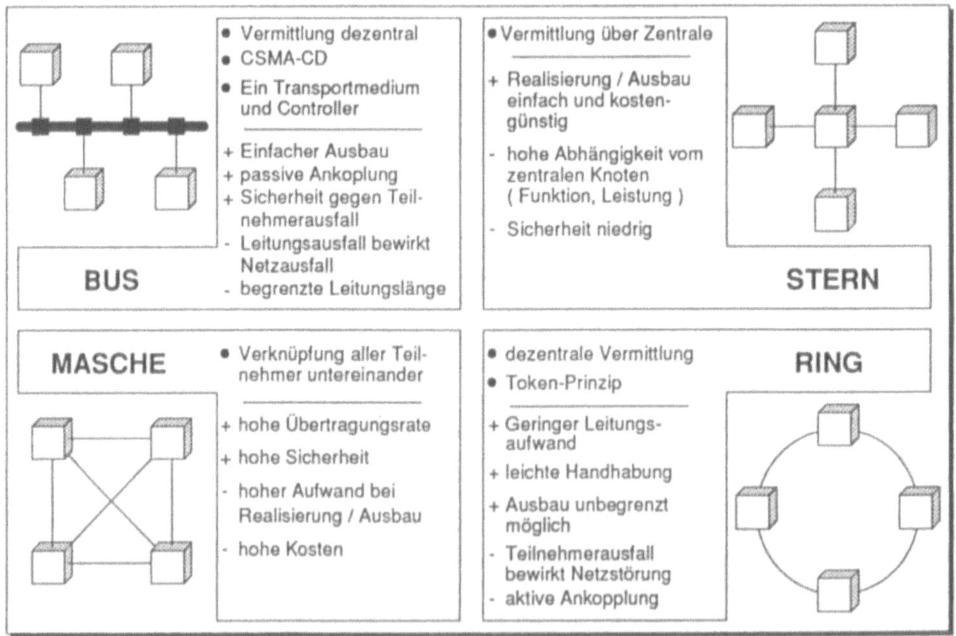

Bild 3.3.1.3-17:   Netzwerktopologien

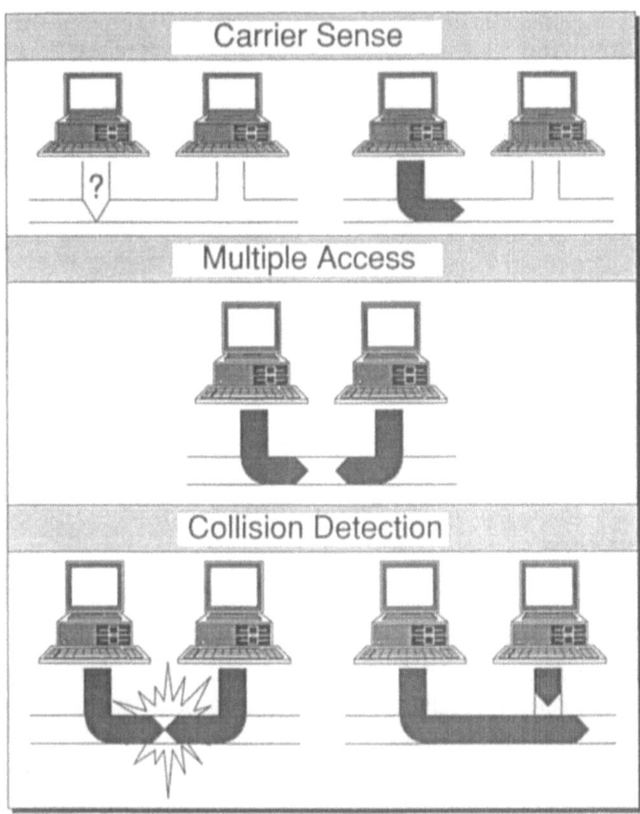

Bild 3.3.1.3-18:   Das Zugriffsverfahren CSMA/CD

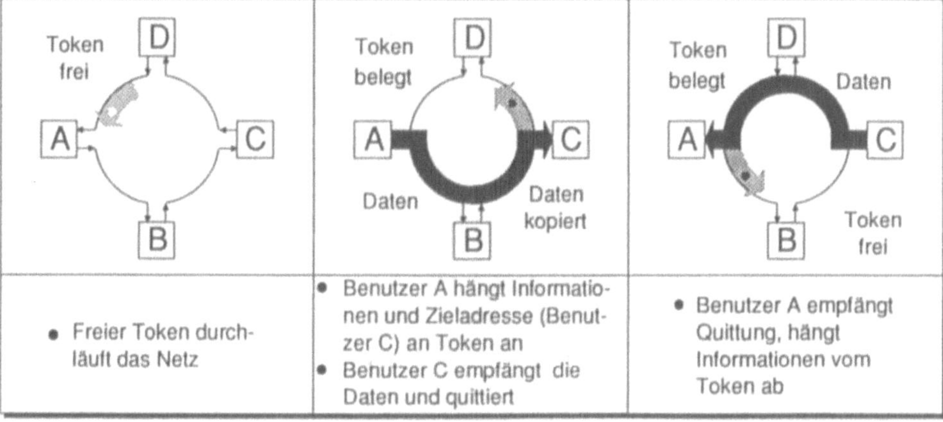

Bild 3.3.1.3-19:   Das Token-Ring-Protokoll

Netztyp / Kriterium	Token Bus	Token Ring	Ethernet
Normen	IEEE 802.4 ECMA 90 ISO/DIS/8802/4	IEEE 802.5 ECMA 89 ISO/DP/8802/5	IEEE 802.3 ECMA 80,81,82 ISO/DIS/8802/3
Komplexität	mittel	hoch	gering
Zugriff	Token	Token	CSMA-CD
Antwortzeit-verhalten	abhängig von Teilnehmerzahl	wie Token Bus, aber schneller	gut bei geringer Last schlecht bei Überlast
Produkte	Vistalan/1 (Allen Bradley) MAP-Network (Motorola) LAN/1 (3M)	Primenet Domain (Apollo) IBM Token Ring	DEC Net SINEC-H1 IBM-PC net

Bild 3.3.1.3-20:   Vergleich von Netzwerktypen

stenzproblemen bezüglich der Datenhaltung, zu langen Durchlaufzeiten sowie zur redundanten Speicherung gleicher Datenbestände in unterschiedlichen Betriebsbereichen. Abhilfe schafft die Datenintegration der einzelnen Abteilungen über gemeinsam genutzte Datenbanken, auf die mit dezentral organisierten Systemprogrammen jederzeit zugegriffen werden kann.

Es dauerte bis zur Mitte der siebziger Jahre, bis Unternehmen die konventionelle Datenhaltung umstrukturierten. Konventionelle Datenhaltung bedeutet, alle existierenden Programme verfügen über ein eigenes Dateisystem, wobei sich deren Inhalte überschneiden können, **Bild 3.3.1.3-21**. Diese Organisationsform hat erhebliche Nachteile:

- Mehrfachspeicherung der Daten, die Speicherplatz kostet,
- Redundanz,
- Datenänderungen in einem Dateisystem bewirken nicht automatisch die Änderung in anderen Dateisystemen und
- Übertragungsmechanismen zum Datenaustausch aufeinander aufbauender Programme sind umständlich.

Das Grundkonzept der Datenbank bietet die Lösung dieser Probleme. Alle Daten werden unabhängig vom Anwendungsprogramm in einer gemeinsamen Datenbasis gespeichert. Dadurch sind gleiche Daten für verschiedene Anwendungen gleichzeitig nutzbar, **Bild 3.3.1.3-22**.

Eine Datenbank weist folgende Merkmale auf:

- Unabhängigkeit von Daten und Programmen,
- kontrollierte Redundanz und
- inhaltlicher Zusammenhang der Daten.

Ein Datenbanksystem besteht aus der eigentlichen Datenbank und der entsprechenden Verwaltungssoftware. Von der Verwaltungssoftware eines Datenbanksystems sind verschiedene Aufgaben zu erfüllen. Das **DBMS** (Datenbank Management System) muß dem Benutzer einer Datenbank Werkzeuge und Hilfsmittel zur Auswahl seiner anwendungsabhängigen Daten zur Verfügung stellen. Weiterhin muß es die physikalische Verarbeitung, d.h., die Speicherung auf einem entsprechenden Medium, wie Diskette oder Festplatte,

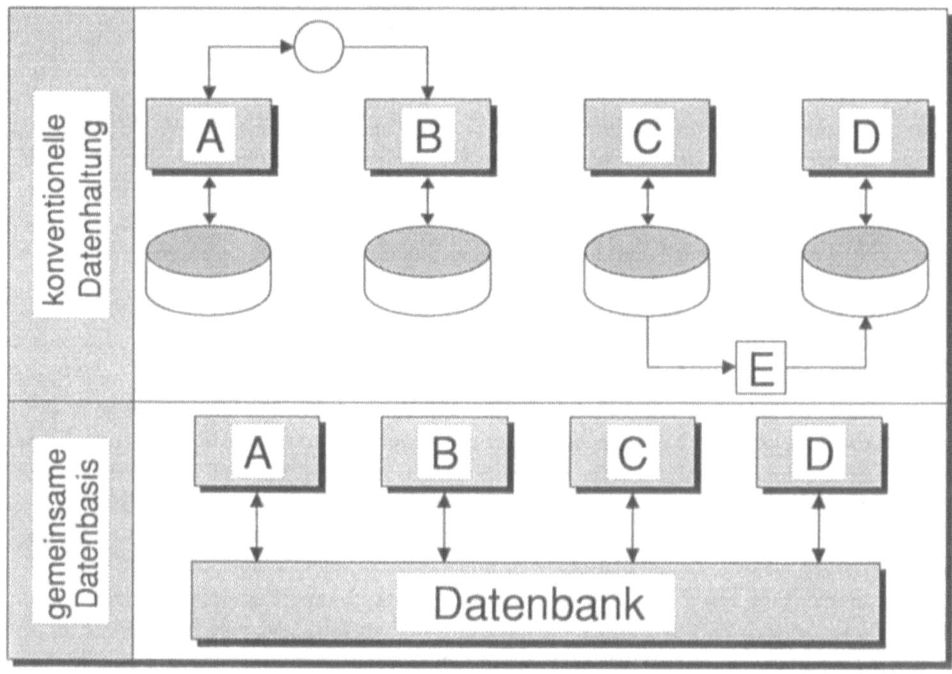

Bild 3.3.1.3-21: Datenzugriffsverfahren

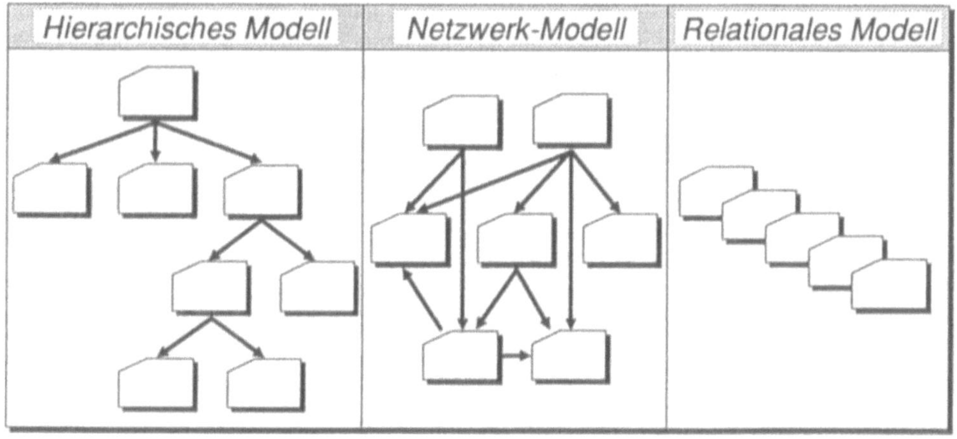

Bild 3.3.1.3-22: Datenbankmodelle

vornehmen, aber auch die Datensicherung, z.B. auf einem Magnetband oder einer Kassette ermöglichen.

Die Leistung eines DBMS besteht nicht nur darin, abgespeicherte Daten leicht ausfindig zu machen, sondern in der Möglichkeit zur vielfältigen Verknüpfung von Daten, damit sich aus ihnen nutzbringende Informationen herausfiltern lassen. Es haben sich aufgrund dieser Forderung drei **Datenbankmodelle** herausgebildet:

- hierarchisches Datenbankmodell,
- Netzwerk-Datenbankmodell und
- relationales Datenbankmodell.

Das **hierarchische Datenbankmodell** basiert auf einer Baumstruktur, Bild 3.3.1.3-22. Dieses Konzept eignet sich für Beziehungen, bei denen sich aus Oberbegriffen viele Unterbegriffe ableiten lassen. Bei dieser Struktur können allerdings keine direkten Beziehungen zwischen einzelnen in verschiedenen Ebenen abgespeicherten Daten hergestellt werden. Ein weiteres Problem der hierarchischen Datenbank besteht darin, daß bestimmte Objekte nur zu finden sind, wenn der Anwender die Struktur sehr genau kennt. Die Struktur ist starr und unflexibel, da alle Informationen von Anfang an festgelegt sind. Auch wird die Redundanz von Daten nicht vermieden.

Das **Netzwerkmodell** vermeidet einige Nachteile des hierarchischen Modells. Im Prinzip entspricht es zwar diesem Modell, jedoch mit dem Unterschied, daß eine Datei zu mehreren Hierarchien gehören kann. Beziehungen zwischen den Daten sind in horizontaler und vertikaler Richtung möglich. Leider führt dies jedoch zu komplexen und unüberschaubaren Strukturen. Auch bei diesem Datenbankmodell muß der Benutzer beim Abrufen von Informationen mindestens einen der möglichen Zugriffspfade kennen. Dieser muß immer exakt angegeben werden, da die Beziehungen in der Struktur nicht immer eindeutig sind.

Im Zusammenhang mit CIM wird am meisten das **relationale Datenbankmodell** diskutiert. Dieses Modell entspricht auch der neuesten Entwicklung und geht auf die von E. F. Codd [19] Anfang der siebziger Jahre beschriebene **relationale Algebra** zurück. Im Gegensatz zu den bereits beschriebenen Modellen, bei denen die Datenbank von vornherein aus verbundenen Dateien besteht, gibt es beim relationalen Datenbankkonzept nur noch verbindbare Dateien.

So können die vorhandenen Dateien zu den unterschiedlichsten Auswertungsmöglichkeiten kombiniert werden. Die Redundanz ist im Vergleich zum hierarchischen Datenbankmodell wesentlich verringert. Während sich beim Relationenmodell für den Menschen der Handhabungskomfort erhöht, steigen die Anforderungen an den Hardware in erheblichem Maße. Bei den beiden vorhergehend beschriebenen Systemen sind die Zugriffspfade über feste Strukturen vordefiniert. Beim Relationenmodell werden die Beziehungen nur über Datenwerte in Tabellen definiert. Unter Umständen sind bei einer Abfrage sämtliche Tabellen zu durchsuchen.

Aufbauend auf einer gemeinsamen Datenbasis wird bei CIM der Rechnereinsatz in Konstruktion, Arbeitsplanung, Produktionsplanung und -steuerung, Fertigung, Qualitätssicherung und weiteren Unternehmensbereichen angestrebt. Kern der Integration sind von allen Bereichen nutzbare, einheitliche Datenbestände, die in einem Datenbanksystem abgelegt werden, **Bild 3.3.1.3-23** [60]. Das relationale Modell bietet für die meisten Anwendungsbereiche Vorteile, da es flexibler anwendbar und durch den Menschen leichter zu handhaben ist. Zukunftsweisend für CIM ist der Einsatz verteilter Datenbanksysteme, die auf dem

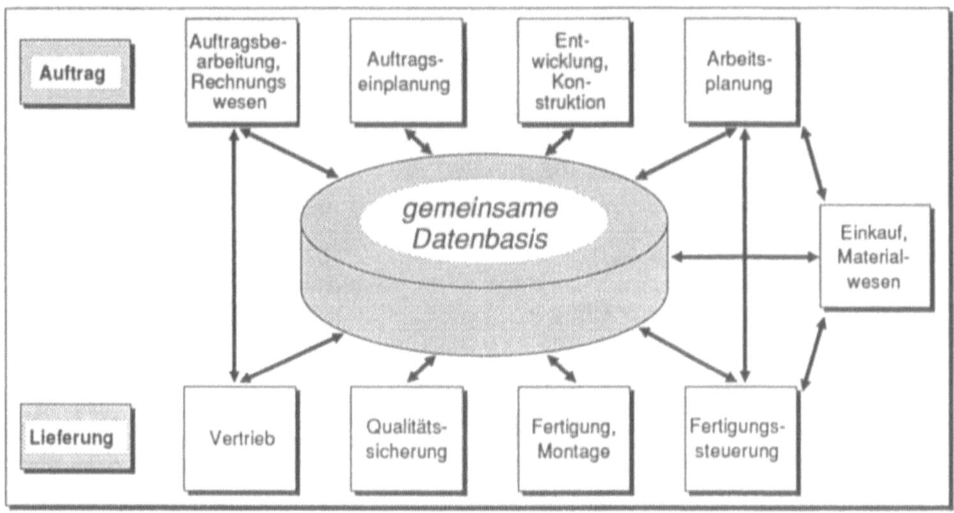

Bild 3.3.1.3-23: CIM-Datenbasis

Relationenmodell aufbauen. Darunter wird das Einrichten von Datenbanken über mehrere Rechner hinweg verstanden. Damit wird es möglich sein, Datenbestände aufzubauen, die Großrechner, Abteilungsrechner und PCs integrieren. Zur Koordinierung wird die verteilte Datensammlung von einem übergeordneten System zu einer logischen Datenbank zusammengefaßt. Für den Benutzer entsteht somit der Eindruck, er benutze eine einzige große Datenbank.

Standardisierung als Voraussetzung für die Integration von Informationsflüssen

Seit einigen Jahren bemüht man sich, die Übertragung von digitalen Daten zwischen verschiedenen Systemen über genormte Schnittstellen zu standardisieren.

Bild 3.3.1.3-24 gibt eine Übersicht über den aktuellen Stand der laufenden Bestrebungen zur weiteren Schnittstellenvereinheitlichung. Es muß aber festgestellt werden, daß trotz vorhandener Normen oftmals aufwendige Anpassungen für den Datenaustausch zwischen einzelnen Systemen erforderlich sind. In den meisten Fällen muß der Anwender Eigenleistungen erbringen, da durch Schnittstellenstandardisierung nicht das gesamte Spektrum an Unternehmensanforderungen abgedeckt werden kann.

Bei der Datenübertragung im CAD-Bereich existieren die meisten genormten Schnittstellen **Bild 3.3.1.3-25** (vgl. Kap. 3.2.5 und 3.2.8). Es lassen sich zwei Hauptrichtungen erkennen:

1. Normung einer grafischen Bilddatei: Graphical Kernel System (GKS),

2. Standardisierung eines allgemeinen Übertragungsformates zum Austausch von Modellen und Produktdaten, z.B. **IGES, SET, STEP, VDAFS**.

Bei der Bilddateispezifikation handelt es sich im wesentlichen um Vorschläge zum Grafikdatenaustausch zwischen grafischen Anwendungssystemen.

Schnittstelle	Bereich	Norm	Land
AIS	CAD-CAD		USA
APT	CAP-CAM	ISO/TC184/SC3, DIN 66246	USA
CAD*I	CAD-CAD, CAD-sonst.	ISO/TC184/SC4	Europa
CAD-NT	CAD-Normteildatei		D
CGI	Grafik	ISO DP	international
CGM	Grafik	ANSI X3.122, ISO 8632	international
CLDATA	CAP-CAM	ISO 4343, DIN 66215	USA
DXF	CAD-CAD, CAD-sonst.		USA
EDIF	Elektronik	IEEE/ANSI-Standard Nr. 548	USA
ESP	CAD-CAD, CAD-sonst.		USA
FEMDAT	CAD-CAD		USA
GKS	Grafik	ISO, DIN 66252	international
GKS-3D	Grafik	ISO DIS 8805	international
GKSM	Grafik	Teil in ISO 8632 (CGM)	international
IGES	CAD-CAM, CAD-sonst.	ANSI Y 14.26 M	USA
IRDATA	CAP-CAM	VDI 2863	D
MAP	Kommunikation		USA
PDDI	CAD-CAM		
PDES	CAD-CAD, CAD-sonst.	ISO/TC 184/SC4	USA
PHIGS	Grafik	ISO DP 9592/1-198n(E)	USA/internat.
SET	CAD-CAD, CAD-sonst.	ANFOR Z68-300	F
SQL	Datenbank	ISO DIS 9075	USA
STEP	CAD-CAD, CAD-sonst.	ISO/TC184/SC4/WG1	international
TOP	Kommunikation	IEEE 802.3	USA
VDAFS	CAD-CAD, CAD-sonst.	DIN 66301	D
VDAIS	CAD-CAD, CAD-sonst.	VDA/VDMA-Einheitsblatt 66319	D
VDAPS	CAD-CAD	DIN 66304	D

Bild 3.3.1.3-24:   Normungsbestrebungen für Schnittstellen (vgl. [46], S. 78)

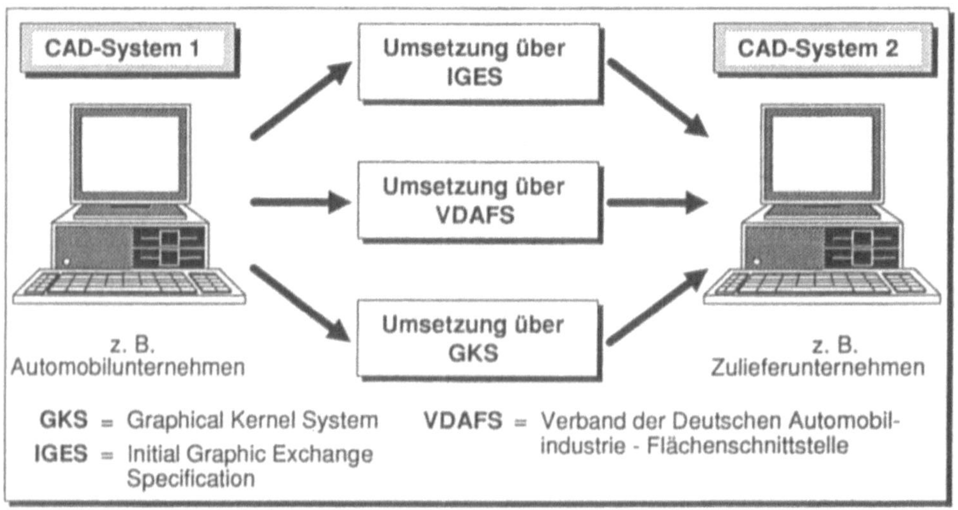

Bild 3.3.1.3-25:   Schnittstellenempfehlungen zur Übernahme digitaler Daten

Demgegenüber steht bei der zweiten Entwicklungsrichtung die Standardisierung des Austausches im Vordergrund. Es ist dabei völlig unerheblich, ob der Datenaustausch zwischen unterschiedlichen Systemen im eigenen Haus oder zwischen verschiedenen Unternehmen, z.B. Automobilunternehmen und Zulieferer, erfolgt.

Bis heute sind die Schnittstellen IGES (Version 3.0), SET und VDAFS (Version 2.0) in der Praxis eingesetzt und erprobt.

Augenblicklich arbeitet man schwerpunktmäßig an der Definition eines internationalen Standards für den Datenaustausch STEP. Die USA wollen ihre zunächst unabhängig entwickelte Schnittstelle PDES ebenfalls in den international angestrebten Standard STEP einbringen. Langfristig wird über diese Schnittstelle der Austausch aller produktdefinierenden Daten erfolgen.

Die Informationsverteilung innerhalb der verschiedenen Bereiche des Produktionsprozesses stellt heute einen entscheidenden unternehmerischen Faktor dar. Obwohl bei der Datenintegration und -vernetzung von rechnerunterstützten Systemen noch viele Fragen offen sind, sollte eine Vernetzung nicht hinausgezögert werden. Es stehen leistungsfähige EDV-Komponenten und Kommunikationsmöglichkeiten sowie vielfältige Standards zur Verfügung, so daß eine Vernetzung und Integration auch jetzt bereits wirtschaftlich realisierbar ist.

3.3.1.3.6 CAM-Expertensysteme

Drei Viertel aller Expertensysteme werden in den Funktionsbereichen *Vertrieb*, *Forschung/Entwicklung* und *Produktion* eingesetzt. Im Vertrieb sind die Systeme hauptsächlich für den Einsatz bei Konfigurationsaufgaben vorgesehen. In der Forschung und Entwicklung werden häufig CAD-Systeme mit wissensbasierten Systemen verbunden, um Normen, Richtlinien oder geeignete Vorgehensweisen beim Entwurf und der Konstruktion von Produkten mitzuberücksichtigen (vgl. Kap. 3.2.6). In der Produktion zeigt sich ein breites Anwendungsgebiet für Expertensysteme, so z.B. für Diagnoseaufgaben an technischen Anlagen und Simulationsaufgaben für die Auftragseinlastung. Weitere interessante Einsatzgebiete sind die Beratung und Planung, in denen das zu Wissende allerdings weniger scharf umrissen ist und somit der Aufbau eines Expertensystems schwieriger und weniger Erfolg versprechend ist, **Bild 3.3.1.3-26.**

Expertensysteme für die Werkstattsteuerung

Weil sich durchschnittlich alle 30 Minuten die Situation in der Werkstatt ändert und kurzfristig auf Störungen zu reagieren ist, soll zukünftig die **Umplanung** mit **wissensbasierten Werkstattsteuerungs-Systemen** erfolgen. Sie sollen z.B. drohende Terminüberschreitung oder Überlast erkennen und zu Umplanungsmaßnahmen auffordern, ebenso bei Ereignissen wie Maschinenausfall, Eilauftrag oder Personalausfall.

Bei der **Maschinenbelegung in mechanischen Werkstätten** wird eine Warteschlange von Aufträgen für eine Bearbeitungsstufe gebildet. Die Zahl der Varianten der Warteschlange ist unübersehbar. Expertensysteme sollen die Auftragseinplanung unterstützen. Mit ihrer Hilfe wird die Möglichkeit gegeben, die Maschinenbelegung durchzuspielen und grafisch darzustellen. So kann die Planung sofort beurteilt werden und bei Änderungen der Situation, wie z.B. der Ausfall einer Maschine, sind die entstehenden Konsequenzen sofort erkennbar.

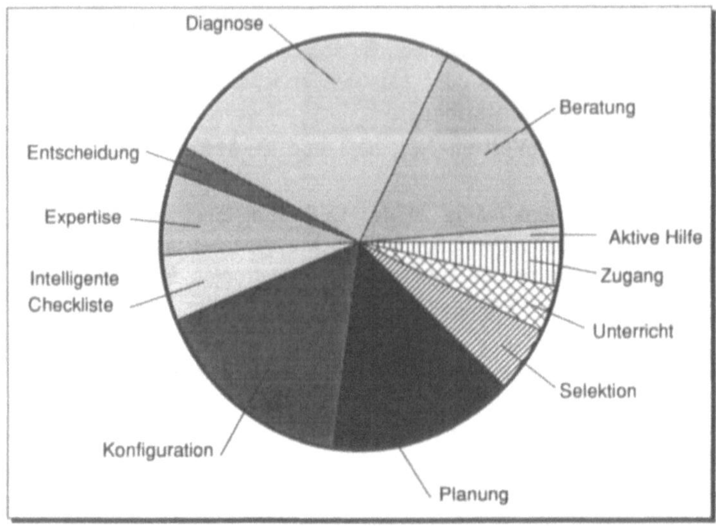

Bild 3.3.1.3-26:   Expertensysteme gegliedert nach Aufgabenbereichen

Bestimmte Situationen werden durch **Produktionsregeln** beschrieben, in denen eine Aktion ausgeführt wird. Bei Maschinenausfall kann z.B. folgende Regel angewendet werden: *Wenn eine äquivalente Maschine verfügbar ist, dann Auftrag auf der freien Maschinen einplanen.* Das System kann dem Benutzer auch bei anderen typischen Werkstattsituationen Maßnahmen vorschlagen, wie Überlast, Unterlast, zu große Durchlaufzeiten, Ermittlung der Prioritätsregel, Neu- bzw. Umterminierung bei Kapazitätsproblemen bezüglich Material, Maschine und Arbeitskraft und bei Eilaufträgen.

Aus Datenbankabfragen, Nutzerabfragen und selbstgeschlossenen Fakten schließt das System unmögliche Lösungen aus und präsentiert das Ergebnis der in Frage kommenden und bewerteten Lösungen.

Expertensysteme für die Auftragssteuerung flexibler Fertigungssysteme

Die Flexibilität von flexiblen Fertigungssystemen stellt erhöhte Anforderungen hinsichtlich der Planung, Terminierung und Kontrolle von Aufträgen. Mit höherer Flexibilität sinkt meist die Produktivität, da Rüstzeiten vermehrt anfallen. Kriterien wie die Losgrößenbestimmung, Fälligkeitsdaten, Wartezeiten der Aufträge in der Warteschlange und Reihenfolge der Aufträge müssen berücksichtigt werden.

Mit Hilfe von Expertensystemen zur Auftragssteuerung an FFS soll eine kurzfristige Programmplanung entwickelt werden, die die oben erwähnten Kriterien berücksichtigt. Das System muß folgende Bedingungen beachten: vorgegebene Reihenfolge von Losen, gleichzeitig gebrauchte Werkzeuge bei verschiedenen Aufträgen und in Betrieb befindliche Maschinen, Länge der Warteschlange, Wartungsintervalle usw. Es legt unterschiedliche Zeithorizonte für jede Stufe je nach Nutzen und Störungsverhalten der Maschine fest und unterteilt so die komplexe Aufgabe in mehrere überschaubare Aufgaben. Bei unvorhergesehenen Vorfällen, wie dem Ausfall einer Maschine, kann das System den Plan modifizieren und die entsprechenden Maßnahmen anzeigen. Es gibt einige Systeme, die bereits die momentane Situation interpretieren, Prognosen geben, auftretende Probleme diagnostizieren und zur Kontrolle den Prozeß aufzeichnen.

Expertensysteme für die Prozeßkontrolle

Die Prozeßkontrolle umfaßt die Bereiche Betriebsmittel, Fertigungsablauf und Qualitätssicherung (BDE, MDE). Die Betriebsmittelüberwachung erfaßt die aktuellen Kapazitätsbelegungen und Störungen. Die Überwachung des Fertigungsablaufs geschieht über den Fertigungsfortschritt. Die Aufgabe der Qualitätssicherung ist das rechtzeitige Erkennen von Mängeln an Werkstücken und Betriebsmitteln, um sofort auf den Produktionsprozeß einwirken zu können.

Die im Bereich der Prozeßkontrolle eingesetzten Expertensysteme müssen Anforderungen erfüllen, wie z.B. permanentes Erfassen sich ändernder Betriebsdaten, Vergleich mit den Soll-Daten und Durchführen der Diagnose. Das System muß daher ein Real-Time-Verhalten aufweisen und bei auftretenden Störungen unverzüglich darauf reagieren. Derartige Maßnahmen sind z.B. Änderungen der Reihenfolge der Bearbeitungsschritte, kurzfristige Kapazitätsanpassungen und Splitten von Losen. Bei der Prozeßkontrolle dient das System nicht der Zusammenstellung eines Auftragsbearbeitungsplans, sondern rein der Überwachung und Diagnose des Prozesses.

Expertensysteme in der Montage

Mit neuen rechnerunterstützten Methoden lassen sich die Risiken bei Vorbereitung, Einführung und Betrieb von Montageanlagen herabsetzen (weiteres in Kap. 3.3.1.4). Dabei können auch Expertensysteme unterstützend zum Einsatz kommen, **Bild 3.3.1.3-27**.

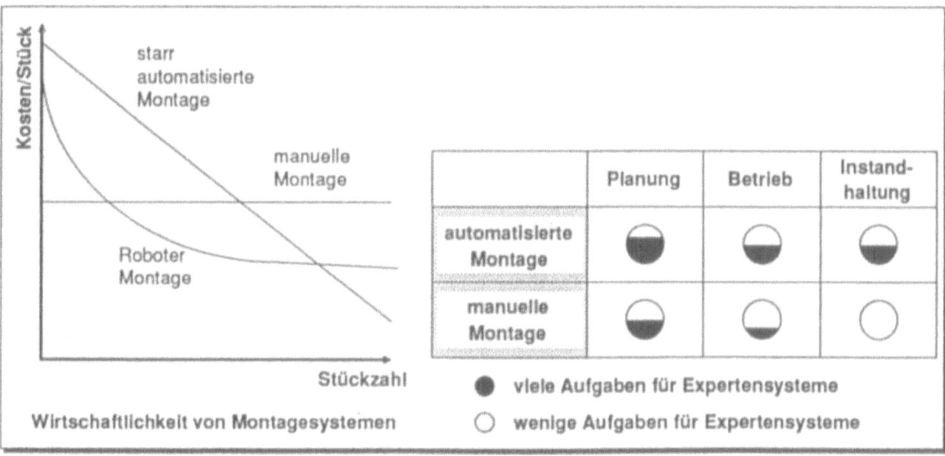

Bild 3.3.1.3-27: Wirtschaftlichkeit von Montageanlagen und Einsatz von Expertensystemen

Für eng abgegrenzte Problembereiche, z. B. zur **Fehlerdiagnose** eines bestimmten Robotertyps oder eines Transportsystems, können Expertensysteme erfolgversprechend eingesetzt werden. Derartige Dialogsysteme greifen im wesentlichen auf das Systemwissen und auf den Benutzer zu. Der Benutzer muß zum Teil Informationen verarbeiten und sie in eine systemgerechte Form überführen (sensorische Fähigkeiten!). Zusätzlich können Prozeßdaten ausgewertet und interpretiert werden, **Bild 3.3.1.3-28**.

Im Bereich der **Montageplanung** sind isolierte KI-Werkzeuge (**Künstliche Intelligenz**) nur beschränkt einsetzbar, obwohl das Anwendungspotential sehr groß ist. Man ist bemüht, rechnergestützte Verfahrensketten von der Produktgestaltung über die Anlagenplanung und Abtaktung bis zur Roboterprogrammierung zu entwickeln. Dabei können u.a. CAD-Systeme, Daten-Bank-Systeme, Simulationspakete und wissensbasierte Systeme zum Einsatz kommen.

Tätigkeiten	Planung		Betrieb		Instandhaltung	
	manuell	automat.	manuell	automat.	manuell	automat.
Zeit-/Kapazitäts-Planung	PPS,Taktzeit Personal Stückzeit	PPS, Taktzeit Maschinen Einsatzzeit	Werkstatt-steuerung	Werkstatt-steuerung		Planung von Instandhaltungsmaß-nahmen
Programmierung	Arbeitsplan	IR, SPS, NC Zellenrechner		sensorunter-stützte Progr.: IR, CNC, PLC		Meßprogramme für IR-Peripherie
Geräteauswahl	Personal Werkzeug	Betriebsmittel	Auftrag	Auftrag Maschinen		Prüfmittel-auswahl
Konfiguration	Layout Ablaufprinzip	Layout Betriebsmit-teleinsatz		Lager		Prüfplan Prüfmittel
Bildverarbeitung	Zeichnungs-analyse	Zeichnungs-analyse	Qualitäts-sicherung	Qualitäts-sicherung Teileerkenn.		Verschleiß-kontrolle
Simulation	Materialfluß Taktzeitüber-prüfg., MTM	Materialfluß Kollission	Auftragsab-wicklung	Auftragsab-wicklung		Konfiguration von Instand-haltungsm.
Diagnose		Erstellen von Diagnosepro-grammen	Fehlerdiag-nose BDE , CAQ	Fehlerdiag-nose		Werkzeug-wechsel
Optimierung	Ergonomie Materialfluß Lager	Materialfluß Lager	Materialfluß Produktmix Verfügbarbeit Lager	Materialfluß Produktmix Lager	Lagerhaltung	Minimierung der Still-standszeiten
Dokumentation	Layout Präsentations-graphiken	Layout-Programme Präsentations-graphiken	BDE Einbindung	BDE		BDE Benutzer-führung

Bild 3.3.1.3-28:   Aufgaben von Expertensystemen in der Montage

Expertensysteme für die Fehlerdiagnose

Diagnostisches Problemlösen ist ein erfolgreiches Anwendungsgebiet von Expertensystemen. Mitte der 70er Jahre sind zunächst eine Reihe von medizinischen Diagnostik-Expertensystemen entstanden. Mittlerweile haben sich Problemstellungen aus dem technischen Bereich als brauchbare Anwendungsfälle ergeben, **Bild 3.3.1.3-29.**

Wissensbasierte Systeme können im einfachsten Fall in Form **intelligenter rechnerunterstützter Servicehandbücher,** z.B. für Handhabungsgeräte oder Steuerungen wirkungsvoll eingesetzt werden. Ein weiteres Anwendungsfeld liegt in der rechnergestützten Planung von Instandhaltungsmaßnahmen. Hier sind auch Expertensysteme zur Erstellung und Pflege von Diagnose-, Wartungs- und Reparaturplänen denkbar.

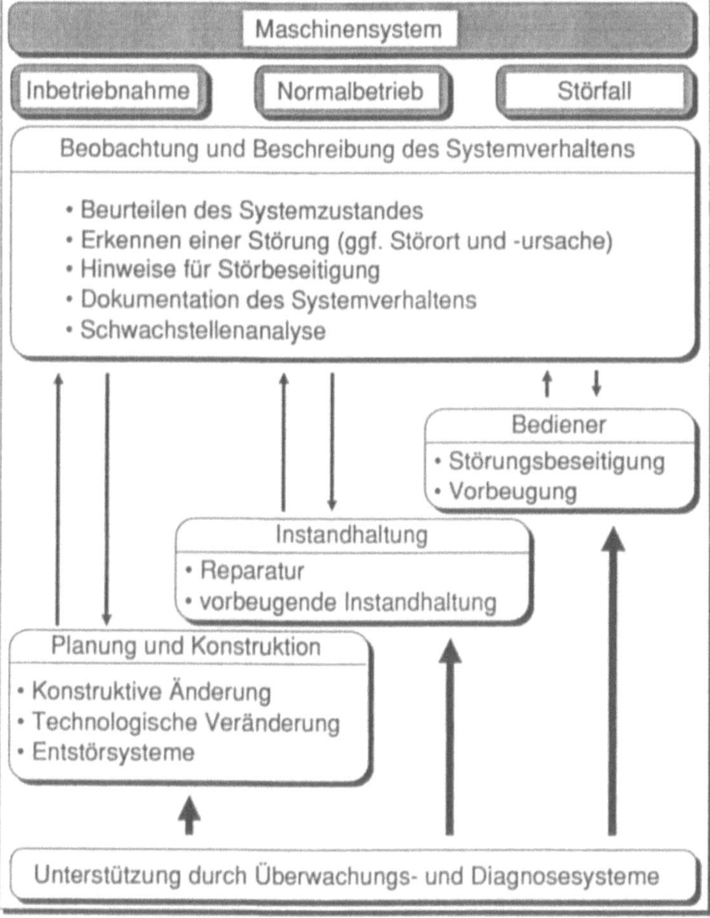

Bild 3.3.1.3-29:   Ansatzmöglichkeiten für Expertensysteme zur Diagnose
automatisierter Montagesysteme

Die **Fehlerdiagnose** ist eine der wichtigsten Funktion im Bereich der Instandhaltung. Der dabei zugrunde liegende Diagnoseprozeß beruht vorwiegend auf empirischen Beobachtungen und Assoziationen.

Die **Fehlerfrühdiagnose** beginnt bereits vor Eintritt der Störung. D.h. es wird versucht, eine Zustandsverschlechterung so frühzeitig zu erkennen und zu melden, daß Qualitätsminderungen und Maschinenstörungen vermieden werden. Ziel der Fehlerfrühdiagnose ist es also, die starren Wartungsintervalle zugunsten einer flexiblen Inspektion abzulösen und Wartungsarbeiten nur dann durchzuführen, wenn tatsächlich die Funktionsfähigkeit des Systems in Frage steht.

Das Gebiet der **präventiven Wartung** kann wirksam durch den Einsatz wissensbasierter Methoden unterstützt werden, wenn durch Ist-Analysen und eine Projektion in die Zukunft der Zeitpunkt eines Schadenseintrittes möglichst genau ermittelt wird, um einen optimalen Servicezeitpunkt festzulegen (z.B. in Pausenzeiten oder am Wochenende). Voraussetzung dazu ist natürlich, daß an dem zu überwachenden Objekt die Anbringung einer ausreichenden Sensorik möglich ist, welche den Systemzustand wiedergibt. Das Diagnoseexpertensystem kann sowohl den Servicetechniker vor Ort bei der Arbeit unterstützen, als auch dem Maschinenbediener als Anleitung bei der Diagnose und Reparatur kleinerer Fehler dienen.

3.3.1.3.7 Fertigungsprozesse mit neuen Leistungs-, Anwendungs- und Integrationsbereichen, Simulationsmethoden

Die flexible Fertigung ist ein hochinnovatives Feld, das jedoch weniger durch spektakuläre Neuentwicklungen gekennzeichnet ist, als vielmehr durch Verbesserungen in vielen Detailbereichen. Im folgenden soll kurz dargestellt werden, welche Trends sich aktuell ergeben haben.

Der Leitgedanke bei der Gestaltung flexibler Fertigungssysteme ist die **Komplettbearbeitung**. Dabei sollen Werkstücke in maximal zwei Aufspannungen fertig bearbeitet werden, um Rüst-, Neben- und Liegezeiten sowie Probleme bei der Genauigkeit, die durch das wiederholte Aufspannen und Ausrichten entstehen, zu vermeiden. Um die Komplettbearbeitung auf einer Maschine durchführen zu können, müssen mehrere Technologien innerhalb der Maschine vereinigt werden. Dies ist z.B. das Drehen, Fräsen, Bohren und Oberflächenbehandlungen, wie das Schleifen aber auch das Laserhärten. Folgende Einzelentwicklungen dienen ebenfalls dazu, die Komplettbearbeitung zu ermöglichen:

- Dreh-Fräszentren,
- zusätzliche NC-Achsen für Nebenfunktionen und Erweiterung der CNC-Funktionalität,
- 5-Seiten-Bearbeitung durch kombinierte Horizontal-/Vertikalspindeln,
- Mehrspindelbearbeitung,
- 6-Seiten-Bearbeitung durch automatisiertes Umspannen,
- 5-Achsen-Simultan-Bearbeitung auf Bearbeitungszentren,
- Ergänzung von Bearbeitungsfunktionen durch modulare Maschinenbauweise und
- Hochfrequenzspindeln für die Schlichtbearbeitung.

Aufgrund der Zunahme der Leistungsfähigkeit von Rechner- und Steuerungshardware ergeben sich auch bei **CNC-Steuerungen** neue Möglichkeiten, die u.a. Voraussetzungen für die oben genannten Entwicklungen sind. Bis heute werden MDE- und BDE-Funktionen durch eigenständige Terminals an der Maschinen realisiert. Zunehmend bieten aber auch Steuerungshersteller diese Funktionen in ihren CNC-Steuerungen an. Dies hat damit zu tun, daß die Benutzeroberfläche von Steuerungen heute insgesamt ergonomischer gestaltet wird. Genannt seien hier Stichworte, wie *Werkstattorientierte Programmierung, Fenster- und Maustechnik*, usw. Ein weiterer Aspekt, der auch heute noch viele Probleme bereitet, ist die Schnittstellenfähigkeit von Steuerungen. Hier zeichnen sich zwar Entwicklungen ab, aber marktgängige Standards gibt es zur Zeit noch nicht.

Peripherieeinrichtungen zur Automatisierung der Handhabung und des Materialflusses sind ebenfalls ständig Gegenstand der Entwicklung. Hier zeichnet sich ab, daß bei der Realisierung von Lösungen immer mehr Standardroboter, sozusagen von der Stange, zum Einsatz kommen. Da aufgrund der Flexibilität und heutiger Gerätepreise kaum andere Alternativen wirtschaftlich sind. Weiter werden Handling-Baukasten-Systeme eingesetzt. Ihr Anwendungsbereich ist häufig in der Montagetechnik zu finden (vgl. Kap. 3.3.1.4.2/6/8).

Kennzeichen für **Vorrichtungen** und **Greifer** ist der zunehmende Einsatz von Sensoren. Für eine intelligente und sichere automatisierte Prozeßführung sind sie eine unabdingbare Voraussetzung (vgl. Kap. 3.3.1.4.6/8).

Auch bei **Werkzeugen** sind in letzter Zeit beachtliche Entwicklungen festzustellen. Hier wird zukünftig der ISO-Steilkegel durch andere Werkzeug-/Maschine-Schnittstellen abgelöst werden.

Überwachung und Diagnose der Abläufe in der flexiblen Fertigung spielen für den erfolgreichen Einsatz ein große Rolle. Aufgrund der Rechnerleistung heutiger Personal Computer können daher auch vermehrt Bildverarbeitungssysteme zum Einsatz kommen. Ihr Einsatzgebiet liegt z.B. in der Lage- und Positionserkennung von Werkstücken und der Verschleißüberwachung von Werkzeugen. Durch einfachere optoelektronische Systeme kann der reine Werkzeugbruch überwacht werden. Aufwendigere Diagnosesysteme können den gesamten Zerspanungsprozeß analysieren oder auch Maschinenkomponenten und ganze Maschinen.

Die **Simulation** ist ein wichtiges Planungshilfsmittel bei flexiblen Fertigungsanlagen, **Bild 3.3.1.3-30**. Man unterscheidet die Planungstätigkeiten beim Aufbau und beim Betrieb von FFS. Bei der Beurteilung der Wirtschaftlichkeit können EDV-Simulationshilfsmittel zum Einsatz kommen, die auf Basis der Nutzwertanalyse arbeiten. Die **Materialflußsimulation** ist ein geeignetes Instrument für die Auslegung des Layouts und für die Ermittlung von benötigten Kapazitäten. Die überwiegenden Simulationshilfsmittel werden jedoch für die Planung des eigentlichen Betriebs eingesetzt. An dieser Stelle sollen einige Einsatzmöglichkeiten im CAM-Bereich und im angrenzenden CAP-Bereich genannt werden:

- Ermittlung von Arbeitsvorgangsfolgen mit KI-Unterstützung bei der Arbeitsplanung,
- neue PPS-Systeme berücksichtigen Ressourcen, wie Maschinenverfügbarkeit, Werkzeuge, Vorrichtungen, Transportmittel, Automatisierungsperipherie usw.,
- neue Leitstandskonzepte mit hoher Anpaßbarkeit an PPS-Systeme und an die Fertigungsstruktur, Überwachungs- und Diagnosefunktionen, verbesserte Softwareergonomie und KI-Komponenten,
- die Materialflußsimulation ermöglicht die bessere Ausnutzung der Systemflexibilität von FFS durch Erhöhung der organisatorischen Flexibilität,

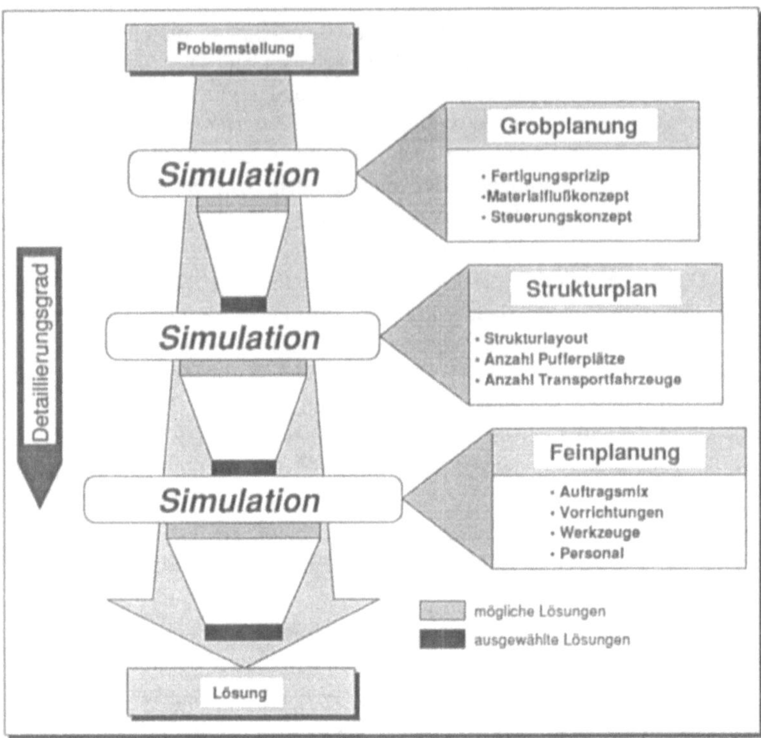

Bild 3.3.1.3-30:   Ablauf des Planungsprozesses bei Anwendung der Simulation

- die Prozeßsimulation erlaubt vorab Aussagen über das Bearbeitungsergebnis des Bearbeitungsprozesses oder übernimmt die Kollisionskontrolle bei der NC-Programmierung und

- Fehlerüberwachung und Diagnose bei der automatischen Ablaufsteuerung von FFS und Berücksichtigung von Notstrategien.

Allgemein setzt sich der Trend zum Einsatz flexibler Fertigungsstrukturen insbesondere in der klein- und mittelständischen Industrie fort. Bevorzugt werden flexible Fertigungszellen und sog. Klein-FFS, die durch die Verkettung von zwei bis drei Bearbeitungseinheiten gekennzeichnet sind. Der Anteil spanender Einheiten gemessen an der Gesamtzahl von Bearbeitungseinheiten nimmt zugunsten von automatischen Meß- und Montage-Komponenten oder Einheiten, die auf anderen Fertigungstechnologien beruhen ab. Die Verkettung der Maschinen geschieht überwiegend durch schienengebundene Transportsysteme und betrifft im wesentlichen den Werkstückfluß. Eine Zunahme an Portalen z.B. zum Werkzeug-Handling ist nur zögerlich zu verzeichnen. Entwicklungen zur Vereinheitlichung von Informationsschnittstellen und -standards basieren auf **MAP 3.0**, wie z.B. das **MMS** (Manufacturing Message System), sind jedoch noch lange nicht abgeschlossen. Im Zuge der rasanten Entwicklungen auf dem Hardwaremarkt geht der Trend bei CAD- und NC-Systemen hin zur 3-D-Fähigkeit, was zunehmend auch die werkstatt- und maschinennahe

Programmierung von komplexen Bauteilen ermöglicht (vgl. Kap. 3.2.4.1.2). Alle Hersteller von Systemen für die flexible Fertigung bieten entsprechende umfangreiche Personalqualifizierungen an; Schulungskonzepte auf der Grundlage gemeinsamer Richtlinien und Anforderungen werden von diesen jedoch nicht erarbeit (vgl. Kap. 6).

3.3.1.4 Rechnerunterstützte flexible Montage

3.3.1.4.1 Definition und Einordnung der Montage

Die **Montage** ist ein wichtiges Aufgabengebiet des Produktentstehungsprozesses. Innerhalb der Montage werden einzelne Bauteile zu Baugruppen (**Vormontage**) oder Baugruppen und Einzelteile zu Fertigprodukten (**Endmontage**) zusammengefügt. Dabei umfaßt die Montage nicht nur die montierenden Tätigkeiten in Form von Fügevorgängen, sondern auch alle zugehörigen Tätigkeiten wie das Zuführen der Bauteile sowie prüfende oder reinigende Tätigkeiten. **Bild 3.3.1.4-1** zeigt die Tätigkeiten des Bereiches Montage nach VDI 8539 [95].

Innerhalb der logistischen Kette (vgl. Kap. 3.3.1.1.1 und 3.3.1.2.3) ist die Montage der letzte Produktionsschritt. Je nach Branche entfallen zwischen 20% und 70% der gesamten Herstellungszeit und 30% bis 50% der gesamten Herstellungskosten auf die Montage [50]. Somit ist das höchste *Rationalisierungspotential* des gesamten Produktionsprozesses in der Montage vorhanden. Im Gegensatz zur Fertigungstechnik ist der Automatisierungsgrad (vgl. 3.3.1.4.3) der Montagetechnik gering. Hauptgründe der Verzögerung in diesem Bereich sind die Vielfältigkeit der Montageaufgaben, die lange Zeit fehlenden technischen Möglichkeiten sowie die mangelnde Wirtschaftlichkeit. In der Industrie hat man erkannt,

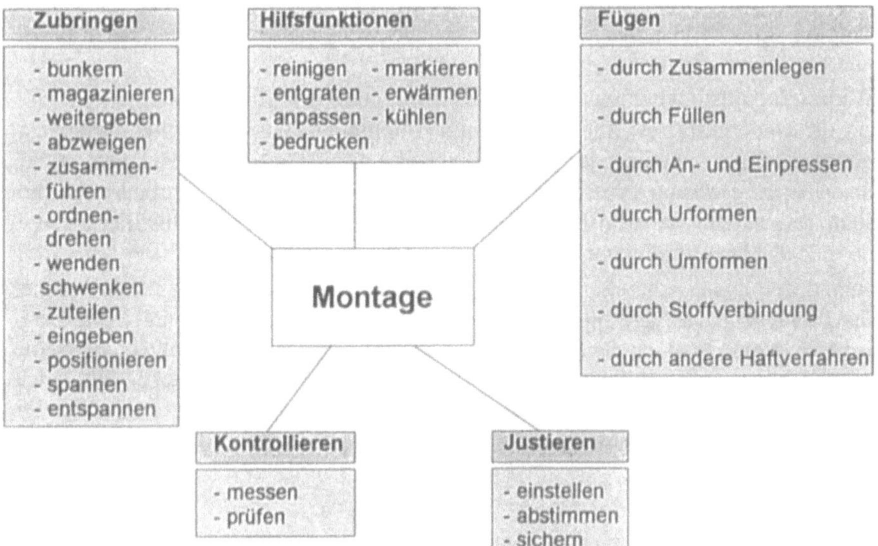

Bild 3.3.1.4-1:   Tätigkeiten des Bereiches Montage (nach VDI 8539 und IPA)

daß eine bislang betriebene Verlagerung der Montage in Billiglohnländer auf Dauer nicht der richtige Weg sein kann, da Montage-Know-how verloren geht. In den letzten Jahren ist vor allem auf Grund der schnellen Verbesserungen in der Automatisierungstechnik die Entwicklung der automatisierten Montage stark fortgeschritten.

3.3.1.4.2 Einflüsse auf die automatisierte Montage

Die Montage wird durch viele Faktoren, wie z.B. durch das *Produkt*, die *Montagetechnologie*, *distributive Faktoren*, die *Montagestruktur* sowie die *Montagemittel* beeinflußt [106].

- Das zu montierende **Produkt** wird wesentlich durch seine geometrischen Größen, seine Komplexität, die Anzahl der benötigten Einzelteile, die Art und Anzahl der Fügeverbindungen sowie die Anzahl der möglichen Produktvarianten beschrieben. Eine montagegerechte Produktgestaltung ist die Grundlage für eine zukünftige Automatisierbarkeit des Montageprozesses. Gestaltungsrichtlinien sind in Katalogen zusammengefaßt worden und unterstützen den Konstrukteur bei der montagegerechten Produktgestaltung. Wichtige Gestaltungsregeln sind eine Reduzierung der Anzahl der Einzelteile sowie der Fügerichtungen und Fügeverbindungen, die Auswahl montagefreundlicher Fügeverbindungen sowie die Ausgestaltung der äußeren Bauteilgeometrie hinsichtlich einer einfache Zuführ- und Handhabbarkeit. (Vgl. Kap. 3.2.3.)

- Die Wahl der **Montagetechnologie** ist unter anderem abhängig von den Anforderungen an die Funktion des Produktes, an die Leistungsfähigkeit der gewählten Montagetechnologie, an die Verfügbarkeit des Montageprozesses und an die Verwertungsstrategie des Produktes am Produktlebensende (Demontage/Recycling).

- Wichtige **distributive Faktoren** in der Montage sind die Losgröße, die Stückzahlen, die Art der Teilebereitstellung sowie die Art der Auftragsabarbeitung (kundenbezogen / kundenneutral). Die Losgröße sowie die Stückzahlen sind hierbei die wichtigsten Parameter zur Auswahl der geeigneten Montageanlagen. Die Art der Auftragsabarbeitung und die Anforderung an die Lieferbereitschaft und Teilebereitstellung beeinflussen stark die Gestaltung der Montagestruktur.

- Die **Montagestruktur** beschreibt die Art der Anordnung der Montageanlagen, die Gestaltung des Materialflusses, die Art der Informationsanbindung sowie die Verkettung der Montageanlagen untereinander. Bei überwiegend manuellen Montageanlagen ist zur Zeit ein Übergang von tayloristischen Strukturen zu Gruppenmontagestrukturen zu beobachten. Desweiteren versucht man, die Montagestrukturen neuen Produktionskonzepten wie z.B. der Lean-Produktion etc. anzupassen (vgl. Kap. 1.1.3).

- **Montagemittel** lassen sich in produktneutrale und produktspezifische Montagemittel einteilen. Durch den Einsatz produktneutraler Montagemittel, die modular (z.B. Doppelgurtbandsystem) und standardisiert (z.B. Roboter) aufgebaut sein sollen, steigt die Typen- und Variantenflexibilität (vgl. Kap. 3.3.1.4.3) einer Montageanlage. Zusätzlich erhöht ein steigender Anteil produktneutraler Montagemittel die Nachfolgeflexibilität der Montageanlage. Daher sollte die Anzahl der produktspezifischen Montagemittel minimiert werden.

3.3.1.4.3 Kenngrößen in der automatisierten Montage

Eine flexible Montageanlage wird im wesentlichen durch ihren *Automatisierungsgrad*, ihre *Flexibilität* und ihre *Taktzeit* gekennzeichnet.

- Der **Automatisierungsgrad** beschreibt das Verhältnis von automatisierten Montagevorgängen zur Gesamtheit aller Montagevorgänge. Innerhalb der Gesamtmontage eines Produktes kann der Automatisierungsgrad stark schwanken. In der Automobilindustrie findet man im Bereich der Karosseriemontage einen hohen Automatisierungsgrad. In der Endmontage dagegen fällt der Automatisierungsgrad auf Grund der Komplexität der meisten Montageprozesse stark ab. Vergleicht man die Flexible Fertigung mit der Flexiblen Montage, so ist der Automatisierungsgrad in der Montage erheblich geringer als der in der Fertigung.

- Die **Flexibilität** beschreibt die Fähigkeit eines Montageprozesses, sich Veränderungen anzupassen. Eine einheitliche Definition der verschiedenen Flexibilitätsbegriffe und eine Strukturierung dieser Begriffe liegen nicht vor. Die Quantifizierung der einzelnen Flexibilitäten ist nur in eingeschränkten Maße möglich. Das **Bild 3.3.1.4-2** zeigt eine mögliche Gliederung verschiedener Flexibilitäten.

Bezogen auf das zu montierende Produkt unterscheidet man die Möglichkeiten eine Montageanlage auf verschieden Varianten (*Variantenflexibilität*), auf unterschiedliche Produkte (*Produktflexibilität*) oder auf neue Produkte (*Nachfolgeflexibilität*) umzurüsten. Ist der Aufwand für eine solche Umrüstung gering spricht man von einer hohen Flexibilität der Anlage. Bezogen auf den Montageprozeß beschreibt die Störungsflexibilität die Möglichkeiten der Montageanlage auf Störungen zu reagieren.

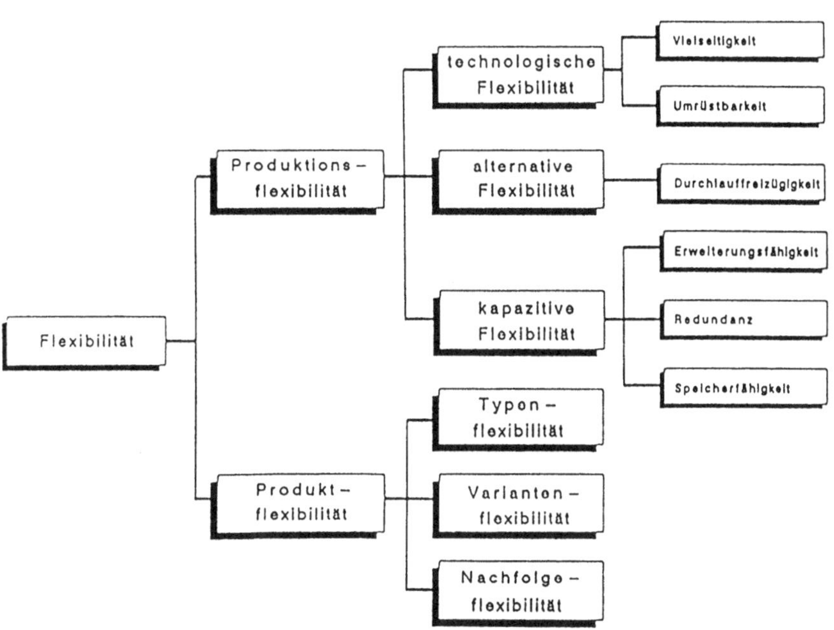

Bild 3.3.1.4-2:   Gliederungsbeispiel des Flexibilitätsbegriff nach MGH

- Die **Taktzeit** gibt den Zeitraum an, in dem alle Montageaufgaben in einem Montageschritt abgearbeitet sind. Aus der Taktzeit läßt sich die Ausbringung der Montageanlage ermitteln. Sie ist damit ein wesentliches Maß, um die Wirtschaftlichkeit einer Montageanlage zu beurteilen.

3.3.1.4.4 Systematik der Montageanlagen

Montageanlagen lassen sich in drei Gruppen, die *manuellen*, die *automatisierten* und die *flexibel automatisierten* Montageanlagen einteilen. Die Einteilung der automatisierten und flexibel automatisierten Montageanlagen erfolgt in Analogie zu den bekannten Systemen aus der Fertigungstechnik [107] (vgl. Kap. 3.3.1.3.2). **Bild 3.3.1.4-3** zeigt die Zuordnung zwischen den Montage- und Fertigungsanlagen sowie die Bewertung dieser Anlagen hinsichtlich der wichtigsten Flexibilitätsarten (vgl. Bilder 3.3.1.3-27/28).

- Ein großer Teil der ausgeführten Montageanlagen sind **Manuelle Montagesysteme (MMST)**. Sie decken vor allem die Montageaufgaben ab, die auf Grund kleiner Losgrößen nicht wirtschaftlich oder auf Grund der Aufgabenkomplexität gar nicht automatisierbar sind. Sie bestehen aus einem Montageplatz sowie den zur Montage eines oder mehrerer Produkte benötigten Betriebsmittel. Eine Arbeitsperson (Montierer) führt die Montagetätigkeiten aus [86].
- **Automatische Montagesysteme (AMST)** sind mit den Einzweckmaschinen der Fertigungstechnik vergleichbar (automatisierte Anlagen). Auf ihnen werden Produkte montiert, die in großen Stückzahlen über längere Zeiträume hergestellt werden. Dabei erlaubt ein Montagesystem nur *bedingt* die Montage verschiedener Produktvarianten.

	Fertigungsanlagen		Montageanlagen	Flexibilität			
				Produkt	Typen	Nachfolge	Störung
manuell	-	⟷	Manuelle Montagestation	●	●	●	●
automatisiert	Einzelwerkzeugmaschine	⟷	Automatische Montagest.	○	○	○	○
	Bearbeitungszentrum	⟷	Flexible Montagestation	●	◑	◑	○
flexibel automatisiert	Flexible Fertigungszelle	⟷	Montagezelle	●	●	●	◑
	-	⟷	Montagezentrum	●	●	●	◑
	Flexibles Fertigungssystem	⟷	Montagesystem	●	●	●	●

● hoch   ◑ mittel   ○ gering

Bild 3.3.1.4-3:   Analogie zwischen Fertigungs- und Montageanlagen nach [107]

Einfache Produktvarianten können durch das Weglassen eines Einzelteils, durch den Austausch eines Einzelteils durch ein ähnliches Teil oder die Montage eines Einzelteils an verschiedenen Stellen des Produktes entstehen. AMST erreichen kurze Taktzeiten und somit eine hohe Teileausbringung. Erreicht das Produkt das Ende seines Produktlebenszyklusses, können nur wenige Systemkomponenten wiederverwendet werden. Die Montagebewegungen werden fast immer durch pneumatische oder hydraulische Bewegungselemente ausgeführt. Das AMST wird durch ein festes Programm gesteuert. (Zur Diagnose von AMST vgl. Bild 3.3.1.3-29.)

Zu den **flexiblen Montageanlagen** werden die *Flexible Montagestation*, die *Montagezelle*, das *Montagezentrum* sowie das *Montagesystem* gezählt. Auf Flexiblen Montageanlagen werden verschiedene Produkte oder Produkte mit mehreren Varianten in kleineren Stückzahlen montiert. Die Basis aller flexiblen Montageanlagen ist die Flexible Montagestation. Sie ist in der Struktur mit dem Bearbeitungszentrum der Fertigungstechnik vergleichbar.

- Die **Flexible Montagestation** (FMST) besteht aus einem freiprogrammierbaren Industrieroboter, den benötigten Montagewerkzeugen (z.B. Greifer) und den Montagevorrichtungen (z.B. Werkstückaufnahmen oder Spannvorrichtungen). Die Systeme zur Werkstückbereitstellung (z.B. Doppelgurtbänder) werden nicht der Flexiblen Montagestation zugeordnet. Die freie Programmierbarkeit des Roboters verbunden mit einem Werkzeugwechsel erlaubt flexibel verschiedene Montagevorgänge abzuarbeiten und so mehrere Produktvarianten oder unterschiedliche Produkttypen zu montieren.

- Die **Montagezelle** (MZ) besteht im Kern aus einer Flexiblen Montagestation sowie den zur Montage von kompletten Baugruppen und Produkten benötigten Werkstück- und Werkzeugbereitstellungssystemen. Ein Zellenrechner übernimmt die Koordination aller Abläufe innerhalb der Zelle und stößt die Teilsteuerungen der Subsysteme wie z.B. die Robotersteuerung oder die Materialflußsteuerung an. Eine Montagezelle kann bis zu fünf Robotersysteme sowie eine manuelle oder automatisierte Montagestation enthalten. Informationstechnisch sind der manuelle Montageplatz oder die automatisierte Station dem Zellenrechner unterstellt. Die Montagezelle läßt sich mit einem Flexiblen Fertigungssystem vergleichen.

- Ein **Montagezentrum** (MTZ) besteht aus einer Montagezelle, die um ein zellenexternes Lager zur Speicherung der Werkstücke und Werkzeuge außerhalb des Roboterarbeitsraumes erweitert wurde. Das Lager, das notwendige Materialflußsystem zwischen dem Lager und der Montagezelle sowie der Materialfluß innerhalb der Montagezelle werden von einem Zellenrechner gesteuert. Für das Montagezentrum existiert keine vergleichbare Fertigungsanlage gemäß der Systematik der Fertigungsanlagen.

- Ein **Montagesystem** (MS) setzt sich aus manuellen, automatisierten und flexibel automatisierten Montageanlagen in beliebiger Anzahl und Variation zusammen. Sie sind einem übergeordneten Montageleitrechner unterstellt. Ein Materialflußsystem ermöglicht die Verteilung der Werkstücke und Werkzeuge auf jede Montageanlage innerhalb des Montagesystems (Netzstruktur). Die Auftragsabarbeitung wird vom Montageleitrechner koordiniert. Die einzelnen Zellenrechner steuern und kontrollieren die vom Montageleitrechner vorgeschriebenen Montageabläufe innerhalb der ihnen unterstellten Montageanlage. Dem Montagesystem entspricht in der Systematik der Fertigungssysteme das Flexible Fertigungssystem.

3.3.1.4.5 Beispiel einer flexiblen Montagezelle

Bild 3.3.1.4-4 zeigt eine realisierte flexible Montagezelle, auf der zwei unterschiedliche Produkte aus dem Bereich der Haushaltsgeräteindustrie montiert werden.

Die Einzelteile für beide Produkte werden in Tiefziehpaletten aus Kunststoff geordnet und kommissioniert und in einem rollbaren Magazin (Rohteilmagazin) der Montagezelle zugeführt. Die Paletten sind so gestaltet, daß sie sowohl die Einzelteile als auch die fertigen Baugruppen lagerichtig aufnehmen können. Ein Palettenhandhabungsgerät entnimmt dem Magazin eine Palette und führt sie über ein Bandsystem dem Montagebereich zu. Innerhalb des Montagebereiches wird die Palette positioniert und gespannt. Abhängig von der zu montierenden Baugruppe entnimmt der Roboter mit seinem Greiferwechselsystem den zugehörigen Mehrfachgreifer aus dem Greiferbahnhof und beginnt mit der Montage auf einer der beiden Montagevorrichtungen. Jede montierte Baugruppe wird in den zugeordneten Prüfstationen auf ihre Funktionen geprüft. Defekte Teile werden ausgeschleußt; Gutteile werden in einer leeren Palette abgelegt. Über ein weiteres Förderband werden die Paletten mit den geprüften Baugruppen dem Palettenhandhabungssystem zugeführt, das sie in einem weiteren rollbaren Magazin (Fertigteilmagazin) ablegt. Die fertigen und geprüften Baugruppen können dann in dem Rollmagazin weiteren manuellen oder automatisierten Montageanlagen zugeführt werden. Dabei bleibt der Ordnungszustand der Bauteile erhalten. Eine erneute Orientierung der Teile in der nächsten Montageanlage entfällt.

Die Robotersteuerung übernimmt die Funktion des Zellenrechners. Sie koordiniert das Zusammenspiel der Materialfluß- und der Schraubersteuerung sowie der Prüfrechner. Die Anzahl aller guten und fehlerhaften Teile sowie die wichtigsten Prozeßfehler werden protokolliert. Fehlerhafte Montagemittel wie z.B. verschlissene Saugergummies des Vakuumgreifers können schnell erkannt und ausgetauscht werden. Durch die Zusammenlegung

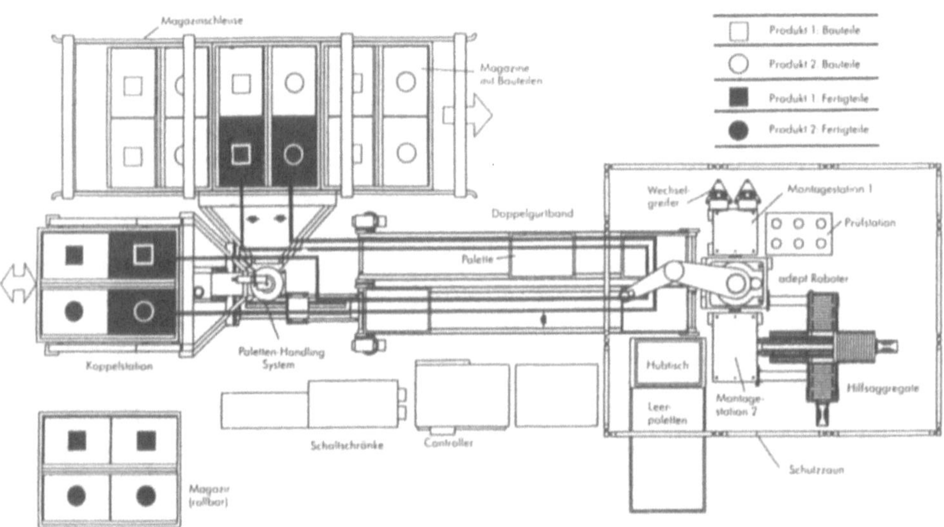

Bild 3.3.1.4-4:   Realisierte flexible Montagezelle (Werkbild ProLine)

der Montage von zwei verschiedenen Baugruppen wurde der Einsatz einer flexiblen automatisierten Montageanlage wirtschaftlich.

3.3.1.4.6 Komponenten flexibler automatisierter Montageanlagen

Die flexible automatisierte Montageanlage besteht aus einem *Roboter mit seinen Montagewerkzeugen*, den *Montagevorrichtungen*, den *Werkstückbereitstellungssystemen* sowie den *intelligenten Sensoren* (vgl. Kap 3.3.1.4.4).

- Der **Industrieroboter** trägt zu einem erheblichen Teil zur Flexibilisierung der Montagevorgänge innerhalb der Zelle bei. Ausgestattet mit einem Greiferwechselsystem zur Aufnahme von produktspezifischen Greifern, sind die Roboter Einrichtungen mit einem sehr geringen produktspezifischen Geräteanteil und erlauben damit für ihre Aufgaben eine hohe Typen-, Varianten- und Nachfolgeflexibilität.

- Auf Grund der vielfältigen Montagevorgänge sind die **Montagevorrichtungen** kaum flexibel einsetzbar. Zu den Montagevorrichtungen gehören z.B. Spannvorrichtungen und Pressen. Im Bereich der Spannvorrichtungen werden neben den vorhandenen modular aufgebauten Spannbaukästen flexible Spannvorrichtungen entwickelt. Sie basieren z.B. auf motorisch angetriebenen Lamellen, deren Position und Spannkraft programmiert werden kann. Damit wird die, durch die Lamellen abgebildete Kontur an die Oberfläche des zu spannenden Werkstückes angepaßt.

- **Werkstückbereitstellungssysteme** sind in der Regel unflexible Einrichtungen, die an jedes Bauteil angepaßt werden müssen. Eines der Teilezuführgeräte, das Teile aus dem ungeordneten in den geordneten Zustand überführt und einzeln bereitstellt, ist der *Vibrationswendelförderer* (VWF). In einem Gefäß, das zum Schwingen angeregt wird, werden die Teile vereinzelt und *laufen* durch eine Mikrowurfbewegung auf einer Wendel am Topfrand nach oben. Mechanische Schikanen lassen richtig orientierte Teile passieren. Falsch orientierte Teile werden durch die Schikane abgestreift und wieder in den Topf zurückgeführt. Eine Vereinzelungsvorrichtung am Ende der Wendel stellt dann die Teile lage- und orientierungsrichtig für die Montage zur Verfügung. Wird ein anderes Teil montiert, muß der Topf mit der Schikane ausgetauscht werden. Eine flexible Variante des Vibrationswendelförderers zeigt das **Bild 3.3.1.4-5**. Der Vibrationswendelförderer ist mit einer CCD-Kamera mit einem Rechner ausgestattet (vgl. Kap. 3.3.2.3.2).

Die Teile werden nach wie vor innerhalb des Topfes vereinzelt und gelangen über die Wendel auf ein Transportband. Das Transportband läuft mit konstanter Geschwindigkeit an der CCD-Kamera vorbei. Der Rechner vergleicht die erkannte Kontur des vorbeilaufenden Teiles mit der Kontur eines abgespeicherten Referenzteils. Fällt die Kontrolle negativ aus, wird das Teil mittels eines Luftstoßes in den Topf zurückbefördert. So lassen sich zum einem verschiedene Einzelteile gleichzeitig bereitstellen, zum anderen können gemäß der Aufgabe verschiedene Teile je nach Montage ohne mechanische Umrüstung aus einem Topf zugeführt werden. Ein weiterer Ansatz zur flexiblen Vereinzelung und Orientierung von Werkstücken basiert auf einer schwingenden Palette, in die spezielle Nester zur lagerichtigen Aufnahme der Bauteile eingearbeitet sind. Faktoren, wie die Schwingungsamplitude und -frequenz, ermöglichen eine Anpassung des Orientierungsprozesses an das jeweilige Bauteil. Soll ein anderes Bauteil vereinzelt werden, wird die Palette ausgetauscht, und die Parameter werden neu angepaßt. Die Palette kann gleichzeitig der Werkstückbereitstellung dienen [66].

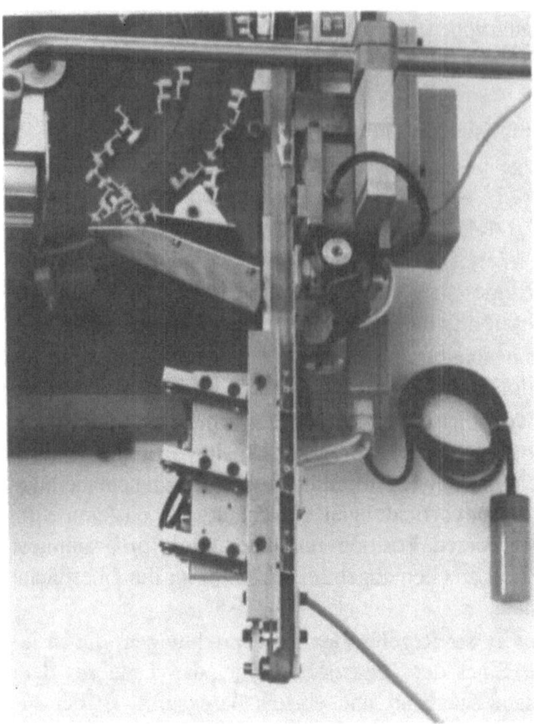

Bild 3.3.1.4-5:   Flexibler Vibrationswendelförderer (Werkbild MRW)

- **Intelligente Sensoren** sind auf verschiedene Aufgabenstellungen programmierbar. Zu
  ihnen gehören exemplarisch die Laserscanner und Visionsysteme. Sie werden für Ver-
  messungsaufgaben (Qualitätskontrolle) sowie Teileerkennungsaufgaben eingesetzt.

3.3.1.4.7 Materialflußschnittstelle zur Montage und Bereitstellungsstrategien

An der Schnittstelle zwischen Fertigung und Montage laufen alle Materialflüsse aus der
eigenen Vorfertigung sowie die Materialflüsse der fremdgefertigten, produktspezifischen
Einzelteile und der produktneutralen Einzelteile (Normteile) zusammen. Diese Teile
und Baugruppen müssen für die Montage in geeigneter Form bereitgestellt werden.
Dabei wird der Grundsatz der Handhabungstechnik angestrebt, den Ordnungsgrad der
Teile aufrechtzuerhalten. Das einfachste Prinzip hierbei ist, daß die Teile innerhalb des
Produktionsprozesses die erreichte Orientierung und Lage beibehalten. Dieses Prinzip
würde eine integrierten Zusammenarbeit zwischen der vorgelagerten Fertigung und der
Montage erfordern. Für größere Teile sowie Einzelteile ist dies teilweise realisierbar, für
Klein- und Massenteile, die häufig in Form von Schüttgut vorliegen, ist es kaum prakti-
kabel. Die Form der Teileanlieferung an der Schnittstelle zwischen Fertigung und
Montage sowie die nachfolgende Weitergabe der Teile in die Montage hat einen starken
Einfluß auf die Materialbereitstellung innerhalb der flexiblen Montage. Folgende Stra-
tegien sind hierbei denkbar:

- Die erste Bereitstellungsstrategie ist eine Kommissionierung aller für den Montagebereich benötigten Teile lagerichtig auf einem Transportmittel (z.B. Palette). Dabei können die Teile entweder nach Typen getrennt oder auch auf den Montageprozeß hin kommissioniert zusammengestellt werden. Damit wird der Montagebereich von der Aufgabe der Teilebereitstellung entlastet. Die häufig unflexiblen Handhabungsvorgänge der Teileorientierung werden in einem getrennten Bereich (Ordnungszelle) vorgenommen. Der Aufwand für die nachfolgenden flexiblen Montageanlagen sinkt, die Flexibilität steigt, da sich eine Vielzahl der Bauteile von Robotern handhaben läßt, wenn sie lagerichtig an der definierten Schnittstelle bereitgestellt werden.
- Die häufigste Art der Zuführung der Teile ist eine Vereinzelung und Bereitstellung vor Ort. Eine solche Teilebereitstellung ist einer der Schwachpunkte in den meisten Montageanlagen.
- Ein weiterer Ansatz besteht in der Kopplung zwischen der Montage und der Fertigungsmaschine. So werden z.B. Wirrteile, die sich schwer oder gar nicht automatisch vereinzeln lassen, in unmittelbarer Nachbarschaft zur Montageanlage gefertigt und direkt der Montageanlage zugeführt.

3.3.1.4.8 Gestaltung standardisierter Montageanlagen

Die Standardisierung einzelner Montageanlagen hinsichtlich der Montagemittel, des Informationsflusses und der Struktur der Montageanlage fehlt weitgehend.

- In Gegensatz zur Fertigungstechnik sind wichtige Betriebsmittel, wie Spannpaletten, Werkzeugaufnahmen etc., in der Montagetechnik nicht standardisiert oder genormt. Auf Grund der Standardisierung ist in der Fertigungstechnik zumindest teilweise der Austausch von Betriebsmitteln zwischen Fertigungseinrichtungen verschiedener Hersteller möglich. Zusätzlich wurden Baukastensysteme entwickelt, mit denen z.B. Spannvorrichtungen auf einfache Art an die Werkstückgeometrie angepaßt werden können. Zwar erleichtern diese Baukästen auch innerhalb der Handhabungs- und Fördertechnik den Aufbau von Montageanlagen, auf eine Standardisierung bei anderen Hilfsvorrichtungen ist dagegen nicht zu verzichten.
- Wegen der mangelnden Standardisierung der Struktur einzelner Montageanlagen können Werkzeuge, wie Robotergreifer etc. und Montagevorrichtung zwischen einzelnen Montageanlagen nicht ausgetauscht werden. So können in der Regel in Gegensatz zur Fertigungstechnik (z.B. WZM) Montageprozesse nicht von einer auf eine andere Montageanlage verlagert werden.
- Im Bereich der Informationstechnik fehlen einheitliche Programmiersprachen sowie standardisierte Schnittstellen zwischen dem Handhabungsgerät und der Peripherie.

Vor einigen Jahren wurden Stimmen laut, daß ein Roboter alleine noch keine entscheidende Flexibilisierung der Montage bringt. Ein wesentlich größeres Augenmerk muß auf eine schnelle und automatische Umrüstbarkeit der Montageperipherie gelegt werden. Eine Stichprobenuntersuchung flexibler Montageanlagen ergab, daß in 76% der Anlagen weniger als 5 Varianten montiert wurden. 65% der Anlagen fügten dabei nicht mehr als 10 Teile zusammen. Diese Zahlen lassen erwarten, daß die zugrundeliegenden Montageprozesse in einer standardisierten flexiblen Montageanlage zusammengefaßt werden können. **Bild 3.3.1.4-6** zeigt den Vorschlag einer standardisierte Montagezelle in der Kleinteilemontage. Die Zelle besteht aus einem Montageroboter, ausgestattet mit einem Greifer-

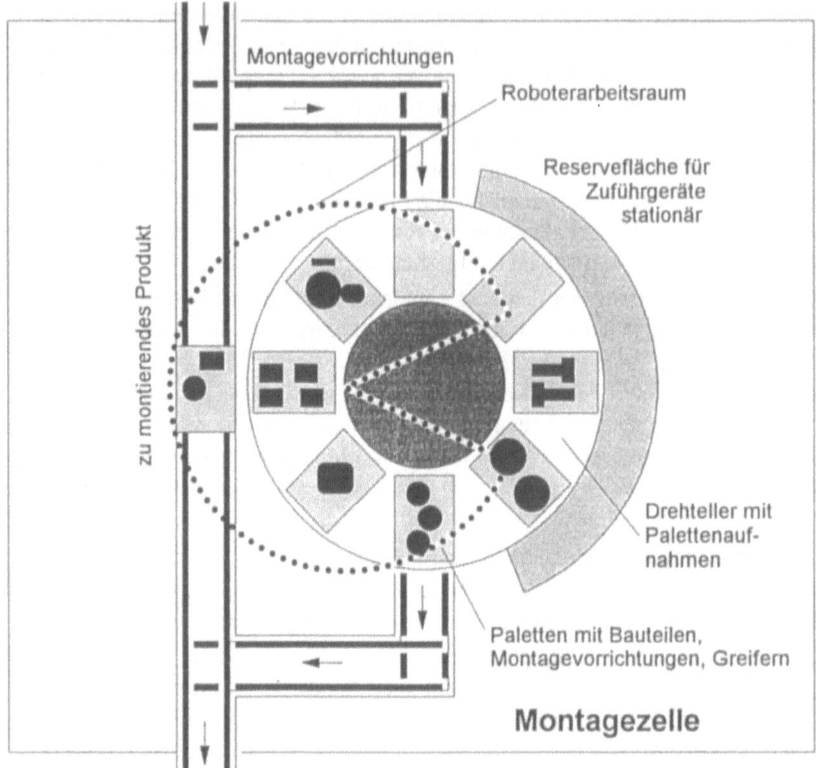

Bild 3.3.1.4-6:   Standardisierte Montagezelle

wechselsystem, in dessen Arbeitsbereich eine Vorrichtung zur automatischen Aufnahme von Paletten integriert ist. Die Aufnahmeplätze teilen den Arbeitsraum in Einzelflächen auf. Die gesamte Peripherie, die für den Montageprozeß benötigt wird, ist modular aufgebaut und auf Paletten montiert. Für die Montage eines Produktes werden die Paletten in der Vorrichtung fixiert und ihre genaue Position und Orientierung durch Sensoren ermittelt. Durch das Einschleusen der benötigten Vorrichtungen und Bauteile wird für jeden Montageauftrag eine *individuelle Montagezelle* mit einer standardisierten Struktur zusammengestellt. Das angeschlossene Materialflußsystem übernimmt den Transport der Werkstücke sowie der Vorrichtungen. Beschreib- und lesbare Datenspeicher an jeder Palette stellen dem Zellenrechner gekoppelt an den Materialfluß paletten- und produktbezogene Informationen zur Verfügung. Zu diesen Informationen gehören z.B. die Lage der Greifpunkte, die Art des geladenen Bauteils oder der aktuelle Status der Palette sowie die benötigten Fügeparameter. Eine weitere Fläche außerhalb des Roboterarbeitsraumes ist für zusätzliche großvolumige Zuführgeräte etc. reserviert. Die Materialflußschnittstellen zwischen diesen Geräten und dem Roboter reichen in den Roboterarbeitsraum hinein.

Die Paletten übernehmen nicht nur den Bauteiletransport, sondern auch die Bereitstellung werkstückbezogener Vorrichtungen wie z. B. Montagenester. Weiterhin stellen sie Subsysteme wie Vibrationswendelförderer, Spannvorrichtungen oder Schrauber etc. zur Verfügung.

- *Aktive Paletten* sind mit Vorrichtungen (z.B. VWF) ausgerüstet, die eine unabhängige Abarbeitung einzelner Teilprozesse innerhalb des Montageprozesses ermöglichen. Sie sind mit einer standardisierten Schnittstelle für die Energiezuführung und Signalübertragung ausgestattet. Zusätzlich können sie mit einer eigenen Steuerung ausgestattet sein. Damit fügt sie sich in ein einheitliches modulares Steuerkonzept, wie es für Montageanlagen gefordert wird, innerhalb der Zelle ein.
- *Passive Paletten* sind Hilfsmittel innerhalb des Montageprozesses. Sie dienen dem Transport von Bauteilen, Baugruppen in geordneter und ungeordneter Form. Weiterhin tragen sie Montageaufnahmen, die durch den Roboter beschickt werden und der Fixierung der Bauteile während der Montage dienen.

Vorteile einer standardisierten Montagezelle sind ein verringerter Aufwand in der Montagemittelkonstruktion und der Programmerstellung sowie eine teilweise Wiederverwendbarkeit alter Montagemittel.

- So kann die Konstruktion direkt auf Erfahrungen aus früheren Produktgenerationen hinsichtlich ihrer Montierbarkeit zurückgreifen. Die Arbeitsvorbereitung erhält für die Konstruktion Richtlinien, die die Betriebsmittelgestaltung für den Montagebereich vereinfacht. Die standardisierten Maße der Palette, sowie der elektrischen und pneumatischen Schnittstelle unterstützen die Konzeption der Montagemittel
- Durch die festgelegte Struktur der Zelle gleichen sich viele Vorgänge innerhalb der Programmabläufe. Die einheitliche Struktur ermöglicht den Aufbau von Programmbibliotheken, die einzelne standardisierte Programmodule für die Zellensteuerung enthalten. Durch die festgelegte Montagestruktur lassen sich Simulationsmodelle sehr schnell und kostengünstig erstellen und die Montageabläufe können im Vorfeld optimiert werden.

Nachteile dieser Standardisierung sind vor allem die Beschränkung der Größe der zu montierende Teile und der Montagemittel.

Ein *Hemmnis* der standardisierten Montagezelle ist die Toleranzkette von der aktuellen Position des zu fügenden Bauteils über die Vorrichtungen bis zum Montagewerkzeug am Roboterflansch. Diesem Hemmnis kann entweder durch entsprechende steife Bauformen (vgl. WZM) oder durch vermehrten Sensoreinsatz begegnet werde. Durch die relativ kurzen Montagezeiten (verglichen mit den Bearbeitungszeiten in der Fertigung) läßt sich dieses Problem nur durch vermehrten Sensoreinsatz lösen.

Verknüpft man mehrere standardisierte Montagezellen wie in der Fertigung zu einem Gesamtsystem (Montagezentrum), so stellt sich eine Erhöhung der Flexibilität innerhalb der kapazitiven Auslastung, der Reaktion auf Störungen und auf die Abarbeitung der Montageaufträge ein. **Bild 3.3.1.4-7** zeigt ein Montagesystem, bestehend aus einer Ordnungszelle als Schnittstelle zwischen der Fertigung und der Montage, einem Lager mit den Montagehilfsmitteln, mehreren standardisierten und manuellen Montageanlage sowie einer Standardzelle zu Betriebsmittelvorbereitung.

Auf der Standardzelle werden die Montagemittel in Betrieb genommen, Prozeßparameter ermittelt sowie vorhandene Betriebsmittel eingestellt. Die ermittelten Parameter wie Prozeßdaten der Fügevorgänge etc. werden in einem Datenspeicher in der Palette abgelegt.

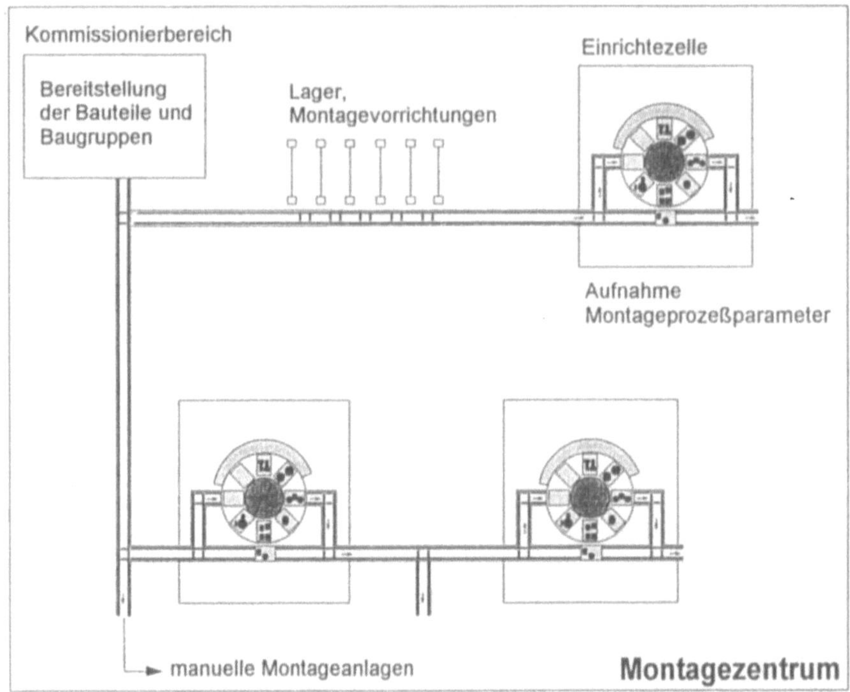

Bild 3.3.1.4-7:   Standardisiertes Montagezentrum

Sie stehen jeder standardisierten Montagezelle in der Produktion zur Anpassung der Montagebedingungen zur Verfügung. So kann die Austestung neuer Montageanlagen ohne Beeinflussung der restlichen Produktion in der standardisierten Montagezelle ausprobiert und weiter optimiert werden.

3.3.1.4.9 Entwicklungstendenzen in der Montage

Schwerpunkte einer zukünftigen Entwicklung der Montage wird eine Weiterentwicklung alternativer Montagestrukturen, eine verbesserte Anbindung der Montage an die Fertigung sowie die Entwicklung von flexiblen Zuführsystemen und Sensoren sein.

- Die Weiterentwicklung alternativer Montagestrukturen wird den Bereich der manuellen Montage verändern. Tayloristische Montagestrukturen werden durch gruppenorientierte Montagestrukturen abgelöst werden.
- Die Schnittstelle zwischen Montage und Fertigung wird sich hinsichtlich einheitlicher Datenstrukturen und einer verbesserten Materialflußschnittstelle verändern.
- Flexible Zuführsysteme werden in ihrer Leistungsfähigkeit steigen. Weiterhin werden solche System mit einem Roboter und intelligenten Systemen zu flexiblen Ordnungszellen zusammengefaßt.

- Die intelligenten Sensoren werden auf Grund wachsender Einsatzzahlen kostengünstiger
  werden. In der Entwicklung wird die Einbindung dieser Systeme in die Steuerung der
  Handhabungsgeräte weiter zunehmen. Eine Schnittstelle zwischen den CAD-Daten der
  Simulationsprogramme und den Sensorsteuerungen wird die Programmierung dieser Systeme vereinfachen.

Trotz aller Bemühungen und Erfolge, Montageprozesse zu automatisieren, wird auch in
Zukunft der überwiegende Teil der Montageaufgaben manuell gelöst werden.

3.3.1.5 Informationstechnische und operative Schnittstellen zwischen CAM-Komponenten und anderen CIM-Bereichen

In einem Unternehmen ist der CAM-Bereich an CAD, PPS, CAP und CAQ gekoppelt.
Die Quelle der von CAM ausgehenden Daten ist die Betriebs- und Maschinendatenerfassung. Diese Daten werden im wesentlichen zwischen CAM und PPS ausgetauscht. **Auftragsbezogene Daten** sind z.B. der Fertigungsfortschritt, Fertigungszeiten und -mengen.
Mitarbeiterbezogene Daten sind z.B. Daten über die Anwesenheit des Personals und über
Zu- und Abgänge. Solche Daten können zur Lohnberechnung herangezogen werden. **Materialbezogene Daten** beinhalten Informationen über Roh-, Hilfs- und Betriebsstoffe, über
den Bestand an Halbfertigprodukten und weiterzuverarbeitenden Zukaufteilen. **Maschinenbezogene Daten** sind Störungsmeldungen und -ursachen, Stillstandszeiten, Werkzeugdaten, produzierte Mengen und andere fertigungsrelevante Daten [20].

Vom Maschinenbediener modifizierte NC-Programme werden entsprechend gekennzeichnet an den **CAP-Bereich** zurückgegeben (vgl. Kap. 3.2.8). Zwischen CAM und **CAD** besteht i.a. kein organisierter Informationsaustausch. Eine direkte Kopplung des CAM-Bereiches mit dem CAD-Datenbestand ist auch nicht sinnvoll, da aufgrund der hohen Komplexität die eventuell weitreichenden Konsequenzen auf den planerischen Bereich nicht zu
überschauen sind.

Zwischen CAM und CAQ besteht folgender Zusammenhang: Auftragsbezogene Daten
beinhalten Qualitätsinformationen, wie z.B. Istmaße der gefertigten Werkstücke, sofern
diese im Fertigungsbereich durch integrierte Meßeinrichtungen oder separate Prüf- und
Meßmaschinen erfaßt werden können. In entgegengesetzter Richtung werden Informationen über Ausschußmengen und -gründe übermittelt. Allgemein ist der Bereich der Qualitätssicherung durch CNC-Meßmaschinen stark in die flexible Fertigung einbezogen (vgl.
Kap. 3.3.2.3/4).

Die Kopplung zwischen dem **Materialfluß** und anderen Funktionsbereichen ist im wesentlichen gekennzeichnet durch operative Schnittstellen. Diese umfassen die maschinenbaulichen Materialflußkopplungen zwischen unterschiedlichen Betriebsbereichen. Die
Schnittstelle kann dabei z.B. durch standardisierte Paletten ausgeführt sein, aber auch spezielle Handhabungsgeräte wie z.B. Kommissionier-Roboter erfordern.

Die Produktentwicklung (**CAD**) muß Materialflußinformationen hinsichtlich möglicher
Restriktionen, wie z.B. Abmessungen, Gewichte und Formen durch den Materialfluß berücksichtigen. Die Betriebsmittelkonstruktion hat spezifische Förderhilfsmittel zu entwikkeln.

Die unter dem Begriff **CAP** zusammengefaßten rechnerunterstützten Tätigkeiten der Arbeitsplanung haben insbesondere in der Funktion Materialplanung informationstechnische
Verbindung zum Materialfluß.

Die dem Materialflußsystem bereitzustellenden Daten beziehen sich auf die Bevorratung von Material und auf spezifische transporttechnische Angaben. Lagerspiegel und Artikelstammdateien geben der Arbeitsplanung die nötigen Daten zur mittelfristigen Planung von Puffer- und Lagerkapazitäten für End- bzw. Zwischenprodukte.

Daten über das Materialflußsystem selbst umfassen z.B. Förderleistungen, Durchflußmengen, Hauptabmessungen, Höchstgewichte, Kapazitäten. Auch diese Informationen gehen in die Arbeitsplanung, um im Produktionsprozeß einen optimalen Materialfluß zu gewährleisten.

CAP umfaßt auch das Bereitstellen spezieller Steuerprogramme für automatisierte Komponenten eines Materialflußsystems wie Handhabungsgeräte, mobile Roboter oder Übergabestationen.

Bei der Produktionsprogrammplanung als Teil der **PPS** sind es insbesondere die Leistungsdaten des Materialflußsystems, die übermittelt werden, um eine korrekte Auftrags- und Programmbildung durchführen zu können. Für die Termin- und Kapazitätsplanung sind aus dem Materialflußsystem Materialdaten und Belastungsübersichten erforderlich. Für die Auftragsfreigabe und -überwachung muß die Produktionssteuerung auf Verfügbarkeitsdaten der Materialflußkomponenten zurückgreifen.

Die **Werkstattsteuerung** benötigt für ihre kurzfristigen Steuerungsaufgaben Rückmeldedaten von Transport- und Lageraufträgen, um den Materialfluß zu überwachen. Der Informationsstrom von der Werkstattsteuerung zum Materialflußsystem beinhaltet Aufträge für benötigte Transport- und Umschlagleistungen sowie die damit verbundenen Daten über Reservierungen, Warteschlangen und Prioritäten.

Die Qualitätssicherung (**CAQ**) erhält aus dem Materialfluß-Datenbestand Informationen, die zur Sicherstellung der Qualitätsanforderungen an ein Produkt geeignet sind. Dazu zählen insbesondere Daten wie Produktionsdatum und andere qualitätsbezogene Informationen. Darüber hinaus können Meß- und Prüfsysteme sowie spezielle Sensorik in das Materialflußsystems integriert sein. Dies kann z.B. eine Waage sein. Aber auch komplexere Eigenschaften eines Produktes können prinzipiell während des Verweilens im Materialfluß bestimmt werden.

Ist die Qualitätssicherung innerhalb kleiner Regelkreise mit dem automatisierten Materialfluß verknüpft, so können z.B. Ausschleusaufträge für Ausschußteile abgesetzt werden, wenn maschinenbauliche Kopplungen an den Ausschleuspunkten vorhanden sind.

Beispiele für **operative Schnittstellen** als Träger des Materialflusses sind Paletten und die zugehörigen Handhabungsmittel. Ohne Paletten in ihren unterschiedlichsten Ausführungsformen ist keine automatisierte Fertigung denkbar. Typisch für flexible Fertigungssysteme sind Spannpaletten, die beispielhaft erläutert werden sollen.

Die Spannpalette ist Trägerin der Spannvorrichtung und entkoppelt die Vorrichtung von der Werkzeugmaschine. Sie ist der austauschbare Maschinentisch der Bearbeitungszentren. Bei ihrem Einsatz können die Werkstücke außerhalb der Maschine aufgespannt werden, wodurch sich Nebenzeiten in Hauptzeiten legen lassen.

Mit den Schnittstellen zur Vorrichtung und zur Maschine bekommt die Palette eine Adapterfunktion, die eine Normung voraussetzt (**Bild 3.3.1.5-1**). Insbesondere im Hinblick auf eine Verkettung von Bearbeitungszentren unterschiedlicher Fabrikate sind Standards erforderlich. Dennoch verwenden viele Maschinenhersteller ihre eigene Norm.

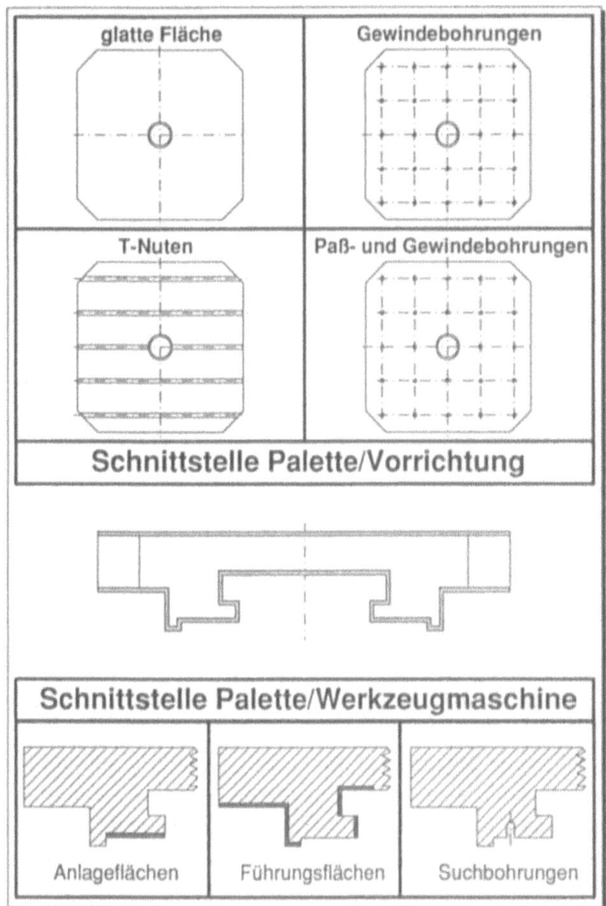

Bild 3.3.1.5-1: Gestaltung der Schnittstelle Palette/Vorrichtung und Palette/Maschine nach DIN 55201

Die maschinenseitige Schnittstelle der Vorrichtung bildet gleichzeitig auch die Schnittstelle zu einer Verkettungseinrichtung bei flexiblen Systemen. Für Transport oder Handhabung sind weitere Funktionselemente wie Fäuste oder Nuten als Angriffsstellen für Greifeinrichtungen erforderlich. Sie sind nicht genormt und müssen auf das jeweilige Handhabungssystem abgestimmt sein.

Im folgenden soll anhand einer flexiblen Fertigungszelle der Einsatz unterschiedlicher Palettentypen und deren Bedeutung erläutert werden. Die flexible Fertigungszelle besteht aus dem Handhabungs- und Transportsystem mit Wechseleinrichtungen für Werkstückträger (Hilfspaletten) und Spannpaletten und dem Bearbeitungszentrum.

Der schienengeführte Transportwagen für Werkstücke und Spannpaletten ermöglicht das Anfahren des Werkstückbereitstellsystems und der Spannpalettenablageplätze. Für Spannpaletten gibt es zwei Plätze im Übergabebereich der Werkzeugmaschine, eine Beladestation sowie fünf weitere Ablageplätze, **Bild 3.3.1.5-2.**

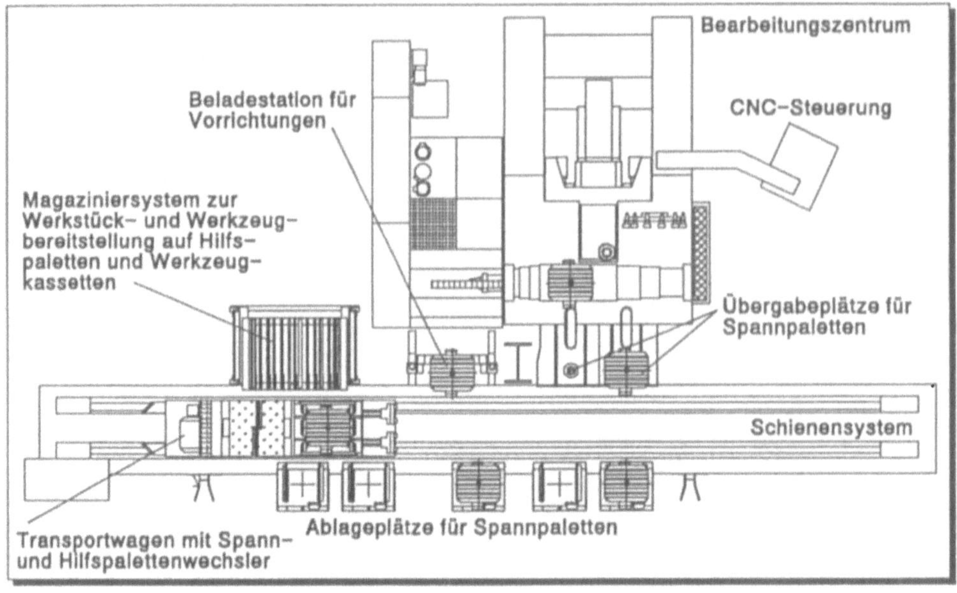

Bild 3.3.1.5-2:   Layout einer flexiblen Fertigungszelle mit automatisierter Werkstück- und
                  Werkzeugbeschickung

Als Mehrfachträger für Werkstücke dient die Magazinpalette im Euro-Format (1200mm x
800mm). Eine Vierkantrohrkonstruktion bildet den Grundrahmen zur Aufnahme von spezifischen Aufbauelementen für unterschiedliche Werkstücktypen. Ein besonderes Stütz-
und Führungsschienenraster ermöglicht die Aufnahme von Hilfspaletten für unterschiedliche prismatische Teile.

Das Raster ist abgestimmt auf die handhabungsseitige Schnittstelle der Hilfspaletten
(**Bild 3.3.1.5-3**). Es erlaubt die Speicherung von Werkstücken unterschiedlicher Größe.

Für die automatisierte Bearbeitung werden die Werkstücke auf der Magazinpalette bereitgestellt und nach Beendigung der Bearbeitung dort wieder abgelegt. Für unterschiedliche
Werkstücktypen und Bearbeitungsschritte müssen die zugehörigen Vorrichtungen vorhanden sein. Werkzeuge werden im maschineneigenen Werkzeugmagazin bereitgestellt, das
unverkettet mit dem Materialfluß ist.

Die Magazinpalette stellt die Materialflußschnittstelle zum innerbetrieblichen Transport dar
und ermöglicht so die Verknüpfung unterschiedlicher Produktionsbereiche (**Bild 3.3.1.5-4**).
So kann diese Einheit z.B. im Wareneingang mit Rohteilen belegt und dann zu einem
Fertigungssystem transportiert werden. Dort werden die Werkstücke vereinzelt und automatisch bearbeitet. In der Werkzeugvoreinstellung wird die Magazinpalette um die bear-
beitungsspezifischen Werkzeugsätze ergänzt. Je nach Automatisierungsgrad sind Gabel-
stapler, Rollenbahnen, fahrerlose Transportwagen oder andere Systeme als innerbetriebliche Transportmittel einsetzbar.

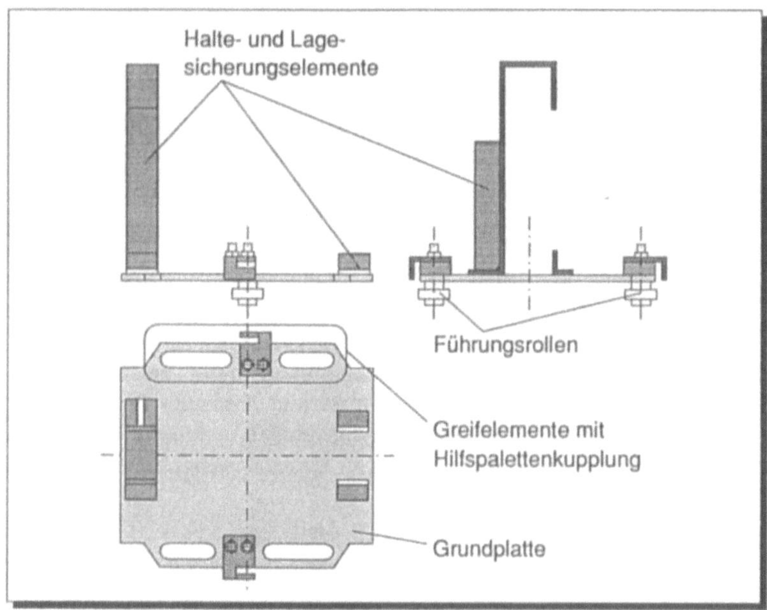

Bild 3.3.1.5-3:   Beispiel einer Hilfspalette für ein plattenförmiges Werkstück

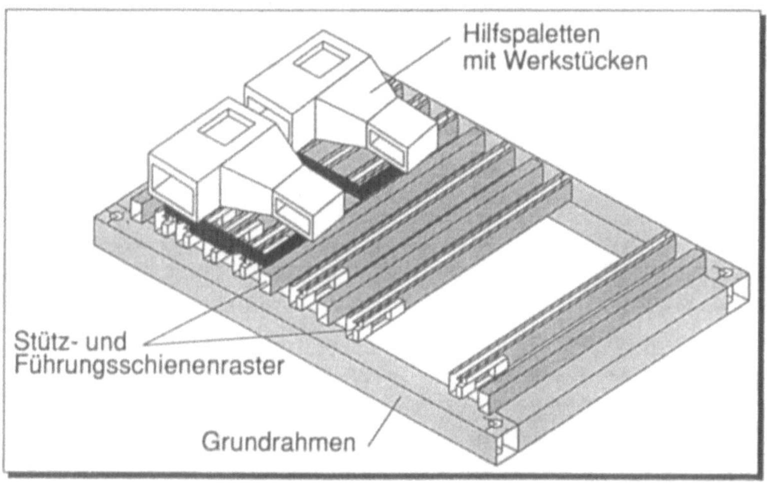

Bild 3.3.1.5-4:   Magazinpalette mit Stütz- und Führungsschienenraster

3.3.1.6 Logistische Systeme und Materialflußsysteme

3.3.1.6.1 Logistik, Gliederung und Systeme

Die **Logistik** ist nicht nur, wie früher angenommen, ein Hilfsmittel zur Güterverteilung innerhalb eines Unternehmens, sondern ein bereichsübergreifendes Konzept für eine effektivere Unternehmensgestaltung. Der Bundesverband Logistik definiert den Begriff der Logistik wie folgt: "Die Logistik ist das System zur ertragsoptimalen Steuerung sämtlicher Material- und Warenbewegungen innerhalb und außerhalb des Unternehmens - von der Güterbeschaffung bis zur Lieferung der fertigen Produkte an die Verbraucher und Nutzer" [16]. Zu den Aufgaben der Logistik gehört die zielgerichtete, organisatorische und technische Gestaltung, die Planung sowie die Kontrolle des eingehenden, des im Unternehmen anfallenden und des das Unternehmen verlassenden Materialflusses sowie der dazugehörigen Informationsflüsse. Vergleicht man die Ziele von CIM mit denen der Logistik, so stellt man Berührungspunkte fest. Beide verfolgen als Hauptziel eine optimierte Unternehmensstruktur mit minimalen Durchlaufzeiten und optimaler Bestandsmenge innerhalb der Fertigung (vgl. **Bild 3.3.1.6-1** und 2.3.2-3).

Der Baustein PPS (vgl. Kap. 3.4) und der Baustein CAM (vgl. Kap. 3.3.1.2 ff) gehören sowohl zum Bereich CIM als auch zur Logistik. Werden CIM-Konzepte und Logistikkonzepte gemeinsam eingeführt, so sind starke Symbiosewirkungen zu erwarten.

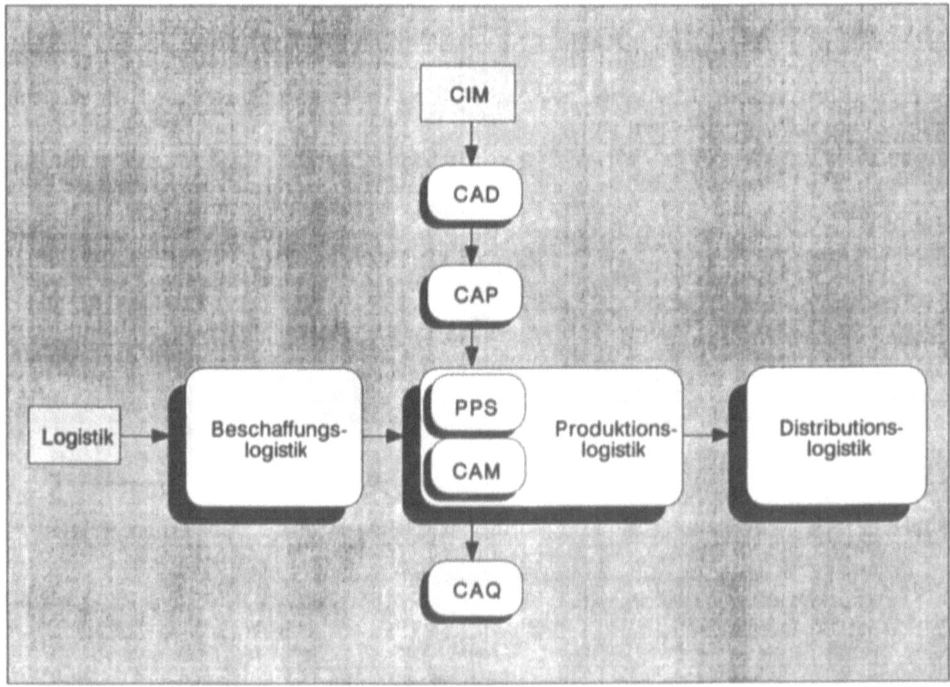

Bild 3.3.1.6-1:   CIM Kreuz Schnittstelle zwischen CIM und Logistik [39, FhG/IML]

Als Hauptziele **logistischer Systeme** sind die Durchlaufoptimierung des Materials durch die Fertigung, die Verbesserung der Serviceleistungen des Unternehmens am Markt und eine Optimierung der Kapazitätsauslastung in den Produktionsbereichen zu nennen. Daher muß die Logistik Lösungen finden für klassische Zielkonflikte innerhalb eines Unternehmens, z.B. zwischen dem Abbau der Lagerbestände zur Vermeidung von Kosten und einer maximalen Bereitstellungssicherheit. Die Verbindung des Beschaffungsmarktes mit dem Verbrauchermarkt mittels der Logistik wird als **logistische Kette** bezeichnet. Dabei zeigt sich die enge Verzahnung von Materialfluß und Informationsfluß sowie ein durchgängiger Informationsfluß mit einer direkten Verbindungen zu den administrativen Bereichen des Unternehmens (vgl. **Bild 3.3.1.6-2**).

Die Unternehmenslogistik gliedert ein Unternehmen in horizontale und vertikale Funktionen [39]. **Bild 3.3.1.6-3** zeigt die Gliederung eines Unternehmens nach logistischen Gesichtspunkten.

Die vertikale Durchdringung finden in drei Ebenen statt.

- In der obersten Ebene, der **Managmentebene**, werden die übergeordneten Belange wie Standortfragen, Marktstrategien sowie Probleme des Logistik-Controllings gelöst.
- Die mittlere Ebene, die **Logistikebene**, erhält alle Informationen des Materialflusses, plant gemäß der unternehmenseigenen Logistikstrategie den weiteren Materialfluß und

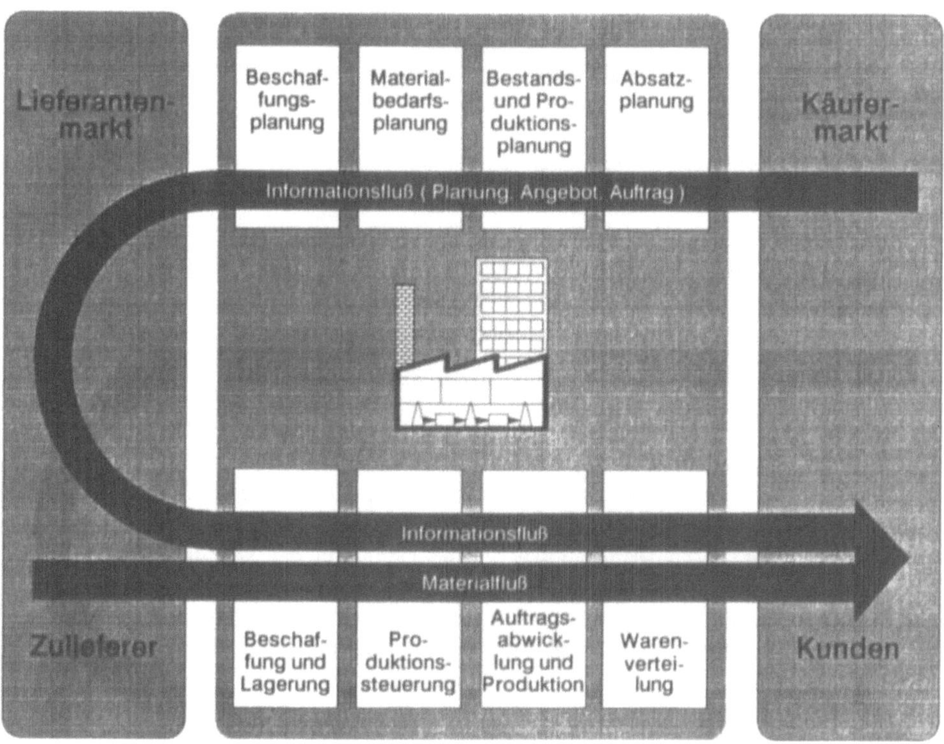

Bild 3.3.1.6-2:   Logistische Kette [39, FhG/IML]

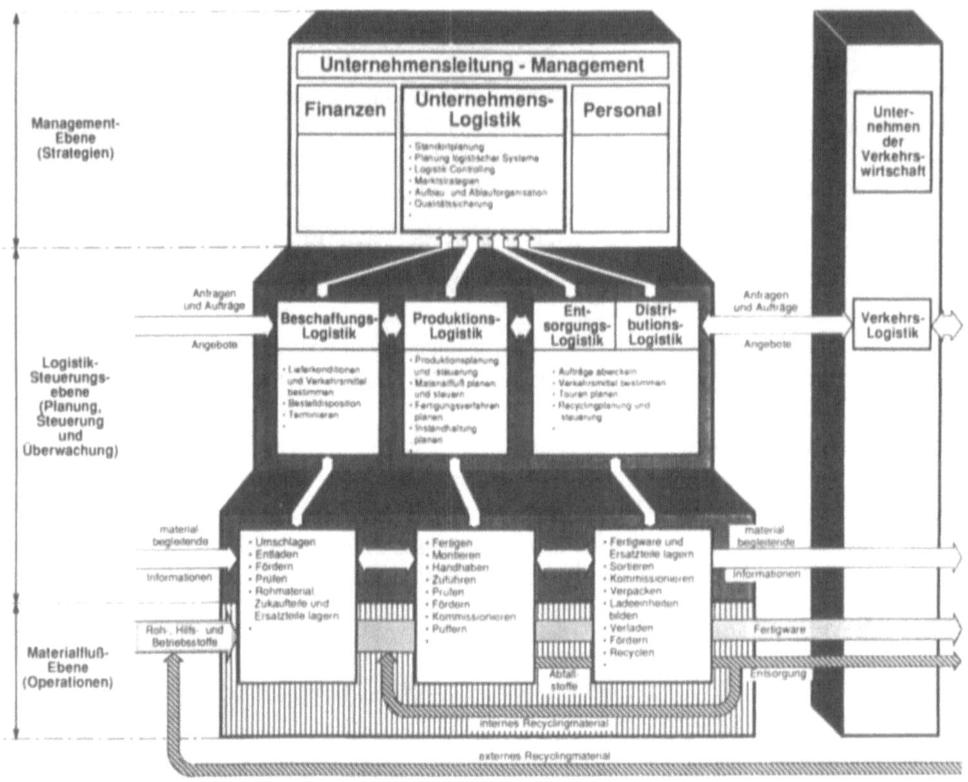

Bild 3.3.1.6-3:   Funktionen der Unternehmenslogistik [39, FhG/IML]

setzt die Entscheidungen in Steuersignale für den Materialfluß sowie die Fertigung um. Weiterhin verdichtet sie wichtige Informationen aus der Logistik- und Materialflußebene und bereitete sie für die Managmentebene auf.

- Auf der **Materialflußebene** (untersten Ebene) findet der physische Transport der Güter im Bereich des Materialflusses sowie die Übermittlung der materialbegleitenden Informationen statt.

Die Logistikebene weist eine breite horizontale Durchdringung durch das Unternehmen auf. Sie ist in vier Teilbereiche gegliedert. Die drei Hauptbereiche sind die *Beschaffungslogistik*, die *Produktionslogistik* und die *Distributionslogistik*. Der vierte Bereich, die *Entsorgungslogistik*, gewinnt in der heutigen Zeit zunehmend an Bedeutung [105].

- Die Aufgabe der **Beschaffungslogistik** ist die Definition der Schnittstellen zwischen dem eigenen Unternehmen und einzelnen Zulieferbetrieben. Sie legt die Art des Materialflusses sowie des Informationsflusses zwischen verschiedenen Unternehmen fest. Dabei werden Entscheidungen über die richtigen Transportmittel im Rahmen der Abstimmung zwischen der Anlieferung und dem Bedarfsträger im Unternehmen, über die Größe der Eingangsläger, über die Anlieferungsstrategie (z.B. Just-in-Time) getroffen. Weiterhin gehören Entscheidungen innerhalb einer bereichsübergreifenden Gesamtstrategie, wie z.B. Entscheidungen über den Aufbau eigener Transportkapazitäten oder die

Inanspruchnahme externer Logistikanbieter (z.B. Speditionen) zu den Aufgaben der Beschaffungslogistik.

- **Produktionslogistik** umfaßt die Planung und Kontrolle des gesamten Materialflusses vom Rohmateriallager der Beschaffung über die unterschiedlichen Stufen des Produktionsprozesses bis hin zum Fertigwarenlager. Dabei sind die Übergänge zwischen dem Materialflußprozeß und dem Fertigungsprozeß fließend.

- Über die **Distributionslogistik** ist das Unternehmen mit seinem Kunden verbunden. Sie umschreibt die Planung, Steuerung und Kontrolle des Material- und Informationsflusses zwischen dem Unternehmen und dem Kunden entweder direkt oder über ein zwischengeschaltetes Handelshaus. Dabei hat sie im Vorfeld eines abzuwickelnden Auftrages eine besonders wichtige Bedeutung. Alle Informationen, die hier gesammelt werden, legen den späteren Fertigungsprozeß fest. Fehler an dieser Schnittstelle lassen sich in der Produktion kaum finden oder korrigieren (vgl. Bild 3.3.1.6-3). Die Distributionslogistik ist ein wichtiger Faktor eines erfolgreichen Marketings des Unternehmens am Markt.

- **Entsorgungslogistik** bezeichnet die Erstellung von Konzepten für die Beseitigung der Abfallstoffe von Unternehmen. Dabei werden Entscheidungen über die Art der Entsorgung (Recycling, Deponierung) und den Ort der Bearbeitung (innerhalb oder außerhalb des Unternehmens) getroffen. Damit greift sie in Fragen der Abfallbehandlung in den Bereich der Produktionslogistik ein. In der Gliederung der Logistikebenen steht sie parallel zur Distributionslogistik.

Der VDI-Richtlinienentwurf 2520 "Einführung einer Unternehmenslogistik" enthält einen Arbeitsplan, als Hilfsmittel für eine einfachere Erarbeitung und Realisierung einer unternehmensspezifischen Produktionslogistik [96].

3.3.1.6.2 Just-in-Time-Konzept

Just-in-Time (**JIT**) ist ein logistisches Konzept, das in Japan entwickelt wurde (vgl. Kap. 3.4.4.1). Seit Anfang der siebziger Jahre werden in Europa Just-in-Time-Konzepte eingeführt. Der Grundgedanke des Konzeptes besteht darin, die Aufgaben der Logistik konsequent umzusetzen, d.h. das benötigte Material genau zum Zeitpunkt der Bearbeitung oder des Verbrauchs zur Verfügung zu stellen. Anders ausgedrückt bedeutet Just-in-Time, *das richtige Material zum richtigen Zeitpunkt in der richtigen Qualität in der richtigen Menge am richtigen Ort*. In **Bild 3.3.1.6-4** werden die direkten und indirekten Auswirkungen bei der Einführung der Just-in-Time-Strategien dargestellt, [75].

Eine sehr wichtige Auswirkung ist eine verbesserte Transparenz der Materialbestände und Fertigungsabläufe. Dies führt zu einer vereinfachten Produktionssteuerung.

Es gibt kein geschlossenes Just-in-Time-Konzept. Die Grundziele des Just-in-Time-Gedankens können durch viele Methoden verwirklicht werden. Die wichtigsten Einzelmaßnahmen zur Realisierung eines JIT-Konzeptes sind die *Qualitätssicherung am Entstehungsort, Zuständigkeit der Teileversorgung, Harmonisierung des Produktionsprozesses, Anordnung der Produktionsmittel* [75].

- Die **Qualitätssicherung am Entstehungsort** ist auf Grund geringer Materialbestände zwischen den Produktionsstufen die Grundvoraussetzung für eine termingerechte Materialbereitstellung. Es dürfen nur fehlerfreie Bauteile weitergereicht werden. Dazu müssen entsprechende Qualitätsregelkreise aufgebaut werden (vgl. Kap. 3.3.4.1).

Zielgröße/Ergebnisse	Wirkung	Zielgröße/Ergebnisse	Wirkung
höherer Umsatz/Umsatzanteil	0++	höhere Flexibilität	++
höhere Lieferbereitschaft	++	höhere Qualität	+
höhere Termineinhaltung	+++	höhere Kundenzufriedenheit	+++
höhere Produktivität	++	niedrigeres Materialhandling	0+
niedrigere direkte Kosten	++	niedrigere Bestände, Reichweiten	+++
niedrigere indirekte Kosten	+	niedrigere Flächenbindung i.d. Produktion	+++
niedrigere Rüstzeiten	+++	höhere Kapitalausnutzung	0+
niedrigere Materialdurchlaufzeiten	+++	niedrigerer Qualitätsaufwand	0+
niedrigere Informationsdurchlaufzeiten	+++	niedrigere Stör- und Stillstandszeiten	0+
höhere Materialverfügbarkeit	+++	niedrigerer Beschaffungsaufwand	+
niedrigere Beschaffungsvorläufe	+++	niedrigerer Transportaufwand	+
höhere Transparenz	+++	niedrigerer Dispositionsaufwand	++
eindeutigere Abläufe	+++	niedrigerer Steuerungsaufwand	0+
höheres Verantwortlichkeitsbewußtsein	+++	niedrigerer Informationsaufwand	0+
niedrigerer Planungsaufwand	++		

+ geringe ++ mittlere +++ hohe 0 mit Zusatzaufwand
erreichbare positive Auswirkungen durch JIT

Bild 3.3.1.6-4:   Auswirkungen von Just-in-Time [75]

- Eine Umstellung in der **Zuständigkeit der Teileversorgung** von dem Bring-Prinzip (Push) auf das Hol-Prinzip (Pull) bedeutet, daß nicht die vorgeschaltete Produktionseinrichtung in festgelegten Losen fertigt und weiterreicht, sondern daß die nachgeschaltete Produktionseinheit eine bestimmte Anzahl an Teilen anfordert, die dann in einer definierten Zeiteinheit nachproduziert werden (vgl. Kap. 3.3.1.2.3 und 3.4.4.2).

- Durch die **Harmonisierung des Produktionsprozesses** versucht man, die einzelnen Produktionsstufen auf einen kontinuierlichen Produktionsprozeß abzustimmen. Damit kommt man zu einer besseren Verkettung, zu angepaßten Takt- und Belegungszeiten sowie zu einem verringerten Materialhandling innerhalb der Produktion (vgl. Kap. 3.3.3.2.3).

- Produktionsmittel zur Produktion einzelner Teilefamilien werden flächenmäßig und organisatorisch zusammengefaßt. Damit erhält man eine einfache Steuerungsstruktur sowie kurze Wege innerhalb des Produktionsabschnittes (vgl. Kap. 3.3.1.3.2, FFI).

Just-in-Time-Konzepte können nicht nur im eigenen Unternehmen (JIT-Produktion), sondern auch durchgängig zwischen einzelnen Unternehmen (JIT-Anlieferung, JIT-Distribution) angewendet werden [76].

- Eine **Just-in-Time-Anlieferung** optimiert die Warenanlieferung derart, daß der Transportaufwand, das Materialhandling und der zugehörige Steuerungsaufwand minimiert werden. Vor allem die Automobilindustrie wendet im Bereich ihrer Zulieferer Just-in-Time-Strategien (Beschaffungslogistik) an. In direkter Zusammenarbeit und bei einheitlichen EDV-Konzepten ruft der Automobilkonzern entsprechend der Tagesproduktionsplanung beim Zulieferer die benötigten Teile in den entsprechenden Varianten ab. Die Bereitstellung der Teile erfolgt in Intervallen von mehreren Tagen bis zu wenigen Stunden. Die Waren können vom Zulieferer in der Reihenfolge, in der sie benötigt werden, auf entsprechenden Transportträgern bereitgestellt werden. Die Anlieferung erfolgt direkt an das Hallentor. Eingangskontrollen von seiten des Automobilproduzenten entfallen. Der Automobilhersteller kann daher in diesem Bereich auf ein Eingangslager verzichten. Ein kleiner Pufferbestand aller gängigen Teilevarianten sorgt bei fehlerhaft angelieferten Teilen für Ersatz. Neuerdings ist der Zulieferer nicht nur für die zeitgerechte Anlieferung an das Hallentor verantwortlich, sondern er muß die Teile zeitgerecht an das Produktionsband liefern. Dem Zulieferer obliegt somit die Kontrolle für einen Teil des Materialflußsystems innerhalb des Montagewerks.

- **Just-in-Time-Produktion** soll den Produktionsaufwand hinsichtlich der Materialbestände, des Materialhandlings sowie hinsichtlich Steuerung und Produktion minimieren. Zur Realisierung einer Just-in-Time-Produktion sind verschiedene Steuerungssysteme entwickelt worden. Ihre Einsatzgebiete hängen stark von der Fertigungsstruktur, dem Produkt, der Anzahl an Produktvarianten und der benötigten Produktmenge ab. Bekannte Steuerungsstrukturen sind die Steuerung durch *Kanban*, durch *belastungsorientierte Auftragsvergabe* und durch *Optimized Produktion Technology* (**OPT**) (vgl. Kap. 3.4.4.2, [105]).

- Unternehmen, die die Strategie einer **Just-in-Time-Distribution** verfolgen, versuchen den Bedarf der verschiedenen Kunden direkt zu befriedigen. Eine JIT-Distribution ist dabei nur in Verbindung mit einer JIT-Produktion sinnvoll, da ansonsten große Ausgangsläger zur schnellen Bedarfsbefriedigung des Kunden aufgebaut werden müssen. Unternehmen mit einer durchgehenden JIT-Produktion und -Distribution sind im Bereich der Automobilzulieferer zu finden [75, 105].

3.3.1.6.3 Materialfluß und Materialflußsysteme

Der **Materialfluß** ist nach der VDI-Richtlinie 2411 die Verkettung sämtlicher Vorgänge beim Gewinnen, Be- und Verarbeiten sowie bei der Verteilung von Gütern innerhalb festgelegter Bereiche. Der Materialfluß beschreibt sämtliche Durchlaufsformen an Werkstücken (z.B. Material, Stoffmengen) und Betriebsmitteln (z.B. Paletten, Datenträger) durch ein System [97] (vgl. Kap. 3.3.1.2.3).

Der Materialfluß wird in vier Ordnungsstufen eingeteilt. Mit zunehmender Ordnungsstufe wird der betrachtete Bereich, in dem der Materialfluß stattfindet, kleiner. So sind die Planungsziele auf den einzelnen Ordnungsstufen verschieden [105].

- Zu dem Materialfluß der **ersten Ordnung** zählen sämtliche Transporte zwischen dem Werk und den zugehörigen Lieferanten und Kunden.

- Der Materialfluß **zweiter Ordnung** umfaßt alle Bewegungen zwischen einzelnen Betriebsbereichen innerhalb des Betriebes.

- Der Materialfluß zwischen einzelnen Abteilungen eines Betriebsbereiches oder innerhalb einer Abteilung gehört zum Materialfluß **dritter Ordnung**.

- Alle Materialtransporte innerhalb des einzelnen Arbeitsplatzes zählen zum Materialfluß der **vierten Ordnung**.

Mittels des **Materialflußprozesses** wird die Veränderung des Systemzustands von Gütern hinsichtlich der Zeit, des Ortes, der Menge, der Zusammensetzung und der Qualität beschrieben [39].

Materialflußprozesse müssen zum einen mechanisch, zum anderen informationstechnisch in die Produktion eingebunden werden. Die mechanische Schnittstellen innerhalb des Materialflusses sind Übergabepunkte zwischen der Bearbeitung und den Förderstrecken. Dabei ändert sich die benötigte Positioniergenauigkeit. Die Hauptaufgabe des Materialflußprozesses ist es, diese Genauigkeitsunterschiede auszugleichen.

Informationstechnisch werden im Materialflußprozeß die Matrialflußsysteme entweder von einem Materialflußrechner (z.B. zwischen den Produktionseinrichtungen), der von dem Fabrikleitrechner kontrolliert wird, oder von dem Zellenrechner der jeweiligen Fertigungs- oder Montageeinrichtung direkt kontrolliert. Die Informationen über das angelieferte Material werden entweder am Teil oder am Transporthilfsmittel direkt angebracht, oder sie werden vom Materialflußrechner gespeichert und den jeweiligen Stationen mitgeteilt.

Aufgeteilt wird der Materialfluß in die drei wichtigen Teilbereiche *Fördern* (VDI-Richtlinie 2411), *Lagern* (VDI-Richtlinie 2411) und *Handhaben* (VDI-Richtlinie 2860). Zusätzlich gehören die Bereiche *Bearbeiten* und *Prüfen* zu den Funktionen des Materialflusses.

Die Funktion **Handhaben** ist in Kap. 3.3.1.7 beschrieben.

Unter der Funktion **Lagern** versteht man gemäß VDI-Richtlinie 2411 jedes geplante Liegen von Arbeitsgegenständen im Materialfluß. Dies geschieht in einem Raum oder auf einer Fläche, wo Stück- bzw. Schüttgüter mengen- und wertmäßig erfaßt werden [97].

Fördern ist nach VDI 2411 das Fortbewegen von Arbeitsgegenständen oder Personen in einem System [97].

Im folgenden werden die Materialflußsysteme für die Funktionen *Lagern* und *Fördern* strukturiert und beschrieben.

Lagersysteme werden entsprechend ihres mechanischen Aufbaus, ihres Verharrungsverhaltens und ihrer Aufgabe eingeteilt (vgl. **Bild 3.3.1.6-5**), [39].

Gemäß ihres Aufbaus unterscheidet man Läger mit Bodenlagerung, Regallagerung und Läger mit integrierten Fördermitteln. Läger auf Basis der Bodenlagerung lassen sich eingeschränkt, Regalläger gut automatisieren. So ist der Materialfluß in Hochregallägern mit automatischen Regalförderzeugen u.a. voll automatisiert. Der Lagerrechner stellt dabei die Schnittstelle zu weiteren CIM-Komponenten her. Über ihn können aktuelle Materialbestände abgefragt sowie eine termingerechte Bereitstellung des Materials veranlaßt werden.

Entsprechend des Verbleibs der Güter innerhalb des Lagers unterscheidet man statische und dynamische Läger. In statischen Lägern verändert das eingelagerte Gut während der Verweildauer im Lager seine Position nicht, in dynamischen Lägern wechselt das eingelagerte Gut zwischenzeitlich seinen Lagerort [39].

Gemäß der Aufgabe unterscheidet man Vorratsläger, Pufferläger und Verteilläger.

- **Vorratsläger** haben die Aufgabe, der Produktion in regelmäßigen Abständen Material zur Verfügung zu stellen oder Güter aus der Produktion aufzunehmen. Damit wird der Betrieb unabhängig von einer unregelmäßigen Belieferung. Klassische Vorratsläger sind Ein- und Ausgangsläger von Unternehmen. In ihnen werden Einzelteile, Baugruppen, Betriebsstoffe und Betriebsmittel sowie die Fertigprodukte bevorratet. Auf Grund der hohen Kapitalbindung durch die dort eingelagerten Materialien versucht man, diese Läger zunehmend zu verkleinern.

- **Pufferläger** gleichen Schwankungen im Materialfluß zwischen einer materialbereitstellenden Stelle (Quelle) und materialverbrauchenden Stelle (Senke) kurzfristig aus. Sie ermöglichen in der Produktion eine Verkettung einzelner Maschinen mit unterschiedlichen Taktzeiten. Weiterhin sorgen sie dafür, daß bei kleineren Störungen die Produktion nicht ins Stocken gerät. Durch die Bestrebungen, die Materialbestände in der Produktion

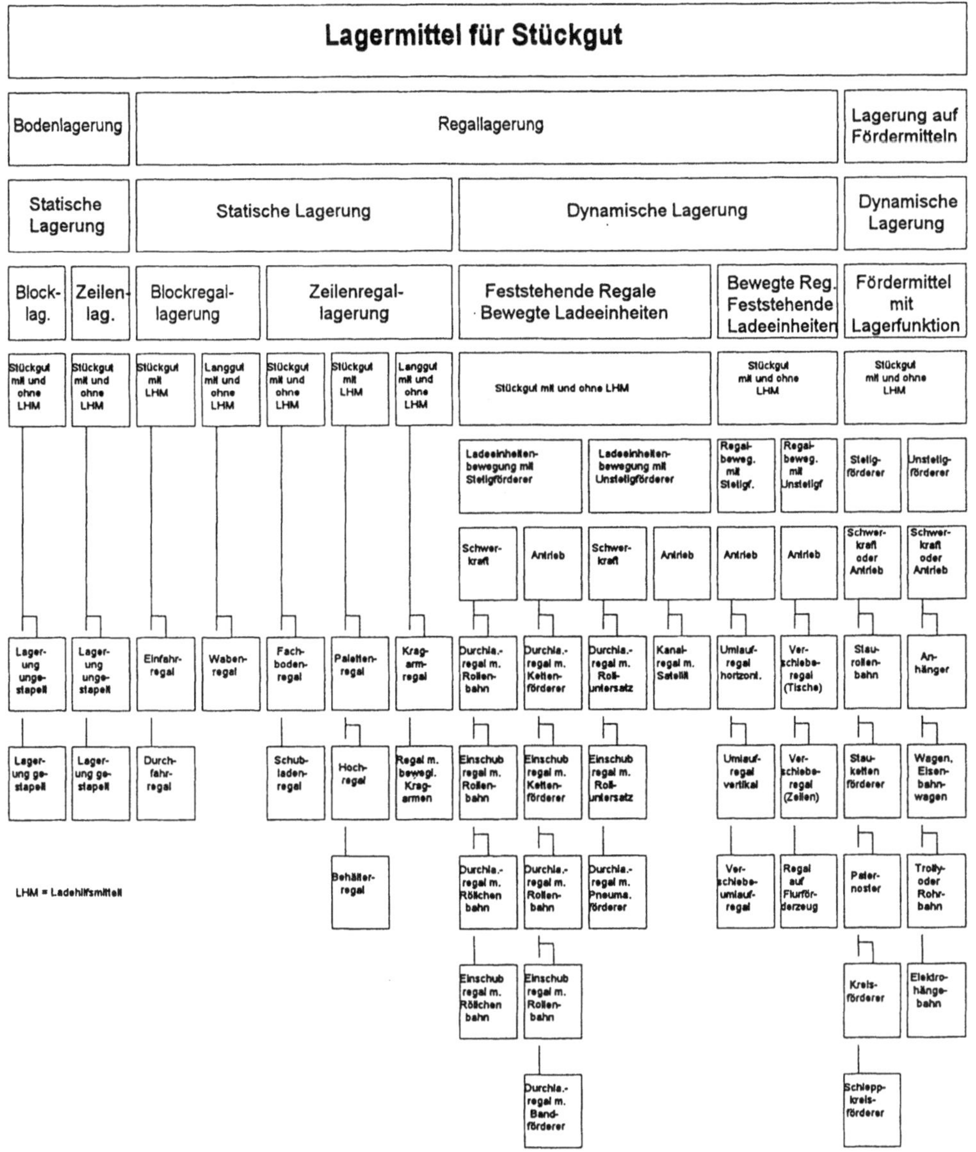

Bild 3.3.1.6-5:   Systematik der Läger nach [39, FhG/IML]

zu verringern, gewinnt diese Lagerart zunehmend an Bedeutung. Pufferläger können in die Produktionsvorrichtung integriert sein oder sie verbinden die Produktionsprozesse im Haupt- oder Nebenschluß.

- **Verteilläger** erfüllen neben der Bevorratungs- zusätzlich eine Kommissionierfunktion. In ihnen werden die eingelagerten Gütern mengen- und/oder zusammensetzungsgemäß neu zusammengestellt. Klassische Verteilläger findet man im Bereich des Handels wieder.

Auf Grund neuer Strategien in der Unternehmensgestaltung werden heute die Läger häufig zentral innerhalb der Produktion angeordnet. In ihnen verbleiben die Güter mit einer überschaubaren Verweildauer. Große statische Läger mit hohen Beständen weichen immer mehr kleineren dynamischen Lägern. Der gezielte Einsatz von Materialflußrechnern und die direkte Einbeziehung in den Materialfluß lassen die Bestände in den Lägern sinken.

Fördermittel werden nach ihrer Ausbringungsart, ihrer Aufstellungsart, ihrer Führungsart sowie nach ihrem Automatisierungsgrad unterschieden (**Bild 3.3.1.6-6**) [39, 98].

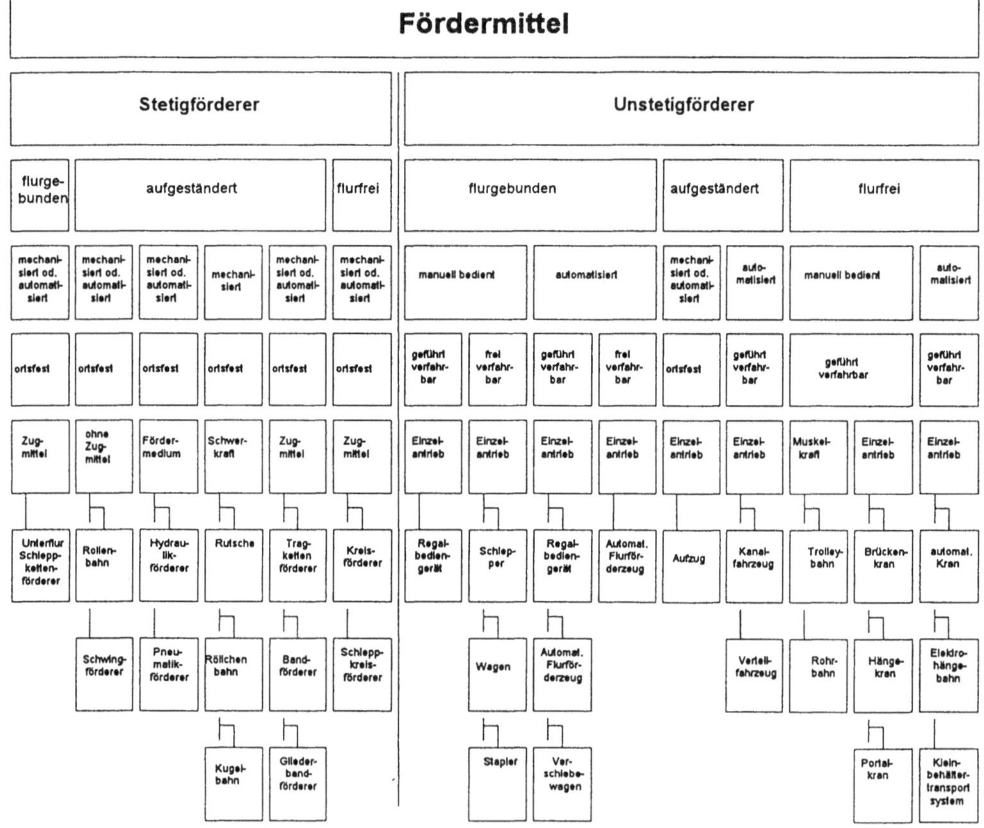

Bild 3.3.1.6-6:   Systematik der Fördermittel nach [39, FhG/IML]

- **Stetigförderer** ermöglichen entweder einen fließenden oder einen in festen Intervallen wiederkehrenden Materialfluß auf einem nicht veränderbaren Förderkurs. Der Stetigförderer eignet sich für große Materialmengen. Zu den Stetigförderern zählt man z.B. Bänder, Rutschen oder Schleppkettenförderer.

- **Unstetigförderer** stellen auf Abruf ihre Transportmöglichkeiten zur Verfügung. Sie sind an kein festes Zeitraster gebunden. Sie werden als flurgebundene und flurfreie Ausführungen betrieben. Zu den Unstetigförderern gehören Krane, Stapler, Regalbediensysteme oder fahrerlose Transportsysteme.

Immer wichtiger wird der Aspekt der Art der Aufstellung. Ortsgebundene, aufgeständerte oder flurgebundene, spurgeführte Systeme sind bei benötigten Änderungen sehr unflexibel.

Hinsichtlich der Integrierbarkeit der Fördermittel in ein CIM-Konzept scheint eine Aufteilung gemäß des verwirklichbaren Automatisierungsgrads in manuell bediente, mechanisierte und automatische Systeme sinnvoll.

- **Manuelle Fördersysteme** sind Fördereinrichtungen, die durch einen Menschen geführt und gesteuert werden. Insbesondere die flurgebundenen, freiverfahrbaren Fördermittel erreichen eine hohe Flexibilität. Ausgerüstet mit BDE-Terminals zur Auftragsverarbeitung und -bestätigung sind sie ein universelles Fördermittel innerhalb des Materialflusses.

- **Mechanisierte Systeme** (z.B. Aufzug) sind zweckgebundene Geräte. Sie treffen keine operativen Entscheidungen. Ihre Funktionen werden durch einfache *Start-* und *Stop*-Befehle ausgelöst.

- **Automatisierte Fördermittel** sind in der Lage, operative Entscheidungen zu treffen. Auf Grund ihrer komplexen Steuerung arbeiten sie unabhängig, nur gebunden an die Kontrolle des Menschen. Wurden die Systeme bislang durch einen Materialflußrechner geführt, übernehmen die Steuerungen dieser Systeme immer mehr Leitrechnerfunktionen und werden immer autarker. Der verstärkte Einsatz von intelligenter Sensorik verstärkt die autarke Arbeitsweise.

3.3.1.7 Handhabungssysteme

Eine der drei Hauptfunktionen des Materialflusses ist die Funktion **Handhaben.** Unter dem Begriff Handhaben versteht man gemäß VDI 2860 die Schaffung, die definierte Veränderung oder die Aufrechterhaltung der räumlichen Anordnung eines geometrisch bestimmten Körpers, bezogen auf ein beliebiges festes Koordinatensystem. Im Gegensatz zu den beiden anderen Funktionen des Materialflusses *Fördern* und *Lagern* (VDI-Richtlinie 2411) muß sich bei der Funktion Handhaben das zu handhabende Element durch eine Orientierung um mindestens eine rotatorische Körperachse beschreiben lassen. **Bild 3.3.1.7-1** zeigt eine Übersicht der Handhabungsfunktionen, aufgeteilt nach Haupt- und Nebenfunktionen, sowie die Sinnbilder, mit denen die einzelnen Funktionen beschrieben werden [99, 100].

Handhabungsaufgaben, wie das Überführen von Teilen aus einem teilgeordneten in einen geordneten Zustand, die Aufrechterhaltung des geordneten Zustandes der Teile, die Veränderung der Orientierung der Teile ohne Verlust des Ordnungszustandes, werden durch die Kombination einzelner Grundfunktionen gelöst. Die Darstellung der Eingliederung von Handhabungssystemen in CIM soll beispielhaft auf den Bereich der Bewegungseinrichtungen und auf die Anwendung von Industrierobotern eingeschränkt werden.

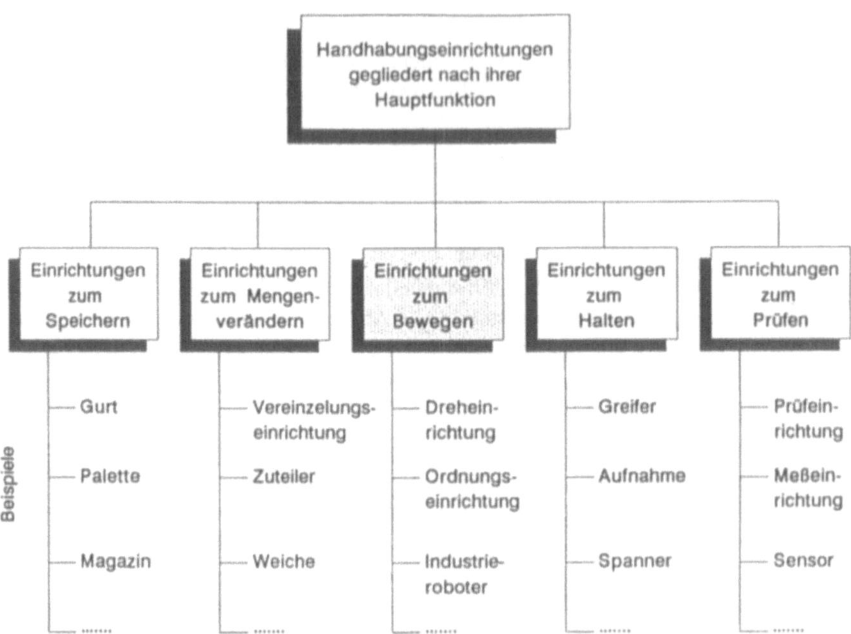

Bild 3.3.1.7-1:   Systematik der Handhabungsfunktionen [100]

3.3.1.7.1 Bewegungseinrichtungen

Bei den Bewegungseinrichtungen unterscheidet man solche mit *fester* und solche mit *variabler Hauptfunktion*. Während Bewegungseinrichtungen mit fester Hauptfunktion für eine konkrete Aufgabe konstruiert sind, können solche mit variabler Hauptfunktion mehrere Aufgaben ohne Umrüstung übernehmen (**Bild 3.3.1.7-2, [99]**).

- **Ordnungseinrichtungen** gehören zu den Bewegungseinrichtungen mit fester Funktion. Sie bilden die Verbindung zwischen dem innerbetrieblichen Materialfluß und der Fertigungseinrichtung (vgl. Kap. 3.3.1.3.4). Mit ihnen werden die zu bearbeitenden Werkstücke vereinzelt, orientiert und dem Fertigungsprozeß zugeteilt. Die Teile werden entweder nach dem Zwangsprinzip oder nach dem Ausschlußprinzip orientiert. Beim Ausschlußprinzip werden nur richtig orientierte Bauteile weitergeleitet, falsch orientierte Teile werden den ungeordneten Teilen wieder zugeführt. Bauteile, die mittels Zwangsprinzip geordnet werden, werden durch Krafteinwirkung und eine Schikane in die gewünschte Orientierung überführt [99, 111].

Die wesentlichen Vertreter der Bewegungseinrichtungen mit variabler Hauptfunktion sind die manuell gesteuerten sowie die festprogrammierten bzw. die freiprogrammierbaren Bewegungsautomaten [99].

- **Manuell gesteuerte Bewegungsautomaten**, wie z.B. Manipulatoren oder Teleoperatoren, werden durch den Bediener geführt. Die Bewegung des Bedieners kann entweder mechanisch direkt, elektrisch oder hydraulisch übertragen werden. Diese Geräte werden eingesetzt, wenn schwere Werkzeuge oder Werkstücke mit manueller Geschicklichkeit

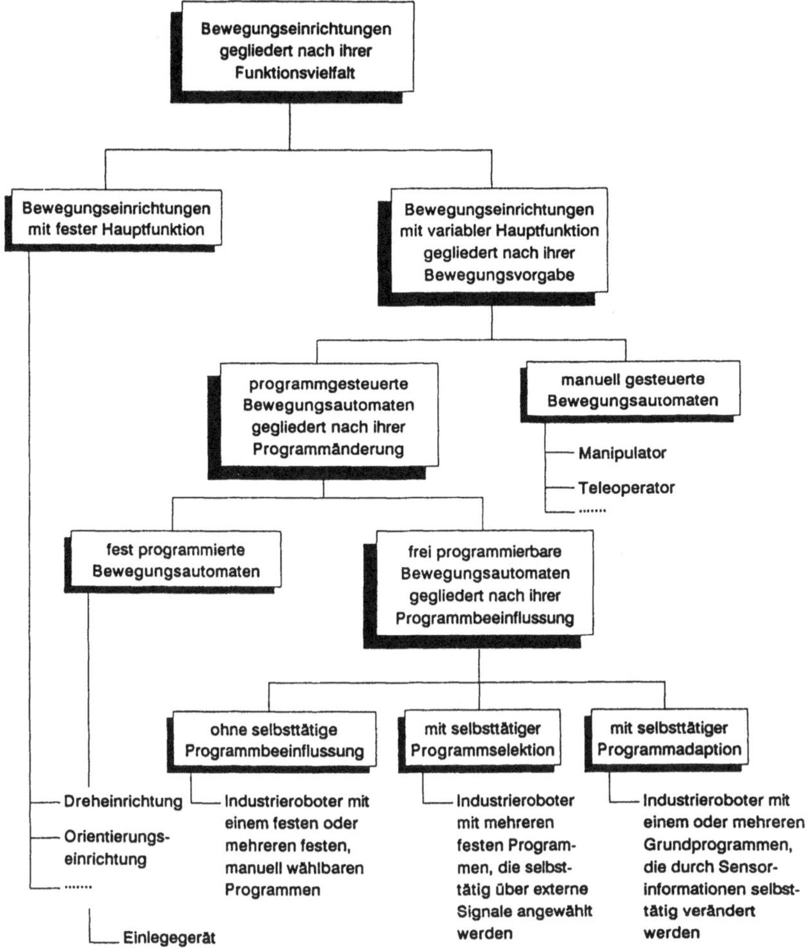

Bild 3.3.1.7-2:   Systematik der Bewegungseinrichtungen [100]

geführt werden müssen oder wenn dem Menschen ein Arbeitsbereich auf Grund der Umweltbedingungen, wie z.B. Radioaktivität etc., verschlossen ist.

- Zu den **festprogrammierten Bewegungsautomaten** gehören die mechanischen Einlegegeräte (Pick&Place-Geräte). Die Bewegungsfolge der einzelnen Achsen läuft nach einem festen Programm ab. Die Programmfolge kann nur durch mechanische Eingriffe verändert werden. Die anzufahrenden Positionen werden über mechanische Anschläge, Kurvenscheiben etc. vorgegeben. Ein Anfahren mehrerer Punkte pro Achse wird durch einschwenkbare, mechanische Festanschläge ermöglicht. Ein Greifer übernimmt die Handhabungsaufgaben. Meist werden diese Geräte pneumatisch angetrieben und entweder über eine Verknüpfungssteuerung oder eine speicherprogrammierbare Steuerung gesteuert. Die großen Vorteile dieser Systeme liegen in ihrer Schnelligkeit und der damit verbundenen hohen Kapazitätsausbringung. Die konsequente Entwicklung von Handhabungsbaukästen bestehend aus Drehmodulen, Linearmodulen verschiedener Längen und Ausführungen sowie vorbereiteten Flanschplatten zur Verbindung dieser Bauelemente unterstützt die weitere Verbreitung der Pick & Place-Elemente. Zusätzliche Einrichtungen, wie integrierte Leitungsführungen für die pneumatische Energie, integrierte Signalleitungen und standardisierte Greiferelemente, runden das Angebot ab. In Verbindung mit Profilsystemen und einer speicherprogrammierbaren Steuerung lassen sich schnell Fertigungseinrichtungen, wie zum Beispiel Bestückungsgeräte oder Einlegegeräte für Werkstückmaschinen realisieren.

- **Freiprogrammierbare Bewegungsautomaten** sind Industrieroboter, die universell einsetzbar sind. Die VDI-Richtlinie 2860 definiert Industrieroboter wie folgt: "**Industrieroboter** sind universell einsetzbare Bewegungsautomaten mit mehreren Achsen, deren Bewegungen hinsichtlich Bewegungsfolge und Wegen bzw. Winkeln frei programmierbar (d.h. ohne mechanische Eingriffe veränderbar) und gegebenenfalls sensorgeführt sind. Sie sind mit Greifern, Werkzeugen oder anderen Fertigungsmitteln ausrüstbar und können Handhabungs- und/oder Fertigungsaufgaben ausführen" [100].

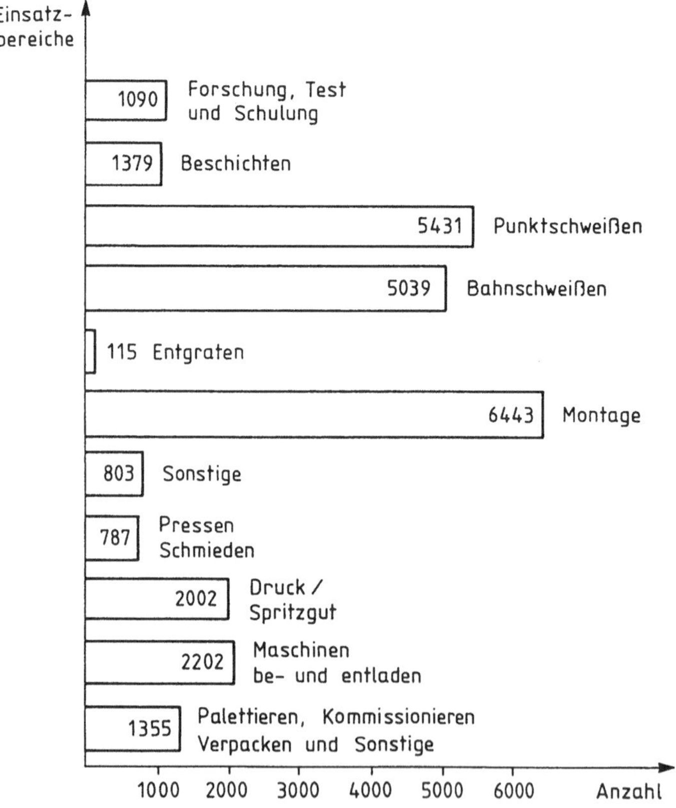

Bild 3.3.1.7-3:   Robotereinsatzzahlen (nach IPA)

Die Definition von Industrierobotern verlangt dabei mindestens drei programmierbare Bewegungsachsen. Industrieroboter haben in den letzten Jahren stark an Bedeutung gewonnen Dies zeigen die Robotereinsatzzahlen der letzten Jahre deutlich (vgl. **Bild 3.3.1.7-3**).

3.3.1.7.2 Aufbau von Industrierobotern

Ein Industrieroboter besteht aus zwei Komponenten, einem Roboterarm und einer Robotersteuerung. Der Roboterarm setzt sich aus mehreren Achsen zusammen. Mit Hilfe des Roboterarms wird die Lage und Orientierung eines Körpers, z.B. eines Werkstücks, verändert. Hierbei sind sechs Grundbewegungen, drei geradlinige und drei drehende Bewegungen möglich. Jede Grundbewegung erfordert eine Roboterachse, d.h. sie kann sich entweder um einen Punkt drehen oder entlang einer Linearführung verfahren. Mit einer translatorischen Achse wird ein Körper von einem Punkt zu einem anderen transportiert (Lageänderung). Mittels einer rotatorischen Achse kann der Körper zum Beispiel in eine andere Ansicht gedreht werden (Orientierungsänderung). Durch die Anzahl und die Art der verwendeten Achsen können unterschiedliche Roboter für spezielle Aufgaben konzipiert werden.

Die Robotersteuerung übernimmt die Koordination der Bewegung der Roboterachsen. Sie setzt die geplante Roboterbewegung in Befehle an die Roboterachsen um.

Bild 3.3.1.7-4 zeigt drei gängige Robotertypen, einen Vertikalknickarmroboter, einen Horizontalknickarmroboter (SCARA) sowie einen Portalroboter.

3.3.1.7.3 Kenngrößen eines Roboters

Die Eigenschaften eines Roboters werden durch Kenngrößen beschrieben. Wichtige Kenngrößen des Roboters sind der *Arbeitsraum*, die Anzahl der *Freiheitsgrade*, die *Positioniergenauigkeit*, die *Nennlast* sowie die *Geschwindigkeit* und die *Kinematik* (vgl. [99]). Alle Kenngrößen des Roboters werden auf den Werkzeugflansch bezogen. Der Werkzeugflansch stellt die Schnittstelle zwischen dem Roboter und dem vom Roboter geführten Werkzeug dar [99].

- Der **Arbeitsraum** eines Industrieroboters ist der Raum, in dem der Werkzeugflansch des Roboters jeden Punkt erreichen kann. Durch die Kombination der rotatorischen und linearen Achsen können unterschiedliche Arbeitsräume beschrieben werden.

- Jede der Grundbewegungen eines Roboterarms wird als ein **Freiheitsgrad** des Roboters bezeichnet. Eine drehende Bewegung wird als rotatorischer Freiheitsgrad, eine lineare Bewegung als translatorischer Freiheitsgrad bezeichnet. Listet man die Bewegungsmöglichkeiten aller Roboterachsen auf, so erhält man die Freiheitsgrade des Roboters. Für Industrieroboter sind die Freiheitsgrade in der VDI-Richtlinie 2860 bezeichnet [100].

- Die **Positioniergenauigkeit** gibt an, mit welcher Toleranz ein Roboter einen definierten Punkt bei Nennlast wiederholt anfahren kann. Die Positionsabweichung ist von einer Vielzahl von Faktoren abhängig, z.B. von der Belastung, der Ausladung und der Anfahrgeschwindigkeit. Die Positioniergenauigkeit ist somit die Wiederholgenauigkeit beim Positionieren. Ein typischer Wert für Industrieroboter ist 1/10 mm. Hierbei wird nach VDI-Richtlinie 2861 ein automatischer Betrieb im betriebswarmen Zustand vorausgesetzt [99].

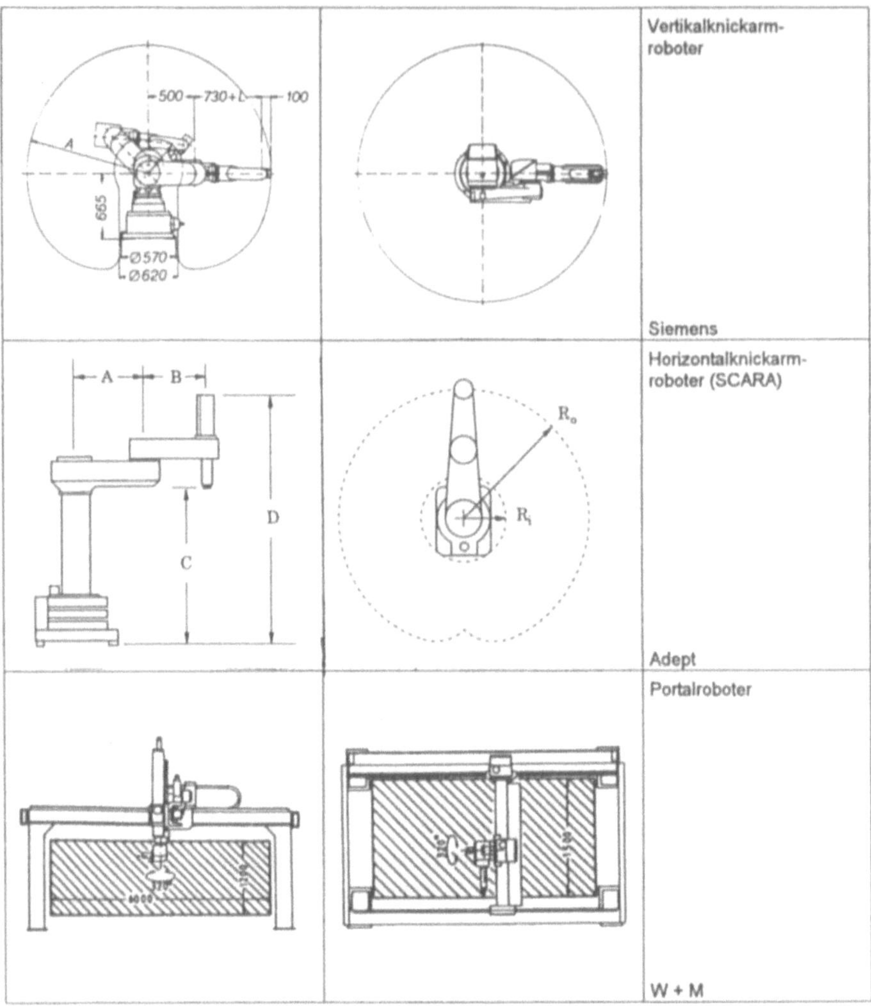

Bild 3.3.1.7-4:   Aufbau und Arbeitsraum wichtiger Roboter

- Die vom Industrieroboter aufzunehmende **Nennlast** setzt sich zusammen aus der Werkzeuglast (z.B. Greifer) und der Nutzlast (z.B. gegriffenes Getriebegehäuse) (VDI-Richtlinie 2861) [99].
- Die **Geschwindigkeit** eines Roboters wird auf den Werkzeugflansch des Roboters bezogen. Sie beschreibt die Geschwindigkeit entlang der Bewegungsrichtung des Werkzeugflansches. Die Geschwindigkeit des Werkzeugflansches ist eine Kombination aller Bewegungsgeschwindigkeiten der Roboterachsen. Die Verfahrgeschwindigkeiten einzelner Roboterachsen, die in den Katalogen häufig mit angegeben werden, ermöglichen keine Aussage über die Geschwindigkeit des Werkzeugflansches. Es gilt zu beachten, daß die

Geschwindigkeit des Roboters nur dann mit der Achsgeschwindigkeit übereinstimmt, wenn nur eine Achse bewegt wird.

- Zur **Kinematik** eines Roboters gehören alle Systemkomponenten, die ein Verfahren des Werkzeuges von einem zu einem anderen beliebigen Raumpunkt im Roboterarbeitsraum beschreiben. Dazu gehören alle Subsysteme des Roboterarms. Häufig wird der Ausdruck Kinematik eines Roboters genutzt, um die Anzahl der linearen und rotatorischen Freiheitsgrade zu beschreiben. So ist z.B. die Kinematik eines SCARA-Roboters bestimmt durch drei rotatorische und eine lineare Achse.

3.3.1.7.4 Anforderungen an eine Robotersteuerung

Die Steuerung für einen Roboter muß in Abhängigkeit der Bewegungen ausgesucht werden, die der Roboter zur Erfüllung seiner Aufgabe abfährt. Man unterscheidet *Punkt-zu-Punkt-Steuerungen*, *Bahnsteuerungen* sowie *Steuerungen mit adaptiver Regelung*. Moderne Steuerungen sind modular aufgebaut und können von einer Punkt-zu-Punkt-Steuerung in eine Bahnsteuerung umgerüstet werden [111].

- Ein mit einer **Punkt-zu-Punkt-Steuerung** (Point to Point, **PTP**) ausgerüsteter Roboterarm kann nur von einem ersten zu einem zweiten Punkt verfahren. Die Bewegungsbahn zwischen den Punkten kann vom Anwender nicht beeinflußt werden. Wird der Roboterarm verfahren, setzen sich alle Roboterachsen zeitgleich in Bewegung. Dabei hat jede Roboterachse eine andere Wegstrecke zurückzulegen. So erreichen einige Achsen sehr schnell ihre Zielposition, während andere Achsen ihre Bewegung noch nicht abgeschlossen haben. Die **Synchro-PTP-Steuerung** gleicht die unterschiedlichen Bewegungszeiten der Roboterachsen aus, indem sie die Geschwindigkeit aller bewegten Roboterachsen an die Geschwindigkeit der langsamsten Roboterachse anpaßt. Alle Roboterachsen beginnen und beenden ihre Bewegungen zum gleichen Zeitpunkt. Diese Art der Achsbewegung führt zu einer ausgewogeneren Bewegung des Roboters und verringert die Belastung und den mechanischen Verschließ der Roboterachsen.

- Ein Roboterarm, der mit einer **Bahnsteuerung** (Continious **P**ath, **CP**) zusammenarbeitet, ist in der Lage, definierte geometrische Bahnen abzufahren. Dabei kann nicht nur die Bahn, die der Werkzeugflansch abfährt, sondern auch seine Geschwindigkeit entlang der programmierten Bahn und in vielen Fällen die Orientierung des Werkzeuges oder des Werkzeugflansches bezogen auf die beschriebene Bahn programmiert werden. Die Bahnelemente werden vom Programmierer durch den Anfangs- und Endpunkt sowie die Art der Bahnkurve, z.B. Kreiselement oder Gerade, vorgegeben. Die Robotersteuerung errechnet aus diesen Informationen die Zwischenpunkte (Stützpunkte) sowie die Bewegungsgeschwindigkeit zwischen diesen Punkten. Die Geschwindigkeit mit der die Nahtstelle der einzelnen Bahnabschnitte durchfahren wird, ist programmierbar.

- Bislang sind nur Roboterbewegungen vorgestellt worden, die sich exakt durch das Roboterprogramm beschreiben lassen. Das Roboterprogramm beschreibt die Start- und Endpunkte sowie das Bewegungsverhalten zwischen diesen Punkten. Diese Bewegungen werden dann vom Roboter innerhalb seiner Bewegungsgenauigkeit wiederholt. Bei manchen Anwendungsfällen ist der Startpunkt, der Zielpunkt oder die Kurve zwischen diesen Punkten nicht genau bekannt. In diesen Fällen kommen **Sensoren** zum Einsatz, die den tatsächlich anzufahrenden Punkt erkennen und die Roboterbewegung entsprechend der Meßwerte korrigieren. Ein Beispiel ist das Bahnschweißen. Weicht die tatsächliche

Schweißnaht auf Grund des Schweißverzuges von der geplanten Naht ab, so wird die Schweißpistole am Roboter mit einem Sensor ausgestattet, der den Nahtanfang sowie den realen Nahtverlauf während des Schweißvorganges erkennt.

3.3.1.7.5 Programmierung von Industrierobotern

Mittels des Roboterprogramms wird die *Abfolge der Roboterbewegungen*, die *Reaktion auf Signale der Peripherie* sowie die *Lage der anzufahrenden Punkte* beschrieben. Fast jeder Roboterhersteller besitzt für die Beschreibung der einzelnen Roboteraktionen eine eigene Sprache. Bevorzugt wird eine Programmierung unmittelbar am Einsatzort des Roboters, die möglichst ohne Programmierhilfsmittel auskommt (*On-Line-Programmierung*). Vor allem aus Gründen höherer Wirtschaftlichkeit werden auch Programmierverfahren erprobt und angewendet, bei denen eine Programmerstellung außerhalb des Einsatzortes des Roboters erfolgt (*Off-Line-Programmierung*). Ein Roboterprogramm setzt sich aus zwei Teilen zusammen: dem Programmbereich, der die Reihenfolge der Roboteraktionen enthält, und einem zweiten Bereich, in dem die anzufahrenden Positionen abgelegt sind. Beide Programmbereiche können voneinander getrennt bearbeitet werden. Diese Struktur ermöglicht eine Programmerstellung an zwei räumlich getrennten Orten. Der Ablauf der Roboterbewegungen wird Off-Line-programmiert und im ersten Programmteil beschrieben. Die anzufahrenden Punkte werden On-Line mit dem Roboter aufgenommen und in dem zweiten Programmteil abgelegt. Beide Teile ergeben dann ein funktionstüchtiges Roboterprogramm (*hybride Programmierung*), [111].

Der Vorteil der **On-Line-Programmierung** liegt in der guten Anschaulichkeit des Programmierablaufes und ihrer einfachen Erlernbarkeit. Der Anwender sieht direkt die Roboterbewegungen sowie das Zusammenspiel der Roboterwerkzeuge mit der Peripherie. Der Nachteil dieser Programmierverfahren liegt darin, daß der Roboter und seine Peripherie während der Zeit des Programmierens dem Produktionsprozeß nicht zur Verfügung stehen. Dies erhöht die Roboterprogrammierkosten. Ein Beispiel für die On-Line-Programmierverfahren ist die Teach-in-Programmierung.

- Beim *Anfahren und Speichern* (in der englischen Literatur: **Teach-in-Programmierung**) werden über ein Programmierhandgerät durch Betätigen entsprechender Tasten die einzelnen Achsen des Industrieroboters mit reduzierter Geschwindigkeit so lange verfahren, bis die gewünschte Raumposition mit dem Greifer, dem Werkstück oder dem Werkzeug erreicht ist. Während des Verfahrens messen Wegmeßsysteme die Wegkoordinaten des Verfahrweges. Durch Betätigen der Programmiertaste werden die Daten der Wegmeßsysteme einer Positionsnummer zugewiesen und in den Speicher übernommen. Unter dieser Nummer sind die Daten im Programm wieder abrufbar. Da der Roboter beim Verfahren von Hand nur mit reduzierter Geschwindigkeit verfährt, müssen die Angaben über die Verfahrgeschwindigkeit später im Roboterprogramm hinzugefügt werden. Dies kann je nach Roboterart am Bedientableau, an einem externen Monitor oder über einen PC erfolgen.

Der Vorteil der **Off-Line-Programmierung** ergibt sich durch die Programmierung außerhalb des Einsatzortes des Roboters, also ohne den Roboter und seine Steuerung. Dadurch kann der Roboter parallel zu den Programmierarbeiten weiter produzieren. Die Off-Line-Programmierverfahren untergliedern sich in textuelle und grafisch unterstützte Programmierverfahren [111].

- Bei der **textuellen Programmierung** werden die Programme Zeile für Zeile in einen externen Rechner eingegeben und gespeichert. Diese Art der Programmierung erfordert vom Programmierer ein hohes Abstraktionsvermögen, da er während des Programmiervorganges keinen direkten Bezug zur Roboterzelle besitzt. Er muß die Lage und die Orientierung aller anzufahrenden Punkte kennen. Da dies praktisch nicht realisierbar ist, hat sich das **hybride Programmierverfahren** durchgesetzt. Dabei wird das Programmgerüst textuell erstellt; die fehlenden Punkte werden dann bei der Inbetriebnahme des neuen Programms mittels der Teach-in-Programmierung aufgenommen und in das Programm eingearbeitet.

- **Grafisch unterstützte Programmierverfahren** verknüpfen den Einsatz eines CAD-Systems mit einem Off-Line-Programmierverfahren. Die Roboterzelle wird mit Hilfe eines CAD-Systems als dreidimensionales Bild erzeugt. Damit erhält der Programmierer den bei der reinen textuellen Programmierung fehlenden Bezug zu der Roboterzelle, die er programmiert. Die programmierten Bewegungsbahnen werden auf dem Monitor dargestellt. Weiterhin können Konstruktionsdaten, z.B. über den Greifer, in die Bewegungsdarstellung übernommen werden. Zusätzlich zu den Informationen des kinematischen Aufbaus des Roboters müssen Informationen über seine dynamischen Eigenschaften vorhanden sein. Diese Informationen beinhalten z.B. das Verhalten bei unterschiedlichen Greiferlasten, den Einfluß der Gelenkreibung sowie den Einfluß von Massenkräften.

3.3.1.7.6 Einbindung von Industrierobotern

Der Roboter allein kann seine Aufgabe nicht erfüllen. Er muß mit einem Werkzeug ausgestattet sein und mit einer vielfältigen Peripherie zusammenarbeiten. Dazu stehen verschiedene mechanische und informationstechnische Schnittstellen zur Verfügung:

- Die Steuerung der Peripherie (wie z.B. Greifer oder Spannvorrichtungen) wird häufig von der Robotersteuerung mit übernommen. Dazu ist die Robotersteuerung mit einer **Ein-/Ausgangsebene** ausgestattet. Über diese werden Sensoren abgefragt oder Stellbefehle an die Aktorik der Peripherie gegeben.

- Für Peripheriegeräte mit einer eigenen Steuerung oder den Anschluß eines übergeordneten Rechners stehen die **serielle Schnittstelle** (z.B. Rs 232 oder Rs 432) zur Verfügung. Über diese Schnittstelle können sowohl Daten ausgetauscht als auch eine Sychronisation der beiden Steuerungen realisiert werden.

- Über eine **interne Schnittstelle** können z.B. zusätzliche Aufgaben in die Robotersteuerung integriert werden. Diese Art der Anbindung bringt erhebliche Geschwindigkeitsvorteile, da die neue Funktion ein Teil des Systems wird. Beispiele sind z.B Visionsysteme oder Momentensensoren. Die Kommunikation zu der Roboterperipherie erfolgt über den steuerungseigenen Bus.

- Parallel zur Programmschnittstelle in der Fertigungstechnik wurde für die Steuerung der Handhabungsgeräte eine herstellerunabhängige Programmschnittstelle (**IR-Data-Schnittstelle**) definiert (vgl. [101]). Die Definition lehnt sich dabei an die Definition der CLDATA-Schnittstelle an, wobei die Definition der Satztypen und Satzdaten den Belangen der Handhabungsfunktionen angepaßt ist. **Bild 3.3.1.7-5** zeigt den Aufbau der Schnittstelle (vgl. Kap. 3.2.6).

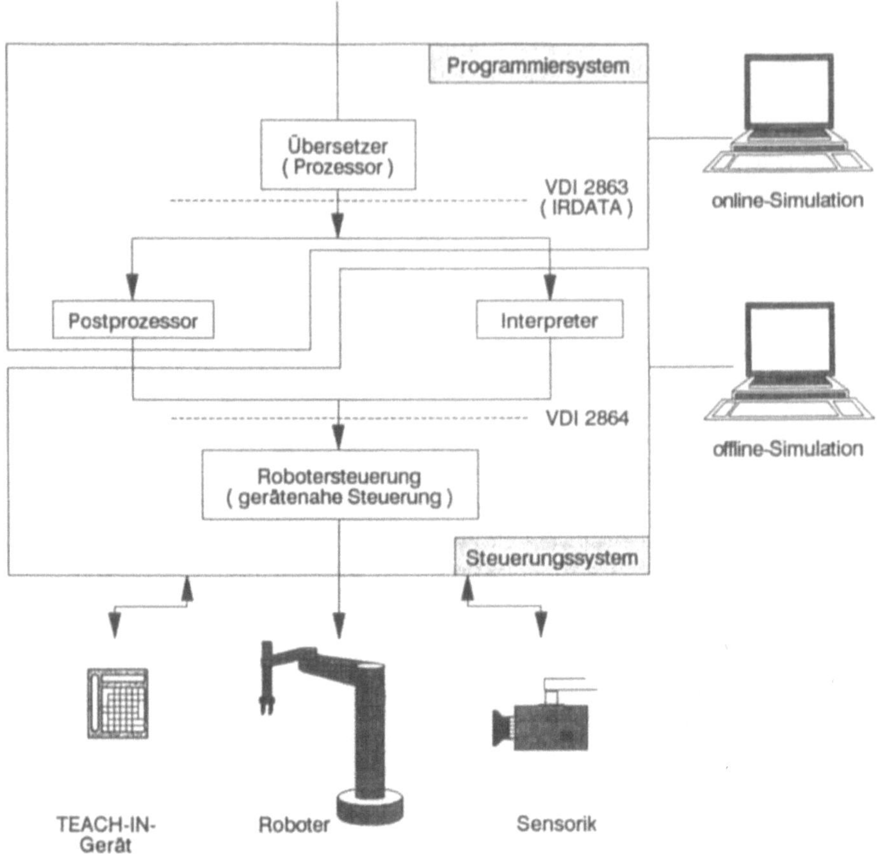

Bild 3.3.1.7-5:   Aufbau der IR-Data Schnittstelle [101]

Die Schnittstelle dient dem Datenverkehr zwischen einem externen steuerungsunabhängigen Programmiersystem (z.B. Personalcomputer) und der Robotersteuerung. Neben dem Austausch fertiger Bewegungsprogramme können Testdaten und Kommandos ausgetauscht werden sowie geteachte Programme nachträglich bearbeitet werden.

- Die **mechanische Schnittstelle** des Roboters ist der Roboterflansch. Dieser Flansch ist nicht genormt. An dieser Schnittstelle werden die Roboterwerkzeuge angebracht, wie z.B Greifer oder angetriebene Werkzeuge (Schleifköpfe etc.).

3.3.2 Rechnerunterstützte Qualitätssicherung

3.3.2.1 Begriffe und Definitionen

Die Begriffe für Qualität und Qualitätssicherung sind in der **DIN 55350** festgelegt. Qualität wird definiert als "die Beschaffenheit einer Einheit bezüglich ihrer Eignung, festgelegte und vorausgesetzte Erfordernisse zu erfüllen".

Die Internationale Organisation für Normung hat in der **ISO 8402** ebenfalls Begriffe zur Qualitätssicherung definiert, die im wesentlichen mit denen in der **DIN 55350** übereinstimmen und in den folgenden Norm-Reihen zur Qualitätssicherung verwendet werden. **ISO 9000, Qualitätsmanagement und QS-Normen,** enthält als Leitfaden grundsätzliche Hinweise für die Qualitätssicherung. In den Normen **ISO 9001** bis **9003** werden die Begriffe und Aufgaben der Qualitätssicherung anhand von Modellen verdeutlicht.

In der **ISO 9001** sind die Begriffe der Qualitätssicherung für die Konstruktion, die Entwicklung, die Produktion, die Montage und den Kundendienst festgelegt. Der Begriff *Konstruktion* ist im englischen Text mit *Design* umfassender deutbar. Weitere Bestimmungen enthalten die **ISO 9002, Qualitätssicherung in Produktion und Montage,** und die **ISO 9003, Qualitätssicherung bei der Endprüfung.**

Da die Qualitätssicherung von zahlreichen internen und externen Einflüssen geprägt wird, ist eine starre internationale Festlegung zur Zeit kaum möglich. Deswegen enthält die **ISO 9004, Qualitätsmanagement und Elemente eines Qualitätssicherungssystems (ein Leitfaden),** Empfehlungen zum Aufbau eines Qualitätssicherungssystems. Qualitätsforderungen umfassen festgelegte Bedingungen oder auch vorausgesetzte Eigenschaften, z. B. die Geometrie und die Gebrauchstauglichkeit eines Produktes.

Die Produktqualität wird in der Fertigung durch Werkzeuge, Maschinen und weitere Einrichtungen sowie durch Handhabung und Bedienung beeinflußt. Neben der Fertigung bestimmen auch andere Einflußfaktoren, beispielsweise die Art der Planung, die Qualität eines Produktes. Alle Beiträge, die die Qualität beeinflussen, werden Qualitätselemente genannt.

Der Qualitätskreis, **Bild 3.3.2.1-1,** zeigt die Elemente, die bei der Schaffung eines Produktes in der Qualitätssicherung zu beachten sind. Im Inneren des Kreises sind die Grobelemente, auf dem Umfang sind die detaillierten Elemente verzeichnet. Die Kreisdarstel-

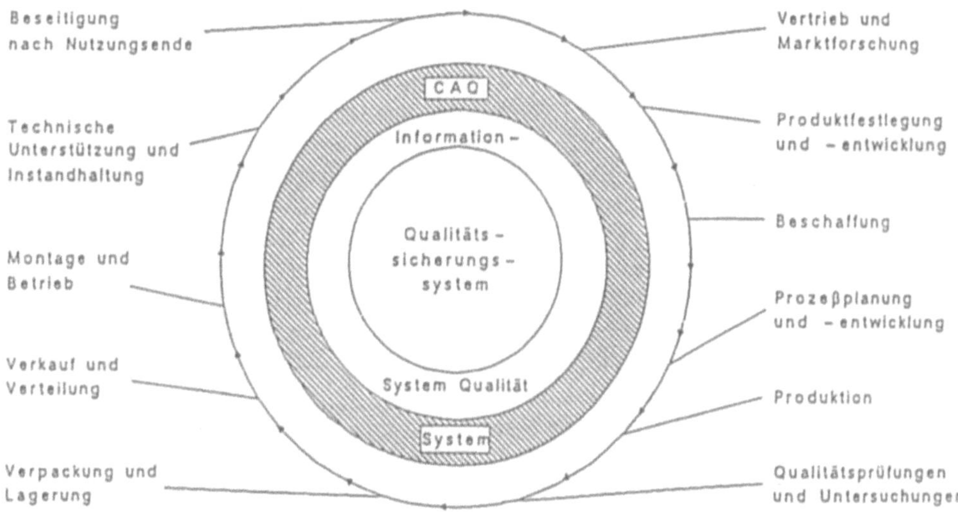

Bild 3.3.2.1-1:   CAQ-Qualitätskreis nach J. Bläsing [12]

lung macht deutlich, daß sämtliche Elemente von der Marktforschung bis zur Entsorgung gleichgewichtig die Qualität eines Produktes und damit seine Gebrauchstauglichkeit bestimmen (vgl. Bild 3.3.3.3-1).

3.3.2.2 Zielsetzungen und Aufgaben

Zur **Erhaltung der Qualitätsfähigkeit** eines Unternehmens ist der Aufbau und die Verbesserung eines Qualitätssicherungssystems (**QS-System**) erforderlich. Alle Qualitätselemente sind in das QS-System einzubinden (vgl. [104, S.38]). Qualitätsverantwortung muß geweckt und weiterentwickelt werden. Hierzu sind Werkzeuge zu erstellen und vorhandene zu nutzen. Ein QS-System erfordert ein leistungsfähiges Informationssystem. Qualität und Information sind in CIM untrennbar verknüpft. Diese Erkenntnis hat den Begriff der ganzheitlichen Qualitätssicherung **TQM** (**Total Quality Management**) geprägt. Die Qualitätsfähigkeit eines Unternehmens kann an dem Grad der Umsetzung der Realisierung eines QS-Systems beurteilt werden.

Die Möglichkeiten zur Umsetzung rechnergestützter QS-Systeme werden unter dem Begriff CAQ zusammengefaßt.

Beispiele für **strategische Ziele** sind:
- Sichern der Qualitätsfähigkeit
- Präventive Qualitätssicherungsmaßnahmen
- Transparenz der Qualitätssicherungsmaßnahmen
- Schaffung schneller Reaktionsmöglichkeiten
   * auf Reklamationen, Abweichungen von Standards, u. a.
   * für auferlegte Zwänge durch Gesetze und ähnliches

Beispiele für **operative Ziele** sind:
- systematische und regelmäßige Datenerfassung
- Automatisierung des Prüfwesens
- Rechnereinsatz für Vernetzung der Einzelsysteme
- Dokumentation der Daten mit Datenverdichtung

Die **Qualitätsforderungen des Marktes** sind Forderungen von außen, die das Unternehmen zu Reaktionen zwingen. Die Inhalte der Forderungen, ihre Ursachen, erforderliche Reaktionen und Maßnahmen zu ihrer Erfüllung sind zu katalogisieren (**Bild 3.3.2.2-1**). Um die Qualitätsforderungen erfüllen zu können, sind alle Komponenten für die Qualitätssicherung organisatorisch zu verknüpfen. Zu diesen Komponenten gehören das *Qualitätsmanagement*, die *Qualitätsplanung*, die *Produkt- und Prozeßqualität* und die *Qualitätskosten*.

Das **Qualitätsmanagement** hat die wichtigste Funktion im Qualitätswesen. Von der Geschäftsleitung über die Konstruktion, Entwicklung, Fertigungsplanung, Fertigung, Endprüfung, Versand, Montage bis hin zum Kundendienst sind abgestimmte, kontrollierbare Vereinbarungen zu treffen mit dem Ziel, daß sich jeder Mitarbeiter für Qualität verantwortlich fühlt.

In der **Qualitätsplanung** werden Forderungen formuliert und katalogisiert (Bild 3.3.2.2-1). Daraus sind die Qualitätsziele unter den Bedingungen der technischen Realisierbarkeit, des Kostenrahmens und der Terminmöglichkeiten abzuleiten. Nach Klärung der Ziele kann die Qualitätssicherungsplanung mit Vorgaben für das Pflichtenheft und für die Terminplanung

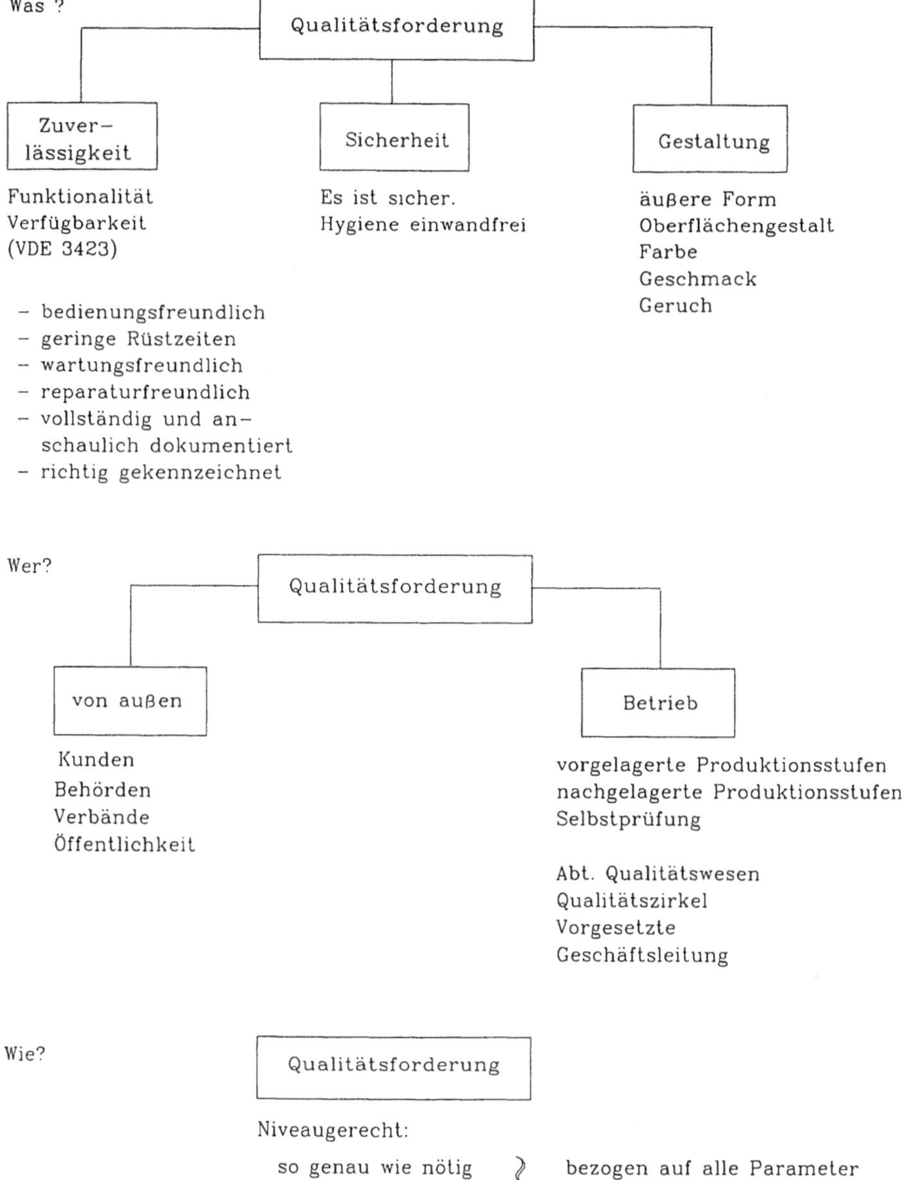

Bild 3.3.2.2-1:   Schema für Qualitätsforderungen

entworfen und an die Konstruktion und Entwicklung weitergegeben werden. Nach der Konstruktion ist die Fertigungsplanung in Übereinstimmung mit der Prüfplanung festzulegen und das Produkt für die Fertigung freizugeben. Die beschriebenen Schritte sind zu dokumentieren und durch Rechnereinsatz optimal zu koordinieren. Schließlich ist das Gesamtsystem nach Regeln zur Optimierung abzustimmen; ggf. vorab zu simulieren. Diese Aufgaben obliegen der Qualitätslenkung. Einen wesentlichen Anteil an der Qualitätssicherung im Gesamtsystem hat die Qualitätsprüfung. Diese bestimmt letztlich den Grad der Qualität und beeinflußt maßgeblich die Kosten für die Prüfung und für deren Auswirkungen auf das Gesamtsystem CIM. Das Ziel der Prüfung ist es, ein gebrauchsfähiges Produkt auf den Markt zu bringen bzw. dessen Marktfähigkeit zu sichern.

Die Begriffe **Produkt- und Prozeßqualität** deuten an, daß die Qualität des Produktes nicht mit der Qualität des Prozesses übereinstimmen muß. Eine gute Produktqualität kann trotz schlechter Prozeßqualität durch Nacharbeit erreicht werden; damit ist jedoch im allgemeinen kein marktfähiges Produkt zu erzeugen.

Die **Qualitätskosten** erhöhen die Produktionskosten unter anderem durch den Aufwand in der Wareneingangsprüfung, die Prüfung im Fertigungsablauf, die Endprüfungen (CAT) und die Prüfungen im Gesamtablauf von der Idee bis zur Entsorgung. Die Qualitätskosten verringern die Produktionskosten durch die Vermeidung von Ausschuß, Nacharbeit und Reklamationen sowie durch die Verringerung von Versicherungsprämien und Vermeidung einer Produkthaftung.

Ein durchgängiges Qualitätssicherungssystem erfordert ein optimales Kommunikationssystem. Ohne Rechnereinsatz ist keine optimale Kommunikation zwischen Planung, Konstruktion, Fertigungsplanung, Prüfwesen, Fertigung, Lagerung und Versand möglich. Dabei hat das Schnittstellenproblem, besonders bei der schrittweisen Einrichtung von CIM, eine hauptsächliche Bedeutung. Die Integration des Prüfwesens - ein Teilgebiet von CAQ - in das Gesamtkonzept CIM bestimmt wesentlich den Erfolg. Die Steigerung der Fertigungsgeschwindigkeit und teilweise die Notwendigkeit zur Vollkontrolle erfordert den Einsatz moderner Technologien für die Prüfungen; eine rechnergestützte Organisation im Prüfwesen und die Kopplung von Konstruktion, Prüfplanung, Prüfungs- und Kontrollwesen und Fertigungsplanung ist für die Zukunft unumgänglich. Vollkontrollen für Halbzeuge sind notwendig, wenn deren Fehler Stillstandszeiten in nachfolgenden Prozessen verursachen. Beispielsweise kann eine defekte Schraube eine automatische Fertigungslinie stillegen, da ein Roboter diese nicht nutzen kann.

Die Dokumentation in den verschiedenen Unternehmensbereichen ist ein wichtiges Mittel des Prüfwesens. Sie ermöglicht die:

- Erkennung von Stillstandszeiten
- Klassifizierung von Stillstandszeiten
    * durch fehlerhaftes Rohmaterial oder Halbzeug
    * durch Ausfall von Maschinen und Werkzeugen
- Überwachung von Standzeiten
- Einhaltung von Regeln und Toleranzen
- Überwachung von Reklamationen
- Rückkopplung des Marktes auf alle Unternehmensbereiche
- Transparenz aller Unternehmensbereiche untereinander
- Transparenz der Kosten

3.3.2.3 Meßtechnik und Meßsysteme

3.3.2.3.1 Erfassung von Meßgrößen

Das Erfassen von Daten zur Nutzung in der QS kann visuell von einem Menschen erfolgen, der das Ergebnis der Betrachtung nach gegebenen Regeln zur Sortierung, zur Klassifizierung und zur Dokumentierung in ein QS-System eingibt. Ein typisches Beispiel für visuelles Erfassen von Merkmalen ist die Oberflächenprüfung.

Zum objektiven Erfassen von Daten mit der Möglichkeit der Reproduktion ist jedoch das Messen von Größen besonders wichtig. Zweckentsprechende Meßeinrichtungen werden eingesetzt in der Fertigung, Montage, Handhabung, Förderung und Lagerung. Meßgrößen können direkt, aber auch indirekt erfaßt werden. Zur automatischen Erfassung von Meßgrößen sind Sensoren erforderlich. Hierbei ist die Tendenz zu beachten, die Geschwindigkeit der Prozeßabläufe zu vergrößern und gleichzeitig die Genauigkeit zu erhöhen.

Entscheidungen und Festlegungen sind zu folgenden meßtechnischen Sachverhalten zu treffen: Ziel, Ort, Zeit, Methode und Meßgerät, Anordnung und Einordnung der Messung und Datenerfassung innerhalb des Gesamtsystems, Personal sowie Dokumentation und Auswertung bzw. Weiterverarbeitung der Ergebnisse.

Da der Aufwand, d. h. die Kosten und die Qualität in enger Wechselbeziehung stehen, lautet das oberste Gebot: So genau wie nötig und nicht so genau wie möglich messen! Die Festlegung, ob vor, während oder nach der Prozeßführung gemessen wird, ist unter anderem von folgenden Einflußgrößen abhängig:

Messung vor dem Prozeß

Eine typische Prä-Prozeß-Messung ist die Wareneingangskontrolle. Rohmaterial und Halbfertigteile werden nur für den Prozeß zugelassen, wenn das Produkt den festgelegten Merkmalen entspricht.

Messung während des Prozesses

Die In-Prozeß-Messung wird zunehmend beliebter und häufig auch notwendiger. Das Stichwort heißt heute: 100 %-Kontrolle. Der Vorteil der In-Prozeß-Messung ist, daß der Trend der Abweichung überwacht werden kann und damit der Eingriff in den Produktionsprozeß unmittelbar möglich wird.

Messung nach dem Prozeß

Die Post-Prozeß-Messung wird häufig verwendet, wenn ein QS-System eingerichtet ist. Hierbei werden zur Qualitätsfeststellung statistische Methoden angewendet (vgl. [67]). Der Nachteil dieses Verfahrens ist, daß bei großer Zeitspanne zwischen Produktion und Messung die Möglichkeit von Prozeßkorrekturen zur Vermeidung von Ausschuß abnimmt.

3.3.2.3.2 Systeme zur direkten Messung

Rotationssymmetrische Werkstücke weisen vielfältige Formen auf und müssen für verschiedenste Zwecke sehr genau gefertigt sein. Die Prozeß- und Maschinenfähigkeit ist von der Qualitätssicherung nachzuweisen. Die Meßproblematik wird an einem typischen Beispiel *Meßmaschine* (**Bild 3.3.2.3-1**) unter Einsatz neuer Sensortechnologien und Kommunikationsmöglichkeiten dargestellt. Die Maschine ist so eingerichtet, daß sie für eine große Produktpalette (verschiedene Durchmesser, verschiedene Längen) benutzt werden kann.

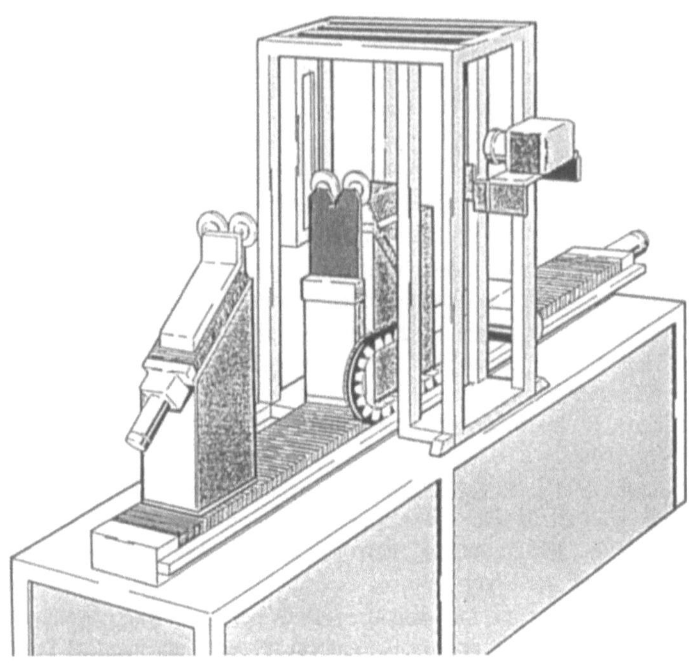

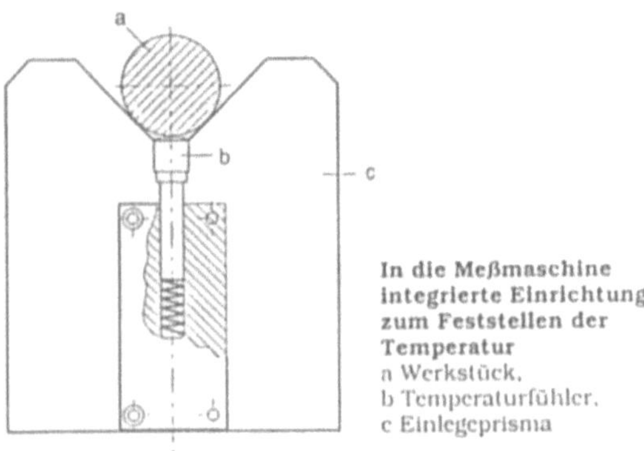

Bild 3.3.2.3-1:   Meßmaschine für rotationssymmetrische Werkstücke (Werkbild Optel)

Mit der Wahl eines Identifikationsschlüssels werden die Prismen zur Werkstückaufnahme
in eine vorher aus der Sollkontur berechnete Ausgangslage (waagerechter Abstand und
Höhe) gebracht. Die Stellungen richten sich nach der Geometrie des Werkstückes mit ggf.
verschiedenen Durchmessern und werden von der Prüfplanung vorgeschrieben. Diese Art
der Aufnahme erlaubt das Vermessen auch ohne Zentrierbohrungen an den Enden, z. B.
bei Fließpreßteilen. Nach dem Auflegen in die Prismen werden diese abgesenkt und das
Werkstück sanft auf Rollen aufgelegt. Damit ist das Werkstück in der Meßposition. Der

Hauptschlitten bewegt das Werkstück am Sensor, einer digitalen Kamera, vorbei. In der Meßphase wird ein Schnitt neben den anderen gelegt. Die Anzahl der Schnitte wird bestimmt von der Geschwindigkeit des Schlittens. Bei einem Werkstück von 400 mm Länge reichen im allgemeinen 6000 Schnitte aus. Wenn es auf eine hohe Genauigkeit ankommt, wird der Schlitten langsamer verfahren, um möglichst viele Meßwerte zu gewinnen. Dies ist vorher programmiert und geschieht entsprechend der Sollkontur des Werkstückes. Weil gleichzeitig die obere und untere Kante gemessen werden, spielen Verfahrungenauigkeiten des Schlittens keine Rolle. Durch die Verwendung eines telezentrischen Objektivs und paralleler Beleuchtung wird dafür gesorgt, daß die Abbildung auf dem Sensor unverändert bleibt, auch wenn sich die Welle aufgrund von Umgebungseinflüssen oder Ablaufungenauigkeiten des Verfahrschlittens während der Meßfahrt von oder zu dem Sensor bewegt. Auf der Rückfahrt zur Ausgangslage können verschiedene gekennzeichnete Abschnitte erneut angesteuert werden, wobei ein eingetriebenes Rollenpaar das Werkstück drehen kann. Hierdurch wird es möglich, die Symmetrielage festzustellen. Der Ausschnitt in **Bild 3.3.2.3-1** zeigt, daß die Temperatur des Werkstückes mitgemessen wird. Bei großen Werkstücken ist eine Korrektur notwendig.

Auch die Längen werden mit Hilfe einer optischen Sensoranordnung vermessen. Aufgrund der physikalischen Gegebenheiten hat das Meßsystem eine bestimmte Auflösung. Diese kann bei einer CCD-Kamera mit 5000 Pixeln durch Software mit Hilfe einer sogenannten Grauwertinterpolation um den Faktor 10 verbessert werden. Mit dieser kann der Durchmesser auf 1/5000 des Meßbereiches genau vermessen werden. Die ermittelten Werte liegen in digitaler Form vor. Das optische System für die Längenmessung ist ein Glasmaßstab. Dieser hat eine Auflösung im Mikrometerbereich. Das Prinzip zeigt **Bild 3.3.2.3-2.**

Die Übergänge von einer geometrischen Figur zur anderen, wie beim Zylinderkegel, werden durch mathematische Verfahren bestimmt und damit die Längen des kritischen Bereichs gefunden. Nach der Meßfahrt können die Werte z. B. für die automatische Erstellung der Qualitätsregelkarten [11] benutzt und die Maschinenfähigkeit damit belegt werden. Dieses Beispiel zeigt, daß mit der berührungslosen Messung eine hohe Genauigkeit mit hoher Geschwindigkeit erreichbar ist. Taktzeiten von weniger als 1 Minute bei

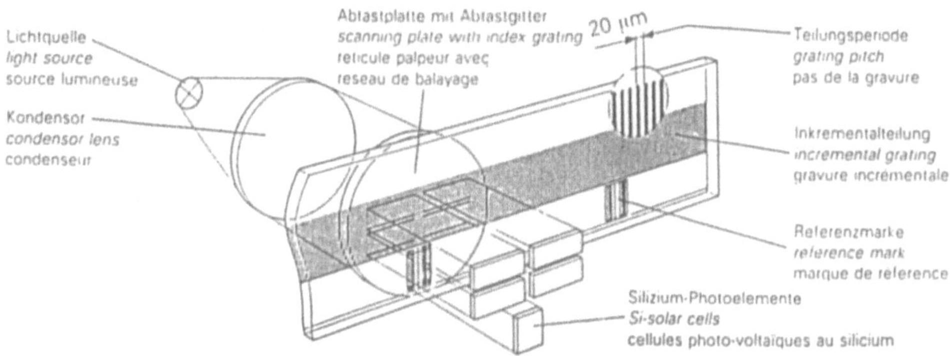

Bild 3.3.2.3-2:   Prinzip für eine optische Längenmeßeinrichtung (Heidenhain)

Werkstücken bis zu 500 mm Länge sind möglich. Eine derartige Meßmaschine zur Vermessung rotationssymmetrischer Teile kann direkt in die Produktion integriert werden, so daß eine In-Prozeß-Messung möglich wird. Sie kann jedoch auch für Post-Prozeß-Messungen eingesetzt werden.

3.3.2.3.3 Systeme zur indirekten Messung

Qualitätsmerkmale sind oft nur indirekt zu erfassen. Eine typisch indirekt zu ermittelnde Größe ist der Wirkungsgrad. Daneben gibt es Merkmale, die nicht direkt einem Algorithmus folgen, aber doch Einfluß auf die Qualität eines Produktes nehmen. Beispielsweise werden Schrauben für die Massenherstellung gerollt, wobei Schrauben kleiner Abmessung häufig auf *Rundläufern* hergestellt werden. Merkmal dieser Einrichtungen ist das Walzen des Rohlings zwischen einer äußeren feststehenden und einer inneren rotierenden Backe. Der Rohling wird über eine Schiene, die vor der feststehenden Matrize endet, zugeführt und mit einem Stößel zwischen feststehende und rotierende Backe eingeschoben. Beim Transport des Rohlings zwischen den Backen dreht sich dieser, wobei das Gewinde eingerollt wird. Am Ende der festen Backe verläßt die Schraube das System. Man erreicht Taktzeiten von bis zu 1200 Schrauben pro Minute.

Ein Kriterium für die Gewindequalität ist unter anderem die Durchlaufzeit. Aus diesem Grunde wird der Einstoß des Rohlings zwischen die Backen und die Stelle, an der die Schraube freigegeben wird, mit Sensoren überwacht und gleichzeitig die Umlaufbewegung der rotierenden Backen mit einem Impulsgeber gemessen. Da bis zu drei Schrauben im Eingriff sein können, wird eine Verfolgung mit elektronischen Mitteln notwendig. Schrauben, die der geforderten Qualität nicht entsprechen, verbleiben zu lange zwischen den Backen und werden über eine Weiche aussortiert. Dank der Entwicklung der Mikroprozessoren und insbesondere der Mikrocontroller, sind Schieberegister, Zähler und Koinzidenzschaltungen dieser Anordnung in einem Chip untergebracht. Eine derartige Anordnung überwacht den Prozeß indirekt. Die Verbindung mit dem QS-System und das Produktionsplanungs- und Steuerungssystem (PPS) ist möglich.

3.3.2.3.4 Sensoren

Moderne CAQ-Systeme verlangen eine präzise und vor allem schnelle Meßtechnik. Die Kette: *Vorgeben - Messen - Auswerten - Verdichten der Daten - Dokumentieren - Reagieren* muß schnell, transparent und durchgängig geschlossen werden. Der Ort und die Zeit des Einsatzes eines Sensors sind nicht allein von diesem abhängig; vielfach bestimmen die nachfolgenden Bausteine und Systeme die Anwendung und Gebrauchstüchtigkeit maßgeblich (vgl. [79]). **Bild 3.3.2.3-3** zeigt den Trend in der historischen Entwicklung. Die Integration von Verstärker und Analog/Digitalumsetzer (A/D) in den Sensor vermindert die Störanfälligkeit und den Aufwand, der sonst an der Empfangsstelle betrieben werden müßte.

Optische Sensoren kennzeichnen die Fortschritte in der Optoelektronik und haben neue Akzente für die Meßtechnik gesetzt. Folgende Verfahren mit optischen Sensoren können unterschieden werden:
- *Abbildungsverfahren* unter Einsatz von Sensoren.
- *Triangulationsverfahren*, unter Nutzung der Reflektionseigenschaften eines Lichtstrahls.
- *Koaxialverfahren* zur Entfernungsmessung.

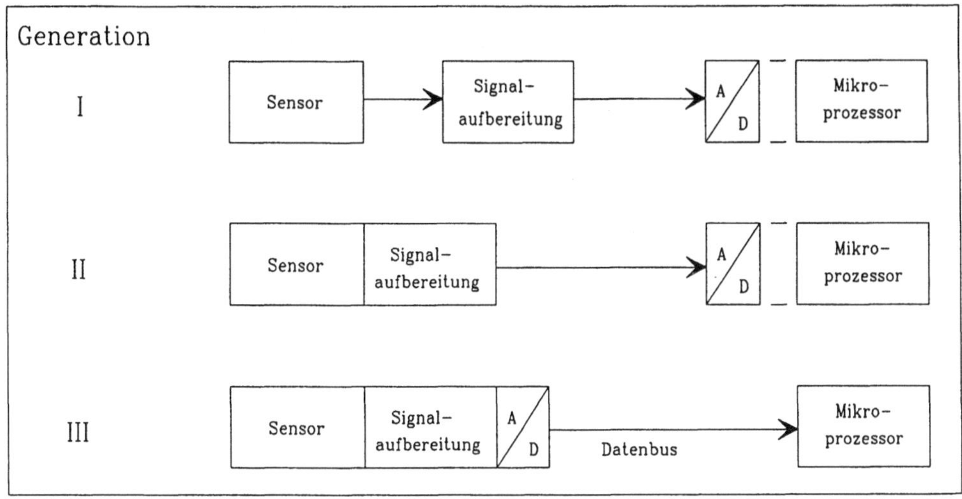

Bild 3.3.2.3-3:   Systemintegration bei Sensoren

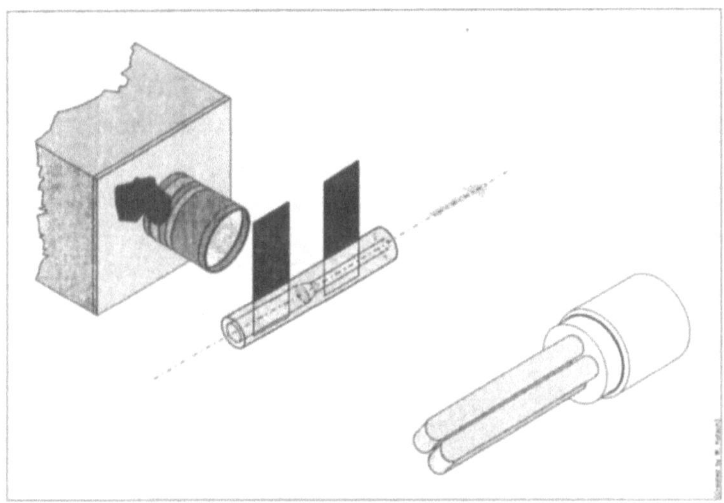

Bild 3.3.2.3-4:   Prinzip des optischen Abbildungsverfahrens

Bild 3.3.2.3-4 zeigt ein *Abbildungsverfahren*. Es soll die gewollt produzierte Innendurch-
messerveränderung von Glasröhrchen vermessen werden. Die Röhrchen werden mit einer
Verfahreinrichtung vor der Linearkamera vorbeigezogen, wobei ein Schatten des Objekts,
mehr oder minder stark ausgeleuchtet, aufgenommen wird. Der Sensor ist schematisch
dargestellt. In sogenannten CCD-Sensoren sind Fotoelemente in Zeilen oder in Flächen
angeordnet. Ein einzelnes Element wird als Pixel bezeichnet. Zeilenanordnungen mit bis
zu 6000 Pixeln entsprechen dem Stand der Technik.

Die Messung verläuft nach folgendem Prinzip: Der photoelektrische Effekt transformiert eine örtliche Strahlungsintensitätsverteilung in eine zeitlich veränderliche Spannung. Die hierzu benutzten Fotosensoren sind mit Registern gekoppelt. Die während der Belichtungszeit gesammelten Fotoelektronen - also eine Ladung - werden über Gatter (Tore) in ein Register geladen, das wie ein Eimerkettenspeicher ausgeschoben werden kann. Die Ausgangsspannung (proportional zur Ladung) wird verstärkt und mit einem 8 Bit-Umsetzer digitalisiert. Nachfolgend wird jedes Pixel - in 255 Graustufen aufgelöst - in einen Rechner eingelesen und die gesamte Zeile weiterverarbeitet.

In einem *Triangulationsverfahren* nach **Bild 3.3.2.3-5** wird ein Laserstrahl optisch verkleinert. Die Abweichung des reflektierten Strahls wird registriert. Die Meßgenauigkeit beträgt einige μm. Dieses Verfahren verdrängt tastende Meßgeräte und findet Eingang in Koordinatenmeßmaschinen.

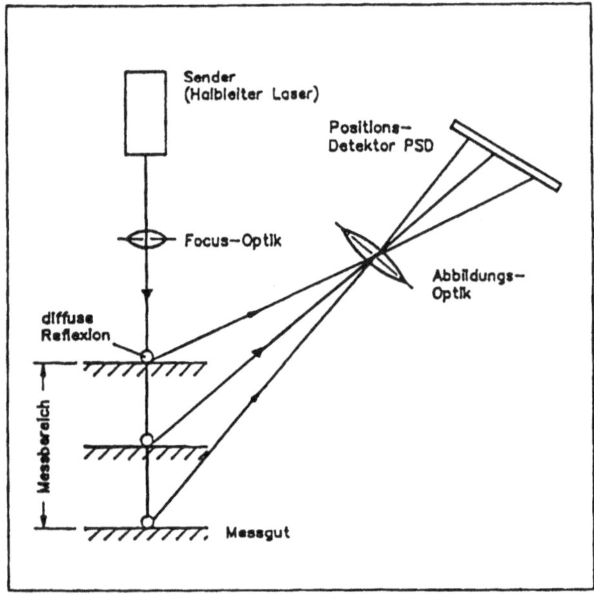

Bild 3.3.2.3-5:   Abstandsmessung nach dem Triangulationsverfahren

Bild 3.3.2.3-6 zeigt ein *Koaxialverfahren*; hierbei wird ein Laserstrahl mit einer in einer Tauchspule *schwimmenden* Linse fokussiert. Der reflektierte Fokus wird an einem halbdurchlässigen Spiegel zu einer Sensoranordnung umgelenkt. Dabei hat die Regelung die Aufgabe, den Fokus möglichst klein zu machen. Der Strom in der Spule ist proportional zur Position der Linse und damit auch zum Objektabstand.

Ultraschallsensoren werden seit Jahren für Messungen in der zerstörungsfreien Werkstoffprüfung eingesetzt. Dabei wird die unterschiedliche Reflektion von Schallwellen an verschiedenen Materialien zum Erkennen von Einschlüssen und Hohlräumen benutzt. Daneben werden Ultraschallsensoren für die Abstandsmessung, zum Positionieren und Erkennen angewendet. Die in **Bild 3.3.2.3-7** gezeigte Anordnung nutzt Ultraschall-Abstands-

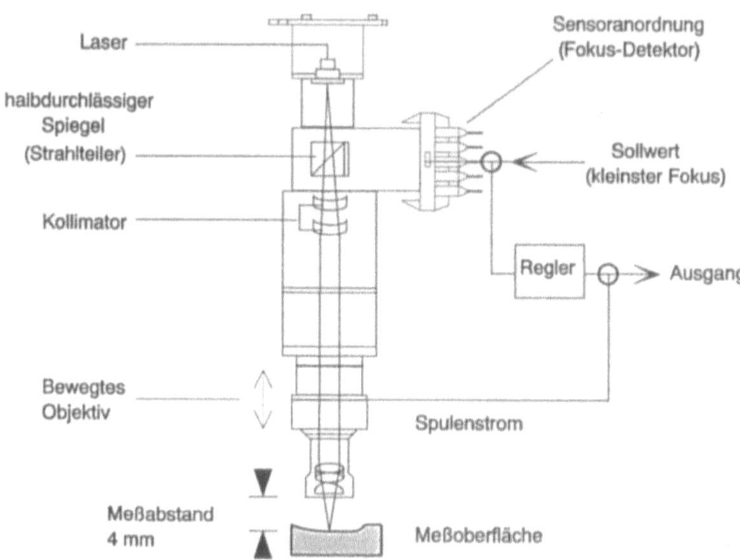

Bild 3.3.2.3-6:   Abstandsmessung nach dem optischen Koaxialverfahren (Rodenstock)

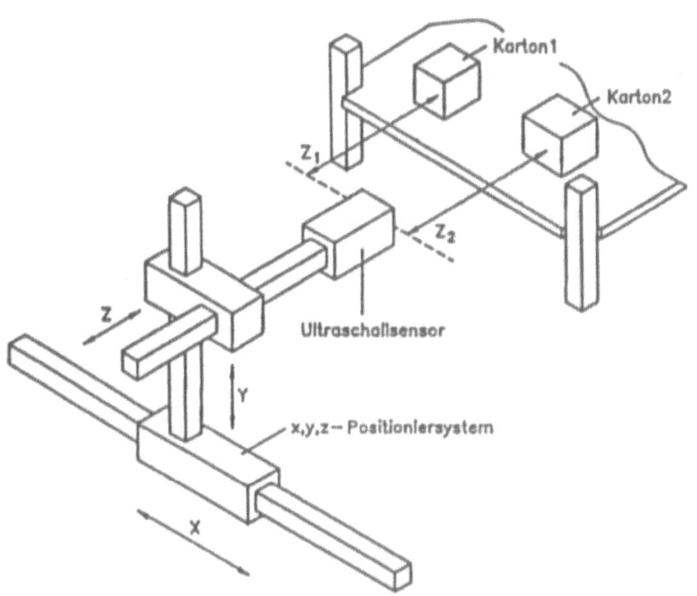

Bild 3.3.2.3-7:   Meßanordnung für eine Abstandsmessung mit einem Ultraschallsensor

sensoren in Lagersystemen zur exakten Ablage und zur Wiedererkennung von Lagerplätzen. In Abhängigkeit vom Positioniersystem wird die Entfernung, aber auch die Höhe und die Breite, z. B. gelagerter Kartons, durch Abfahren der Positionen bestimmt. Durch Verknüpfung des Systems mit einem Lager- und Dispositionssystem wird die Qualität der Lagerhaltung sichergestellt.

Piezo-Sensoren enthalten piezoelektrische Kristalle, die ihre geometrischen Eigenschaften (in einer Vorzugsrichtung) bei Anlage einer elektrischen Spannung ändern. Dieser Effekt der Umwandlung von elektrischer in mechanische Energie ist umkehrbar. Wirkt eine äußere Kraft auf ein Piezokristall, erhält man eine elektrische Ladung auf der Oberfläche.

Störeinflüsse: Bei der Gewinnung elektrischer Signale muß mit Störungen durch elektrische Felder und Impulse gerechnet werden. Weiterhin werden die Sensoren durch Störparameter der Umgebung beeinflußt; hier sind unter anderem zu nennen:
- Fremdlicht bei optischen Sensoren
- Schallwellen bei akustischen Sensoren
- Mechanische Schwingungen, die sich auf die Sensoren und die Meßsysteme auswirken können.

Die Möglichkeit, die Empfindlichkeit von Sensoren zu steigern, bedingt die Notwendigkeit, die Verstärkung weiter zu erhöhen. Die Folge davon ist, daß technologische Grenzen in den elektrischen Bauelementen, wie das Rauschen, besonders deutlich werden. Diese Einwirkungen werden mit analogen und digitalen Filtern bekämpft. Da diese jedoch mit Zeitkonstanten behaftet sind, kann nicht verhindert werden, daß Nutzinformationen verloren gehen und die theoretisch erreichbare Geschwindigkeit der Übertragung verlangsamt wird.

Sensor-Bus-Systeme: Die Übertragung der Sensorensignale zu einer Dateneinheit, die Signale und Meßwerte sammelt, komprimiert und weiterleitet, erfordert ein normiertes Übertragungssystem, das flexibel aufgebaut ist und Erweiterungen für Sensoren und Aktoren (z. B. Sender für Ultraschallwandler) zuläßt. Dies bedeutet, daß nicht nur ein einfaches Zufügen, sondern ebenso die Parametrierung und Anpassung an unterschiedliche Aufgaben möglich sein muß. Für die Sensorkopplung sind genormte Systeme (PROFIBUS-Konzept) vorhanden.

Übertragungssicherheit bedeutet, daß das Bussystem eine sichere und schnelle Übertragung zulassen muß. Die Datensicherung wird mit der Hamming-Distanz beschrieben. Die Übertragungssicherheit wird auch durch das Übertragungsmedium beeinflußt. Die Übertragung über Draht hat den Nachteil, daß elektromagnetische und/oder elektrostatische Felder die Übertragung beeinflussen. Die Entwicklung der Lichtleiter-Technik hat hier ein bedeutend sichereres Übertragungsmedium zur Verfügung gestellt. Nachdem die Kopplung vom elektrischen zum optischen Signal und umgekehrt bezüglich der Geschwindigkeit in den ns-Bereich gesteigert und die Handhabung der Lichtleiter vereinfacht werden konnte, ist die Störsicherheit erheblich erhöht worden.

Kalibrierung: Sämtliche Meßeinrichtungen sollten in ein innerbetriebliches Kommunikationssystem integriert werden können. Dabei müssen diese auf ihrer QS-Tauglichkeit in festgelegten Abständen kontrolliert, kalibriert und unter Umständen geeicht werden. Meßgeräte in der Prüfmittelüberwachung sollten eine um den Faktor 10 größere Genauigkeit besitzen als die zur Prüfung benutzten.

Zur Kalibrierung und Nachprüfung von Anordnungen mit Meßuhren oder auch von Koordinatenmeßmaschinen können optischen Methoden, z. B. das Prinzip des Interferometers nach **Bild 3.3.2.3-8**, angewendet werden. Bei diesem Meßprinzip wird die Phasenverschiebung von einem polarisierten Laserstrahl genutzt. Der Laserstrahl wird im Strahlteiler 1 aufgespaltet. Ein Teil A des Strahles wird im Prisma 2 und der verbleibende Strahl B im verschiebbaren Prisma 3 umgelenkt. Im Strahlteiler 1 kommen beide Strahlen zusammen, werden empfangen und bezüglich der Inferenz ausgewertet. Es sind Genauigkeiten im Nanometerbereich möglich.

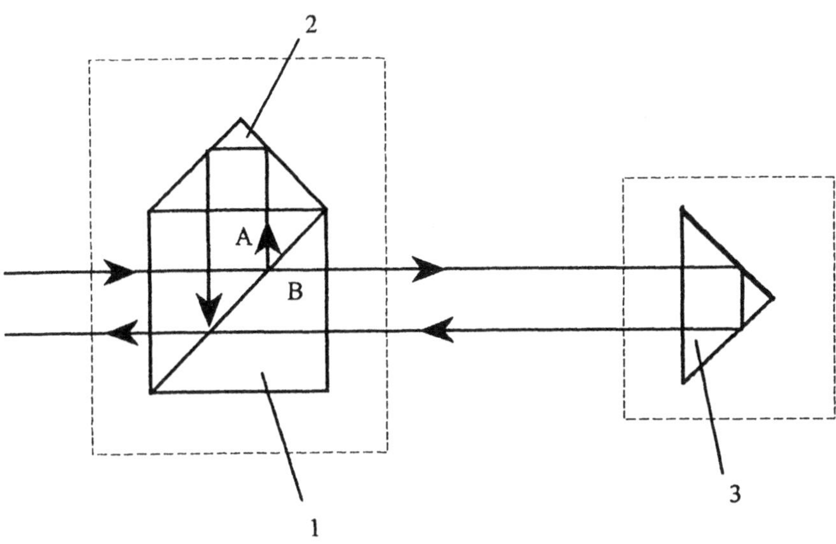

1   Strahlteiler

2   Prisma

3   Verschiebbares Prisma

A, B   Anteile des Laserstrahls

Bild 3.3.2.3-8:   Prinzip der Interferometermessung

3.3.2.4 Integrierte Qualitätssicherung

3.3.2.4.1 Allgemeine Anforderungen

Schnelle Veränderungen von Qualitätszielen verlangen flexible Reaktionen. Der Markt fordert nicht nur Produkt- und Prozeßqualität, sondern weitergehend Qualität

- der Beratung
- der Dienstleistungen (Montage, Kundendienst, Ersatzteilerhaltung) und
- der Informationen (ausführliche, exakte, didaktisch gut aufbereitete Anweisungen und Handbücher sowie Mitarbeiterschulung).

Zur Begegnung dieser Herausforderung, die u. a. auch das Risiko für ein Unternehmen erhöhen kann, sind geeignete Werkzeuge zu entwickeln. Dabei sind Sicherheitsbedingungen und die Zuverlässigkeit verstärkt zu beachten.

3.3.2.4.2 Moderne Werkzeuge für CAQ

Durchgängigkeit und Transparenz sind die Grundforderung für CAQ. Qualitätssicherung verlangt, Fehler zu vermeiden. Eine Methode des vorbeugenden Fehlermanagements ist die **FMEA** (Failure Mode and Effects Analysis). Das Verfahren ist in der DIN 25448 festgelegt. FMEA greift schon während der Produktentwicklung und bei allen weiteren Schritten ein, die im Qualitätskreis benannt sind. FMEA ist eine qualitätsfordernde Maßnahme zur Stärkung der Eigenverantwortung und Zusammenarbeit der Entwickler und Arbeitsvorbereiter. Mit diesem Verfahren sollen die Qualitätsziele festgelegt und die Einsatzfähigkeit der Maschinen und Anlagen bestimmt werden. FMEA wird auch für neue Produkte angewendet. Mögliche Fehler sollen erkannt und deren Folgen und Ursachen mit Risikoabschätzung beschrieben werden. Objekte, Beziehungen und Abläufe, die in FMEA-Sitzungen erarbeitet werden, müssen präzise und sachgerecht beschrieben werden, damit die Ergebnisse der Analysen maschinell erfaßt und verwaltet werden können. Daraus muß ein funktionsfähiges Informationssystem abgeleitet werden. Dies ist die Basis für ein Expertensystem, mit dem Wissen vermittelt, ggf. Diagnosen vor Ort schnell erstellt und ein präventives QS-Management aufgebaut werden kann.

Software für dieses Verfahren ist entwickelt, Standards sind jedoch noch nicht vorhanden. Die durch FMEA gewonnenen Daten sind für die QS wesentlich. Sie werden jedoch nicht in Regie der QS-Verantwortlichen erstellt. Diese Daten beeinflussen die Vorgabedaten für CAQ-Systeme. Neben diesem risikoorientierten QS-Werkzeug ist ein weiteres zur kalkulatorischen Festlegung von Zuverlässigkeits- und Sicherheitsmerkmalen, das **FTA** (Fault Tree Analysis), auch Fehlerbaumanalyse genannt, im Einsatz.

Werkzeuge für die durchgehende Planung der Qualitätsmerkmale, d. h. für die Qualitätsplanung, sollen unter den Zwängen von FMEA und FTA helfen, den optimalen Konsens zwischen Marktanforderung und Machbarkeit zu suchen. Dieses Werkzeug wird auch **QFD** (Quality Funktion Development) genannt.

3.3.2.4.3 Rechnereinsatz

Unter der Voraussetzung, daß die an der Herstellung eines Produktes im engeren Sinne beteiligten Unternehmensbereiche rechnerunterstützt arbeiten, ist die Integration der Qualitätssicherung durch Vernetzung zwingend geboten. Diese Unternehmensbereiche sind:

- die Konstruktion mit CAD,
- die Arbeitsplanung unter Einsatz von CAP,
- die Teilefertigung und Montage; ausgerüstet mit CAM-Systemen,
- der Service mit Außendienst und Reklamationswesen, CAS genannt.

Zur CAQ gehören:

- Qualitätsprüfungen am Produkt,
- Sortierung, Klassifizierung, Signierung,
- Auswahlanalyse,
- Prüfmittelüberwachung,

- Überwachung der Qualitätsfähigkeit der Produktion (In-Prozeß-Messung),
- Stichprobenprüfung mit Dokumentation
- Dokumentationsüberwachung
- Reaktionsveranlassung aufgrund festgelegter Regeln und Strategien.

Diese Teilgebiete der CAQ müssen von der Konstruktion, der Prüfplanung und der Fertigungsplanung mit Daten versorgt werden, und umgekehrt sind Ergebnisdaten aus der QS an die genannten Abteilungen zu übertragen. Von diesen Daten ist die Produktionsplanung und -steuerung (PPS) unmittelbar betroffen. Die QS nimmt Einfluß auf die Entwicklung aufgrund der Marktforschung, begleitet die Entwicklung und die Konstruktion oder allgemeiner, das Design, nimmt Einfluß auf die Beschaffung und begleitet die Fertigung; nicht zu unterschätzen ist ihr Einfluß auf die Lagerung und den Versand (Stichwort: Just-in-Time-Produktion) sowie den Service. Zur Beherrschung des Systems ist eine Rechnerhierarchie zu entwerfen, die aufsteigend eine sinnvolle Datenreduktion ohne Verlust der wesentlichen Informationen beinhaltet.

Das CAQ-Datengesamtkonzept fordert nach jetzigem Stand eine Rechnerhierachie mit drei Ebenen:

- der strategischen Ebene mit einem Host-Rechner,
- der Planungs- und Steuerungsebene,
- der operativen Ebene.

3.3.2.4.4 Daten

Im allgemeinen werden die Qualitätsdaten in CAQ-Systemen nach folgendem Schema unterschieden:

- Vorgabedaten (dies sind die Soll-Daten in einem erstellten Prüfplan)
- Prüfdaten (dies sind die durch die Prüfung und Messung gewonnenen Ist-Daten)
- Ergebnisdaten (dies sind nach aufgestellten Regeln bewertete und unter Umständen verdichteten Prüfdaten)
- erweiterte Daten (dies sind Informationen zu den Ergebnisdaten und allgemeine Hinweise für die Weiterverarbeitung)

Qualitätsdaten müssen in allen Phasen der Produkterstellung ermittelt werden. Mit diesen Daten wird es möglich, den Zustand der Produktionsmaschinen und des Produktes zu beschreiben. Die Ergebnisse der Beschreibung können zur Klassifizierung, zur Sortierung und zur Signierung genutzt werden. Sie dienen zur Kontrolle und Bewertung der Qualität des Produktes. Qualitätsdaten können ebenfalls Eingriffe in die Produktionsmittel veranlassen. In diesem Falle wird ein weiterer Schritt zur Qualitätssicherung getan. Der Zustand der Produktionsmittel und die Standzeiten der Werkzeuge werden überwacht und damit die Transparenz des Gesamtsystems erhöht und der Ausschuß vermindert.

Die für ein Qualitätssystem benötigten Daten müssen aufbereitet, verdichtet, einer Stelle gemeldet und verarbeitet werden.

3.3.2.4.5 Datenerfassung

Daten werden *vor Ort* von Personen oder mit Sensoren automatisch möglichst schnell, echtzeitlich und fehlerfrei erfaßt. CAQ unterscheidet zwei Datenfamilien: *Meßdaten* und *Fehlerdaten*.

Zur Verarbeitung von **Meßdaten** in der CAQ sind diese zu digitalisieren oder manuell als Zahlenwert einzugeben. Da Meßdaten im allgemeinen am Meßort wenig nutzen, müssen die Daten für eine Übertragung aufbereitet und an einer Schnittstelle bereitgestellt werden. Es ist darauf zu achten, daß diese Schnittstellen nicht zu Schwachstellen des Gesamtsystems werden, denn verschiedene Systeme müssen miteinander kommunizieren. Deshalb ist eine durchgehende gesamte Netzplanung notwendig. **Fehlerdaten** können aus Meßdaten gewonnen sein; in der Mehrzahl werden diese jedoch noch visuell erfaßt, wie z. B. die Oberflächenbeschaffenheit. Schwierig, aber notwendig, ist die exakte Beschreibung, Eingabe, Dokumentation und Verfügbarkeit der gesammelten Daten.

3.3.2.4.6 Datenbanksysteme und Expertensysteme

Es werden unter anderem relationale Datenbanken verwendet (vgl. Kap. 3.3.1.3.5). Darin sind die Daten in Form von Relationen, d. h. in Tabellen geordnet und organisiert. Eine Tabelle besteht z. B. aus Zeilen mit jeweils einem Datensatz und Spalten, die Datenfelder mit gleichen Eigenschaften der verschiedenen Datensätze beinhalten. Dieses Schema wird z. B. in unter UNIX verwalteten Datenbanken angewendet. Für die Eingabe, Definition, Veränderungen und die physikalische Speicherung wird eine Datenbanksprache benötigt. Wegen des Austausches ist der ISO-Standard **SQL** (**S**ystem **Q**uery **L**anguage) anzustreben.

Für wissensbasierte Daten, wie sie in Expertensystemen verwendet werden, sind relationale Datenbanken sinnvoll, weil durch eindeutige Relationen u. a. auch vereinfachte Suchalgorithmen angewendet werden können. Der Aufwand für die Organisation in der Eingabe ist jedoch erheblich.

Als Beispiel für die Bereiche der wissensbasierten Sicherung und Erhaltung der Qualität können die Expertensysteme DAX zur Prüfung von Automatikgetrieben für Pkw und KODEX zur Diagnose von CNC-Meßgeräten erwähnt werden [30].

3.3.2.4.7 Verknüpfung von Rechnerebenen

Die notwendige Verknüpfung von der operativen Ebene und der Planungsebene soll an dem Beispiel der Integration der Wellenmeßmaschine nach Bild 3.3.2.3-1 in das Gesamtsystem nach **Bild 3.3.2.4-1** verdeutlicht werden. Dazu wird vorausgesetzt, daß die Konstruktionsdaten mit einem CAD-System erstellt sind und zumindest Durchmesser und Längen zur Konturbeschreibung übermittelt werden können, daß die Prüf- und Prüfmittelplanung von der Konstruktion die entsprechenden Daten erhält und daß diese unter Beachtung von Vorgaben aus dem Qualitätsmanagement den Prüfplan festlegt und an den Rechner der Wellenmeßmaschine übermittelt.

Die PPS bestimmt den Zeitpunkt für die Übermittlung der Daten und den Einsatz der Meßmaschine. Die Ergebnisdaten (Sortierung, Klassifizierung und Eingriffe in die Produktionsmittel) werden der PPS zurückgemeldet. Nach derzeitigem Stand ist die Übermittlung der Daten von CAD an CAQ schwierig (vgl. Kap. 3.2.5). Die Übertragungsstandards (die Formate) übertragen die Kontur und damit die Solldaten; die Toleranzen werden i. a. als Texte behandelt und sind damit nicht zuzuordnen. Intensiv wird dieses Problem an der FH Ulm und im FIP in Aachen behandelt. Ein Standard in der Kfz-Industrie ist bekannt.

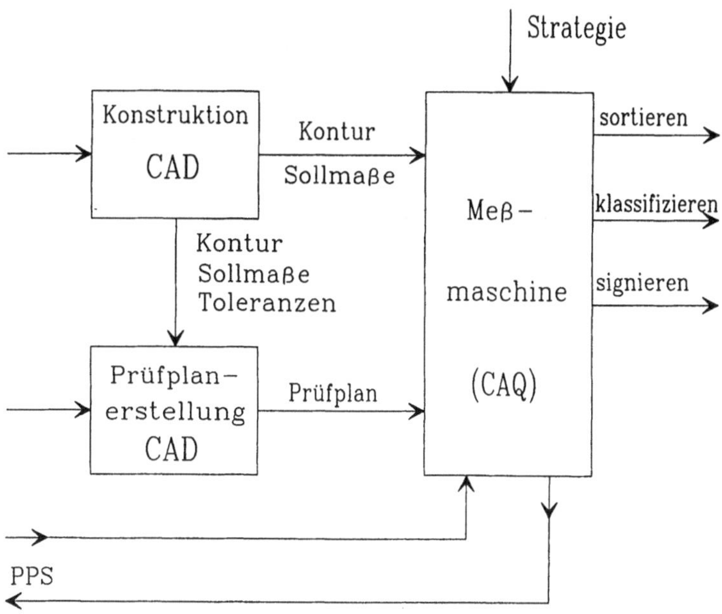

Bild 3.3.2.4-1:   Informationsverknüpfung in einem CAQ-System (Ausschnitt)

3.3.2.4.8 Kopplung von CAQ mit anderen CIM-Komponenten

Hinsichtlich der Verbindung von CAQ mit anderen CIM-Komponenten sind folgende Entwicklungsbemühungen zu erwähnen:

- Mit den Daten der Statistischen Prozeß-Steuerung (SPC) werden Korrekturwerte für NC-Programme ermittelt und Fertigungsprozesse gelenkt [10].
- QUEBAS-F als CIM-Gemeinschaftsverfahren unter Verwendung des CAQ-Systems QS/X der Siemens AG mit Schnittstellen zu CAD, CAM und PPS [104, S. 217-222].
- Kopplung zwischen CAQ und CAD bei der Herstellung von Meßgeräten mit Hilfe der Schnittstellen IGES und VDFS (vgl. Kap. 3.2.5) [20, S.113].
- Kopplung von CAQ und CAP mit dem Ziel einer Regelung von Fertigungsprozessen durch Korrekturwerte für NC-Programme aus den Daten der statistischen Prozeßsteuerung (SPC) [20, S. 113].
- Weiterentwicklung der EDI FACT-Syntax für den externen Austausch von Qualitätsdaten mit dem ersten Ergebnis einer Quality Data Message (QDM) [30, S. 510].
- Entwicklung eines produkt- und branchenneutralen Qualitäts-Informationssatzes QDES (Quality Data Exchange Specification) [30, S. 518].

3.3.3 Prozeßflexibilität und Prozeßsicherheit

3.3.3.1 Zielsetzungen und Anforderungen

Bei einem hohen Automatisierungsgrad der Produktionsprozesse werden an die Prozeßflexibilität und Prozeßsicherheit Forderungen nach besonders hoher Intelligenz, Verfügbarkeit und weitestgehender Dezentralität gestellt.

Für CIM setzt diese Forderung einen durchgängigen Informationsaustausch zwischen den einzelnen unterschiedlichen Hard- und Software-Komponenten bei der Erfassung, Verarbeitung und Nutzung von Informationen voraus.

Betrachtet man den im **Bild 3.3.3.1-1** abgebildeten CIM-Prozeß als ein informationsverarbeitendes System, so besteht dieses aus einer Menge von Subsystemen mit Systemelementen und einer Menge von Relationen zwischen diesen (vgl. Kap. 2.1.1).

Zwischen den einzelnen Subsystemen CAD, CAP u.a. sowie zwischen dem System und seiner Umwelt bestehen Wirkungsbeziehungen in Form von Eingangs- und Ausgangsgrößen. Das Systemverhalten wird durch diese Wirkungsbeziehungen beeinflußt und hängt innerhalb eines definierten Zeitintervalls von seinem Zustand ab. Jeder Zwischenzustand wird durch eine bestimmte Anzahl von Systemelementen verwirklicht, die hinsichtlich ihrer jeweiligen Funktion, Informationen, Material und Energie zu wandeln und zu behandeln, zu transportieren und zu speichern, in Wechselbeziehungen zueinander stehen.

Es kommt darauf an, wie flexibel das System auf bestimmte Veränderungen der Eingangsgrößen reagiert und wie sicher Informationen, Material und Energie in die geforderten Ausgangsgrößen überführt werden. Von besonderem Interesse ist dabei die Vermeidung von Fehlern und Störungen durch Verwendung aktueller Informationen mit sicherem Datenzugriff bei zunehmender Komplexität der zu realisierenden Fertigungsaufgaben.

Zwischen den einzelnen Systemelementen sind dafür die erforderlichen hard- und softwareseitigen Voraussetzungen zu schaffen, um eine schnelle Anpassung und eine sichere Informationsverarbeitung zu gewährleisten. Die derzeit angebotenen Hard- und Software-Systeme unterstützten diese Forderung nur unzureichend. Die Hauptursachen dafür liegen in der ungenügenden Beherrschung der Schnittstellenprobleme sowohl zwischen den einzelnen Systemkomponenten als auch bei der Mensch-Maschine-Kommunikation. Leistungsschwache Benutzeroberflächen, unkoordinierte Datenverwaltung und Datenintegration sowie fehlende Transparenz, Kompatibilität und Flexibilität der einzelnen Systemkomponenten sind kennzeichnende Merkmale dafür. (Vgl. Kap. 3.3.2.4.)

Deshalb ist die Architektur der Software-Systeme innerhalb der CIM-Prozeßkette *Produkt-Produktionsplanung-Produktion* sowie die Kommunikation des Informationsaustausches zwischen diesen Prozeßkomponenten bezüglich der Software-Entwicklungsumgebungen und der Hardware-Kompatibilität zu verbessern. Produktivitätsentscheidend ist die Flexibilität, die Sicherheit, die Schnelligkeit und die Aktualität der Informationsbereitstellung.

Die Entwicklung und schrittweise Realisierung eines durchgängigen Informationsflußsystems in CIM erfordert zunächst die Klärung solcher Problemkreise wie beispielsweise der *Definition der produktdarstellenden und produktdefinierenden Modelle, Produktdatenorganisation, Produktdatenverteilung und der Produktdatenverwaltung*, da das Produktdatenmodell die zentrale Koppelstelle aller fachspezifischen weiteren Systemkomponenten ist.

Die generelle Zielsetzung besteht darin, Informationen nur einmal zu erzeugen, zu speichern und allen Nutzern für nachfolgende Vorgänge mit entsprechender Sicherheit schnell zugänglich zu machen. Das bedeutet, daß die Datenhandhabungsfunktionen aller betrieblichen Bereiche entsprechend den Kommunikationsanforderungen aufbereitet werden müssen und bei der schrittweisen Einführung von Produkt-, Prozeß- und Informationsmodellen neben der geometrischen Modellierung im CAD-Bereich vor allem die integrativen Arbeitstechniken zur Anwendung kommen (Vgl. Kap. 3.2.5 u. 3.3.1.3.5).

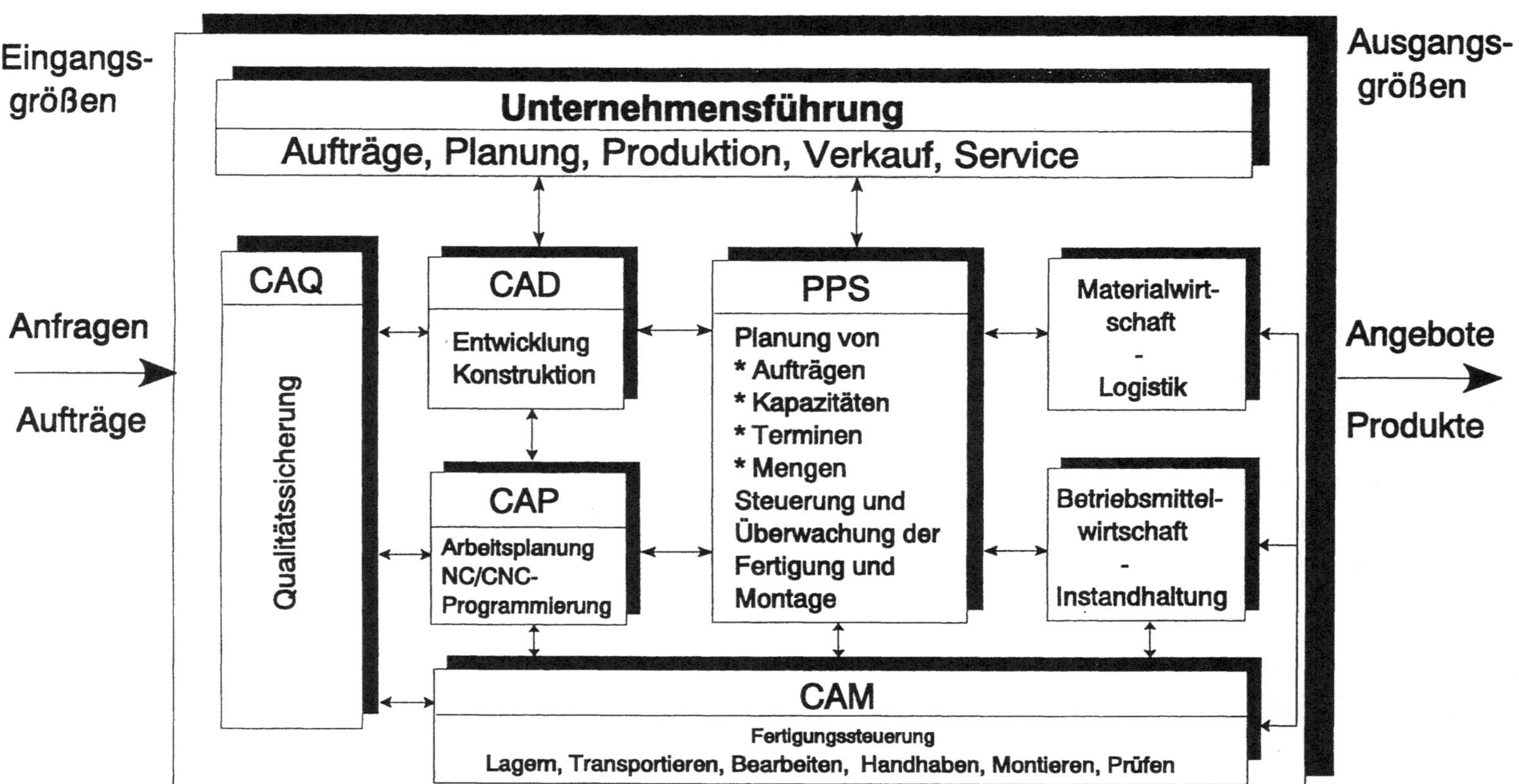

Bild 3.3.3.1-1:   CIM-Prozeß als informationsverarbeitendes System

Eine Schwerpunktaufgabe zur Modellierung komplexer Datenobjekte besteht in der Schaffung von Beschreibungsmitteln für den Entwurf komplexer Datenstrukturen und in der Bereitstellung dieser Mittel für die Datenstrukturverwaltung. Dabei geht es nicht nur um die Verwaltung von Modelldaten, sondern gleichzeitig um eine parallele Datenhandhabung von alphanumerischen, funktionellen, geometrischen und grafischen Daten sowie um das integrierte Zusammenwirken von Hardware, System- und Anwendersoftware aller betrieblichen Bereiche. Die Verwendung von Visualisierungsmodulen und Präsentationsgrafiken u.a. führt zu einer zusätzlichen Flexibilität der Informationsverarbeitung.

Standards für Benutzeroberflächen sind heute Scroll-Windows, Pull-Down-Menüs und Piktogramme. Besonders für die technische Anwendung von CIM muß eine grafische Unterstützung vorhanden sein. Das Einblenden von Übersichtsplänen, schrittweise detailliert bis zur Einzelteilzeichnung, erleichtert das Verständnis und reduziert den textuellen Dialogaufwand.

Als grundlegende Anforderungen an die rechnerintegrierte Fertigung, die sich auch als Entwicklungsschwerpunkte mit dem Ziel einer Produktivitätssteigerung bezeichnen lassen, sind zu nennen:

- Steigerung der Prozeßflexibilität

- Steigerung der Prozeßsicherheit.

Im folgenden sollen exemplarisch einige Ansätze aus diesen Bereichen vorgestellt werden.

3.3.3.2 Ansätze zur Steigerung der Prozeßflexibilität

Unter der **Prozeßflexibilität** soll die Anpassungsfähigkeit eines definierten Prozesses an veränderliche Eingangsgrößen und Prozeßbedingungen mit minimalem Zeit- und Kostenaufwand verstanden werden.

Die Prozeßflexibilität ist eine notwendige Eigenschaft des CIM-Prozesses und wird stark von den Elementen und der Struktur des Prozesses geprägt.

Diese Prozeßflexibilität läßt sich u.a. auf Arbeitsgegenstände (Bestandsflexibilität), Beschäftigtengruppen (Einsatzflexibilität), Optimierungsstrategien (Zielflexibilität) sowie auf Systemelemente (Computer, Betriebssysteme) beziehen, die durch das Zusammenwirken von Hardware, Software und Mensch sowie den untereinander bestehenden Wechselbeziehungen charakterisiert sind. Das **Bild 3.3.3.2-1** veranschaulicht Bereiche und Merkmale des vielfältigen Begriffs der Flexibilität von Produktionssystemen sowie die Quantifizierung der Prozeßflexibilität:

- **Produktionsflexibilität** bezeichnet die Möglichkeit einer Änderung der zu fertigenden Zusammensetzung der Produkte. Das Produktionssystem ist in der Lage, die Bearbeitungsreihenfolge den aktuellen Erfordernissen anzupassen.

- **Anpaßflexibilität** ermöglicht den Einsatz unterschiedlicher Methoden, Verfahren und Einrichtungen an sich verändernde Fertigungsaufgaben.

- **Fertigungsredundanz** kennzeichnet das Vorhandensein mehrerer, alternativ einsetzbarer Funktionselemente, wodurch bei einem Ausfall einzelner Elemente die Funktionsfähigkeit des Gesamtsystems nicht gefährdet ist.

- **Integrationsflexibilität** erfordert Fähigkeiten zur Integration von verschiedenen Funktionselementen innerhalb des Systems bzw. zur Verknüpfung mit anderen Systemelementen.

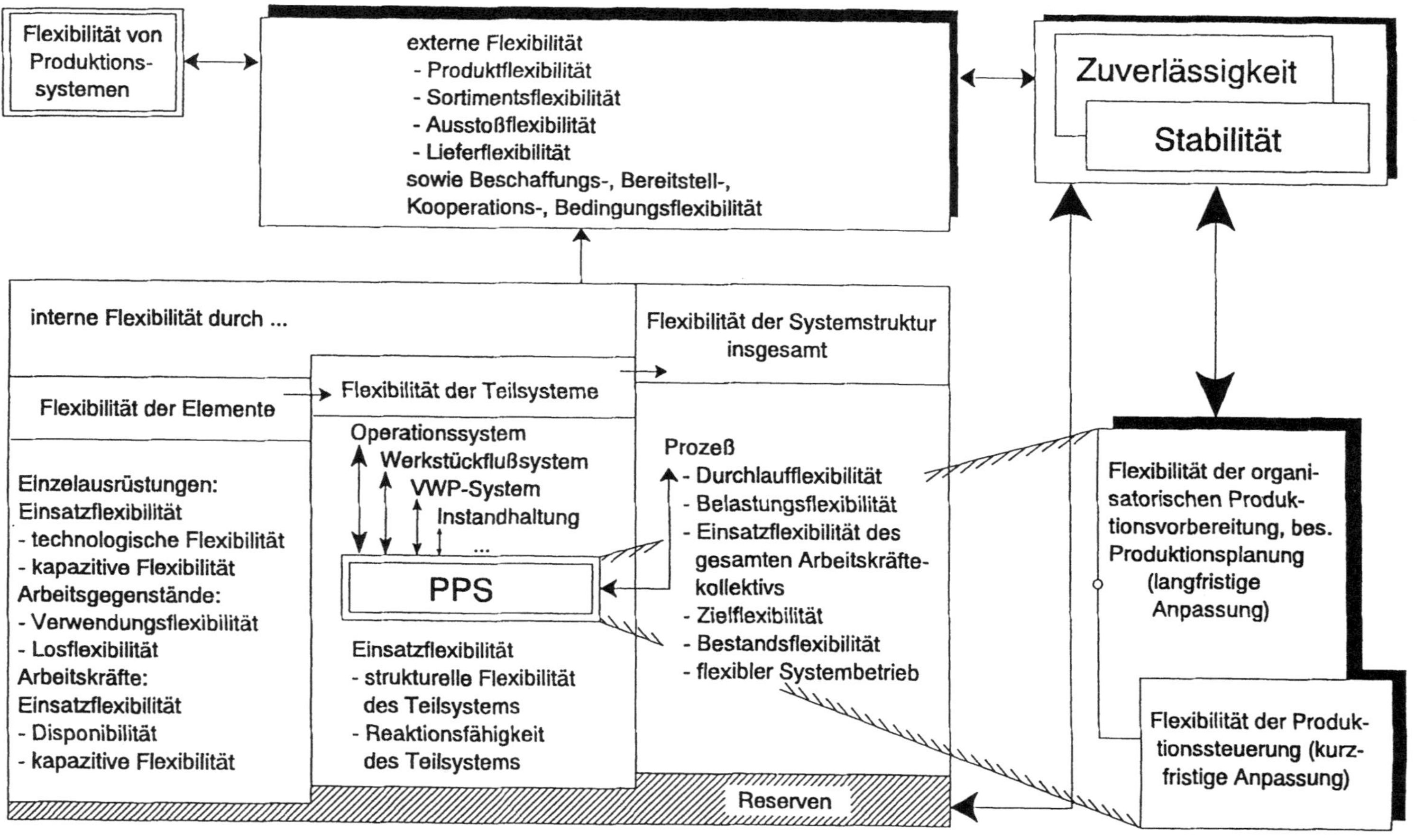

Bild 3.3.3.2-1:   Flexibilität von Produktionssystemen und ihr Zusammenhang mit Zuverlässigkeit und Stabilität nach [32]

Im folgenden sollen beispielhaft einige Möglichkeiten zur Steigerung der Prozeßflexibilität vorgestellt werden.

3.3.3.2.1 Möglichkeiten einer flexiblen Geometriegenerierung

Die Möglichkeiten einer flexiblen Geometriegenerierung sind relativ vielgestaltig und werden durch die Bereitstellung immer leistungsfähigerer Hard- und Software-Systeme ständig vervollkommnet und erweitert (vgl. Kap. 3.2.4.1).

Bei der geometrischen Beschreibung dreidimensionaler Objekte entsteht im Rechner ein Modell des zu beschreibenden Objektes (vgl. Kap. 3.2.4.1.2). Da kein Modell eine vollständige Abbildung des Originals ermöglicht, ist diese rechnerinterne Abbildung so zu gestalten, daß alle relevanten Merkmale des zu beschreibenden Objektes innerhalb einer Objektklasse erfaßt und in der für die verschiedenen Nutzer geeigneten Form zur Verfügung gestellt werden.

In der analytischen Geometrie existiert eine große Anzahl verschiedener Grundelemente (Linien-, Kurven-, Flächen- und Volumenelemente) mit denen ein dreidimensionales Objekt beschrieben werden kann. Es entstehen Modelle mit unterschiedlichen Eigenschaften (Kanten-, Flächen-, Volumenmodelle), die alle durch Punktkoordinaten bestimmt werden können. (Vgl. Kap. 3.2.4.1.2.)

Die flexible Geometriegenerierung ist dadurch charakterisiert, daß sie für die Lösung neuer Modellbeschreibungen innerhalb eines CAD-Systems schnell anwendbar ist und die Integrierbarkeit neuer Programme gewährleistet. Dazu gehören sowohl die Zugriffsmöglichkeiten zu den Daten der rechnerinternen Darstellung und die Manipulationsfunktionen wie Drehen, Plazieren, Gruppieren, Zoomen usw. (vgl. Kap. 3.2.4.1.2) als auch die Beschreibung von Schnittstellen für Grafik- und Datenbanksysteme (IGES, PDES, STEP, VDAFS) sowie eine Anzahl von Software-Werkzeugen wie beispielsweise Sprachcompiler, Linker und Unterstützungssysteme zur Einbindung neuer Programme in existierende Programmsysteme (vgl. Kap. 3.2.5).

CAD-Systeme, die diese Voraussetzungen erfüllen, werden als flexible bzw. integrierte Systeme bezeichnet. Solche Systeme sind in der Lage, jedes Geometrieelement durch die Verknüpfung einer bestimmten Anzahl von Punkten beschreiben zu können.

Dies gilt auch für die Beschreibung von Kurven-, Flächen- und Volumenelementen sowie für analytisch nicht beschreibbare Freiformflächen, indem durch Approximation nach Verfahren von COONS und BEZIER sowie durch die B-Spline-Approximation eine rechnerunterstützte Erfassung der geometrischen Formen durch einfache Flächensegmente (Patches) näherungsweise erfolgt (vgl. Kap. 3.2.4.1.2).

Mit **NURBS** (**N**on-**U**niform **R**ational **B**-Spline) ist eine mathematische Basis speziell zur Beschreibung von Freiformflächen gegeben, indem komplexe Freiformflächengeometrien mit einer relativ geringen Anzahl von Kurven- und Flächenelementen rechnerunterstützt modelliert werden können [90].

Am Beispiel der Modellierung eines Spiralgehäusekernes für einen Abgasturbolader (**Bild 3.3.3.2-2**) sollen die Möglichkeiten der rechnerunterstützten flexiblen Geometriegenerierung erläutert werden. Folgende hard- und softwareseitigen Funktionen der Geometriegenerierung werden vorausgesetzt:

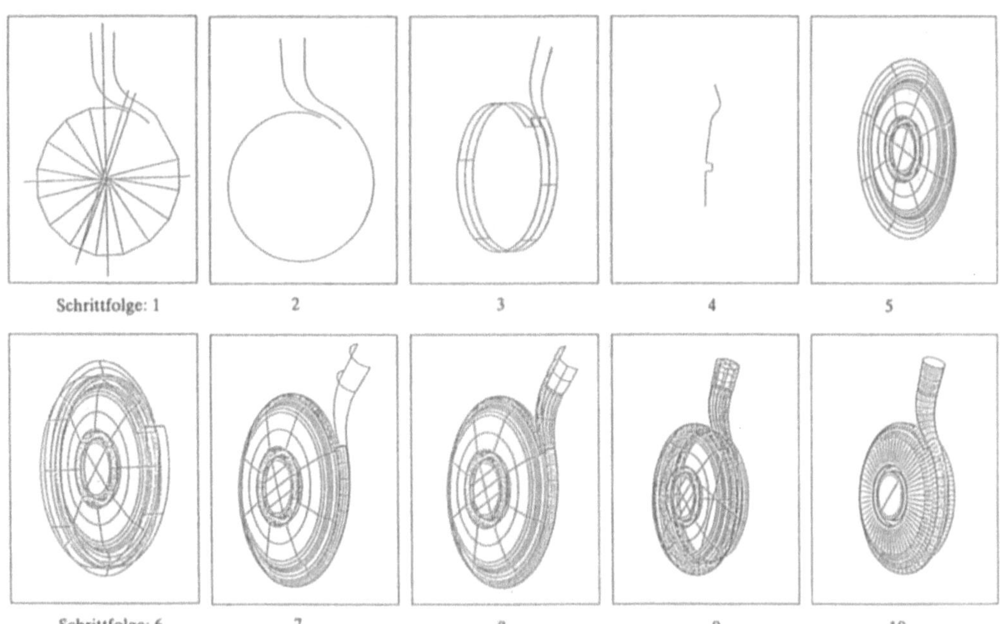

Bild 3.3.3.2-2:   Modellierung eines Spiralgehäusekerns

- **Koordinatentransformation** zwischen dem Kartesischen Koordinatensystem, dem Zylinderkoordinatensystem und dem Kugelkoordinatensystem sowie die Abbildung und Transformation von Punkten zwischen einzelnen Koordinatensystemen mit Hilfe von Transformationsmatrizen (**Mapping**).
- **Randabschaltung** von grafischen Bildelementen in der Ebene (**Clipping**) bzw. im Raum (**z-Clipping**), wenn sie außerhalb der Begrenzungslinien des definierten Bildausschnittes liegen.
- **Symmetrie-Operationen**, die nur die Lage der grafischen Bildelemente ändern, nicht aber ihre geometrische Form.
- **Profilverfahren** zur Erzeugung ebener Körper aus einzelnen Flächen sowie rotationssymmetrischer Körper aus **Regelflächen**.

Modellierungsschrittfolgen (1) bis (10):

(1) Zur Nachbildung von Freihandlinien bzw. Freiformkurven wird dem CAD-System eine Punktfolge (Stütz- und Kurvenpunkte) vorgegeben. Mittels einer Polygonfunktion höherer Ordnung wird zweidimensional eine Spirale erzeugt. Das Fadenkreuz dient dabei als Bezugspunkt für die Anordnung der Peripheriepunkte der Spirale einschließlich des Rohransatzes.

(2) Für die Erfassung und Beschreibung der Geometrie der Freihandlinien wird als Näherungs- bzw. Glättungsfunktion die BEZIER-Funktion verwendet. Dabei werden die in (1) nachgebildeten Freihandlinien durch Kurvenapproximation in Spiral- und Rohrlinien (BEZIER-Kurven) überführt.

(3) Aus den Spiral- und Rohrlinien (Spline) von (2) wird eine BEZIER-Fläche erzeugt, die als doppelt gekrümmte netzförmige Näherungsfläche, gebildet aus einer Menge von Punkten, definiert ist. Diese Punkte werden in der jeweiligen Parameterrichtung zu Splines zusammengefaßt, wobei mindestens zwei Splines pro Parameterrichtung als Flächenberandung notwendig sind.

(4) Mit Hilfe der B-Spline-Approximation wird die äußere Kontur durch segmentweise zusammengesetzte gerade und gekrümmte BEZIER-Kurvenstücke (Splines) zweidimensional konstruiert.

(5) Die aus BEZIER-Kurvenstücken (Splines) bestehende zweidimensionale Kontur wird durch Rotation in eine Rotationsfläche überführt.

(6) Die vorhandenen Geometrieelemente der BEZIER-Fläche aus (3) und der Rotationsfläche aus (5) werden miteinander verbunden und visualisiert.

(7) Durch Eingabe der Lage und des Radius wird die Verrundungsfläche als Übergangsfläche zwischen den beiden Flächen erzeugt.

(8) Der Rohransatz aus (3) wird mit End- und Zwischenradien an die Übergangsfläche aus (7) angefügt. Mittels einer Rohrfunktion wird das Rohr erzeugt. Das Verbinden erfolgt mit tangentialen Übergängen und variablen Radien.

(9) Durch Spiegeln wird das Rohr komplettiert und der Spiralgehäusekern durch Verbinden von (6) mit (8) erzeugt.

(10) Aus dem fertigen Flächenmodell wird das Volumenmodell mittels Solidfunktionen gebildet (vgl. Kap. 3.2.4).

3.3.3.2.2 Einsatz flexibler Werkzeuge zur Geometrieerzeugung

Die zunehmend wechselnden Fertigungsaufgaben in Form veränderlicher Werkstückgeometrien, Genauigkeitsanforderungen, Werkstoffe und Bearbeitungsverfahren bedingen auch einen Einsatz flexibler Werkzeuge und Werkzeugwechselsysteme. Durch das Werkzeug wird die Qualität der Geometrieerzeugung am Werkstück unmittelbar bestimmt.

Ausgehend von den im **Bild 3.3.3.2-3** dargestellten Grundprinzipien der Werkstückgeometrieerzeugung besitzen die geometrisch ungebundenen Verfahren eine zunehmende Bedeutung. Dabei wird die Geometrie eines Werkstückes nicht durch ein starres Abbilden der Geometrie des Werkzeuges, sondern durch die Steuerung der Werkzeugbewegungsachsen der Fertigungseinrichtung erzeugt. Damit wird die Werkstückgeometrieerzeugung vom Werkzeug in die Maschinensteuerung verlagert. Moderne CNC-Steuerungen benutzen regelungstechnische Verfahren zur Erzeugung hochgenauer Bahnbewegungen des Werkzeuges bei der Mehrachsenbearbeitung [62] (vgl. Kap. 3.3.1.3.2, FFZ).

Typische Anwendungsbeispiele für die Werkstückgeometrieerzeugung durch CNC-gesteuerte Werkzeugbewegungsachsen sind das Formschleifen mit scheibenförmigen Universalschleifkörpern aus Diamant und Bornitrid sowie das Zirkularfräsen und das Drahterodieren.

Zusätzliche Möglichkeiten der Werkstückgeometrieerzeugung ergeben sich, wenn automatisch im Werkzeug oder im Werkzeugträger eine Zustellbewegung der Werkzeugschneide ausgelöst wird. Solche Plan- und Ausdrehwerkzeuge mit automatischer Zustellbewegung zeichnen sich durch eine hohe Flexibilität aus, indem sie für alle artverwandten Verfahren des Drehens und Bohrens einsetzbar sind. [49]

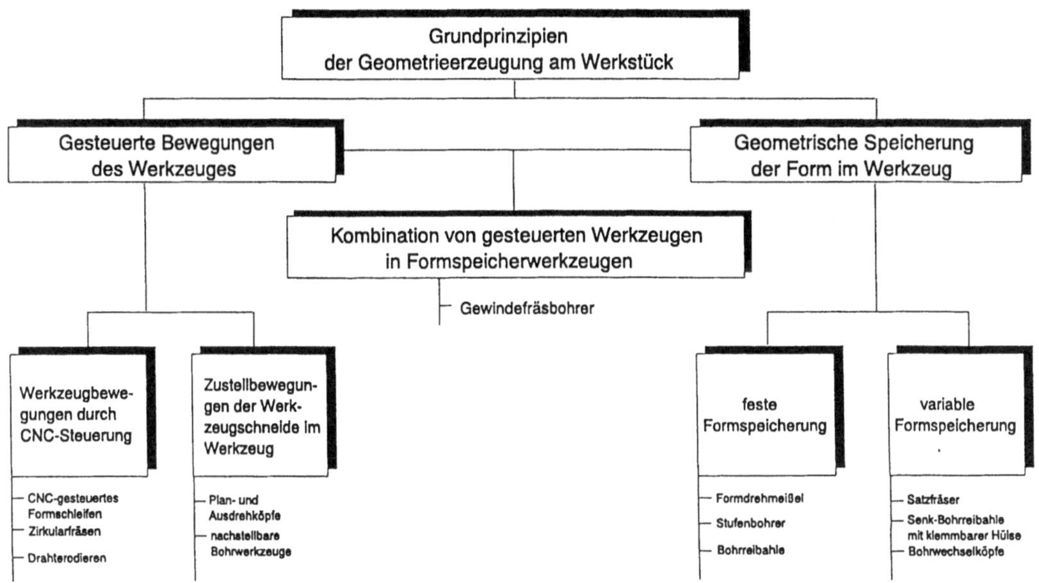

Bild 3.3.3.2-3:   Grundprinzipien der Werkstückgeometrieerzeugung nach [49]

Die spanende Bearbeitung komplizierter Werkstückgeometrien, wie sie z.B. bei der Komplettbearbeitung gehäuseförmiger Werkstücke auf Bearbeitungszentren auftritt, erfordert mehrere Werkzeugwechsel und einen relativ hohen Bedarf an unterschiedlichen Werkzeugen.

Dies führte zur Entwicklung flexibler Werkzeugwechselsysteme, die einen hauptzeitparallelen automatischen Werkzeugaustausch gestatten [35]. Die Basis für den flexiblen Werkzeugaustausch bei Auftragswechsel bzw. infolge Werkzeugverschleiß bilden Werkzeugwechselkassetten und Kassettenmagazine mit rechnergeführtem Toolmanagement.

Das **Bild 3.3.3.2-4** zeigt das Prinzip des Werkzeugaustausches bei einem Auftragswechsel durch Werkzeugwechselkassetten und Kassettenmagazine sowie den Werkzeugwechsel zwischen einem Kettenmagazin und der Arbeitsspindel einer Fertigungseinrichtung (vgl. Kap. 3.3.1.3.3, auch 3.3.1.3.2).

Steht ein schneller und ausreichender Werkzeugspeicher zur Verfügung und können mehrere Werkstückformelemente mit einem Werkzeug hergestellt werden, ist der Einsatz von Formspeicherwerkzeugen gegeben. Das **Bild 3.3.3.2-5** zeigt ein Beispiel eines flexiblen Formspeicherwerkzeuges, in das mehrere Einzelwerkzeuge kombiniert und zusammengeführt werden können. Eine weitere recht flexible Werkstückgeometrieerzeugung kann durch die Kombination eines Formspeicherwerkzeuges mit der Maschinensteuerung verwirklicht werden. Beispiele dafür sind das Gewindefräsbohren nach [65], indem von der CNC-Steuerung der Fertigungseinrichtung die Schraubeninterpolation ausgeführt wird und mittels eines Kombinationswerkzeuges das Bohren, Ansenken und Gewindefräsen erfolgt.

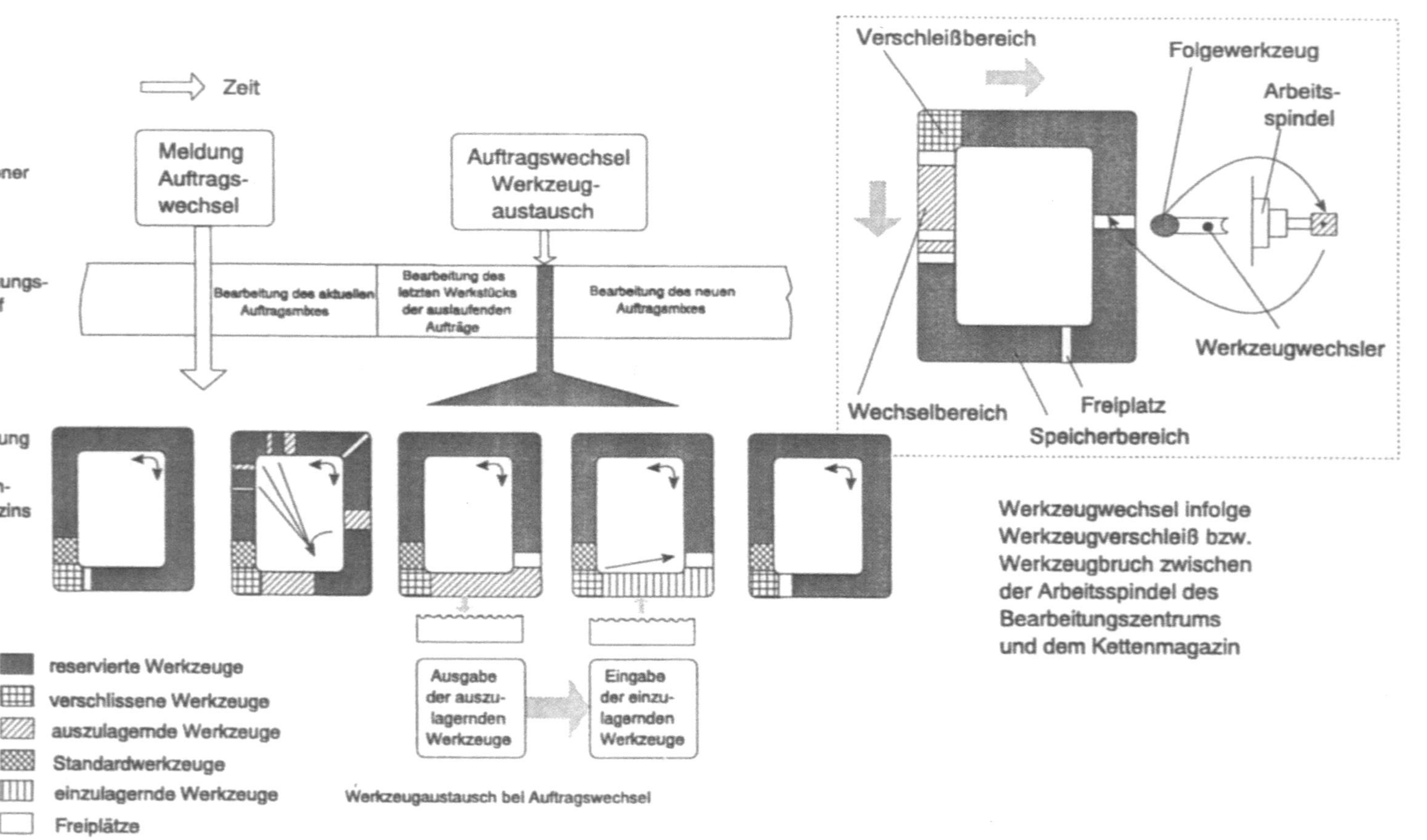

Bild 3.3.3.2-4:   Prinzip des Werkzeugaustausches bei Auftragswechsel und bei Werkzeugenverschleiß nach [35]

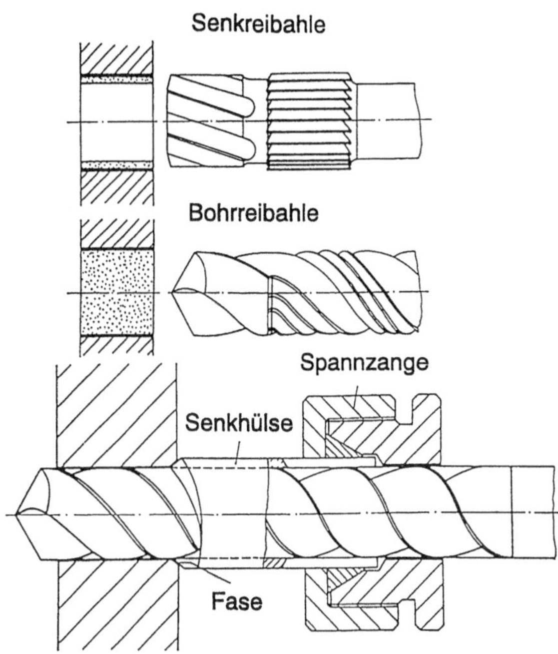

Bild 3.3.3.2-5:   Senk-Bohrreibahle mit klemmbarer Senkhülse nach [49]

Insgesamt muß eingeschätzt werden, daß die Entwicklung von flexiblen Werkzeugen zur Erzeugung von Werkstückgeometrien erst am Anfang steht und weiterer experimentell-empirischer Untersuchungen bedarf.

3.3.3.2.3 Optimierung von Fertigungsschritten

Bei der Optimierung von Fertigungsschritten geht es nicht nur um die optimale Gestaltung von Arbeitsplänen (Arbeitsvorgänge und ihre Reihenfolge), sondern grundsätzlich um weitere Maßnahmen einer Reduzierung der Durchlaufzeiten eines Produktes (Einzelteil oder Baugruppe) in den Funktionsbereichen der Arbeitsplanung, Fertigung und Montage.

Den Ausgangspunkt der Betrachtungen bildet die zu realisierende Fertigungsaufgabe, die als eine Folge von Fertigungsschritten den Übergang vom Rohteil bzw. Halbzeug zum Fertigteil bzw. Endprodukt charakterisiert. Dabei ist sowohl ein direkter Übergang als auch die Erzeugung von Zwischenzuständen möglich.

Die ganzheitliche Betrachtungsweise enthält für die Optimierung der Fertigungsschritte somit konkrete Maßnahmen der *Optimierung der Fertigungsreihenfolge*, der *Gestaltung stufenarmer Bearbeitungs- und Behandlungsprozesse* sowie der *Reduzierung des Aufwandes von Materialfluß- und Logistikprozessen.*

Die Möglichkeiten einer **Optimierung der Fertigungsreihenfolge** sind zunächst durch die rechnerunterstützte Erstellung von Arbeitsplänen für die Fertigung und Montage nach dem Varianten- oder Generierungsprinzip gegeben (vgl. Kap. 3.2.7.1.1).

Das **Variantenprinzip**, das auf vorhandenen Lösungen basiert, hat eine weite Verbreitung auf Grund relativ geringer Hardware- und Entwicklungskosten gefunden, seine Ergebnisse werden jedoch stark vom Erfahrungswissen des jeweiligen Nutzers geprägt. Das **Generierungsprinzip** unterstützt die Entscheidungsfindung des Nutzers, indem es prozeßrelevante Planungsdaten und Entscheidungslogiken gespeichert hat und führt zu reproduzierbaren Ergebnissen für zukünftige Weiterentwicklungen.

Die Anwendung dieser CAP-Systeme setzt bestimmte **Klassifizierungsmethoden** auf der Grundlage typisierter Prozeßstufen voraus. Die Klassifizierungsmethoden werden zur Ordnung und Analyse von Teilesortimenten und anderen Objektmengen angewendet, um Aussagen über Strukturen und Prozeßzusammenhänge zu erkennen. Ein breites Anwendungsfeld besitzt dafür die **Gruppentechnologie**, die Teile ähnlicher geometrischer, fertigungsorganisatorischer oder informationeller Struktur zu Gruppen oder Teilefamilien zusammengefaßt, die gemeinsam auf einer Fertigungseinrichtung bearbeitet und somit leichter gehandhabt werden können und mit kürzeren Durchlaufzeiten auskommen. (Vgl. Kap. 2.5 u. 3.3.1.3.2, FFI.)

Als mathematisch-statistische Methode zur Klassifizierung eignet sich beispielsweise die **Clusteranalyse**, mit deren Hilfe die Unähnlichkeit zweier Teile (Objekte) im Vergleich zueinander durch sogenannte Distanzfunktionen unter Berücksichtigung vorgegebener mathematischer Zielfunktionen (z.B. Optimierung der Fertigungsreihenfolge und Auswahl der Fertigungseinrichtungen) quantifiziert wird. Die so ermittelten Distanzen, die in Form einer Distanzmatrix vorliegen, werden zur Strukturierung der Teilemengen (Objektmenge) in der Clustermenge verwendet. In Relation zu aufwendigen visuellen Verfahren steht mit der Clusteranalyse ein flexibles Verfahren zur gruppentechnologischen Zuordnung von Teilemengen (Objektmengen) zur Verfügung, das eine Fertigungsreihenfolgeoptimierung gestattet.

Stufenarme Bearbeitungs- und Behandlungsprozesse tragen wesentlich zur Optimierung der Fertigungsschritte und damit zur Reduzierung der Durchlaufzeit eines Fertigungsauftrages bei. Das Ziel besteht im wesentlichen darin, den Endzustand der Fertigteile hinsichtlich ihrer Geometrie, Abmessungen, Oberflächenqualität und ihres Werkstoffzustandes mit der geringsten Anzahl von Arbeitsgangfolgen zu erreichen. Das trifft sowohl für die Roh- und Fertigteilbearbeitung als auch für Wärmebehandlungs- und Beschichtungsprozesse zu.

Möglichkeiten der Optimierung der Rohteilfertigung bietet einerseits die **Verfahrensintensivierung** durch Einsatz progressiver Verfahren der Ur- und Umformtechnik wie beispielsweise des Feingießens, Flüssigpressens, Druckgießens, gratlosen und gratarmen Gesenkschmiedens sowie des Profilierens von Leichtbauprofilien, andererseits die **Verfahrenssubstitution**. Letzteres Verfahren führt zu einem äußerst stufenarmen Bearbeitungsprozeß gepaart mit einem optimalen Werkstoffverbund. Als Beispiele dafür werden die Substitution des Schmiedens durch Gießen bzw. des Gießens durch pulvermetallurgische Verfahren angeführt. Das **Bild 3.3.3.2-6** zeigt die Reduzierung der Arbeitsgangfolgen durch eine Verfahrenssubstitution bei der Fertigung von Förderspindeln für Schraubenpumpen [63].

Die stufenarme Fertigteilbearbeitung erfolgt hauptsächlich durch *Verfahrensintegration* und *Verfahrensoptimierung*. Die **Verfahrensintegration** ist gekennzeichnet durch eine zuneh-

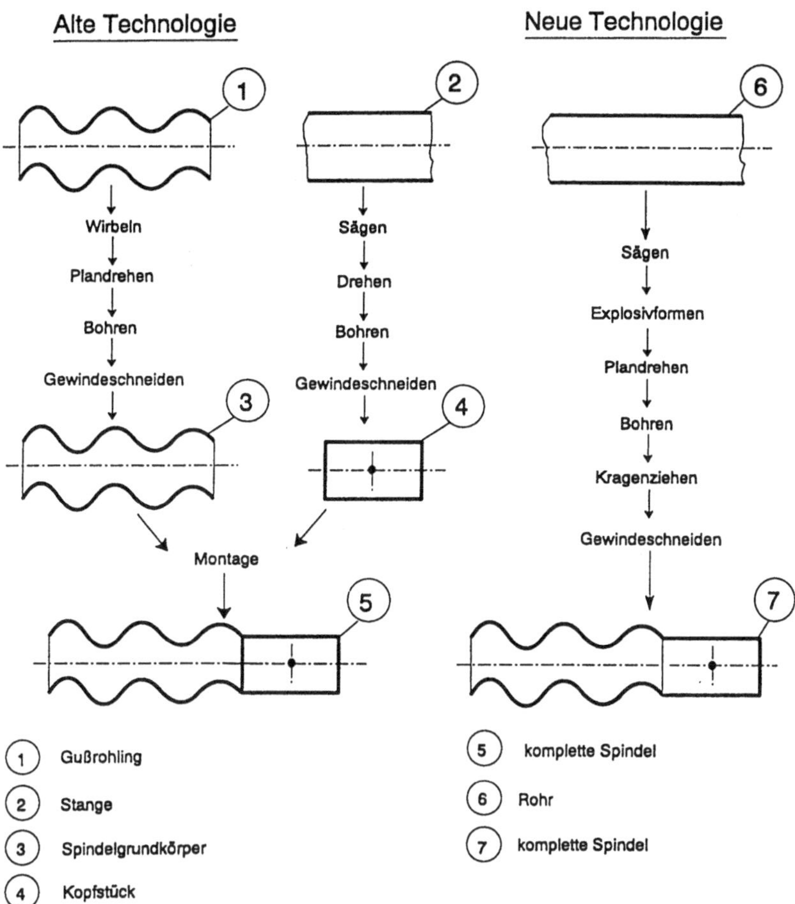

Bild 3.3.3.2-6: Prozeßstufenreduzierung durch Verfahrenssubstitution zur Fertigung von Förderspindeln für Schraubenpumpen [63]

mende Komplettbearbeitung der Teile auf Drehmaschinen und Bearbeitungszentren, durch eine Zusammenfassung von Dreh,- Bohr- und Fräsverfahren sowie artverwandten Verfahren in möglichst einer Aufspannung des zu bearbeitenden Teiles.

Durch die Anwendung neuester Methoden der Dialogtechnik der werkstattorientierten NC-Programmierung (vgl. Kap. 3.2.7.2) besteht mit der grafischen Prozeßsimulation die Möglichkeit, auf dem Bildschirm der CNC-Maschine in Echtzeit die gesamten Arbeitsgangfolgen einschließlich der Auswahl und des Einsatzes von Werkzeugen, Vorrichtungen und Prüfmittel ablaufen zu lassen und den Bearbeitungsvorgang auf Programmierfehler und Kollisionen hin zu überprüfen. Solche interaktiven Programmiersysteme führen zu einer **Verfahrensoptimierung** beim Drehen, Bohren/Fräsen und Schleifen sowie bei der Blechbearbeitung [9] (vgl. Kap. 3.3.1.3.2, CNC-M.).

An die termin- und bedarfsgerechte Ver- und Entsorgung von Werkstücken, Baugruppen, Vorrichtungen, Werkzeugen, Prüfmitteln u.a. werden durch die Reduzierung der Fertigungsschritte und Durchlaufzeiten höhere Anforderungen gestellt, so daß auch die **Materialfluß- und Logistik-Prozesse** gleichermaßen **optimiert** werden müssen. Durch den Einsatz von Simulationsmethoden sowie rechnergeführten Transportsystemen (Linientransportroboter, CNC-Kran u.a.), Werkstückträgereinheiten, Regalbediengeräten und anderen Handhabungseinrichtungen wird versucht, Lager- und Transportoperationen mit Hilfe einer durchgängigen Prozeßplanung und Ablaufsteuerung einzusparen, um dem stufenarmen Fertigungsprozeß zu entsprechen (vgl. Kap. 3.3.1.6/7). Der Trend zur Reduzierung der Durchlaufzeiten wird sich fortsetzen und sich zu einem entscheidenden Kriterium der Wettbewerbsfähigkeit eines Unternehmens herausbilden.

3.3.3.3 Ansätze zur Steigerung der Prozeßsicherheit

Prozeßsicherheit bezeichnet die Eigenschaft eines definierten Prozesses, unter dem Einfluß von Störungen innerhalb eines zulässigen Redundanzbereiches die Wandlung der vorgegebenen Eingangsgrößen (Sollwerte) mit Einhaltung der geforderten Qualität in entsprechende Ausgangsgrößen (Istwerte) zu gewährleisten.

Das bedeutet, daß trotz Störwirkungen durch die Unzuverlässigkeit einzelner Prozeßelemente (fehlende Verfügbarkeit) bzw. durch eine unzureichende Ermittlung von erforderlichen Prozeßvoraussetzungen und Prozeßbedingungen sowie durch Verstöße gegen die technologische Disziplin die vorgegebenen Fertigungsaufgaben mit der entsprechenden Qualität bei Einhaltung zulässiger Toleranzen zu erfüllen sind. Mit zunehmender Automatisierung entstehen auch zunehmend kompliziertere Teilprozesse, die ein völlig neues Niveau der Prozeßbeherrschung in Form des Rechnereinsatzes erfordern.

Um die Funktion des CIM-Gesamtprozesses jederzeit garantieren zu können, bedarf es einer *sicheren Prozeßauslegung* und einer *stabilen Prozeßführung und -überwachung*.

3.3.3.3.1 Sichere Prozeßauslegung

Eine sichere Prozeßauslegung sollte sich an den zu erreichenden Qualitätszielen orientieren und sowohl die Stabilität als auch die Zuverlässigkeit der einzelnen Teilprozesse als wichtige Einflußfaktoren berücksichtigen.

Qualität und ihre prozeßbedingten Einflußgrößen werden in Kap. 3.3.2.1 beschrieben. Zur Beurteilung der Prozeßsicherheit wird dafür nach [26] der Prozeßfähigkeitsindex herangezogen, der sich aus der Standardabweichung einer Meßwerthäufigkeitsverteilung und dem Abstand des Mittelwertes von den Toleranzgrenzen erzeugbarer geometrischer Qualitäten ermittelt.

Die Fähigkeit eines Prozesses zur qualitätsgerechten Produktion ist jedoch weiter zu fassen und wird entscheidend von der Beherrschbarkeit der Regelung der den Prozeß beeinflussenden technischen *und* organisatorischen Parameter zu den vorgegebenen Sollwerten beeinflußt und umfaßt somit auch die Qualität der Umwelt, der Methoden, der Hard- und Software, des Materials und auch der Mitarbeiter.

Aus dem **Bild 3.3.3.3-1** ist ersichtlich, daß die Regelung dieser Einflußparameter eine Vermaschung verschiedener Qualitätsregelkreise vom Kundenauftrag bis zum fertigen Produkt enthält und bezüglich ihres hierarchischen Aufbaues von der Organisationsstruktur eines Unternehmens geprägt wird. [27]

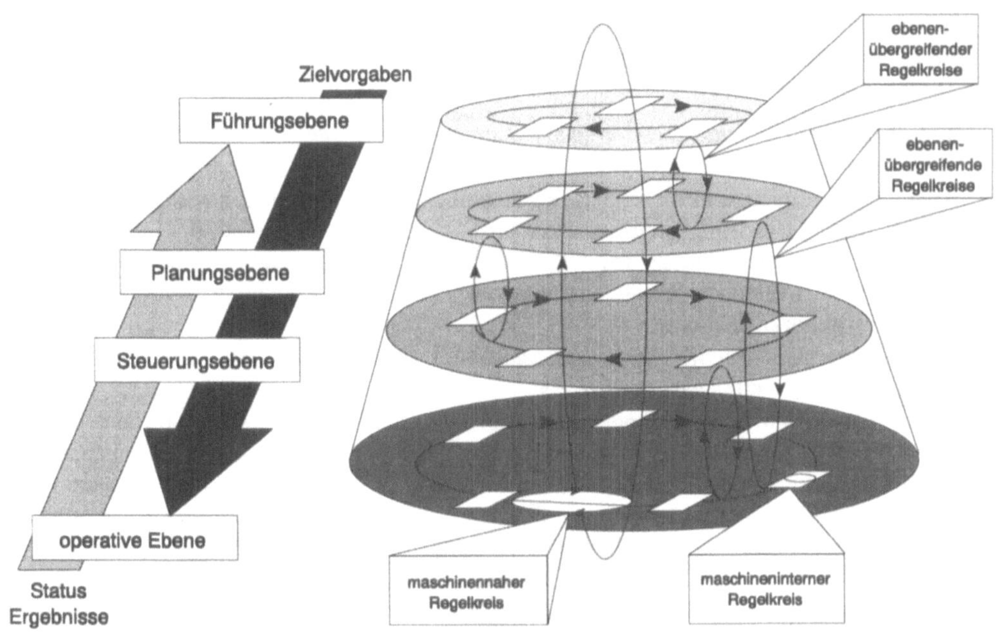

Bild 3.3.3.3-1:   Struktur technischer und organisatorischer Qualitätsregelkreise nach [27]

Der Aufbau einer integrierten rechnerunterstützten Qualitätssicherung ist in diesem Zusammenhang eine der wichtigsten Komponenten, die für eine sichere Prozeßauslegung in der Unternehmensstrategie unbedingt Eingang finden muß (vgl. Kap. 3.3.2.4).

Ausgehend von der **Anforderungsliste** (vgl. Bild 3.3.2.2-1), ist der Gesamtprozeß so zu konzipieren, daß der überwiegende Teil von Störungen schnell und sicher beherrscht werden kann. Das trifft auch für alle **logistischen** Versorgungs- und Entsorgungsfunktionen zu, die im Zusammenhang mit der Beschaffung, Herstellung und Verteilung von Produkten stehen.

Die **Produktionsplanung und -steuerung** kann als Ordnungsrahmen für einen ganzheitlichen und zielgerichteten Ablauf der Prozesse angesehen werden (vgl. Kap. 3.4). In Form von **Netzplänen** werden der Produktionsplanung und -steuerung auf der Grundlage des **Hauptproduktionsplanes** alle innerhalb eines Jahres erforderlichen Daten über Lagerbestände, Nachfrageprognosen, Art und Anzahl der Aufträge sowie verfügbarer Kapazitäten u.a. übergeben (vgl. Kap. 3.4.3.3).

Nach Gottschalk [32] ist eine sichere Auslegung des CIM-Prozesses nur schrittweise mit *aufwärtskompatiblen Niveaustufen* zu realisieren (vgl. Kap. 2.4 bis 2.6).

Folgende Realisierungsschritte werden vorgeschlagen:

(1) *Schaffung von Voraussetzungen für die Automatisierung jedes Funktionsbereiches eines Unternehmens.*

Die organisatorischen Abläufe zur Auftragsabwicklung zwischen den Funktionsbereichen des CIM-Prozesses nach Bild 3.3.3.1-1 sind für eine spätere rechnerunterstützte

Arbeitsweise festzulegen und aufzubereiten. Dabei sollten die Schnittstellen und die Informationsübergabe nach Menge, Art und zeitlicher Kopplung zwischen den einzelnen Teilprozessen definiert werden.

(2) *Aufbau funktional abgegrenzter autonomer Systembausteine mit automatisiertem Informationsfluß.*

Diese sind beispielsweise dezentrale Rechnerarbeitsplätze mit integrierfähigen Schnittstellen zwischen den Funktionsbereichen des CIM-Prozesses nach Bild 3.3.3.1-1 sowie PPS-Leitstände, die zunächst eine Off-line-Kopplung des Informationsaustausches zwischen den zu steuernden Fertigungseinrichtungen und den hierarchisch übergeordneten Rechnern verwirklichen.

(3) *Schaffung teilintegrierter Funktionsbereiche durch On-line-Kopplung von Systembausteinen über definierte Schnittstellen.*

Auf der Basis von Netzwerktopologien mit einheitlichen BUS-Strukturen wird eine On-line-Kopplung einzelner Funktionsbereiche nach Bild 3.3.3.1-1 und der Informationsaustausch über definierte Schnittstellen erreicht. Die Grundlage dafür bilden rechnerinterne Produktdatenmodelle, die beispielsweise eine Transformation geometrieorientierter Daten in fertigungstechnische Daten der NC-Fertigung über die definierten Schnittstellen IGES, VDAFS, STEP, CLDATA u.a. ermöglichen (vgl. Kap. 3.2.5).

(4) *Integration aller Funktionsbereiche eines Unternehmens in eine umfassende Struktur mit durchgängigem Informationsfluß in Rechnerverbundnetzen.*

Mittels hierarchischer Kommunikationsstrukturen werden die informationstechnischen Ressourcen zwischen den einzelnen Teilprozessen effektiver und sicherer gestaltet.

Die Grundlage dafür bilden Protokolle (z.B. MAP), in denen eine Vielzahl von Parametern, Funktionen und Festlegungen vereinbart sind. Angesichts der Komplexität des CIM-Prozesses sind in allen Hierarchieebenen Protokollarchitekturen für offene Systeme vorzusehen.

(5) *Einfügen von wissensbasierten Systemen zur erweiterten Entscheidungsfindung.*

Wegen der zunehmenden Komplexität des CIM-Prozesses reichen konventionelle Methoden, wie beispielsweise die Verwendung von **Entscheidungstabellen** in Form von relationalen Datenbanken (vgl. Kap. 3.2.6 u. 3.2.7.1) für eine Steigerung der Prozeßsicherheit nicht mehr aus und müssen durch qualitativ neue Methoden der Erfassung, Modellierung und Strukturierung von technischem Wissen, z.B. durch wissensbasierte Systeme bzw. Expertensysteme, ersetzt werden (vgl. Kap. 3.3.1.3.6 u. 3.3.2.4.6).

(6) *Verknüpfung lokaler betrieblicher Netze zu regionalen Netzen.*

Analog zu den bereits existierenden regionalen Netzen bei Banken, Handels-, Dienstleistungs- und Verkehrseinrichtungen sind auch einzelne lokale Netze der Unternehmensbereiche von CIM-Prozessen zu größeren regionalen Kommunikationsstrukturen (regionale Netze) (vgl. Kap. 3.3.1.3.5) zu verknüpfen, damit z.B. das **KANBAN**-Prinzip mit Durchlaufzeit- und Bestandssenkungen dann angewendet werden kann (vgl. Kap. 3.4.4.2).

Für eine sicherere Prozeßauslegung von CIM sind auch die gegenwärtig mit unterschiedlicher Nutzerakzeptanz verfügbaren Werkzeuge für die CA-Techniken zu vervollkommnen und unter dem Aspekt einer späteren Integrierbarkeit weiter zu entwickeln.

Solche Werkzeuge sind beispielsweise:
- **Auskunftssysteme**, die einmal erfaßte vergangenheits- und zukunftsorientierte Daten in gewünschter Form bereitstellen.
- **Methodenbanken** als rechnerunterstützte Systeme zur Speicherung und Verwaltung von Programmen für Berechnungs-, Planungs- und Simulationsmethoden.
- **Simulationsmethoden** für das modellhafte Abbilden des Ablaufes und Verhaltens von Prozessen einschließlich der Prozeßelemente.
- **Computer-Grafik-Systeme**, in denen Elemente des Software-Systems nicht über Kommandos, sondern über Programmodule erzeugt werden können.

Zu einer sicheren Prozeßauslegung gehört auch die Testung und Beurteilung der Leistungsfähigkeit der Hard- und Software durch einen **Benchmark-Test**, der unter Anwenderbedingungen durchgeführt werden sollte.

3.3.3.3.2 Stabile Prozeßführung und -überwachung

Der CIM-Prozeß als ein stochastischer Prozeß ist trotz der Einbindung von rechnerunterstützenden Methoden für eine sichere Prozeßauslegung auch weiterhin Störeinflüssen ausgesetzt. Die Erhaltung des funktionsfähigen Zustandes und die möglichst schnelle Wiederinstandsetzung bei Ausfall lassen zunehmend Probleme der Prozeßbeherrschbarkeit, der Datenkommunikation, der Zuverlässigkeit, der Bedienung und Überwachung sowie der Instandhaltung ins Blickfeld rücken.

Deswegen sind Prozeßführungs- und -überwachungssysteme einzusetzen, die auftretende Prozeßanomalien erkennen und lokalisieren können, um entsprechende Gegenmaßnahmen einzuleiten.

Der erfolgreiche Einsatz solcher Prozeßführungs- und -überwachungssysteme setzt zunächst eine Schwachstellenanalyse voraus, die die prozeßbedingten Störungen nach Art, Häufigkeit und zeitlicher Dauer ausweist. Diese Schwachstellenanalyse ist sowohl für einzelne Funktionsbereiche und Prozeßelemente als auch für den Gesamtprozeß durchzuführen. Prozeß- und prozeßelementbezogene Untersuchungen über Störungen und Ausfallverhalten von integrierten Fertigungsabschnitten, Fertigungszellen mit Beschickungsrobotern und CNC-gesteuerten Bearbeitungszentren ergaben, daß bei 22 untersuchten integrierten Fertigungsabschnitten über 76% aller Störungen auf Mängel in der Organisation zurückzuführen waren [32]. Analog trifft diese Erkenntnis auch auf 39 untersuchte Fertigungszellen mit Beschickungsrobotern zu, bei denen der Anteil organisatorisch bedingter Störungen über 43% betrug [32]. Auch für NC-Maschinen und Bearbeitungszentren sowie für flexible Fertigungssysteme wurden die Ausfallursachen ermittelt [84]. Hier zeigte sich ein relativ hoher Anteil von Steuerungsausfällen und von Problemen der Werkstück-Werkzeug-Versorgung sowie der Betriebsmittel und Materialwirtschaft.

Für eine stabile Prozeßführung und -überwachung ist auch die Ausfalldauer von entscheidender Bedeutung. Im **Bild 3.3.3.3-2** sind die Zeitanteile erläutert, die die Ausfalldauer einer Anlage bestimmen. Mit der Entwicklung der Sensorik und Rechentechnik entstanden völlig neue Möglichkeiten der Diagnose. Durch wenige Sensoren und Auswerteeinrichtungen und unter Verwendung flexibler Auswertestrategien können eine Vielzahl von charakteristischen prozeßspezifischen Störungen erkannt werden.

Um möglichst verwertbare Aussagen zur Schwachstellenanalyse zu erhalten, ist es notwendig, auf Datensammlungen zurückzugreifen.

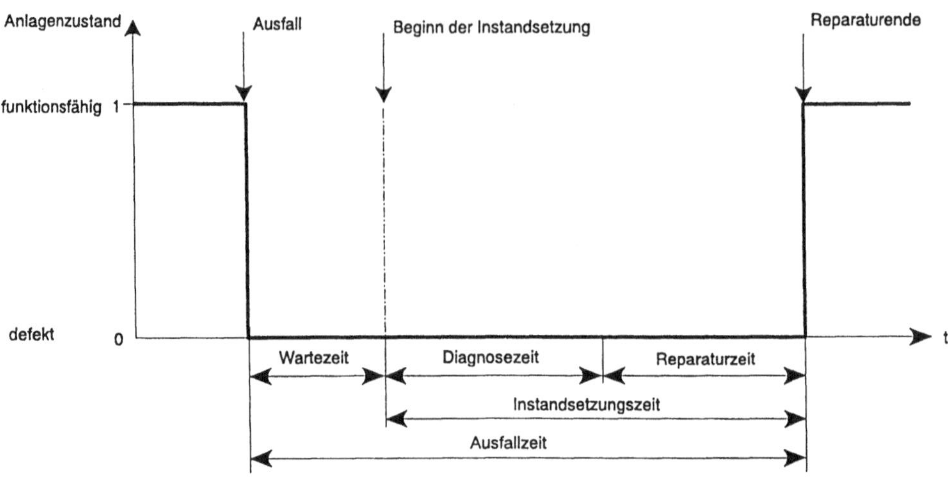

Bild 3.3.3.3-2:   Zeitanteile bei einem Ausfall einer Anlage nach [84]

Hierarchisch strukturierte Prozesse wie der CIM-Prozeß können nur durch Bildung möglichst autarker Funktionseinheiten die Verfügbarkeit des Gesamtprozesses sichern. Das
sich daraus ableitende Anforderungsprofil an die Hard- und Software ergibt sich aus den
prozeßspezifischen Wechselbeziehungen zwischen den einzelnen Funktionseinheiten sowie
den erforderlichen Echtzeitbedingungen des Prozeßablaufes und der für die Steuerung des
Gesamtprozesses notwendigen Soll- und Istdaten, Erfassungszyklen, Datenübertragungsraten und Zustandsprotokollierungen.

Die Darstellungen zeigen einerseits eine Vielzahl zu beachtender Ziel-, Prozeß- und
Funktionsaspekte, die eine ganzheitliche Betrachtung bedingen, jedoch auch andererseits,
daß die Beherrschung des CIM-Prozesses eine Dekomposition erfordert.

Ein Prozeßführungs- und Überwachungssystem dient der rechnerunterstützten Diagnose,
Überwachung, Steuerung, Führung und Planung von Mengen-, Qualitäts-, Zustands-,
Zeit- und Kostenparametern auf verschiedenen Ebenen des CIM-Prozesses und ist vorrangig in die informationstechnische Kette *Leitrechner-Zellenrechner-Steuerung im prozeßnahen Bereich* einzubinden (vgl. Kap. 4.5). Bewährt haben sich dafür gegenwärtig
Leitstände zur interaktiven Unterstützung des Menschen bei der Entscheidung für einen
optimalen Prozeßablauf. Auf der Grundlage von Betriebs-Daten-Erfassungen (BDE) können in rechnerunterstützten Leitständen unter Anwendung bestimmter Simulationsmethoden eine Beurteilung von Zeit- und Kapazitätsplanungen, Steuerungsstrategien, Auftragsterminüberschreitungen sowie eine Generierung von Durchlauf- und Logistikplanungen
genutzt werden (vgl. Kap. 3.4).

In jüngster Zeit zeichnen sich Entwicklungen ab, eine Einbindung wissensbasierter Komponenten in die Produktionsplanung und -steuerung vorzunehmen [47,54]. Der wissensbasierte Ansatz beinhaltet Entscheidungsregeln zum Abweichungsverhalten der einzelnen
Kostenstellen und deren Auswirkungen auf das Gesamtsystem. Die Analyse aller Kostenstellen mit relevanten Abweichungen kann dadurch vollständiger und mit weniger Fehlern

behaftet sowie auch sicherer durchgeführt werden, als es durch menschliche Tätigkeiten allein möglich wäre. Als Konzept für die Zukunft wird die Entwicklung einer Daten- und Funktionsarchitektur für ein verteiltes Leitstandssystem vorgeschlagen, das dem Benutzer auf jeder Entscheidungsebene den erforderlichen Spielraum intelligenter Entscheidungen zur Verfügung stellt und die Kommunikation über eine Blackboard-Architektur ermöglicht.

Die qualitativ neuen Möglichkeiten von wissensbasierten Systemen bzw. Expertensystemen sind im wesentlichen darin begründet, daß auf Grund von implementiertem Expertenwissen die Entscheidungsfindung von Prozeßabläufen objektiver und damit sicherer erfolgen kann. Im **Bild 3.3.3.3-3** sind die Ergebnisse des Einsatzes von mehr als 200 realisierten wissensbasierten Systemen in verschiedenen Produktionsbereichen dargestellt. Man erkennt eine starke Konzentration dieser Systeme in Bereichen der Produktionsvorbereitung und -durchführung. Service und Schulung zeigen einen geringeren Einsatz. In der Fertigung und Instandhaltung haben wissensbasierte Diagnose- und Überwachungssysteme absolute Priorität und werden bei der Sicherung des Kundenservice zukünftig eine wichtige Unterstützung liefern. Einsatzschwerpunkte im CAD-Bereich sind die Selektion und Planung komplexer Systeme. Im CAP-Bereich ist die Entwicklung leistungsfähigerer Planungssysteme mit komplexer Aufgabenstruktur erforderlich.

In der konzeptionellen Planungsphase ermöglicht vor allem die Simulation eine Beurteilung unterschiedlicher Prozeßauslegungen und einen Vergleich zu alternativen Strategien. Das Ergebnis dieser Simulation besteht in einem relativ umfangreichen Datenaufkommen. In weiteren Simulationsläufen ist das Simulationsmodell qualitativ zu verbessern. Diese Möglichkeit bleibt in den überwiegenden Fällen erfahrenen Experten vorbehalten, die in der Lage sind, die relevanten Prozeßzusammenhänge für eine Optimierung zu erkennen

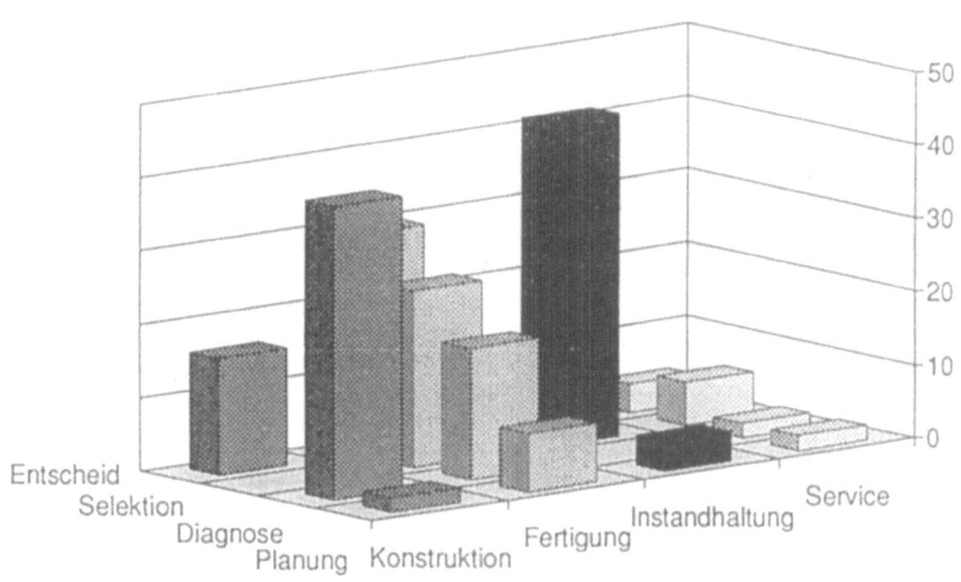

Bild 3.3.3.3-3:   Einsatzschwerpunkte wissensbasierter Systeme im Maschinenbau nach [81]

und eine Verbesserung vorzunehmen. Es liegt also nahe, ein Simulationsmodell mit einem wissensbasierten System zu kombinieren bzw. beide zu integrieren.

Die Gründe für die Probleme einer nicht durchgängigen Wissensverarbeitung haben ihren Ausgangspunkt in der unvollständigen rechnerinternen Produktbeschreibung und in den teilweise veralteten Datenstrukturen.

Den überwiegenden Teil der heute eingesetzten wissensbasierten Systeme stellen interaktive Systeme dar, die den Benutzer im Rahmen eines alpha-numerischen Dialogs bestimmte Auskünfte erteilen.

Die praktischen Realisierungen zeigen einerseits neue Perspektiven für wissensbasierte Systeme auf, sie machen jedoch auch viele Schwierigkeiten sichtbar, die bei der Entwicklung auftreten. Der Aufwand für die Entwicklung wissensbasierter Lösungen ist gegenwärtig noch relativ hoch. Die Ursachen dafür liegen in einer mangelhaften wissenschaftlichen Durchdringung der Methodik zur Wissensaufbereitung, im Fehlen von leistungsfähigen und nutzerfreundlichen Unterstützungswerkzeugen (Shells) sowie in vorhandenen Restriktionen durch die Hardware.

3.4 CIM-Kette *Produktionsplanung und -steuerung - PPS*

3.4.1 Definition, Bedeutung und Aufbau der PPS

Produktionsplanung und -steuerung, ein Begriff, der Ende der siebziger Jahre entstand, bezeichnet den Einsatz rechnerunterstützter Systeme (PPS-Systeme) zur organisatorischen Planung, Steuerung und Überwachung der Produktionsabläufe im weitesten Sinne und betriebsweit von der Angebotsbearbeitung bis zum Versand unter Mengen-, Termin- und Kapazitätsgesichtspunkten [68].

Die große Bedeutung der PPS leitet sich aus der Komplexität der Abläufe in Industriebetrieben her, die von Personen intuitiv nicht beherrschbar sind. PPS-Methoden stehen heute zur Verfügung für die unterschiedlichsten betrieblichen Erfordernisse. So wird PPS in Betrieben ohne CIM verbreitet genutzt, in anderen wird PPS als CIM-Teilbereich gemäß Bild 1.3.2-1 sowie Kap. 2.3.2 und 2.6 angesehen, teilweise sogar als sich anbietender CIM-Kristallisationspunkt.

Bild 3.4.1-1 zeigt die nachfolgend benutzte funktionale Gliederung der PPS. Mit der **Produktionsprogrammplanung** wird festgelegt, was der betreffende Betrieb überhaupt bearbeiten möchte. Ihre Ergebnisse sind somit die Basis für alle weiteren Planungen. Ein typisches Erscheinungsbild hierzu liefern Betriebe der Serienfertigung. Beim Einzelfertiger tritt an ihre Stelle die völlig **kundenauftragsbezogene Planung**. Im Rahmen der **Materialwirtschaft**, auch **Mengenplanung** genannt, werden Bedarfe, z. B. von Rohmaterialien, insbesondere periodenbezogen ermittelt. In der **Zeitwirtschaft/Termin- und Kapazitätsplanung** geht es um die Planung des zeitlichen Ablaufs der Aufträge bzw. der zeitlichen Inanspruchnahme betrieblicher Kapazitäten, wie Personal und Maschinen. Bei der **Auftragsveranlassung** werden nach erfolgreichen Überprüfungen der erforderlichen Voraussetzungen, wie Materialverfügbarkeit, Auftragsanstöße (Freigaben) ausgelöst. Geht man von der realistischen Einschätzung aus, daß im Betrieb immer Abweichungen von vorausgegangenen Planungen, z. B. durch Maschinenstörungen, eintreten, so wird die Bedeutung der **Auftragsüberwachung** deutlich. Auftragsveranlassung und -überwachung in der Fertigung kann heute mit kurzfristiger Disposition, Arbeitszuweisung und betrieblicher

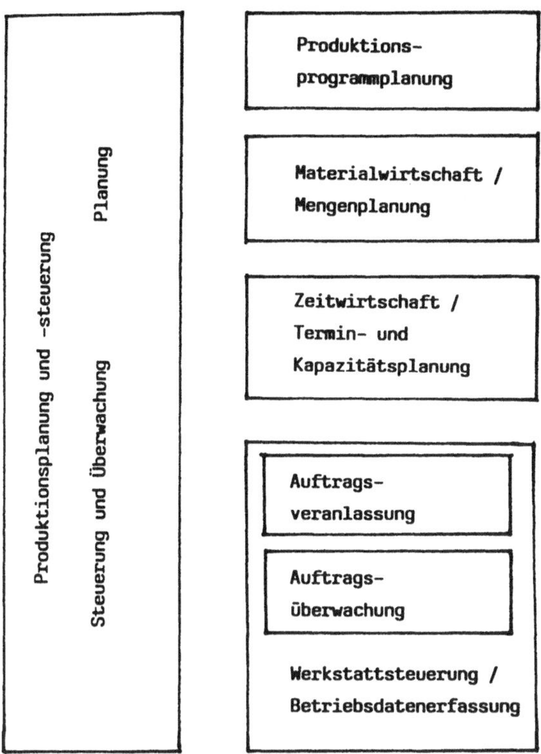

Bild 3.4.1-1: Gliederung der Produktionsplanung und -steuerung (PPS) [34, 68]

Kommunikation integriert abgewickelt werden und führt so zur sogenannten **Werkstatt-steuerung.** Die **Betriebsdatenerfassung (BDE)** unterstützt die Werkstattsteuerung mit datentechnischen Mitteln, geht aber aufgaben- und leistungsbezogen über die PPS hinaus, was wiederum für CIM interessant ist (vgl. Kap. 3.3.1.3.6).

Die nun *klassisch* zu nennenden PPS-Systeme heutiger Verbreitung sind funktional gegliedert und werden für alle Produkte des Betriebes genutzt. In vielen PPS-Anwendungen sind mittelfristige Dispositionen besonders ausgeprägt, während langfristige und kurzfristige Anforderungen nur bedingt befriedigt werden. Als Entwicklungstendenzen sind somit produktbezogene Aufgliederungen der Funktionen mit Dezentralisierungen der PPS in unterschiedlichen Ausprägungen zu erkennen, deren vernetzte Teilsysteme zusammenarbeiten. Hinzu kommen leistungsmäßige Ergänzungen außer in zeitlicher Hinsicht, insbesondere in der Erweiterung auf die Unterstützung aller Produktionsfaktoren (statt bisher häufiger Beschränkung auf Material und Kapazität), auf Integration eines leistungsfähigen Störmanagements, auf ereignisorientierte PPS-Aktionen im Material- und Informationsfluß usw. Dies alles ist bei PPS-Neuentwicklungen, insbesondere für ihren Einsatz in übergreifenden CIM-Projekten, zu beachten. Entsprechend ist die Entwicklung von PPS-Software noch längst nicht abgeschlossen [6,52,72].

3.4.2 Zielsetzungen der PPS

Gesamtziel der PPS eines Industriebetriebes ist es, die durch die Technik gegebenen organisatorischen Freiheitsgrade planend und steuernd sinnvoll auszufüllen, damit der Betrieb wirtschaftlich geführt werden kann. Hierzu gehören verwaltende und planenddispositive Aufgaben. Im einzelnen gibt es ein ganzes Spektrum von hieraus resultierenden PPS-Zielsetzungen, die untereinander z. T. gegenläufig sind, wie **hohe Termintreue** der betrieblichen Leistungen, **hohe und gleichmäßige Kapazitätsauslastung, geringe Lagerbestände, kurze Durchlaufzeiten** von Aufträgen nicht nur in der Fertigung sondern auch in den vorgelagerten Bereichen, **geringe Werkstattbestände, hohe Lieferbereitschaft, geringe Beschaffungskosten, hohe Materialverfügbarkeit, hohe Flexibilität** des Betriebs, z. B. auf Nachfrageveränderungen, **hohe Auskunftsbereitschaft** [34] (vgl. Kap. 4.3).

Unter zunehmender Marktorientierung der Betriebe haben sich bei erhöhtem Kostendruck Verschiebungen in den Gewichtungen dieser Zielsetzungen ergeben. Dies hat z. B. verkürzte Produktlebensdauer, verbreiterte Produktpalette, Erhöhung der Variantenvielfalt und erhöhte Qualitätsanforderungen erbracht [59]. Für PPS rücken die Reaktionsschnelligkeit und damit in Verbindung stehende Anforderungen in den Vordergrund, die deshalb oben hervorgehoben sind.

3.4.3 Funktionsbereiche der PPS

3.4.3.1 Produktionsprogrammplanung

Die Produktionsprogrammplanung ist in ihrer Ausprägung stark davon abhängig, welche Fertigungstiefe der betreffende Betrieb besitzt und welcher Lieferanteil aus eigener Fertigung oder aus Zulieferungen stammt. Zweitens ist die Ausgestaltung davon abhängig, ob ein Absatz- bzw. Vertriebs- und ein Produktionsprogramm kundenanonym geplant werden kann, oder ob eine völlig von Kundenaufträgen abhängige Planung erfolgen muß. Entsprechend kommen auch Mischformen vor (vgl. Kap. 4.5).

Bild 3.4.3.1-1 veranschaulicht, daß das Prokuktionsprogramm zur Erweiterung der Marktaktivitäten um Handelsware ergänzt werden kann, während andere Erzeugnisse in dem betrachteten Zeitraum nicht berücksichtigt werden. Auch innerhalb des Produktionsprogrammes könnte ein großer Anteil nicht selbst hergestellt, sondern bezogen werden (Bestellprogramm). Dann bezieht sich das Fertigungsprogramm auf herzustellende Einzelteile sowie auf die Montage von Baugruppen und Erzeugnissen. Weitere Abstufungen sind möglich.

Aufgrund von Vergangenheitsdaten, recherchierten Marktindikatoren, bekannten Verlaufsabhängigkeiten wie Saisonalschwankungen, schwebenden Angeboten und erfahrungsgestützter Erfolgsquote, schon vorliegenden Kundenbestellungen, neuen Erzeugnisentwicklungen und deren erwarteten Markterfolgen werden möglichst betriebsgeeignete, mengenmäßige Prognosen für das Vertriebs- und das Produktionsprogramm erstellt [34, 68]. Für den Anteil aus eigener Herstellung ist es sinnvoll, eine langfristige grobe Kapazitätsplanung durchzuführen. Hierauf aufbauend wird die Planung in fortschreitenden Zeitperioden schrittweise verfeinert. Entsprechende PPS-Systeme fußen hierbei auf einer Grunddatenverwaltung, die z. B. Erzeugnis- und Kapazitätsstammdaten umfaßt, und lassen

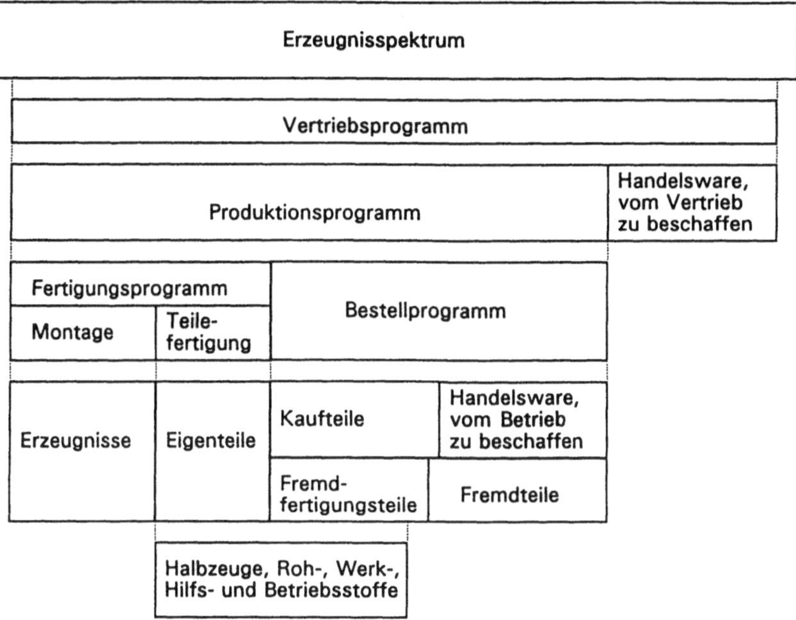

Bild 3.4.3.1-1:   Gliederung und Einbettung des Produktionsgrogrammes [69]
                  (fußend auf VDI/ADB-Arbeiten)

Simulationen alternativer Produktionsprogramme zu [52]. Bei der kundenauftragsabhängigen Planung geht die Entwicklung heute in Richtung einer umfassenden Gesamtauftragsplanung und -steuerung [59], die die Aktivitäten von Vertrieb, Entwicklung/Konstruktion, Beschaffung/Einkauf, Arbeitsvorbereitung, Fertigung/Montage, Versand sowie Außenmontage u. a. m. umfaßt. Häufig wird hierfür ein Auftragszentrum als Koordinierungsstelle eingerichtet.

3.4.3.2 Materialwirtschaft und Mengenplanung

Die von der Produktionsprogrammplanung bereitgestellten Enderzeugnisbedarfe stellen im Sinne der Materialwirtschaft den sogenannten Primärbedarf dar. Verbreitet sind die Enderzeugnisse aus Baugruppen und Einzelteilen zusammengesetzt (**Bild 3.4.3.2-1**), die im selben Erzeugnis aber auch in unterschiedlichen anteilig mehrfach vorkommen können. Diese Mehrfachverwendung ist aus Kostengründen erwünscht, erschwert aber die Bedarfsermittlung dieser Komponenten. Die Erzeugnisstrukturen werden in Stücklisten abgebildet, die datenmäßig im Zuge einer sogenannten Stücklistenauflösung Basis für die Sekundärbedarfsermittlung sind. Als Informationsmittel werden im Betrieb unterschiedliche Stücklisten benötigt (Struktur-, Mengenübersichts-, Baukastenstücklisten bzw. entsprechende Verwendungsnachweise [68]), die heute von einer federführenden Stelle aus gepflegt, mittels PPS-System in einer Datenbank geführt und fallweise abgerufen werden. Diese Datenbank wird auch von der Bedarfsermittlung benutzt. Da hierbei perioden-

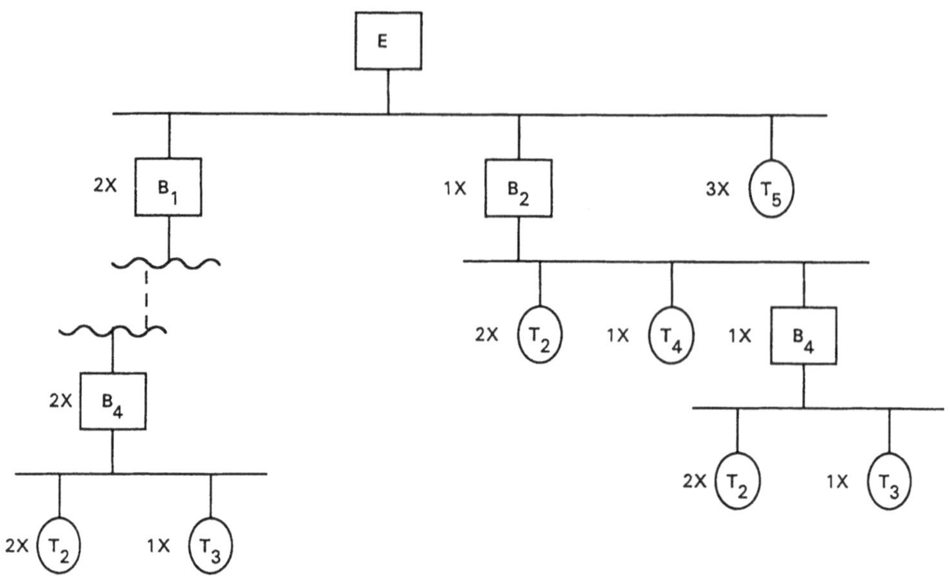

Bild 3.4.3.2-1:   Beispiel einer Produktstruktur mit E = Erzeugnis, B = Baugruppen,
                   T = Einzelteile mit entsprechenden Mengenangaben

bezogener oder kundenauftragsabhängiger Primärbedarf eingeht, wird beim Rechenergebnis vom Sekundärbedarf gesprochen. Die eigentliche Rechnung wird ohne Unsicherheiten durchgeführt und deshalb deterministisch genannt. Modifikationen ergeben sich z. B. aus zusätzlich erforderlichem Ersatzteilbedarf. Auch kann nur bis zu den Einzelteilen oder bis auf die Ebene des Rohmaterials aufgelöst werden. Hierfür wird auch von Materialbedarfsplanung bzw. **MRP I (Material Requirement Planning)** gesprochen, während dann das gesamte PPS-Planungssystem mit **MRP II (Manufacturing Resource Planning)** bezeichnet wird [31, 52].

Die Stücklistenauflösung ist ein genaues, aber mit einigem Aufwand verbundenes Bedarfermittlungsverfahren. Man setzt es deshalb nur für die Ermittlung der Bedarfe wichtiger Komponenten ein. Was wichtig ist, wird über eine sogenannte **ABC-Analyse**, z. B. über die Kosten, ermittelt (vgl. Kap. 4.5). Da es im Betrieb meist eine große Anzahl Teile mit geringer Umsatzbedeutung (C-Teile) gibt, kann Planungsaufwand eingespart werden, wenn man hier für die Bedarfsermittlung sogenannte stochastische Verfahren einsetzt. Diese lassen auf einfache Weise Bedarfvorhersagen, z. B. aus Vergangenheitswerten, zu. Ein Beispiel für diese Verfahren stellt die exponentielle Glättung gemäß **Bild 3.4.3.2-2** dar.

In den bisher angesprochenen Fällen hat man den sogenannten Bruttobedarf vor Augen. Berücksichtigt man noch Lagerbestände aus einer mehr oder weniger aufwendigen Lagerbestandsführung ggfs. mit BDE-Unterstützung (vgl. Kap. 3.4.3.6), Reservierungen, laufende Aufträge und Bestellungen, so gelangt man zum verfügbaren Lagerbestand. Dieser vom Bruttobedarf abgezogen, führt zum Nettobedarf, z. B. pro Einzelteil oder Materialposition, der zu decken ist. Diese Deckung kann mittels innerbetrieblichem Fer-

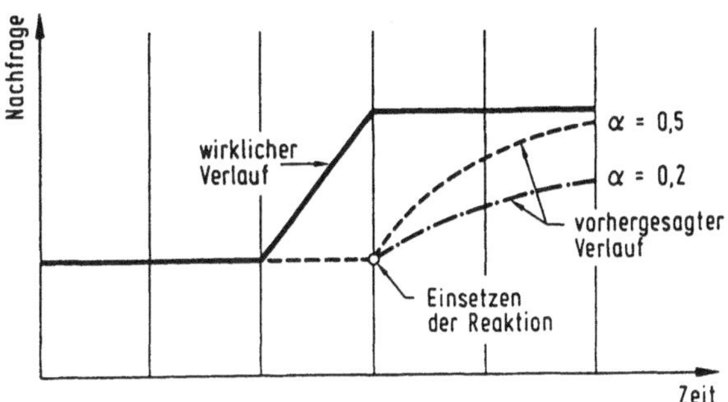

Bild 3.4.3.2-2:　　Bedarfsvorherage mit exponentieller Glättung am Beispiel eines Nachfragesprungs [69]

tigungsauftrag oder externer Bestellung bei einem Lieferanten erfolgen. Zuvor ist es sinnvoll, die Mengen auf wirtschaftliche Losgrößen (Fertigungslosgrößen, Beschaffungslosgrößen) [68] hin zu überprüfen und unter Kostengesichtspunkten entweder Bündelungen von Teilen bzw. Materialien oder zusätzliche Unterteilungen vorzunehmen.

Der Zeitpunkt für die Auslösung von Bestellungen hängt vorwiegend von der Wiederbeschaffungzeit der Teile und Materialien ab. Insbesondere bei relativ gleichmäßig anzunehmendem Verbrauchsverlauf kann man ein dispositives Lagerhaltungsmodell zugrunde legen, das an einem pro Teile- bzw. Materialnummer festzulegenden Bestellpunkt (nicht zu unterschreitende Lagermenge, Mindestbestand bzw. Grenze der Soll-Eindeckungszeit) eine Meldung und damit einen Bestellvorschlag auslöst. Unabhängig hiervon werden ggf. aus Kostengründen A-Teile voll deterministisch nicht nur in der Brutto-/Nettorechnung behandelt, sondern auch hergestellt bzw. beschafft.

Man erkennt, daß in der Materialwirtschaft ein breites und eingespieltes Instrumentarium zur Verfügung steht. Mindestens in Teilen wird dieses periodenweise eingesetzt. Dies kann fallweise ein Hindernis im Hinblick auf die in Kap. 3.4.2 geforderte Flexibilität darstellen. So kann es sein, daß eine zwar im Produktbereich einschränkbare, aber in Materialwirtschaft und Zeitwirtschaft integrierte PPS-Lösung gefordert wird. Auch wird die Materialwirtschaft zunehmend in übergreifende Logistik-Konzepte mit zusätzlichen Anforderungen, wie Just-in-Time (vgl. Kap. 3.4.4.1), eingebettet.

3.4.3.3 Zeitwirtschaft/Termin- und Kapazitätsplanung

In diesem Kapitel geht es um Termine von Aufträgen, um Zeitdauer erforderlicher Tätigkeiten und um hierfür benötigte Kapazitäten, Personal, Maschinen und sonstige Betriebsmittel. Da somit Zeitgrößen im Vordergrund stehen, wird von *Zeitwirtschaft* gesprochen. Der andere Begriff *Termin- und Kapazitätsplanung* bezeichnet Einzelaufgaben in ihrer Dualität. Schon in Kap. 3.4.3.1 wurde auf die Abhängigkeit der Produktionsprogrammplanung von Kapazitätsmerkmalen hingewiesen.

Produktionsterminplanung wird benutzt, um über die verschiedensten betrieblichen Bereiche übergreifend Ecktermine zu gewinnen, während anschließend bereichsbezogene Terminplanungen Detailtermine liefern.

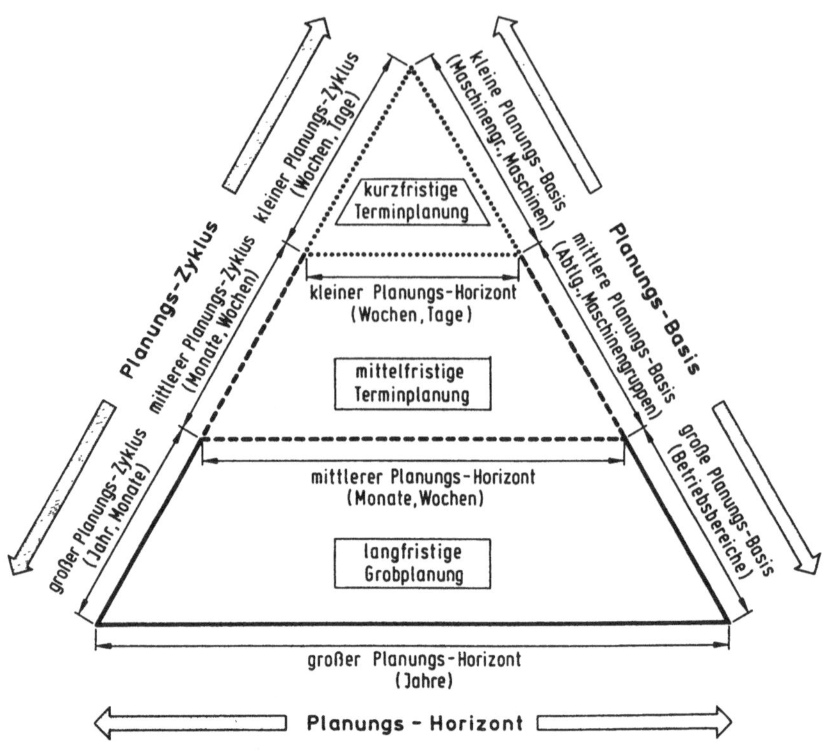

Bild 3.4.3.3-1:   Terminplanungshierarchie [69]

Bild 3.4.3.3-1 zeigt eine Planungshierarchie auf der Basis der langfristigen Grobplanung. Bei ihr sind im Zuge der Produktionsprogrammplanung die Kapazitäten noch voll beeinflußbar, da z. B. der Betrieb durch Hallenneubauten und Maschinenanschaffungen erweitert werden kann, wozu die benötigte Zeitdauer noch zur Verfügung steht. Obwohl die Daten in der langfristigen Grobplanung teilweise nur mit gewissen Unsicherheiten vorliegen, so müssen doch hieraus bereits Konsequenzen gezogen werden, da später die Zeit für erforderliche Maßnahmen nicht mehr ausreicht. Bei den von Kundenaufträgen abhängigen Betrieben gehört hierher die Planung von umfangreichen Angeboten einschließlich deren Terminierung [68]. Im Großanlagenbau mit typischem Projektcharakter der Aufträge bietet sich hierfür die Netzplantechnik mit integrierter Planung von Terminen, Kapazitäten und Kosten an. (Vgl. Kap. 3.3.3.3.1.)

Für mittelfristige Planungen ist die Kapazitätsanpassung an den Bedarf viel schwieriger und nur noch beschränkt möglich, z. B. bei Engpässen mittels Überstunden oder Ausweichen auf andere Kapazitäten in oder außerhalb des Betriebes oder durch Inkaufnahme von zeitlichen Verschiebungen von Aufträgen. Zunächst müssen jedoch Termine ermittelt werden. In diese Terminplanung gehen als Informationsquellen ein: Erfahrungswissen, Erzeugnisdaten, Kapazitätsdaten/Arbeitsplatzdaten, Arbeitspläne (insbesondere für die Teilefertigung), Stücklisten (insbesondere für die Montageplanung, ggfs. zusammen mit weiteren Arbeitsplänen) u. a. m. Bei der sogenannten Durchlaufterminierung wird vor- oder rückwärts gemäß Arbeitsplan von einem vorgegebenen Anfangs- bzw. Endtermin (Ecktermin) der fehlende andere samt Zwischenterminen ermittelt. Bearbeitungszeiten der entsprechenden erforderlichen Tätigkeiten, Transportzeiten, Kontroll- und Liegezeiten gehen dabei erfahrungsgestützt ein. Ist im Ergebnis die Gesamtdurchlaufzeit eines Auftrages zu lang, so versucht man, gewisse Tätigkeiten parallel auszuführen (Splittung, Überlappung). Im Anschluß an die Durchlaufterminierung wird dann der mit den Arbeitsgangterminen verbundene Kapazitätsbedarf (Kapazitätsbelegung, -belastung) überprüft. Hierfür addiert das PPS-System die Tätigkeitszeiten der einzelnen Arbeiten pro Kapazitätseinheit (z. B. Maschinengruppe) für jede der betrachteten Perioden. Im allgemeinen ist das Resultat eine ungleichmäßige Verteilung. Ist die Belastung insgesamt zu hoch, wird z. B. ein Teil der Aufträge herauszunehmen sein. Ist die Belastung nur teilweise zu hoch, reichen eventuell Verschiebungen von Aufträgen bzw. Arbeitsvorgängen aus. Bei der sogenannten Kapazitätsterminierung, die sich ggf. für einen periodenmäßigen Ausschnitt anschließt (eventuell schon kurzfristig genannt), wird dieser Kapazitätsabgleich im PPS-System während der Terminierung automatisch abgewickelt. Prioritätengestützt kommen wichtige Aufträge bzw. Arbeitsvorgänge zuerst in die Verplanung, so daß bei einer in jedem Terminierungsschritt miterfolgenden Überprüfung des Kapazitätsbedarfs mit guter Chance freie Kapazität vorhanden ist. Stößt die Verplanung an die pro Kapazitätseinheit vorgegebene Kapazitätsgrenze, so werden die betreffenden Arbeitsvorgänge nicht in die belegte Periode verplant, sondern sofort verschoben. Der Nachteil liegt dabei in einer möglichen Verlängerung der Durchlaufzeit, dem z. B. durch entsprechende Prioritätserhöhung bei der nächsten Einplanung entgegengesteuert wird.

Im kurzfristigen Bereich wird die Terminplanung ggf. durch eine spezielle Reihenfolgeplanung ergänzt, die z. B. eine Rüstzeitminimierung zum Ziel hat. In anderen Fällen setzt man vom mittelfristigen bis in den kurzfristigen Bereich hinein anstelle der Kapazitätsterminierung andere Verfahren ein, z. B. die sog. *Belastungsorientierte Fertigungssteuerung* [113]. Auch werden häufig auf die mittel- bis kurzfristige Planung aufbauend kurzfristige Entscheidungen mit einem entsprechenden Dispositionsinstrumentarium im Zuge der Werkstattsteuerung vorgenommen, um möglichst flexibel zu sein [8].

Man kann feststellen, daß für die PPS-Zeitwirtschaft ein weitentwickeltes Verfahrensspektrum zur Verfügung steht [31, 52, 68]. Derzeitige Neu- bzw. Weiterentwicklungen zielen auf die volle Ausschöpfung sowohl der Möglichkeiten fortschrittlicher Systeme des CAM - also der Technik - durch entsprechende PPS-Unterstützung als auch neuer Strategien, wie Just-in-Time, die die Zeitwirtschaft betreffen. Beides wirkt sich insbesondere im kurzfristigen Bereich aus [72] (vgl. Kap. 3.3.1.6.2).

3.4.3.4 Auftragsveranlassung

Lange Zeit wurde auch beim Einsatz von PPS-Systemen zu sehr allein auf die gute Planung zur Erzielung guter betrieblicher Ablaufergebnisse vertraut. Heute weiß man, daß hierzu auch gezielte Anstöße mit entsprechenden aktuellen Informationen zu geben sind:

Wenn für einen Fertigungsauftrag der Starttermin naherückt, wird eine sog. Verfügbarkeitskontrolle durchgeführt, die früher nur das Rohmaterial mit der Auslösung einer entsprechenden Materialreservierung für diesen Auftrag umfaßt hat. Gegenwärtig bezieht diese jedoch zusätzlich die betreffende Kapazitätseinheit (z. B. Maschine), die Werkzeuge,

Vorrichtungen, Prüfmittel und NC-Programme ein. Man unterstellt dabei, daß ohne diese Kontrollen Aufträge unrealistisch gestartet werden und danach in der Fertigung herumliegen. Am Beispiel des Aspektes *Kapazität* zeigt **Bild 3.4.3.4-1** die Auftragsfreigabe abhängig von der Kapazitätsbelastungssituation einer Werkstattfertigung anhand einer Modelldarstellung mit Belastungstrichtern. Durchlaufzeit und Auftragsbestände hängen dahingehend zusammen, daß bei zu hohen Beständen und damit zu vollen Trichtern die Durchlaufzeiten unnötig lang werden. Das hieraus entwickelte Verfahren der *Belastungsoientierten Fertigungssteuerung* wurde bereits erwähnt. Der Ausschnitt der *Belastunsgabhängigen Auftragsfreigabe* stellt jedoch ein typisches Beispiel für eine Strategie der Auftragsfreigabe dar, wobei unnötig frühe Freigaben vermieden werden.

Weitere Teilfunktionen der Auftragsveranlassung sind für den Bereich der Fremdfertigung die Bestellauftragsfreigabe sowie die Bestellschreibung und innerbetrieblich die Arbeitsverteilanweisung mit der Information, wo die Arbeit bzw. der Auftragsarbeitsvorgang ausgeführt werden soll, die Transportanweisung für Material, Werkzeuge usw. und die Arbeitsbelegerstellung.

Dem Prinzip der EDV-Organisation entsprechend, Daten möglichst lange im EDV-System zu halten, erstellt man die Arbeitsbelege möglichst erst unmittelbar vor ihrer Verwendung.

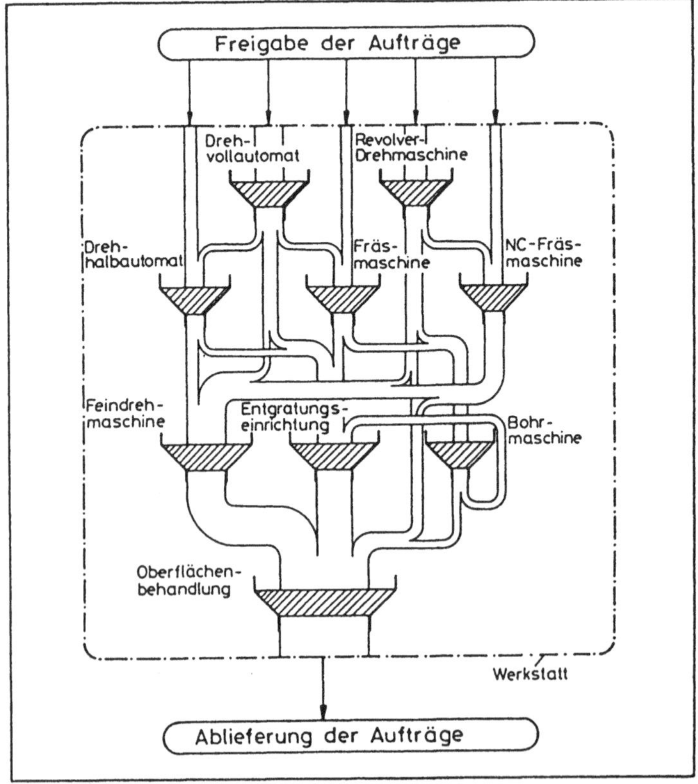

Bild 3.4.3.4-1:   Belastungsorientierte Auftragsfreigabe anhand Trichtermodell [113]

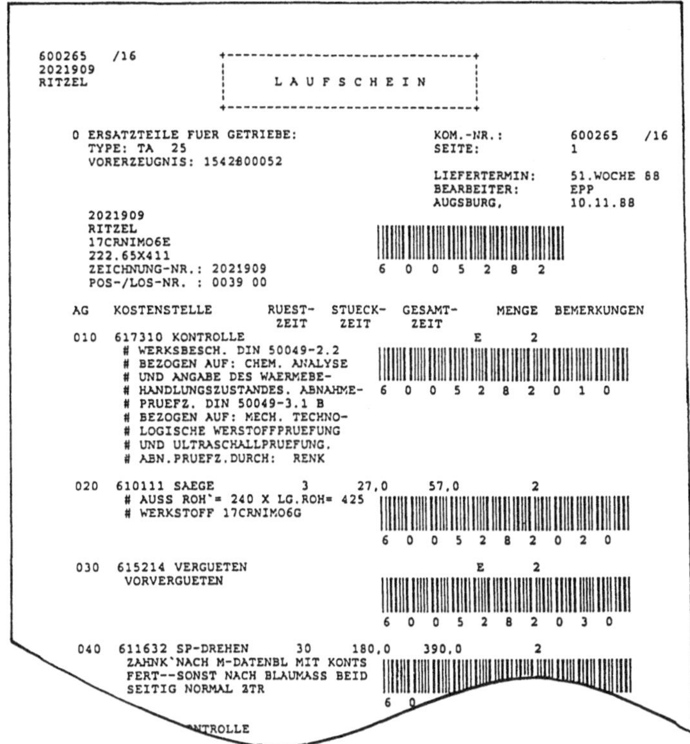

Bild 3.4.3.4-2:   Fertigungsbelegbeispiel - Laufschein bzw. Laufkarte mit Strichcodes aus der Betriebspraxis (Ausschnitt)

In anderen Fällen kann man durch geeignete datentechnische Einheiten *vor Ort* im Betrieb, wie Bildschirm- und BDE-Terminals (Kap. 3.4.3.6), ganz auf Papier verzichten. So wird eventuell Fertigungsmaterial im Lager allein aufgrund von Bildschirmanzeigen bereitgestellt. Es wird jedoch insbesondere eine Auftrags- bzw. Materialidentifikation benötigt, die teilweise mit Etiketten, teilweise mit den Arbeitsanweisungen kombiniert als *Laufkarte* o. ä. (**Bild 3.4.3.4-2**) in Form eines Sammelbelegs über sämtliche Arbeitsvorgänge des Auftrags ausgeführt wird. Im Bild ist als modernes Beispiel ein Beleg mit einem für maschinelle Lesung geeigneten Strichcode gewählt. In der dargestellten Form wird der Beleg z. B. nach der Materialbereitstellung vor dem ersten Arbeitsvorgang ausgegeben. In vielen Betrieben werden ergänzend hierzu Einzelbelege, wie Arbeitsvorgangsbelege und Lohnscheine, benutzt. Diese werden wegen der Aktualität nur schrittweise jeweils bei Bedarf im Zuge der Arbeitsverteilung aus der EDV ausgegeben [68].

3.4.3.5 Auftragsüberwachung

Da die betrieblichen Abläufe durch Störungen, wie Maschinen- oder Personalausfall, Fertigungsausschuß und Materialprobleme, Abweichungen gegenüber der Auftragsveranlassung erleiden, hat dies die Auftragsüberwachung laufend festzustellen. Als Eingangsdaten sind die Bewegungen und insbesondere bei lang laufenden Aufträgen auch die Zustandssituationen der Aufträge (z. B. Kundenaufträge, Fertigungs- bzw. Montageaufträge, kundenauftragsabhängige Bestellungen, Wareneingänge, Transporte, Ergebnisse der Qualitätskontrolle, z. B. Ausschuß) zu erfassen und mit dem entsprechenden Datenbestand zu vergleichen. Damit kann der aktuelle Stand des Auftragsfortschrittes über die verschiedenen Arbeitsvorgänge hinweg abgebildet werden. Bei Aufträgen ohne Meldungen, die jedoch erwartet wurden, kann hieraus auf einen unplanmäßigen Verlauf geschlossen und eine sofortige Nachprüfung eingeleitet werden. Es ist üblich, zusammen mit der terminbezogenen Auftragsfortschrittserfassung auch die erstellten Mengen und die gebrauchten Zeiten zu erfassen. Beide Erfassungen dienen gleichzeitig der Kapazitätsüberwachung, wobei jeder fertiggemeldete Arbeitsvorgang eine Entlastung einer Kapazitätseinheit bedeutet. Bei ausreichend feiner Auftragsüberwachung sind ebenfalls Auskünfte über die Gesamtsituation im Betrieb erhältlich. Verdichtungen der Daten werden im Zuge der verschiedenen Auswertungen vorgenommen.

3.4.3.6 Betriebsdatenerfassung (BDE) in der PPS

Die **BDE** wurde bereits mehrfach erwähnt (vgl. Kap. 3.3.1.2.5). Ganz allgemein versteht man unter BDE sämtliche Maßnahmen, die erforderlich sind, um **Betriebsdaten** eines Produktionsbetriebes zu erfassen und in maschinell verarbeitungsfähiger Form am Ort ihrer Verarbeitung bereitzustellen. Unter Betriebsdaten werden dabei die im Laufe eines Produktionsprozesses anfallenden bzw. verwendeten Daten verstanden. Dies sind technische oder organisatorische Daten, die insbesondere den Zustand bzw. das Verhalten des Betriebes (wie produzierte Mengen, benötigte Zeiten, Zustände von Fertigungsanlagen, Lagerbewegungen, Qualitätsmerkmale) beschreiben. Ein BDE-System ist ein Hilfsmittel zur Erfassung und Ausgabe betrieblicher Daten mit Hilfe von automatisch arbeitenden Datengebern (Sensoren) und/oder personell bedienten Datenstationen im Betriebsgeschehen. Datenstation, BDE-Station, BDE-Terminal sind Bezeichnungen für die stationär oder mobil einzusetzende, konstruktive Zusammenfassung der jeweils benötigten Datenendgeräte, die stationär oder mobil einsetzbar sind und mit deren Hilfe die unterschiedlichen Daten erfaßt bzw. ausgegeben werden können. Die Ausgabe soll nicht nur zentral, sondern auch dezentral als Steuerungsinformationen für den Betrieb möglich sein [30, S. 95-109].

Bild 3.4.3.5-1 zeigt die BDE im Zusammenspiel von Fertigungsauftragsveranlassung und -überwachung (Rückmeldung). Nur die völlig neuen Betriebsdaten müssen mittels Geber oder Tastatur von Hand eingegeben werden. Alle identifizierenden Ordnungsbegriffe (Nummern, wie Auftragsnummer, Arbeitsvorgangsnummer, Mitarbeiternummer, Maschinennummer) können über Identträger maschinell einfließen, die abhängig von der Kurz- oder Langlebigkeit der Nummern unterschiedlich zur Verfügung gestellt werden. Kurzlebige Identträger sind z. B. Arbeitsbelege; Plastikausweise und sog. programmierbare Datenträger, wie sie im technischen Bereich bei Werkzeug- und Materialflußsystemen benutzt werden, sind Beispiele langlebiger Identträger [48. S. 167-178]. Im Zuge eines BDE-Vorganges fließen sämtliche zusammengehörenden Daten eines Sachverhaltes gemeinsam zur EDV. Ein Beispiel für die Datenausgaben des BDE-Systems sind Arbeitsbelege über dieses System, die fallweise *vor Ort* erstellt werden. Für die erforderlichen Ein- und Ausgaben sind die BDE-Terminals entsprechend ausgestattet, z. B. mit den Lesern für die

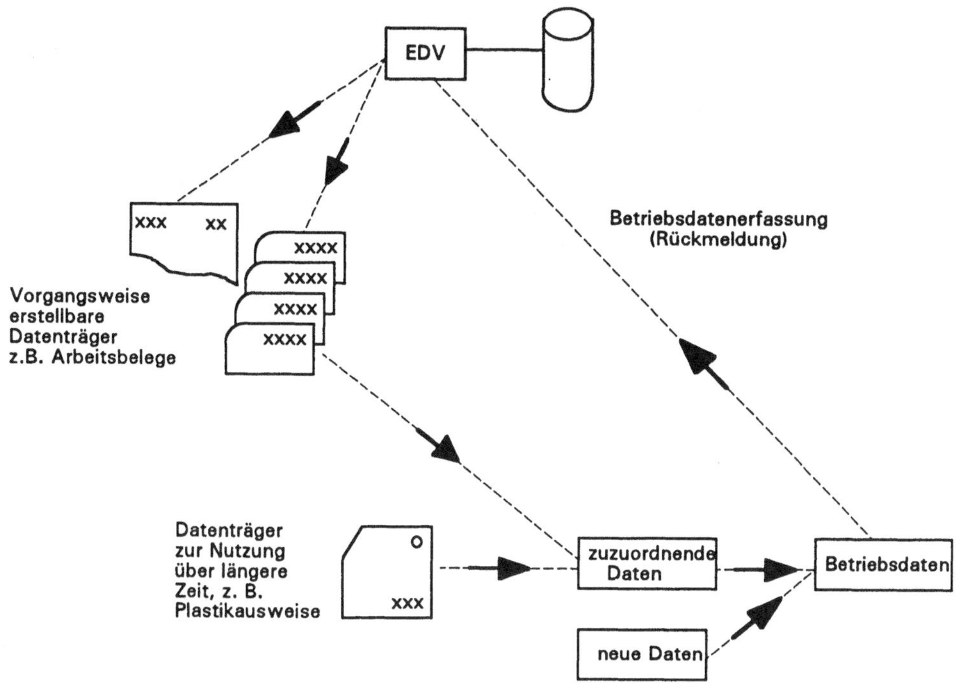

Bild 3.4.3.5-1:   BDE-Datenkreislauf im Rahmen der Werkstattsteuerung ([30], S. 99 u. [48], S. 167 - 178)

Identträger. Zum BDE-System gehören weiterhin ein oder mehrere BDE-Rechner, Übertragungswege und BDE-Software.

Die BDE unterstützt als betriebliche Dienstleistung jedoch nicht nur die PPS. Generell wird man die BDE-Aufgabengebiete zu einem Projekt kombinieren, die für den Betrieb besonders viel Vorteile bieten und deren Daten stark anteilig verbunden sind. Insbesondere unter dem Aspekt von CIM erscheint der volle Umfang der nachfolgend aufgeführten BDE-Aufgabengebiete bedeutungsvoll, zumal bereits für jedes Gebiet Erfahrungen vorliegen. BDE-Aufgabengebiete sind nach [30, S. 95-109; 48, S. 167-178]:

- **Produktionsplanung und -steuerung (PPS)** mit

   * Materialwirtschaft einschl. organistorischer Lagersteuerung, Transportsteuerung (Materialflußsteuerung, Logistik) mit Vorgaben und Erfassung/Überwachung von Mengenbewegungen.

   * Zeitwirtschaft (Termin-/Kapazitätsplanung) mit Kurzfristigkeit in Fertigungssteuerung, Werkstattsteuerung, Arbeitsverteilung, Arbeitsvorgaben und Auftragsrückmeldung, Auftragsfortschrittserfassung, Zeiterfassung für Aufträge, Terminüberwachung der Aufträge und Überwachung der Kapazitätsbelegung.

- **Technische Anlagensteuerungen** in leittechnischen Konzepten und in organisatorischen Auftragsablauf eingebettet wie NC-Maschinen, Transportsteuerungen u. a.

- **Qualitätssicherung** mit Mengenerfassungen nach Gut/Schlecht und Erfassung der Daten unterschiedlicher Qualitätsmerkmale gemäß Prüfplanung, gegebenenfalls qualitative Einzelobjektverfolgung und Dokumentation.
- **Betriebliches Rechnungswesen** insbesondere Kostenrechnung mit Datenerfassung für die Istrechnung.
- **Personalwesen** mit Datenerfassungen für Flexible Arbeitszeit, Gleitzeit, Lohnabrechnungen (Leistungsumfang bei Akkord, Prämienlöhne).
- **Schwachstellenanalysen,** z. B. Maschinennutzungsüberwachungen zur zeitlichen und gegebenenfalls technischen Nutzungserhöhung mit entsprechenden Datenerfassungen (Zeitgrößen, Störgründe, Maschinenprozeßdaten).
- **Instandhaltung** mit PPS-ähnlichen Aufgaben, häufig aber schlechteren Plandaten (Reparaturen) - umfassende Datenerfassungsaufgaben, gegebenenfalls kombinierbar mit Schwachstellenanalysen - Diagnosesysteme.
- **Sonstige** wie Wägedatenerfassung, Tankdatenerfassung, Kantinendatenerfassung und Zugangssicherung.

3.4.3.7 Werkstattsteuerung

Der Begriff **Werkstattsteuerung (WST)** wird von Shop Floor Control abgeleitet. Somit ist WST eigentlich vom Prinzip der Werkstattfertigung unabhängig, hat hier aber große Bedeutung, so daß sich diese Bezeichnung mehr und mehr durchsetzt [53] (vgl. Kap. 3.3.1.3.6). In Branchen, in denen *Werkstatt* auf den Reparaturbereich aber nicht auf die Fertigung hinweist, muß die Bedeutung besonders definiert werden. Mit *Werkstattsteuerung* will man die kurzfristige PPS-Feindisposition, d. h. die Kombination von Auftragsveranlassung mit der Arbeitsverteilung in enger Verbindung mit der Rückmeldung im Rahmen der Auftragsüberwachung bezeichnen. Dieses ist mit BDE-Unterstützung realisierbar.

Die Arbeitsverteilung (Zuweisung) und Rückmeldung kann aufgrund vorausgegangener Planung dezentral z. B. über die Meister erfolgen. Diese kennen ihren Bereich gut und kommunizieren mit den dort tätigen Mitarbeitern. Nachteilig ist, daß die Meister nach Interessen ihres eigenen Bereichs entscheiden, (z. B. nach guter Kapazitätsnutzung und geringen Rüstkosten) und weniger motiviert sind, verzögerte Aufträge zu beschleunigen (Durchlaufzeit!). Dies begünstigte die Entstehung des Prinzips der zentralen Arbeitsverteilung von einem Leitstand aus. Man kombinierte dabei die Aufgaben eines zentralen Fertigungssteuerungsbüros samt Planungsfunktion mit der Arbeitsverteilung vom Leitstand gestützt auf entsprechende Rückmeldung. Hierfür bekamen die heute als *klassische Leitstände* bezeichneten Formen neben PPS-EDV-Unterstützung und Plantafel-Feindisposition auch Kommunikationsverbindungen mit betrieblichen Meldestellen (Sprechanlagen, Lichtsignale), von denen aus die Werker mit dem Leitstand in Kontakt treten konnten. Von einem solchen Leitstand aus wurden die Aufträge und Arbeitsvorgänge direkt den einzelnen Arbeitsplätzen zugewiesen. Diese klassischen Leitstände sind zur Zeit noch in Betrieb. Sie haben jedoch gegebenenfalls Probleme bei Umdispositionen, bei denen der Disponent nicht schnell genug reagiert [69].

Unter der Bezeichnung elektronischer Leitstand, grafischer Leitstand bzw. elektronische Plantafel hat die Feindispositons-Plantafel einen modernen Nachfolger gefunden, z. B. **Bild 3.4.3.7-1.** Der Balken-Plan (Belegungs- bzw. Gantt-Plan) stellt die Bildschirm-An-

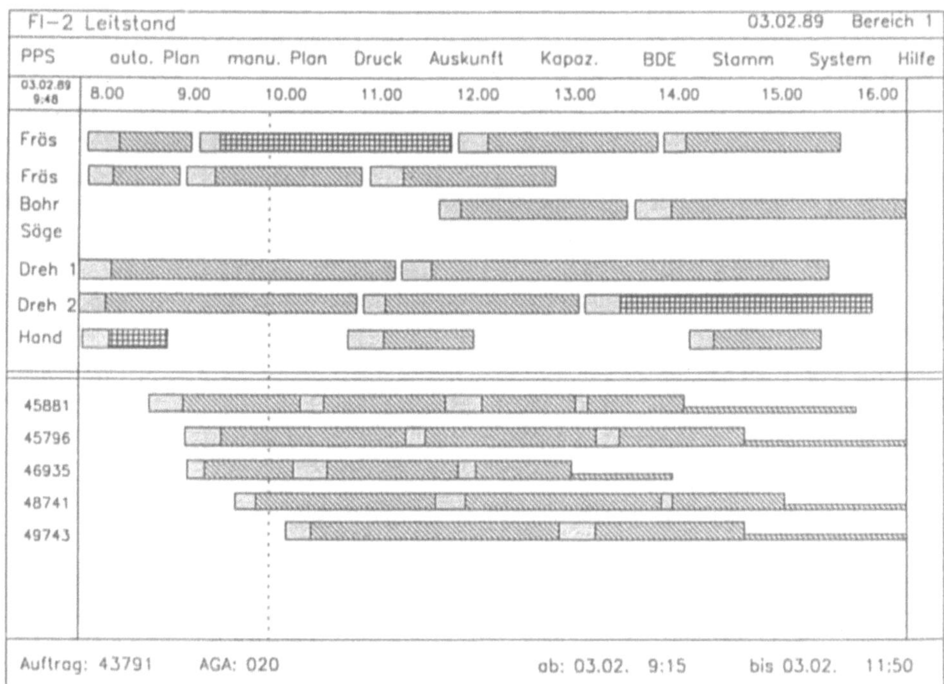

Bild 3.4.3.7-1:   Schematische Darstellung der grafischen Oberfläche des Leitstandes FI-2 [72]

zeige eines mittels Algorithmus ermittelten Dispositionsergebnisses dar, das im Dialog modifiziert werden kann. Solche Leitstände sind in Host-PPS-Systeme integriert oder auf Subsystemen (PCs, Workstation bzw. im Netzwerk) realisiert. Damit der Leitstand jeweils mit dem aktuellen Datenbestand rechnet, bietet sich die Kopplung mit BDE an, die datenmäßig die ganze betriebliche Kommunikation übernimmt [109]. Aufgrund der EDV-gestützten zentralen Koordinationsmöglichkeit in einem solchen Leitstandkonzept können die verschiedensten Arbeitsverteilungsformen kombiniert werden. Nimmt man noch die von der PPS mehr oder weniger abhängigen, technischen Steuerungsaufgaben hinzu (wie Lagersteuerung, Maschinensteuerung im DNC-Betrieb), so spricht man von Lösungen der umfassenden Fertigungsleittechnik [8].

3.4.4 PPS-Planungsstrategien

3.4.4.1 Just-in-Time (JIT)

Mit der Einführung von JIT-Prinzipien in den Betrieben wird das Ziel verfolgt, diese und damit ihre Produktion möglichst gut auf die Marktbedürfnisse auszurichten. Dies geschieht durch die unterschiedlichsten Maßnahmen der Flexibilisierung des Betriebs, z. B. von der Produktplanung gemäß Kap. 3.2.3 ausgehend über die verschiedensten dazwischenliegenden Planungstätigkeiten bis zur maschinentechnischen Fertigung gemäß Kap. 3.3.1, von der Materialflußtechnik her in Transport und Lagerung gemäß Kap. 3.3.1.6, mittels der PPS und damit der Ablauforganisation gemäß Kap. 3.4.3.

Grundüberlegungen sind dabei: Umschichtung von Umlauf- in Anlagevermögen (Bestandsminimierung), Flußoptimierung anstelle von Funktionsoptimierung (Bestände verdecken Mängel, Bestandreduktionen erzwingen deren Beseitigung), Durchlaufzeit-minimierung, Fertigungssegmentierung (autonome Teilbereichssteuerung, ggf. anteilige Produktionsverlagerungen auf Fremdlieferanten) und Losmengen-Reduzierung [114]. Hiermit eng verbunden ist das in Kap. 3.3.1.6.2 genannte allgemeine Logistikziel. Dieses wird angewandt auf den produzierenden Betrieb, auf seine Beschaffung und damit seine Lieferanten und den JIT-Transporteur/Spediteur sowie auf die Abnehmerseite wiederum mit der Distribution und dem ausliefernden Transporteur [77]. Gemäß JIT sind Rohmaterial, Teile, Baugruppen und Erzeugnisse erst dann zu fertigen, zu transportieren, bereitzustellen, zu montieren, wenn die nachfragende Leistungseinheit (intern oder extern) sie benötigt. Dies gelingt nur mit Durchgängigkeit im Material- und Informationsfluß bei hoher Transparenz und Disziplin der beteiligten Abnehmer, Transporteure und Lieferanten mit jeweils abgestimmt geplanter Flexibilität. Die Chance ist dabei eine übergreifende Kostensenkung zum Vorteil aller Beteiligten.

Für PPS bedeutet dies, die in diesem Kap. 3.4 vorgestellten Gedankengänge bzw. Verfahren voll auszuschöpfen und konsequent anzuwenden. Bei Freiheitsgraden in den PPS-Verfahren wird die JIT-gerechte Form gewählt. Bei speziellen Anforderungen, insbesondere in Teilbereichen, werden dafür geeignete Verfahren entwickelt und eingesetzt. Insgesamt ist die PPS durchgängig und reaktionsschnell genug auszugestalten.

3.4.4.2 Spezielle PPS-Verfahren und Expertensysteme

Nachfolgend seien die speziellen PPS-Verfahren im Überblick vorgestellt [8, 30, 48, 52, 68, 72, 77, 103, 114, 115].

Bereits in Kap. 3.4.3.4 wurde auf das Verfahren der **Belastungsorientierten Auftragsfreigabe (BOA)** im Rahmen der gleichnamigen Fertigungssteuerung hingewiesen. Das Verfahren deckt, wie die anderen Verfahren dieses Abschnittes, nicht die ganze PPS ab (hier z. B. nicht die Materialwirtschaft) und schließt an eine durchgeführte Durchlaufterminierung im Rahmen der Zeitwirtschaft an.

Bei der sog. **Bestandgeregelten Durchflußsteuerung (BGD)** werden die schon von BOA her bekannten Trichter (Bild 3.4.3.4-1) untereinander verbunden und selbsttätig in der Bestandhöhe geregelt.

Die **Durchlaufminimierende Planung (DMP)** betont die kurze Durchlaufzeit im Zuge des terminierungsbedingten Kapazitätsabgleiches.

Unter der Bezeichnung **Optimized Production Technology (OPT)** wird mehr als eine Methode angeprochen, nämlich eine auf Engpässe ausgerichtete Philosphie. Diese ist in 9 OPT-Regeln und einen Optimierungsalgorithmus gefaßt.

Gedanklich verwandt erscheint die **Engpaßorientierte Disposition (EOD)** mit der zusätzlichen Führung eines permanenten Lieferfähigkeitsnachweises, sonst jedoch vereinfachendem Ansatz.

Einen Sammelbegriff für eine Gruppe von Verfahren stellt die **Vorausschauend Planende Simulation (VPS)** dar, bei der von einem vorhandenen Auftragsbestand ausgehend ge-

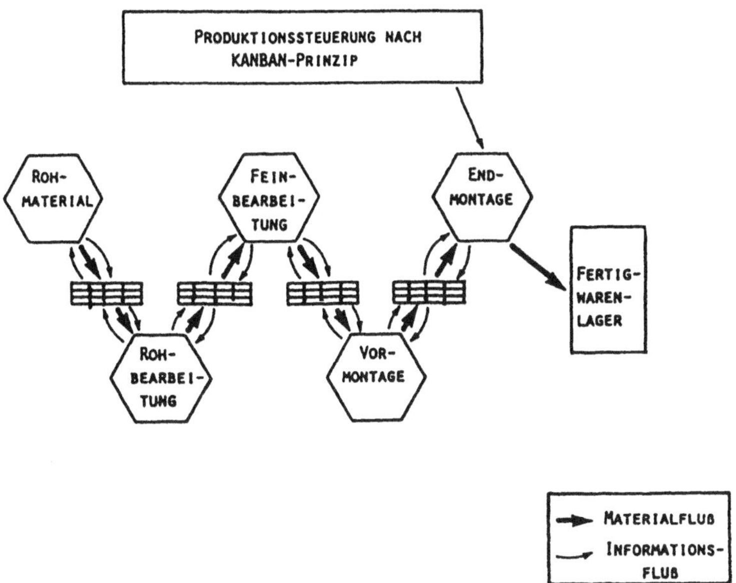

Bild 3.4.4.2-1:   Produktionssteuerung mit Kanban [114]

samthaft vorausschauend laufend neu geplant wird, wenn eine Auslösernachricht, wie Störungsmeldung, eingegangen ist. Solche Verfahren können sehr mächtig sein.

Zu den einfachen Verfahren gehört die aus Japan stammende **Kanban-Methode** nach **Bild 3.4.4.2-1** (Kanban = Karte, hier eine Art Pendelkarte). Anstelle eines vielmaschigen PPS-Steuerungsnetzes zu den verschiedenen Stellen des Betriebes wird nur das Ausstoßziel PPS-seitig vorgegeben und überwacht. So werden nach Bild 3.4.4.2-1 in der Endmontage Erzeugnisse zusammengesetzt, deren Teile und Baugruppen in einem Pufferlager zur Verfügung stehen. Ist ein Behälter leer, geht er samt Kanban zur Vormontage und stellt dort einen Auftrag zur Füllung des Behälters dar (selbststeuernde Regelkreise durch den ganzen Betrieb gekettet). Man kann dieses Prinzip auch als Anwendung einer **Pull-Logistik** (Ziehen von der Output-Seite) im Gegensatz zur **Push-Logistik** (Schieben von der Input-Seite) charakterisieren (vgl. Kap. 3.3.1.6.2). Der Anwendungsbereich liegt bei Serienfertigungen mit hoher Wiederholhäufigkeit der Fertigungsaufgaben. Auch kann in einem Betrieb z. B. Kanban für niedrigwertige Kleinteile angewandt werden, während für hochwertige und voluminöse Werkstücke und Baugruppen eine diskrete JIT-Steuerung erfolgt.

Insbesondere bei der Automobilindustrie und durch sie bei Zulieferern werden **Fortschrittszahlen-Systeme (FZS)** eingesetzt (**Bild 3.4.4.2-2**). Auch sie zählen zu den einfachen Verfahren. Ein FZS gibt Auskunft über aktuell produzierte, ausgelieferte bzw. angelieferte Mengen im Vergleich zum jeweiligen Soll, das insbesondere von Mengenabrufen aufgrund vorausgegangener Planungen stammt. Verschiedene FZ eines Systems können einfach ineinander umgerechnet werden. Der Anwendungsbereich von FZS liegt bei Großserien- und variantenarmen Serienfertigungen und ist damit für große Teilbereiche der

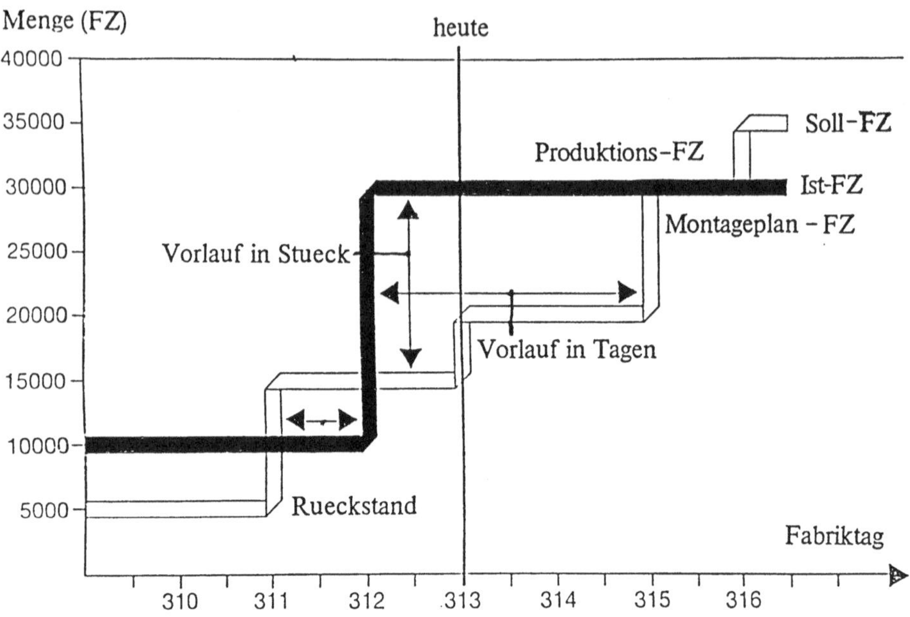

Bild 3.4.4.2-2:   Fortschrittszahlen (FZ) am Beispiel Montage [6]

Automobilproduktion interessant. In der Endmontage der Pkws und teilweise auch vorgelagert wird jedoch der PPS-Spezialtyp des (Kunden-)Einzelauftrags in der Großserreinfertigung praktiziert, insbesondere bei großer Ausstattungsvielfalt und damit individueller Fahrzeugausgestaltung.

Das sog. **Repetitive Production Management (RPM)** erweitert die FZS-Logik um den Aspekt der Kapazitäten insbesondere von Fertigungslinien.

Für die variantenreiche Serienfertigung nach dem Erzeugnisprinzip wurde die sog. **Kapazitätsorientierte Materialwirtschaft (KOM)** entwickelt, die eine mehrstufige Simultanplanung integrierter Material- und Zeitwirtschaft zuläßt.

Bei flexibel automatisierten Fertigungssystemen (FFS) müssen eine ganze Reihe von Voraussetzungen immer aktuell erfüllt sein, um Abläufe reibungslos zu gewährleisten. Außer Material und Kapazität werden insbesondere voreingestellte Werkzeuge, Vorrichtungen/Paletten, Transportmittel, NC-Programme benötigt, die sinnvollerweise miteinander terminiert werden sollten: **Resources Management (RM)**. RM füllt den Spielraum zwischen dem übergreifenden PPS-System und der operativen Steuerung des FFS mit u. U. noch spezieller ereignisorientierter Fertigungssteuerung (vgl. Kap. 3.3.1.3.2, FFS).

Als betriebsweit anzuwendendes, übergreifendes Instrumentarium zur Realisierung von JIT-Strategien mittels Optimierung von Produktions- und Logistikabläufen wird **Total Manufacturing Management (TMM)** gesehen. Außer PPS integriert dieses Qualitätssicherung, Industrial Engineering, Instandhaltung, Prozeßsteuerung usw.

Die Bildung von Fertigungsinseln in Betrieben, also produktorientiert strukturierter Bereiche mit Selbststeuerung anstelle der sonst verbreiteten verrichtungsorientierten Produktionssysteme wie Werkstattfertigung, stellt für das betriebsweite PPS-System eine Vereinfachung dar. Andererseits werden nun zusätzlich einfache, dezentral einsetzbare PPS-Teilsysteme für die verschiedenen Fertigungsinseln benötigt.

Expertensysteme für die PPS (PPS/XPS) sind teilweise schon in der Praxis im Einsatz, in anderen Fällen erst in der Entwicklung. Es werden z. B. Parameter von PPS-Systemen wissensbasiert eingestellt. (Man überläßt dem PPS-System Routinearbeiten und überträgt dem XPS-Baustein Sonderfunktionen. So werden traditionelle WST-Systeme um XPS-Anteile ergänzt.) Durch BDE gewonnene Daten aus dem Betrieb werden mit XPS analysiert. Wenn auch PPS/XPS noch relativ am Anfang steht, so können doch für die Zukunft interessante Lösungen erwartet werden, die insbesondere die Leistung von PPS-Systemen erweitern bzw. verbessern.

3.4.5 Kopplung von PPS mit anderen CIM-Systemen

In der Vielfalt der CIM-Ausprägungen, abhängig von den betrieblichen Anforderungen, ist jeweils auch die PPS sehr unterschiedlich ausgeprägt. Immer gilt jedoch, daß enge datenmäßige Verbindungen zwischen der PPS und den anderen CIM-Anteilen festzustellen sind, die beispielhaft aufgezeigt werden sollen.

In **Bild 3.4.5-1** erkennt man in der Mitte von oben nach unten die CAD/CAM-Schiene als zentralen technischen CIM-Ast. Zwischen der Konstruktion (CAD-System) und der PPS sind insbesondere Daten über die Produkte und ihre Anteile wechselseitig interessant: PPS-seitig im Sinne derzeit im Betrieb aktuell geplant oder vorhanden, CAD-seitig neue Produkte betreffend. Ein datenmäßiges Beispiel hierzu liefern vor allem die Stücklisten. Entsprechendes gilt für das Zusammenspiel von technischer Planung (CAP) und PPS hauptsächlich bezüglich der Arbeitspläne. Dies läßt sich fortführen zu PPS und Qualitätssicherung (CAQ) vorwiegend bezüglich der Prüfpläne und der Instandhaltungspläne. Die entsprechenden Arbeiten werden jeweils als Aufträge der PPS abgewickelt. Nach links im Bild 3.4.5-1 ist die Verbindung der PPS zu kommerziellen EDV-Anwendungen wie dem Rechnungswesen oder der Personalabrechnung angedeutet, deren Daten aktuell im Rahmen von PPS mitbenutzt werden, und an die PPS Daten zurückliefert. Die BDE sorgt für die aktuelle datenmäßige Abbildung der gesamten betrieblichen Situation für alle CIM-Funktionen, soweit dies nicht andere Anteile, wie technische Steuerungen, erledigen. Ein kennzeichnendes Beispiel des Zusammenspiels PPS/CAM liefert die BDE-gestützte Werkstattsteuerung (WST). An einer CNC-gesteuerten Produktionsmaschine wird das mittels DNC von einem Leitrechner anzufordernde NC-Programm für die nächste Arbeit dann benötigt, wenn einerseits durch PPS/WST dieser Auftrag dran ist und andererseits dank BDE geklärt ist, daß alle Voraussetzungen zur Durchführung erfüllt sind (Material angeliefert, Werkzeuge/Vorrichtungen richtig vorhanden, Maschine betriebsbereit usw.). Entsprechendes gilt für die laufende flächendeckende Verknüpfung der Aufträge der PPS-Seite mit den zugehörenden Qualitätsdaten und für die Auswirkung auf die verfügbare Kapazität (Fertigungsaufträge und Instandhaltungen ggf. in Konkurrenz). Im praktischen CIM-Zusammenspiel kann man der BDE-gestützten WST die Koordination der vielfältigen CAM-Schritte übertragen. Solche Kopplungsbeispiele für die Durchführungsebene gibt es vom Wareneingang über die Läger, die Transporte, Robotereinsätze usw. bis hin zum Versand.

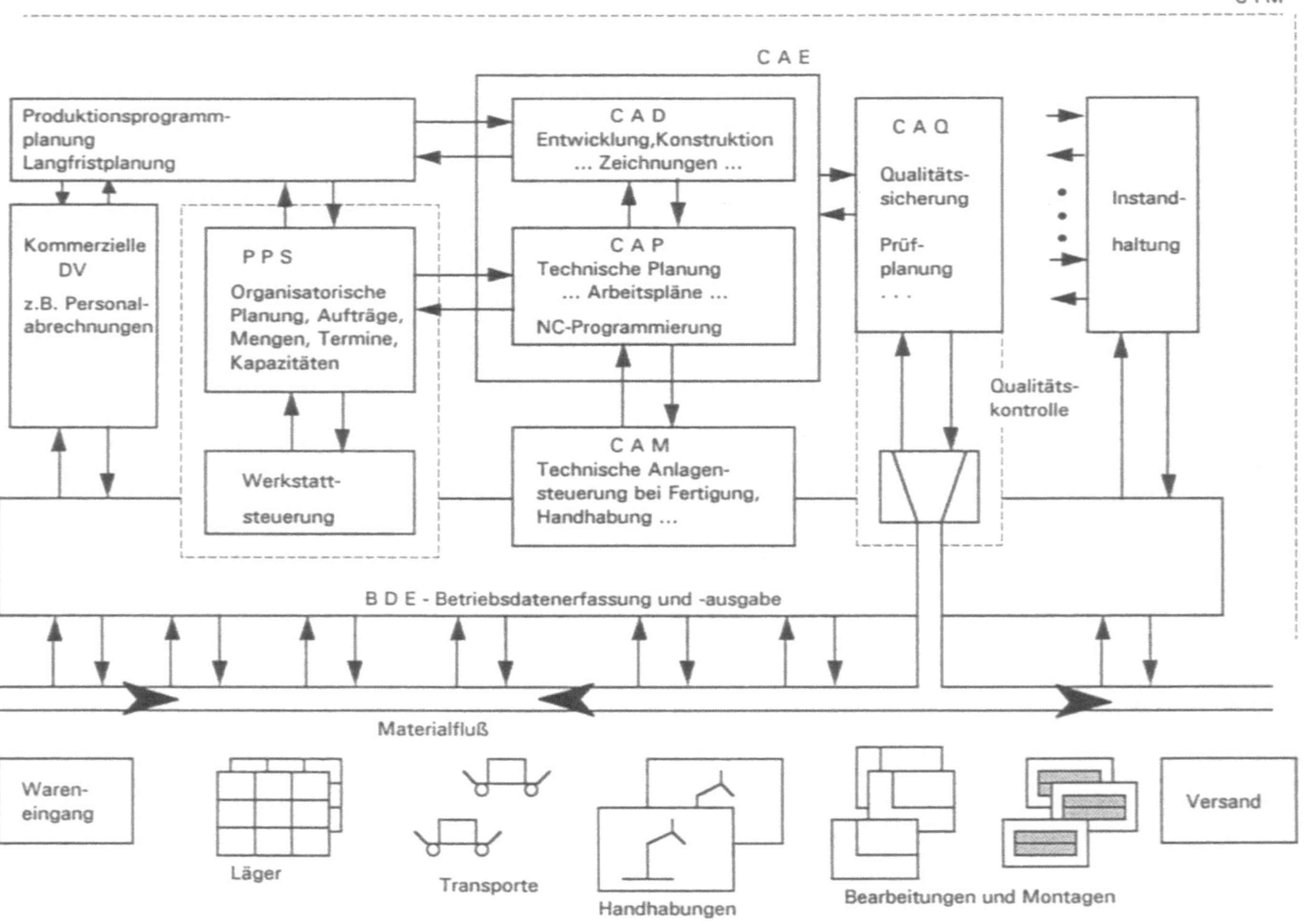

Bild 3.4.5-1:   Produktionsplanung und -steuerung (PPS) im Rahmen von CIM mit CAD, CAP, CAM,CAE, CAQ, BDE ([30], S. 95 - 109 u. [48], S. 167 - 178)

Historisch gewachsenen EDV-Einsätze mit jeweils getrennten Lösungen für PPS und in den technischen Anwendungen lassen sich häufig nachträglich nur schwer koppeln, z. B. durch File Transfer. Von vornherein abgestimmte Lösungen benutzen dagegen z. B. das gleiche Betriebssystem der Rechner, das gleiche Datenbanksystem, flexible Kommunikation u. a. m. Dadurch stehen bei Bedarf im Dialog an jedem Arbeitsplatz die interessierenden Daten aus dem gesamen CIM-Konzepte zur Verfügung. Kompetenzabgrenzungen sind dadurch möglich, daß abhängig von den Berechtigungen manche Abfragen nicht erlaubt sind und andere z. B. nur als Auskünfte beantwortet werden.

4 Kaufmännischer und administrativer CIM-Bereich

4.1 Abgrenzungen, Zielsetzungen, Funktionen

Einkauf und Verkauf als **kaufmännische Funktionen** des Produktionsbetriebes bilden die Verbindung des Betriebes zum Gütermarkt; dies wird deutlicher in den jeweils umfassenderen Begriffen Beschaffung und Absatz (Vertrieb).

Der **Einkauf** hat die Versorgung der Produktion mit allen benötigten Gütern sicherzustellen und gegebenenfalls bei der Beschaffung der Produktionsmittel mitzuwirken.

Der **Vertrieb** ist für den Absatz der erzeugten Güter am Markt zuständig. In seinen Aufgabenbereich fallen damit die *Marktforschung* als Grundlage der *Absatzplanung*, die absatzpolitischen Mittel *Preis- und Präferenzpolitik* (z.B. Werbung, Kundendienst, Sortimentgestaltung u.a.), der *Verkauf* im engeren Sinne sowie die *Verteilung der Produkte*.

Die **Administration** beinhaltet die *Verwaltung, Führung* und *Leitung*. Zum Verwaltungsbereich zählen das *Personal-*, das *Finanz-* und *Rechnungswesen* (Finanzbuchhaltung und Kostenrechnung). Diesem Bereich ist historisch bedingt häufig die *Datenverarbeitung* angefügt.

Administration wird häufig dem Begriff Management gleichgesetzt. Management beinhaltet als zentrale Aufgabe die Vorbereitung, Organisation und Durchführung von Entscheidungen sowie die Ergebniskontrolle. Der Begriff umfaßt somit nicht nur die Aufgaben der oberen Führungsebene, sondern auch die des Sachbearbeiters, des Meisters, und des Vorarbeiters.

Die Aufgaben des Personalwesens sind die Beschaffung des notwendigen Personals am Markt und das Abschließen von Arbeitsverträgen, die Erhaltung der menschlichen Arbeitsleistung (Betreuung, Weiterbildung) sowie die Arbeitsbewertung und die Durchführung der Lohn- und Gehaltsabrechnung.

Das **Finanzwesen** ist zuständig für die Finanzierung, d.h. die Beschaffung des notwendigen Kapitals für Investitionen. Bei der Verwendung der Finanzmittel muß eine ständige Überwachung der Liquidität durchgeführt werden, damit der Betrieb seinen Zahlungsverpflichtungen jederzeit nachkommen kann.

Die dazu erforderliche innerbetriebliche Informationsquelle ist die **Finanzbuchhaltung**, in der alle Geschäftsvorfälle in chronologischer Reihenfolge festgehalten werden. Die Buchhaltung ist eine Zeitrechnung. Der erfaßte Aufwand und Ertrag einer Abrechnungsperiode wird in der Erfolgsrechnung (Gewinn- und Verlustrechnung) gegenübergestellt. Die zu einem Stichtag erfaßten Bestände an Vermögen und Schulden gibt die Bilanz wieder.

Aufgabe der **Kostenrechnung** ist es, die Kosten der betrieblichen Leistungserstellung zu erfassen, zu verteilen und auf die Produkte zu verrechnen. Die Istkostenrechnung betrachtet die erfaßten Kosten einer vergangenen Periode. Die Normalkostenrechnung ermittelt zukünftig anfallende Kosten auf Basis von Vergangenheitswerten. In der Plankostenrechnung werden die voraussichtlichen Kosten unter Berücksichtigung zukünftiger Erwartungen ermittelt. Der Soll-Ist-Vergleich je Verantwortungsbereich (Kostenstelle) und je Artikel bzw. Artikelgruppe (Kostenträger) ist ein hervorragendes Instrument für unternehmerische Entscheidungen. Als allgemeines Kriterium der Optimierung betrieblicher Entscheidungen hat die Kostenrechnung heute noch nicht den ihr zukommenden Stellenwert erhalten.

Aus den USA übernommen wurde die Funktion des **Controllers**. Sie wird bei uns in der Regel in Personalunion mit der Leitung des Finanz- und Rechnungswesens ausgeübt. Berichterstattung und Beratung (Reporting), Informationen zu beschaffen, auf deren Basis das Management seine Ziele und Entscheidungen gewinnorientiert ausrichten kann, sowie der Aufbau eines Management-Informationssystems gehören zu den Aufgaben des Funktionsträgers.

4.2 Innerbetriebliche Entscheidungssituation

Entscheidungen in Unternehmen sollen rational sein, sachgerecht. Diese Rationalitätsdoktrin hat wie kaum eine andere Norm Eingang in das Denken der Praxis gefunden (Rationalitätsprinzip der Betriebswirtschaftslehre sowie zentrale Wirtschaftslenkung). Rationales Entscheiden würde jedoch bedeuten, das Ergebnis ist nach Optimierungskriterien planbar. Wäre dem so, würden keine Managemententscheidungen erforderlich sein, der Prozeß wäre automatisierbar. In der Regel gilt es aber, zwischen alternativen Möglichkeiten abzuwägen, oder die geeignete Lösung im Kompromiß zu suchen. Zweifellos sind auch dann Entscheidungen um so rationaler, je mehr sich das Management dabei auf systematische Methoden und Informationen stützt.

Der Entscheidungsprozeß in den Unternehmen verläuft derzeit jedoch vorzugsweise informal. Basierend auf einem ungeregelten Kommunikationssystem, in dem sich die Entscheidungsträger die erforderlichen Informationen, soweit möglich, mühsam irgendwo beschaffen müssen, ist die Qualität der Informationen selten hinreichend für sachgerechte Entscheidungen (vgl. Bild 4.2-2). Wichtigste Mittel der Kommunikation sind Telefongespräche und Besprechungen. Die Information, die Entscheidungsbasis bleibt jedoch unverbindlich. Recherchen im nachhinein sind unvollständig und mühsame Geschichtsforschung.

Selbst da, wo bereits mit konventionellen Organisationsmitteln (Formulare, Karteien, Plantafeln) gute Möglichkeiten bestehen, sind diese nur unvollständig oder gar nicht genutzt. So sind z.B. unvollständige bzw. fehlende Arbeitspläne oder unvollständige bzw. fehlende Karteisysteme in der Bestandsführung mit Disposition auf Zuruf keineswegs der Ausnahmefall.

Am deutlichsten werden die aus mangelnder Systematik resultierenden Probleme bei der Terminsituation der Auftragsabwicklung. Jeder Praktiker kennt die Situation: Ständig werden Aufträge infolge Terminüberschreitung angemahnt; der aktuelle Auftragsstatus ist unbekannt; Terminjäger werden eingesetzt; in zeitraubenden Terminbesprechungen werden neue Termine, Eilaufträge erstellt, jedoch ohne hinreichende Kenntnis der Gesamtsituation. Die Folgen sind wiederholtes Umplanen, somit unwirtschaftlichere Fertigung. *Termintreue ist Zufall!* Die vielzitierte Flexibilität, der sich insbesondere mittelständische Betriebe rühmen, wird hier auf ihre Realität reduziert.

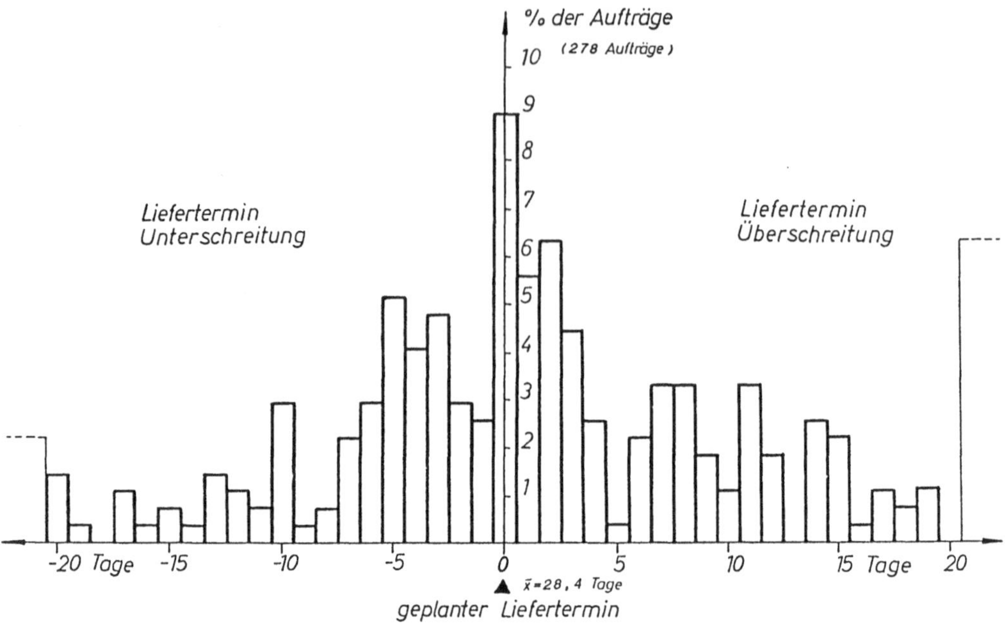

Bild 4.2-1:   Lieferterminabweichungen am Beispiel eines Einzelauftragfertigers

Bild 4.2-1 zeigt am Beispiel eines Einzelauftragsfertigers einstufiger Produkte die tatsächliche Fertigstellung der Aufträge im Vergleich zum abgegebenen Liefertermin. Diese Situation ist durchaus als Regelfall anzusehen, und dort, wo es sich um mehrstufige Produkte mit Planungsvorlauf handelt (Maschinenbau), sind derartige Streuungen bereits für die Konstruktionsabteilung sowie für die Arbeitsvorbereitung zu verzeichnen.

Probleme im Unternehmen, die der Entscheidung des Managements bedürfen, insbesondere wie sie sich im Rahmen der Auftragsabwicklung ergeben, sind zumeist wiederkehrender Natur. Mangels hinreichender Systematik werden aus Routinefällen, die normalerweise auf Sachbearbeiterebene zur Entscheidung anstehen und nur dort zufriedenstellend gelöst werden können, sogenannte *Entscheidungen bei Ungewißheit*, die teilweise (z.B. bei Terminproblemen) bis in die höchste Managementebene verlagert werden. **(Bild 4.2-2)**

Voraussetzung für einen systematischen Planungs- und Steuerungsprozeß ist der Schritt von einem informalen zu einem formalen Informationssystem mit geregelter Kommunikation. Der einzelne Sachbearbeiter bezieht seine Information mit Hilfe von ihm auszuwählender im System verfügbarer Abfrageroutinen aus dem zentralen Datenpool. Datenüberfülle wie das Bereitstellen von Listen ist nicht hilfreich (vgl. Kap. 3.3.1.3.5).

Voraussetzung für die Akzeptanz eines solchen Systems ist eine hohe Qualität der Daten, d.h. das Angebot muß der Nachfrage entsprechen, aktuell sein und weitestgehend fehlerfrei, der Datenursprung muß nachvollziehbar sein.

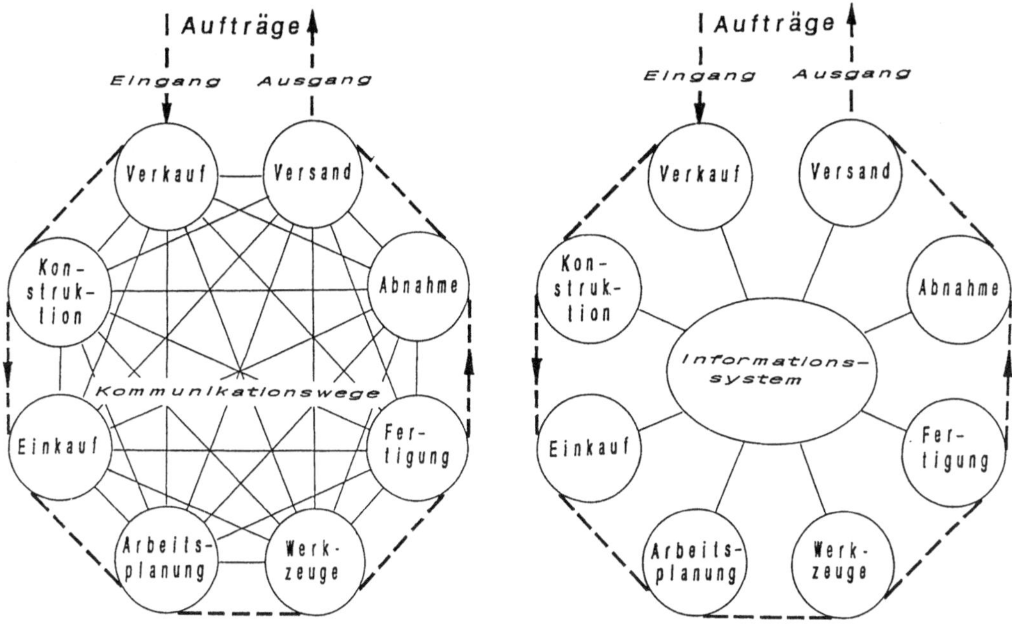

Bild 4.2-2: Dezentrale Auftragsabwicklung, links: ohne, rechts: mit geregeltem
Kommunikationssystem und formalem Informationssystem

Nur die Einbindung der jeweiligen Aufgabe des Sachbearbeiters in das System bietet Gewähr für hohe Datenqualität. Primärdatenerfassung ist jedoch nur die eine Seite des Problems, mündige und fachlich versierte Sachbearbeiter und Manager sind die andere.

4.3 Betriebswirtschaftliche Chancen und Risiken

Als veränderte Anforderungen des Marktes an die Produktionsbetriebe werden vor allem genannt:

- zunehmende Variantenvielfalt,

- kleinere Losgrößen,

- zunehmende Produktkomplexität,

- kürzere Produktlebenszyklen und in der Summe eine

- größere Flexibilität der Unternehmen.

Die Notwendigkeit, die neuen Technologien sowohl in der Fertigung als auch in der Organisation zu nutzen, um die Wettbewerbsfähigkeit zu sichern, dürfte für jeden Unternehmer, der diese Marktforderungen spürt, außer Frage stehen. Da jedoch integrierte Gesamtlösungen derzeit kaum als Standard zu kaufen sind, die einzelnen Komponenten bereits beachtliche Investitionssummen erfordern und individuell erstellte Kopplungen erhebliche, oft nicht abzusehende Mittel verschlingen, ist ein schrittweises Vorgehen zu empfehlen. Bei jedem Schritt ist die Wirtschaftlichkeit sorgfältig abzuwägen (vgl. Kap. 6).

Investitionsrechnungen werden jedoch nur in wenigen Klein- und Mittelbetrieben durchgeführt. Aber auch in vielen großen Unternehmen beschränkt man sich ausschließlich auf statische Amortisationsbetrachtung. Diese wird den zu erwartenden Zahlungsreihen wenig gerecht. Zu empfehlen ist hier die dynamische Amortisationsrechnung, z.B. als grafische zeitliche Darstellung der Kosten und Nutzen, so daß die Vergleichbarkeit mit dem bisher angewendeten Verfahren gewährleistet ist.

Die Empfehlungen sogenannter strategischer Entscheidungen mit Übernahme eines größeren Risikos und unter Berücksichtigung auch schwer quantifizierbarer Nutzen sind für diese Betriebe wenig hilfreich. Zwar ist es richtig, daß ein größerer Nutzen in der Integration der Teilsysteme zu erwarten ist, doch kann dies kein Argument sein, sich mit anfangs unzureichenden Rückflüssen zu begnügen und auf einen Integrationserfolg in ferner Zukunft zu hoffen. Wird einerseits der kürzere Produktlebenszyklus der zu fertigenden Produkte als ein Grund für die geforderte Investition in mehr Flexibilität genannt, so ist andererseits bei der Investition in die Informationstechnologie doch wohl zu beachten, daß kaum eine andere Branche derzeit so kurze Innovationszeiten hat. Dieses muß sich auch bei der Wirtschaftlichkeitsbetrachtung niederschlagen.

Ohnehin entschließen sich Unternehmen unter dem Druck eines aggressiven Verkäufermarktes und in der Sorge, zu spät zu kommen, allzu oft in Unkenntnis der auf sie zukommenden Probleme und ohne hinreichendes Konzept zum Kauf.

Weit mehr, als derzeit praktiziert, sollten Strategien im Sinne eines langfristigen Konzepts entwickelt werden. Hierzu sind zunächst, ausgehend von der möglichst zahlenmäßig zu erfassenden Istsituation des einzelnen Unternehmens, Zielgrößen zu formulieren. Weiterhin sind in der Regel allein schon aufgrund des erforderlichen Finanzvolumens Prioritäten festzulegen.

Ein wichtiges Kriterium für die Priorität der Investitionen kann die Disproportionalität der Leistungsfähigkeit der einzelnen Unternehmensbereiche sein. So ist in der Fertigung bereits häufig ein hoher technischer Leistungsstand erreicht. Es mehren sich die Stimmen, die darauf hinweisen, daß hier bereits ein Schritt zu weit getan wurde, da infolge unzureichender Dispositionssysteme der erzielbare Nutzungsgrad hinter den Erwartungen zurückbleibt. Dementsprechend werden für den Einsatz umfassender Produktionsplanungs- und -steuerungssysteme teils erhebliche Nutzen genannt (vgl. Kap. 3.4.2). Zu nennen sind vor allem:

- Verbesserung der Termintreue (vgl. Bild 4.2-1)

- Reduzierung der Durchlaufzeit

- Verringerung der Bestände

- Erhöhung der Kapazitätsauslastung

- Verringerung der Eilaufträge

- Abbau von Überstunden

Bei vergleichsweise geringen Investitionskosten für Hard- und Software liegt das Risiko hier in den Kosten der Einführung, die häufig über einen längeren Zeitraum der versuchten Einführung zu einem Vielfachen der Systemkosten auflaufen, ohne daß sich ein nennenswerter Erfolg abzeichnet. Wo die Disposition derzeit weitestgehend auf Improvisation basiert, fehlt den Mitarbeitern, das Management eingeschlossen, das nötige Fachwissen für ein systematisches Projektmanagement, aber auch für die Nutzung der in dem Systemen liegenden Möglichkeiten. Know-how, das in den Systemen steckt, aber nicht in den Köpfen der Disponenten, kann nicht genutzt werden.

Organisationsertüchtigung, Weiterbildung als erste Maßnahme tut not (vgl. Kap. 5.2). Oft hilft nur noch der Generationswechsel.

4.4 Anforderungen an die Subsysteme und ihre Kopplung

Die **kaufmänischen Bereiche Einkauf** und **Verkauf** nehmen einerseits eine Reihe von dispositiven Aufgaben wahr, die zusammen mit der Produktionsplanung und -steuerung die logistische CIM-Kette von der Beschaffung über die Produktion zum Absatz bilden, andererseits sind sie zuständig für die entsprechenden Auszahlungen und Einzahlungen. Diese Aufgaben werden von Standardsoftware weitgehend unterstützt (**Bild 4.4-1**).

Der **Einkauf** erhält aus der Materialplanung Bestellvorschläge, diese sollten zweckmäßigerweise nach den zuständigen Disponenten gegliedert ausgegeben werden. Bei der Bestellbearbeitung des jeweiligen Artikels durch den Disponenten können die einzelnen Positionen gezielt geändert werden. Für Preisvergleiche und Rechenoperationen ist die Möglichkeit der Fenstertechnik vorteilhaft. Der Zugriff auf die Lieferhistorie und die Lieferantenbewertung sowie die Bestandsveränderungen ist für eine gute Disposition unerläßlich. Für die Bestellschreibung sollten Standardtexte, Zusatztexte aber auch individuelle Texte, z.B. durch Einbindung einer Textverarbeitung, möglich sein. Der Be-

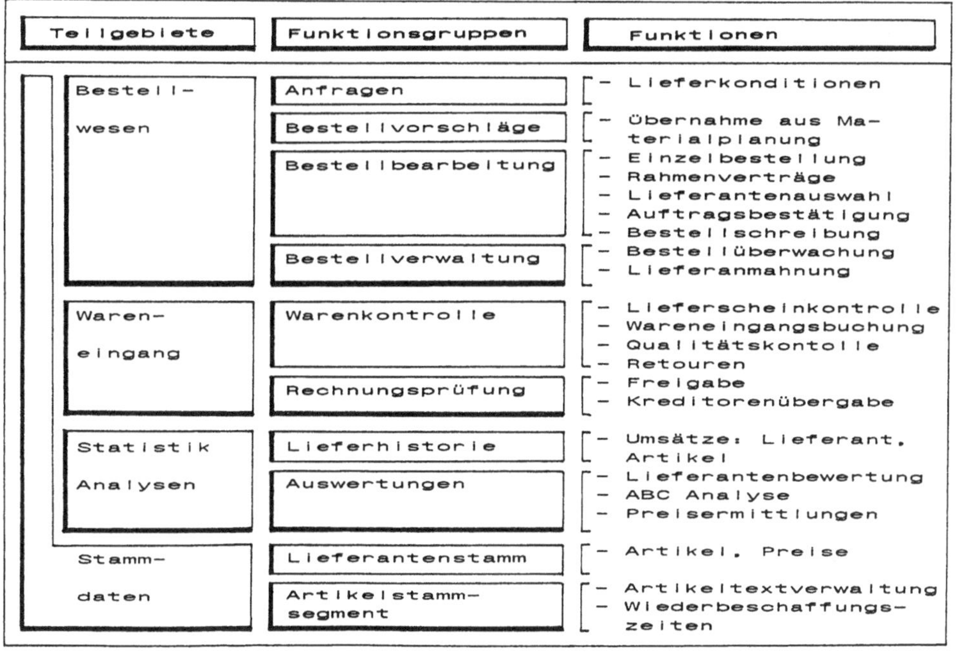

Bild 4.4-1:   Teilgebiete und Funktionen einer Standardsoftware für den Einkauf

stellüberwachung dienen die Liste der offenen Bestellungen (Bestellobligo) sowie Anmahnungsvorschläge.

Wareneingangsprüfung und Rechnungsprüfung führen bei positivem Ergebnis zur Freigabe der Rechnung und Übergabe an die Finanzbuchhaltung.

Im Artikelstamm benötigt der Einkauf ein eigenes Segment. Von der Pflege der Stammdaten, hier insbesondere der Wiederbeschaffungszeit der Artikel, ist die Qualität der Bestellvorschlagsliste unmittelbar abhängig. Es reicht keinesfalls, dafür die vom Lieferanten genannte Lieferzeit zuzüglich einiger Sicherheiten einzusetzen. Hier muß der verantwortungsbewußte Disponent seine persönlichen Erfahrungen einfließen lassen. Subsysteme der Lieferantenbewertung sollten daher zum Standard jedes Moduls Einkauf gehören. Auch die Festlegung der jeweils zweckmäßigen Dispositionsart und optimaler Bestellosgrößen bereiten in der Praxis Schwierigkeiten. Den Mitarbeitern des Einkaufs fehlen in der Regel die notwendigen Kenntnisse der Materialwirtschaft (**Bild 4.4-2**).

Im **Vertrieb** treffen die unterschiedlichsten Marktstrukturen und Strukturen der Produktionsbetriebe aufeinander. In kaum einem anderen Unternehmensbereich werden so unterschiedliche Anforderungen an eine Software gestellt. Standardsoftwarepakete, die in diesem Bereich Fuß fassen wollen, müssen daher einen erheblichen Funktionsumfang anbieten.

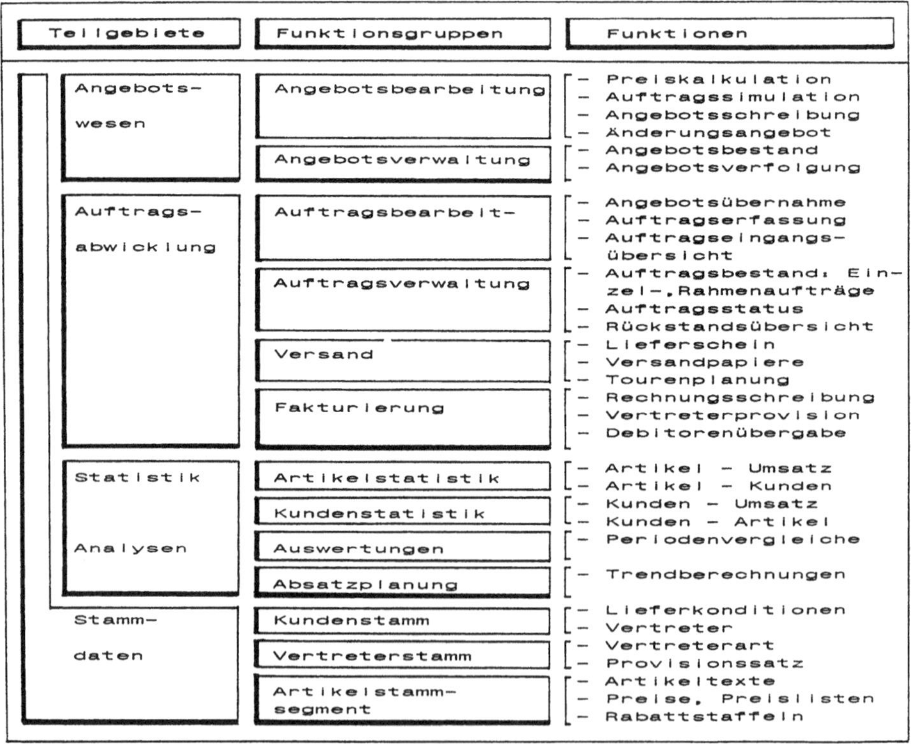

Bild 4.4-2:   Teilgebiete und Funktionen einer Standardsoftware für den Verkauf

Im Angebotswesen sind zur Erstellung der Angebote Preiskalkulation und Auftragssimulation erforderlich, letztere überprüft die Terminsituation hinsichtlich Material und Kapazität. Die Preiskonditionen können je Kunde sehr unterschiedlich sein, beginnend bei kundenspezifischen Artikelpreisen und individuellen mengenmäßigen Preisstaffeln. Kundenspezifische Texte, so auch fremdsprachige Formulare und Texte, müssen aus dem Kundenstamm initiiert werden; beliebige Ergänzungen sollten durch Einbindung einer Textverarbeitung ermöglicht werden. Die Angebotsverwaltung sollte Fristen für Nachfaßtermine beinhalten.

Bei Auftragserteilung wird das Angebot in einen Auftrag überführt. Die Auftragsabwicklung mit den Modulen *Auftragsbearbeitung, Auftragsverwaltung* (Termine), *Versand* und *Fakturierung* sind die zentralen Bausteine eines Vertriebspaketes. Bei der Belegerstellung werden die vielfältigen Anforderungen deutlich. Der Belegfluß beginnt mit der Auftragsbestätigung. Es folgen Lieferschein und die Versandpapiere (Frachtbriefe, Expreßscheine, Expreßaufkleber, Paketaufkleber). Kundenspezifische Informationen wie Versandart, Lieferart, zuständiger Vertreter, Zahlungsbedingungen, Währung und Umrechnung (z.B. zum aktuellen Kurs) sind erforderlich. Einige Kunden wünschen Teillieferungen und Rechnungen je Lieferschein oder Sammelrechnungen oder Rechnungen in mehreren Kopien.

Die Rechnungfreigabe führt zur Rechnungsschreibung bzw. Gutschrift oder ggf. Proformarechnung. Die Rechnungsbuchungen ergeben das Fakturajournal, eine in zeitlicher Reihenfolge erstellte Liste der gebuchten Rechnungen. Abschließend erfolgt die Übergabe an die Finanzbuchhaltung.

Der Kundenstamm gehört hinsichtlich der Anzahl der Stammsätze und auch der jeweiligen Datensätze neben dem Artikelstamm zu den umfangreichsten Stammdatenbereichen einer Auftragsabwicklung.

Statistiken wie Umsätze je Artikel, Artikelgruppen, Kunde und Kundengruppen sowie Analysen und Auswertungen wie Periodenvergleiche, Trendberechnungen ergeben wichtige Informationen für die Absatzplanung und damit auch für andere langfristige Planungen wie Budgetplanung, Bedarf an Kapazität, Personal und Sicherung der Materialbasis.

Für den **administrativen Bereich** werden Standardsoftwareprodukte für die Lohn- und Gehaltsabrechnung und für das Rechnungswesen mit Finanzbuchhaltung und Anlagenbuchhaltung sowie Kostenrechnung angeboten. Der Bereich Controlling- und Management-Information ist bisher weitgehend auf Individualsoftware angewiesen.

In der **Lohn- und Gehaltsabrechnung** und in der **Finanzbuchhaltung** hat sich die Datenverarbeitung anfänglich mit sogenannten Buchungsmaschinen bereits vor Jahrzehnten in den Betrieben durchgesetzt. Es sind vergleichsweise einfache Programme erforderlich (batchweise Verarbeitung nach feststehenden Regeln). Da diese Aufgaben notwendigerweise in jedem Unternehmen, und zwar mit einer relativ großen Mitarbeiterzahl wahrgenommen werden mußten, bestand somit eine funktionsfähige Datenerfassung, ohne die jedes Informationssystem wertlos ist, und es waren erhebliche Personaleinsparungen möglich. Wichtig ist eine zuverlässige Programmpflege, d.h. hier insbesondere die termingerechte Anpassung an neue tarifliche Vereinbarungen einerseits und an steuerrechtliche Bestimmungen andererseits.

Die Anwesenheitszeiterfassung mittels konventioneller Stechuhren, wie sie noch in über 60% der Betriebe in Einsatz sind, erfordert einen erheblichen Aufwand von der Stechkarte über Lohnlisten bis zur Dateneingabe über Tastatur in den Rechner. Hinzu kommt häufig parallel die Akkordzeiterfassung mittels Akkordschein. Zeitdatenerfassungsgeräte bieten hierzu eine weniger personalaufwendige und zuverlässigere Alternative. In diesem Zusammenhang wird auf die zwingend notwendige Betriebsvereinbarung bei der Erfassung personenbezogener Daten hingewiesen.

Die Daten der Lohn- und Gehaltsabrechnung werden an die Finanzbuchhaltung und die Kostenrechnung weitergegeben.

Die Teilgebiete einer Software **Finanzbuchhaltung** sind entsprechend den Aufgabengebieten nach *Debitoren-, Kreditoren-* und *Sachbuchhaltung* gegliedert. In der *Debitorenbuchhaltung* fallen zwei Primärdaten an: Umsätze und Einzahlungen, entsprechend in der *Kreditorenbuchhaltung*: Verbindlichkeiten und Rechnungen. Die *Sachbuchhaltung* ist die Sammelstelle für alle Einzelkontierungen aus Debitoren-, Kreditoren-, Lohn- und Gehalts-, Betriebs-, Lager- und Anlagenbuchhaltung. Abschlußarbeiten sind Tages-, Monats- und Jahresabschluß. Diese Ergebnisse sind abrufbar.

Auswertefunktionen sind Kontenplan, Summen- und Saldenlisten sowie die Umsatzsteuervoranmeldung. Periodenweise (Monat, Jahr) wird die Gewinn- und Verlustrechnung durchgeführt sowie die Bilanz dargestellt. Bilanzerstellung nach dem jeweiligen nationalen Recht ist für international vertretene Firmen eine Notwendigkeit.

Die Aufgaben der **Anlagenbuchhaltung** und der Kostenrechnung werden in vielen Firmen nur unvollständig wahrgenommen. Das Anlagevermögen einer Firma wird im allgemeinen im Rahmen der Finanzbuchhaltung verwaltet. Die Nachteile sind: Die Bestandsführung erfolgt nur in buchhalterischer Form, damit sind jedoch Bestandsveränderungen über einen längeren Zeitraum nicht sichtbar. Bei Verwendung einer Standardsoftware wird sie als Nebenbuchhaltung aus der Finanzbuchhaltung herausgelöst. Die Bestandsführung der Anlagen und Anlagengruppen erfolgt dann nach steuerlichen, handelsrechtlichen und auch kalkulatorischen Gesichtspunkten. Standardauswertungen sind Vermögenswertermittlung, Versicherungswertermittlung, Lebenslauf, Bewegungs- und Bestandsübersichten. An die Finanzbuchhaltung sind die Abschreibungsbeträge und die Restbuchwerte zu liefern, an die Kostenrechnung die kalkulatorischen Abschreibungen und Zinsen (**Bild 4.4-3**).

Bei guter Ertragslage wurde die Notwendigkeit einer **Kostenrechnung** nicht gesehen. Die Mehrzahl, insbesondere der kleinen und mittleren Betriebe, arbeitet heute noch ohne hinreichendes Kostenrechnungssystem. So erfolgt die Vorkalkulation häufig auf Basis veralteter Daten. Zuschlagssätze von mehreren 100 % sind keine Seltenheit. Für die Kalkulation ist oft die Kladde des Meisters oder des AV-Mitarbeiters die wichtigste Information. Eine periodische Ermittlung der Zuschlagssätze mit Hilfe des Betriebsabrechnungsbogens ist nicht die Regel. Die Nachkalkulation einzelner Produkte oder die Kostenträgerzeitrechnung sind selten anzutreffen. Die Möglichkeit der Deckungsbeitragsrechnung und auch der Plankostenrechnung werden kaum genutzt.

Am Markt wird zunehmend Standardsoftware für Kostenrechnung angeboten, die die in Bild 4.4-3 aufgezeigten Teilgebiete der Kostenrechnung abdeckt. Der Betriebsabrechnungsbogen (BAB) ist hier nicht mehr der klassische tabellarische Abrechnungsbogen, der ausschließlich der Ermittlung der Zuschlagssätze diente, sondern es werden Kontoblätter je Kostenstelle und Abrechnungsperiode an die Kostenstellen-Verantwortlichen ausgegeben, in denen neben den Gemeinkosten auch die angefallenen direkten Kosten stehen. Die

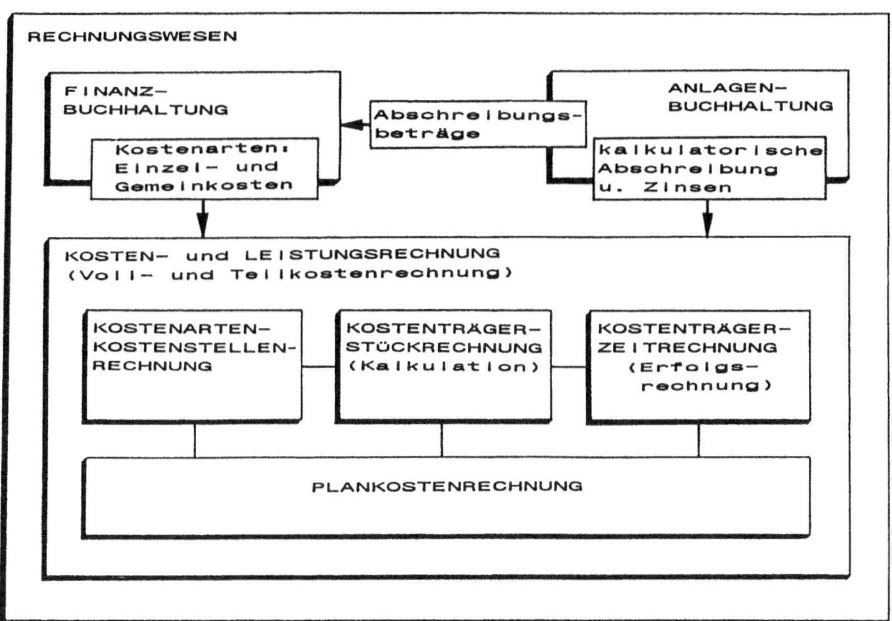

Bild 4.4-3:   Standardsoftware für die Kostenrechnung und ihre Einbindung in das Rechnungswesen

Gegenüberstellung der Sollkosten (auf Ist-Auslastung umgerechnete Plankosten) ermöglicht den unmittelbaren Soll-Ist-Vergleich.

Die Kostenträgerzeitrechnung, vorzugsweise als Gesamtkostenverfahren, zeigt den Beitrag der einzelnen Produkte und Produktgruppen zum Unternehmenserfolg und ist somit ein wichtiges Planungsinstrument der Unternehmensleitung.

4.5 Kopplung mit anderen Funktionsketten

Die Aufgabengebiete Beschaffung, Produktion, Absatz sind derart miteinander verzahnt, daß auch die Softwarepakete **Einkauf, Produktionsplanung und -steuerung, Verkauf** ihre Leistungsfähigkeit nur in enger Verknüpfung entfalten können (**Bild 4.5-1**)(vgl. Kap. 3.4.3.1).

Die Verzahnung wird deutlich im Artikelstamm. Verkauf und Einkauf haben hier zweckmäßigerweise eigene Segmente, die sie jeweils verantwortlich pflegen. Der Einkauf bestimmt die in der Materialplanung je Artikel zu wählende Dispositionsart. Als Basis hierzu dient die ABC-Analyse, die wertmäßige Klassierung der Artikel, die in jedem Programmteil Materialplanung enthalten sein sollte (vgl. Kap. 3.4.3.2). Die gewählte Dispositionsart und die eingesetzten Wiederbeschaffungszeiten (Summen, Lieferzeit, Prüf- und Einlagerungszeit sowie Sicherheitszeiten) bestimmen die Höhe der Bestände der eingekauften Güter.

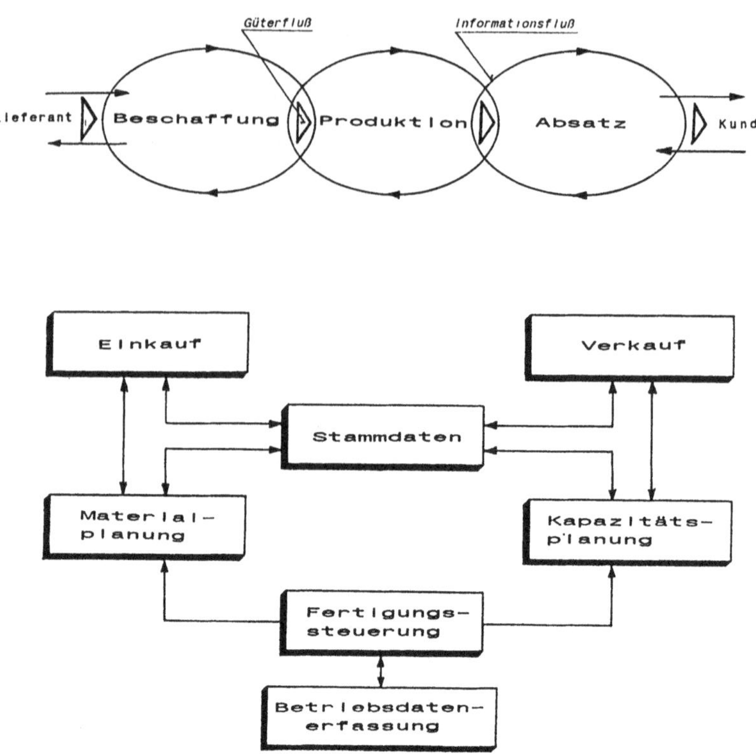

Bild 4.5-1:   oben: logistische CIM-Kette, unten: Kopplung der Softwaresysteme
                Einkauf - PPS - Verkauf

Erfolgt im Bereich der Qualitätssicherung eine Lieferantenbewertung, so ist eine Anbindung an den Lieferantenstamm des Einkaufs zu wünschen.

Der Vertrieb greift für die Preisermittlung in der Regel auf die Vorkalkulation der Selbstkosten, die von der Arbeitsvorbereitung durchgeführt wird, zurück; diese wiederum benötigt dazu den Zugriff auf die Kostenträgerstückrechnung.

Bei der Angebotsabgabe werden neben den Preisen auch die Liefertermine festgelegt. Eine hinreichende Absicherung der Termine ist nur durch eine Auftragssimulation zum Zeitpunkt der Angebotsabgabe gegeben.

In der Einzelauftrags- und Variantenfertigung sind andere Vorgehensweisen erforderlich, um näherungsweise vertretbare Angebotsdaten zu erhalten. CAP-Systeme auf Basis von Entscheidungstabellen oder Expertensystemen können zukünftig diese Lücke füllen (vgl. Kap.3.2.7.1 u. 3.2.8). Die Kostenrechnung erfordert bereits bei der Datenerfassung einen hohen Integrationsgrad. Ohne ein auch in der Zeitwirtschaft wirksames PPS-System mit nachgeschalteter Feinsteuerung (Leitstand und BDE im Regelkreis) sind qualitativ hochwertige Daten der Auftragsabwicklung aus der Fertigung kaum zu erhalten (vgl. Kap. 3.4.3.3 u. 3.4.3.7).

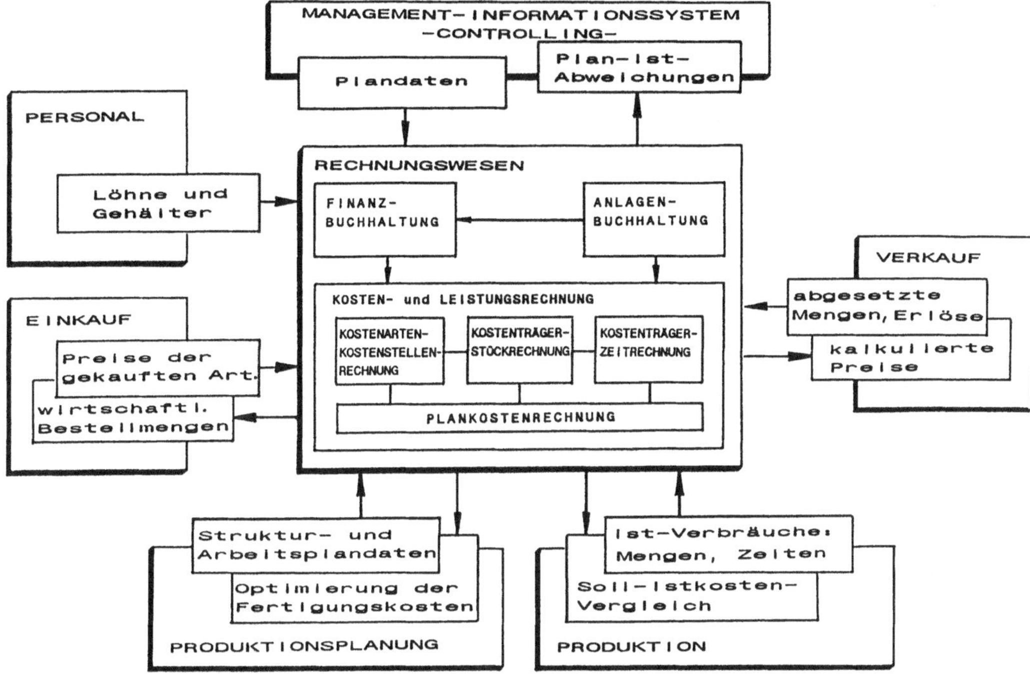

Bild 4.5-2:   Integration der Kostenrechnung in das betriebliche Informationssystem

Wenn aber, wie im **Bild 4.5-2** aufgezeigt, die Kostenrechnung nicht nur als Einbahnstraße, sondern auch zur Optimierung von Sachbearbeiterentscheidungen z.B. in der Disposition oder in der Konstruktion genutzt werden soll, ist eine geeignete Integration in die Sachbearbeitersysteme erforderlich; hier fehlen häufig noch Konzepte.

Die mitlaufende Kalkulation innerhalb von PPS-Systemen ist z.B. zur Abrechnung der täglichen Produktionsleistung vorteilhaft. Die übliche Abrechnung in Stückzahlen oder Gewicht ist nur in der Massenfertigung sinnvoll.

Die Integration eines Kostenrechnungspaketes ist eine Voraussetzung für ein fundiertes Controlling und für den Aufbau eines qualifizierten Management-Informationssystems.

5 Auswirkungen rechnerintegrierter Produktion auf Arbeitsorganisation und Personalqualifikation

Die Tatsache, daß ziel- und zweckgerichtetes Herstellen und Nutzen technischer Produkte mit menschlicher Arbeit, deren Organisation und gesellschaftlicher Bewertung verbunden ist, ist so alt wie die Menschheit selbst. Dabei waren die Regulierungskonzepte oder -modi der Arbeit gekennzeichnet durch eine stetige Differenzierung. Bestand ursprünglich eine Arbeitsteilung nur zwischen Mann und Frau, so kam es in der weiteren Entwicklung zur Ausbildung verschiedener Berufe. Hinsichtlich der Regulierungskonzepte der Arbeit hatte die in der zweiten Hälfte des achtzehnten Jahrhunderts aufkommende Industrietechnik - im Gegensatz zu Entwicklung bis dato - jedoch einen bewußt progressiven und revolutionären Charakter: Indem sich nämlich Wissenschaft und Wirtschaft der Erfindung, Herstellung und Verwendung neuer Mittel und Methoden zuwendet, kommt es zu einer sprunghaften Zunahme des Aufwandes an Werkzeug, damit zu einer Verlängerung der Produktionsumwege und zu einer Spezialisierung. Diese war und ist jedoch nur möglich aufgrund der Integration spezialisierter Funktionen, und sie ist immer verbunden mit einer Vergrößerung der Systemeinheiten. Die Verwissenschaftlichung der Methodik induziert indes auch eine Selbstbeschleunigung: Jedes Mittel, jede Methode zeigt oder erleichtert nicht nur den Weg zum Ziel, sondern auch zu neuen Mitteln und neuen Methoden. Bei diesem Prozeß der Verlängerung der Produktionsumwege geht allerdings jeder anschauliche Zusammenhang zwischen den Mitteln und dem Zweck verloren. Die Summe dieser Merkmale führt - wie die Geschichte eindrucksvoll belegt - zu einer "Veränderung der biologischen Grundparameter für unsere menschliche Existenz, wie das unmittelbar durch die Steigerung der Bevölkerungsdichte und durch die Eruption der Lebensansprüche in die Augen springt" [70].

Im Zuge der Weiterentwicklung der Regulierungskonzepte der Arbeit in der industriellen Produktion kam es zum sogenannten *tayloristisch-fordistischen Produktionsmodell*, welches vor allem für die Betriebe der Massenproduktion in unserem Jahrhundert bestimmend war (vgl. Kap. 1.1.3 und 3.3.1.3.2, FFI). Dies gilt insbesondere für die Automobilindustrie. Allerdings hatten die dort entwickelten Rationalisierungsstrategien und Regulierungskonzepte seit jeher paradigmatische Bedeutung weit über die Automobilindustrie hinaus. Dies gilt für die nationalen industriellen Beziehungen, die Formen der Berufsausbildung, der Arbeitsmarktregulierung, der technologischen und organisatorischen Entwicklungen sowie des Arbeitseinsatzes.

Anfang der achtziger Jahre sah sich jedoch das tayloristisch-fordistische Produktionsmodell einer "tiefgreifenden Destabilisierung ausgesetzt, die Automobilindustrie, bislang Musterfall eines reifen Industriezweiges, war in eine Periode der *Dematurisierung* eingetreten" [40].

Welches sind also die derzeitigen Formen der Arbeitsorganisation? Welche Gründe zwingen zu einer Änderung? In welcher Richtung ändert sich die Arbeitsorganisation im Hinblick auf die rechnerintegrierte Produktion? Welche Anforderungen an die Qualifikation der Mitarbeiter ergeben sich hierdurch?

Diese Fragen werden im folgenden bearbeitet. Wegen der beschriebenen Schrittmacherfunktion soll dies am Beispiel der Automobilindustrie sowie an anderen Betrieben des Investitionsgüter produzierenden Gewerbes dargestellt werden.

5.1 Arbeitsorganisation

5.1.1 Derzeitige Formen der Arbeitsorganisation

5.1.1.1 Automobilindustrie: der tayloristisch-fordistische Regulationsmodus

Grundlegend für den *Taylorismus* ist die strikte Trennung nach Rollen, die Arbeitskräfte im Produktionsprozeß zu erfüllen haben: aufgeteilt werden dispositive, vorbereitende, ausführende und kontrollierende Arbeiten. Dies bedingt einerseits eine Funktionsverminderung der ausführenden Tätigkeiten, die damit zu repetitiven Teilarbeiten mit geringen Qualifikationsanforderungen degenerieren; andererseits entstehen Expertengruppen, die die Gestaltung der Technik und Arbeit der ausführenden Tätigkeitsbereiche vornehmen, ihnen Standards setzen und deren Einhaltung kontrollieren.

Merkmal des *Fordismus* auf betrieblicher Ebene ist das Prinzip möglichst weitreichender Standardisierung von Produkt und Produktentstehungsprozeß. Grundlage der Arbeits- und Leistungsregulierung ist der maschinen- oder fließbandgesteuerte Produktionstakt mit der arbeitspolitischen Kompromißformel: niedrige Stückkosten und hoher Lohn.

Die Elemente des tayloristisch-fordistischen Regulierungsmodus lassen sich wie folgt zusammenfassen [40]:
- Standardprodukt
- Fließband
- typgebundene Technisierung (*Einzweckmechanisierung*)
- unqualifizierte Massenarbeiter
- niedrige Arbeitsmotivation (*Gleichgültigkeit*)
- konfliktbehaftete Arbeitsbeziehungen
- hierarchisches Management
- vertikale Arbeitsteilung (Trennung Disposition - Ausführung)
- *externe* Kontrolle
- horizontale Arbeitsteilung (extreme Zerlegung der Arbeitsausführung)
- Arbeitsplatzbindung
- Zwangstakt
- Zeitvorgabe
- Einzelarbeit

Nach übereinstimmender Meinung hatte der tayloristisch-fordistische Regulierungsmodus im Sinne eines Idealtyps in westlichen Betrieben noch während der siebziger Jahre weithin Geltung [40, 42].

5.1.1.2 Betriebe des Investitionsgüter produzierenden Gewerbes

Im Rahmen einer Untersuchung zu Strategien, Verbreitung und Auswirkungen von CIM [80], die 6,2 % der Betriebe der Investitionsgüterindustrie (Stand 1984) erfaßte und in den Jahren 1986/87 zur Durchführung kam, wurde an ca. 60 Betrieben eine Kurzrecherche hinsichtlich der Entwicklung der fachlichen und funktionalen Arbeitsteilung in der Produktion sowie der Rationalisierungskonzepte der Manager durchgeführt.

Dabei zeigte sich, daß gut die Hälfte der Betriebe als *strukturkonservativ* einzustufen waren: Sie strebten eine Stabilisierung oder sogar den Ausbau der bestehenden fachlichen und funktionalen Arbeitsteilung an; es dominieren also tayloristische Rationalisierungsstrategien.

Immerhin noch weitere 20 Betriebe wurden als *strukturverändernd* eingestuft. Hier spielen tayloristische Regulationsmodi zwar eine vorherrschende Rolle; einzelne Betriebsbereiche oder Techniklinien experimentieren jedoch mit nicht-tayloristischen aufbau- und ablauforganisatorischen Prinzipien.

5.1.2 Gründe für die Änderung der Arbeitsorganisation

5.1.2.1 Automobilindustrie

Eine der zentralen Ursachen im Krisenszenario der Automobilindustrie Westeuropas und Nordamerikas Anfang der achtziger Jahre war der unaufhaltsame Verlust von Markt- und Produktionsanteilen an Japan. Aber auch andere externe Entwicklungen wirkten ein, wie etwa die Kritik der Umwelt- und Konsumentenbewegung am Automobil und seinen gesellschaftlichen Folgen, Energiekrise und staatliche Regulierungen. Indes prägten nicht nur äußere Anpassungszwänge die damalige Situation: Vielmehr hatten die Automobilunternehmen im Verlauf der siebziger Jahre ihr Innovationsarsenal deutlich erweitert. Vor allem das sprunghaft angewachsene Potential der Mikroelektronik und der Informations- und Kommunikationstechnologie stellte neue Möglichkeiten bereit, das Produktangebot zu erweitern und zu differenzieren, den Produktionsprozeß umzugestalten und zu flexibilisieren, die Planungs- und Steuerungskapazitäten auszubauen sowie die Koordination mit Zulieferern und Abnehmern zu reorganisieren.

Jedoch eröffneten nicht nur die *neuen Technologien* Gestaltungsspielräume und Anpassungsmöglichkeiten. Der Vergleich mit japanischen Unternehmen machte deutlich, daß Personalführung, industrielle Beziehungen, Arbeits- und Leistungseinstellung, Arbeitsorganisation und -einsatz gegenüber technologischen Faktoren dominierende Ursachen japanischer Überlegenheit waren. Weiter zeigte sich, daß das Kostenniveau ebenso drastisch gesenkt wie das Produktivitätsniveau gehoben werden mußte. Offensichtlich war das tayloristisch-fordistische Regulationsmodell der Industriearbeit an seine Grenzen gestoßen; "der Konflikt, der zwischen Disposition und Ausführung, zwischen betrieblichen Experten und Arbeitern um die Arbeitseffizienz ausgetragen wurde, hatte sich zunehmend als kontraproduktiv erwiesen; die Motivationsdefizite der dequalifizierten Massenarbeiter hatten die Kontroll- und Qualitätskosten explodieren lassen; die am standardisierten Massenprodukt ausgerichteten Fertigungsstrukturen konnten den Markterfordernissen nicht mehr gerecht werden; und die hierarchische Führungsorganisation des Managements erwies sich angesichts der großen Herausforderungen als massives Innovationshemmnis" [40]. Es sind im wesentlichen drei wichtige Rahmenbedingungen, die zwingen, in der Organisation der

Arbeit neue Wege zu beschreiten [82]: *Produktivitätsvorsprung japanischer Unternehmen, Facharbeiterreserve, Gesellschaftlicher Wertewandel.*

Produktivitätsvorsprung japanischer Unternehmen. Offensichtlich ist es japanischen Automobilkonzernen in den zurückliegenden zwei Jahrzehnten gelungen, zunächst im Marktsegment der niedrigen, dann der mittleren und - wie die jüngste Vergangenheit zeigt - auch der hohen Preiskategorien dramatische Wettbewerbsvorteile zu erringen. Ohne Zweifel klafft eine Produktivitätslücke zwischen den japanischen Automobilherstellern auf der einen und den europäischen und amerikanischen Automobilherstellern auf der anderen Seite. Dies ist dokumentiert in einer sehr breit angelegten, international vergleichenden Studie des Massachusetts Institute of Technologie. In dieser Studie sind unter anderem detaillierte Produktivitätsvergleiche der meisten japanischen, europäischen und amerikanischen Automobilhersteller vorgelegt worden. So führt die Studie etwa aus, daß bei den sogenannten Massenherstellern der Automobilindustrie in einer japanischen Montagefabrik durchschnittlich ca. 17 Arbeitsstunden für die Erstellung eines Automobils aufgewendet werden gegenüber ca. 35 bei einem europäischen Hersteller. Im Luxusklassensegment beträgt das Verhältnis gar 17 zu 57 Stunden bei einem vergleichbaren Produkt.

Den japanischen Produktivitätsvorsprung in der Automobilindustrie führt die Studie nicht auf einen höheren Automatisierungsgrad in der Produktion zurück, sondern auf eine weit geringere Fertigungstiefe, produktionsgerechte Auslegung der Produkte, effiziente Betriebs- und Arbeitsorganisation, spezifische Leistungsorientierung und ein entsprechendes Leistungsverhalten der Mitarbeiter.

Ergänzend sei erwähnt, daß das industriell-administrativ-politische Beziehungsgeflecht, in welches auch japanische Autombilhersteller eingebunden sind, zum Produktivitätsvorsprung beiträgt. Im übrigen ist es japanischen Automobilherstellern gelungen, ihre Produktionsweise direkt zu exportieren; die sogenannten Transplants belegen dies.

Die genannte Studie weist weiter aus, daß die Produktivitäts- und damit die Kostenvorteile der japanischen Konkurrenz zu etwa einem Drittel Arbeitszeit und Löhne und zu etwa zwei Drittel einer besseren Fertigungsorganisation, besonders einer geringeren Fertigungstiefe sowie fertigungsgerechteren Produktionsgestaltung zugerechnet werden. Hinsichtlich der Arbeitszeiten zeigt die Studie, daß z. B. in japanischen Automobilfabriken 1990 die effektive Arbeitszeit bei etwa 2 300 Jahresstunden, in Deutschland bei etwa 1530 Jahresstunden lag. Die Nutzungszeiten von Produktionsanlagen japanischer Automobilhersteller erreichten 1990 den Wert von ca. 4 700 Jahresstunden, betrieben in zwei Schichten zu je neun Stunden, gegenüber maximal 3 700 Jahresstunden in deutschen Automobilfabriken. Ein internationaler Vergleich von Löhnen und Lohnstückkosten, speziell für die Automobilindustrie, ist sehr schwierig, da z. B. für die japanischen Zulieferer der Automobilhersteller keine amtlichen Statistiken vorliegen. Daher wird auf eine Statistik des Instituts der deutschen Wirtschaft (IW) von 1992 zurückgegriffen; sie vermittelt zumindest aussagefähige Vergleichszahlen für 1990 der gesamten Industrie des verarbeitenden Gewerbes, vgl. **Tabelle 5.1.2.1-1.**

Die dargestellten Bedingungen, vor allem Nachteile gegenüber japanischen Mitbewerbern bei der Fertigungstiefe sowie der fertigungsgerechten Produktionsgestaltung stellen einen Teil zwingender Gründe dar, nach neuen Wegen der Arbeits- und Betriebsorganisation zu suchen.

	Personalkosten je Arbeitsstunde	Produktivität je Arbeitsstunde		Lohnstückkosten
	Index	Index	Veränderung in % 1980 - 1990	Index
Deutschland	**100**	**100**	**+ 28,2**	**100**
USA	64	75	+ 41,4	86
Japan	68	89	+ 49,8	77
Frankreich	68	74	+ 40,9	91
Niederlande	80	92	+ 37,8	87
Italien	79	91	+ 45,3	86
Großbritannien	65	81	+ 61,3	81
Portugal	19	25	-	76
Spanien	58	81	-	71
Irland	54	90	-	60

Tabelle 5.1.2.1-1: Löhne, Produktivität und Lohnstückkosten 1990 im internationalen Vergleich [58]

Facharbeiterreserve. Nach Untersuchungen des Soziologischen Forschungsinstitutes Göttingen, die im Auftrag des Bundesforschungsministers auch in der Automobilindustrie durchgeführt wurden, ergeben sich unter der Rahmenbedingung *Facharbeiterreserve* folgende Aussagen [83]:

- In der direkten Produktion hat der Anteil der einschlägig qualifizierten Facharbeiter in den achtziger Jahren stark zugenommen und liegt derzeit bei 40 % aller direkten Produktionsmitarbeiter.
- Der Anteil der Facharbeiterplätze in der direkten Produktion an allen Arbeitsplätzen liegt - trotz Automatisierungsschub und Zunahme der Facharbeiterplätze in den achtziger Jahren - nach wie vor bei nicht mehr als 15 %.
- Einem leicht gestiegenen Bedarf an einschlägig qualifizierten Facharbeitern steht demnach ein hohes Facharbeiterpotential gegenüber, welches unter seinen Qualifikationen eingesetzt wird; die sich hieraus ergebende Reserve an Facharbeitern liegt bei etwa 70 %. Statistisch gesehen bedeutet dies: Heute sind in der Automobilproduktion etwa 7 von 10 einschlägig qualifizierten Facharbeitern unterhalb ihres Qualifikationsniveaus im Einsatz.

Die genannten Zahlen beruhen auf Erhebungen an etwa 45 000 direkten Produktionsarbeitsplätzen in 5 Werken der 3 deutschen Automobilkonzerne. Sie verdeutlichen das in der Automobilindustrie inzwischen vorhandene große Qualifikationspotential. Es ist nun klar: Dieses Qualifikationspotential verkümmert, wenn es nicht gelingt, diese Mitarbeiter in ein Arbeitsumfeld einzubinden, in dem sie sowohl ihre erworbene Fachqualifikation als auch ihre Leistungsfähigkeit einbringen können. Dies ist ein außerordentlich wichtiger Gesichtspunkt, weil Mitarbeiter überdurchschnittliche Leistungen nur dann erbringen, wenn die Ansprüche, die sie an die Arbeit stellen, nach eigenem Ermessen auch erfüllt werden.

Gesellschaftlicher Wertewandel. Nicht allein der technologische Wandel im Zuge der Entwicklung rechnerintegrierter Produktion erzwingt eine ständige Erneuerung und Anpassung der Arbeitsorganisation sowie der Qualifikation der Mitarbeiter. Als weitere Faktoren kommen *Gesellschaft* sowie *Arbeit* in Frage, vgl. **Bild 5.1.2.1-1.**

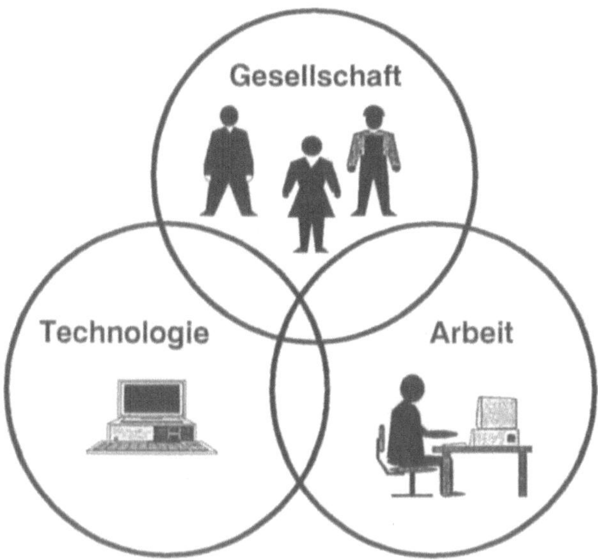

Bild 5.1.2.1-1:   Auslösende Faktoren für Veränderung der Arbeitsorganisation und Qualifikation

Bezogen auf den Faktor Gesellschaft ist festzustellen, daß in einem Unternehmen unterschiedliche Generationen mit unterschiedlichen Wertesystemen zusammenarbeiten. Dies ist nicht neu. In grober Vereinfachung zeigt **Bild 5.1.2.1-2,** wie verschieden sich typische Werthaltungen seit 1930 entwickelt haben. **Bild 5.1.2.1-3** zeigt Ergebnisse einer Studie, welche die heutigen Ansprüche an die Arbeit ausdrückt.

Die Zahl der Jugendlichen, die für den Einstieg in den Arbeitsmarkt zur Verfügung stehen, lag 1980 noch bei 948 000; 1995 werden es vermutlich noch ca. 500 000 sein. Wurden noch 1980 technische Berufe bevorzugt, so sind dies derzeit kaufmännische Berufe.

Hintergrund für den angesprochenen Trend ist die Bevölkerungsentwicklung in der Bundesrepublik, dargestellt in **Bild 5.1.2.1-4** [87].

Der skizzierte allgemeine gesellschaftliche Wertewandel sowie die Auffassung von Arbeit ist an den Mitarbeiter in der Automobilindustrie keinesfalls spurlos vorübergegangen. Er hat vielmehr zu einem Orientierungs- und Mentalitätswandel geführt, der zusammengefaßt wie folgt beschrieben werden kann [83]:

- Kritische Prüfung der funktionalen Berechtigung und des sachlichen Fundaments hierarchischer Verhältnisse;

Wertewandel der Generationen

Geburtsjahr:

1935 - 40 ⟶ **klassisch werteorientiert
kirchlich vermittelte Werte
Arbeitstugenden**
⇧

1940 - 50 ⟶ **irritierte Grenzgänger**
⇩

1950 - 60 ⟶ **Ablehner
Spass an der Freizeit**

1960 - 65 ⟶ **Syntec
synthetisch-technologie-orientiert
"Commodore Generation"**

Bild 5.1.2.1-2:   Wertewandel der Generation

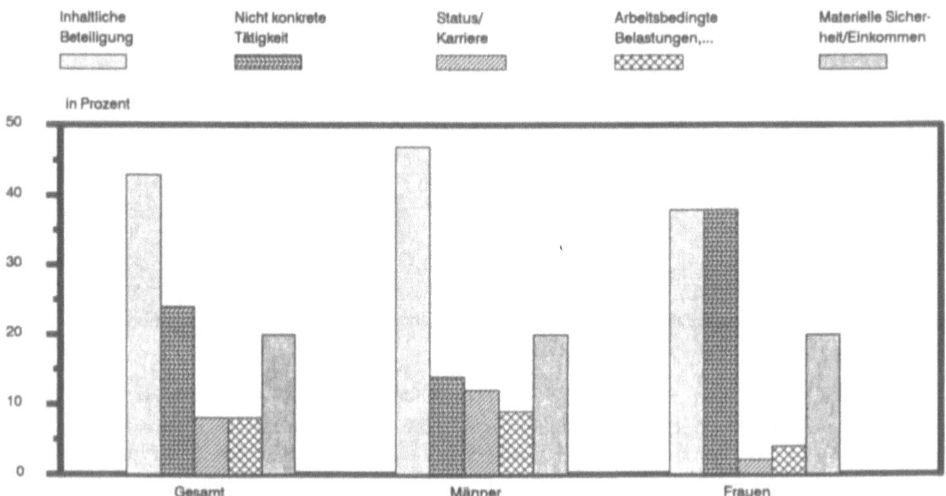

Bild 5.1.2.1-3:   Ansprüche an die Arbeit (Quelle: Studie des Battelle-Institutes, Frankfurt, 1989)

- Forderung nach Durchsichtigkeit und Begründung betrieblicher Entscheidungen sowie Berücksichtigung des eigenen Sachverstandes;

- Einforderung von interessanten Arbeitsinhalten, Entscheidungsspielräumen, Mitsprache und Partizipation auch an Sachverhalten, die über die unmittelbare Arbeitsrolle hinausgehen. Besonders stark vertreten ist dieser skizzierte Mitarbeitertypus unter den jungen und qualifizierten Facharbeitern.

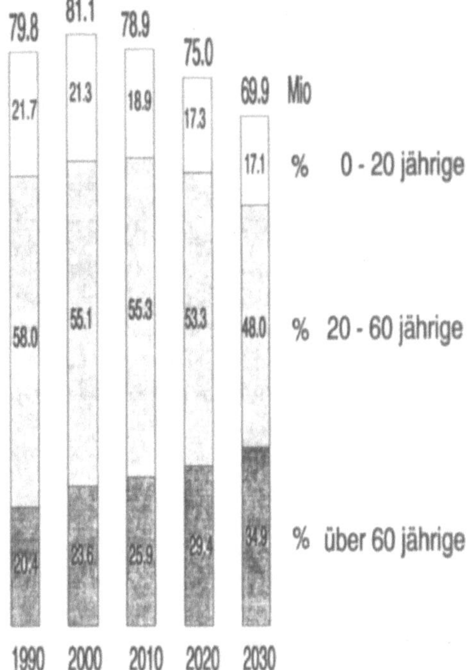

Bild 5.1.2.1-4:   Entwicklung der deutschen Bevölkerung [87]

Zusammenfassend ergibt sich: Der japanische Produktivitätsvorsprung erzwingt nicht allein die arbeitsorganisatorischen Veränderungen. Er setzt zwar das wirtschaftliche Ziel sowie die Rahmenbedingungen. Bei der Konzipierung und Umsetzung der betriebs- und arbeitsorganisatorischen Veränderungen müssen indes von vornherein bestimmte Rahmenbedingungen der Produktion vorgesehen werden, die einerseits die beschriebene Facharbeiterreserve, andererseits den skizzierten Orientierungs- und Mentalitätswandel berücksichtigen.

5.1.2.2 Betriebe des Investitionsgüter produzierenden Gewerbes

Analog zur Automobilindustrie sind es zunächst die prinzipiell gleichen Rahmenbedingungen, die zu einem Wandel der Betriebs- und Arbeitsorganisation drängen: *Produktivität, Arbeitskräfteangebot, Gesellschaftlicher Wertewandel.* Darüber hinaus lassen sich - vor allem unter dem Blickwinkel rechnerintegrierter Produktion - weitere Rahmenbedingungen erkennen [80]: *Absatzmarkt und Erzeugnisstruktur, Betriebsgröße, Abhängigkeit von Großkunden und Konzernzentralen.*

Produktivität: Anders als in der Automobilindustrie lag zumindest bis 1990 ein Produktivitätsvorsprung japanischer Hersteller im Gesamtbereich des verarbeitenden Gewerbes nicht vor. Allerdings ist der Produktivitätszuwachs nicht nur japanischer, sondern auch anderer Wettbewerber beachtenswert (vgl. Tabelle 5.1.2.1-1).

Bezogen auf den Einfluß der Produktivität auf arbeitsorganisatorische Veränderungen gelten die zusamemnfassenden Aussagen in Kap. 5.1.2.1 analog.

Arbeitskräfteangebot: Ebenfalls anders als in der Automobilindustrie kann in Betrieben des Investitionsgüter produzierenden Gewerbes von einer Facharbeiterreserve keine Rede sein: Hier herrscht eher ein Mangel an qualifizierten Facharbeitern. Offensichtlich neigen Betriebe mit dominierendem Facharbeitereinsatz eher zu *strukturverändernden* Rationalisierungsstrategien, während Betriebe mit Angelerntendominanz sich hinsichtlich der Veränderung der Betriebs- und Arbeitsorganisation eher *strukturkonservativ* verhalten.

Gesellschaftlicher Wertewandel: Zu dieser Rahmenbedingung gelten sinngemäß die Darlegungen aus Kap. 5.1.2.1.

Absatzmarkt und Erzeugnisstruktur: Die Strukturen des Absatzmarktes eines Betriebs bilden dessen Struktur des Produktionsprozesses ab. Hierauf sind spezifische fertigungstechnische und fertigungsorganisatorische Lösungen abgestimmt. Ändern sich nun die Anforderungen an den Absatzmarkt, z. B. hin zu höherer Variantenvielfalt und kürzeren Lieferzeiten, so kann dies zu einer Änderung der Betriebs- und Arbeitsorganisation führen. Dies liegt besonders dann nahe, wenn die Ertragslage des Unternehmens durch eine dramatische Rentabilitätskrise gekennzeichnet ist.

Betriebsgröße: Gemäß der in [80] zitierten Studie scheinen Tendenzen zum Wandel der Betriebs- und Arbeitsorganisation auch durch die Betriebsgröße bestimmt zu sein. *Strukturverändernde* und *strukturinnovative* Tendenzen seien eher in Betrieben mit 500 bis 1 000 Beschäftigten zu finden, weniger dagegen in Betrieben mit weniger als 500 und mehr als 1 000 Beschäftigten.

Abhängigkeit von Großkunden und Konzernzentralen: Bestehen für Betriebe solche Abhängigkeiten, so kann es sein, daß bei der Beschaffung technischer Systeme, z. B. für die Konstruktion und Fertigung bestimmte Ausführungsformen vom Großkunden oder der Konzernzentrale durchgesetzt werden. Als Folge hiervon können damit neue Organisationsformen in den Betrieb transportiert werden. Andererseits orientieren sich Betriebe bei technologischen Investitionen durchaus eng an Großkunden, um sich angebotsattraktiv zu halten. Damit können Anforderung an die Veränderung der Betriebs- und Arbeitsorganisation verbunden sein, die im übrigen meist erst nach der Systemimplikation erkannt werden [17].

Auch hier gilt zusammenfassend: Es sind nicht allein wirtschaftliche und technologische Gründe, die arbeitsorganisatorische Veränderungen anstoßen. Das industrielle Beziehungsgeflecht, Anforderungen an die Arbeit sowie der Wertewandel in der Gesellschaft sind ebenso Wirkfaktoren.

5.1.3 Derzeitige Tendenzen bei Veränderungen der Arbeitsorganisation

Umstreitig lassen sich die aktuellen Ziele der Automobilhersteller wie auch der Betriebe im Investitionsgüter produzierenden Gewerbe in folgenden Stichworten zusammenfassen:

- Verkürzung der Produktentwicklungszeit,
- Verkürzung der Auftragsdurchlaufzeit bei reduziertem Umlauf,
- Erhöhung der Rendite.

Zur Erreichung der Ziele entwickeln die einzelnen Unternehmen Strategien (vgl. Kap. 6.1). Ein Vergleich von Unternehmensstrategien zeigt deutlich eine prinzipielle Übereinstimmung strategischer Tendenzen zur Erreichung der genannten Unternehmensziele. Es sind im wesentlichen vier strategische Grundrichtungen, die von den einzelnen Unterneh-

men mit unterschiedlichen Gewichtungen sowie unterschiedlichem Verflechtungsgrad eingeschlagen werden:
- Wirtschaftlichkeitsstrategien,
- Technologiestrategien,
- Arbeits- und betriebsorganisatorische Strategien,
- Personalentwicklungs-Strategien.

Im Rahmen solcher häufig auch zusammenfassend mit *Rationalisierungsstrategie* bezeichneter Entwicklungen lassen sich gemeinsame Merkmale arbeitsorganisatorischer Veränderungen feststellen. Der besseren Vergleichbarkeit wegen sind diese Merkmale den Merkmalen des tayloristisch-fordistischen Regulierungsmodus in der **Tabelle 5.1.3-1** gegenübergestellt [40].

Die dargestellten Merkmale funktionaler Alternativen werden als erfolgversprechende Teilstrategie im Rahmen einer übergeordneten *Wirtschaftlichkeitsstrategie* - derzeit weitverbreitet mit dem Begriff *lean production* umschrieben - angesehen. Bisherige Erfahrun-

Merkmale des tayloristisch - fordistischen Regulierungsmodus		Merkmale funktionaler Alternativen
Standardprodukt	⟷	*Produktvielfalt*
Fließband	⟷	*Modulfertigung / Fertigungsinseln*
Typgebundene Technisierung (Einzweckmechanisierung)	⟷	*Typunabhängige Technisierung (flexible Automatisierung)*
Unqualifizierter Massenarbeiter	⟷	*Qualifizierter Facharbeiter / Angelernter*
Niedrige Arbeitsmotivation (Gleichgültigkeit)	⟷	*Hohe Arbeitsmotivation (Identifikation)*
Konfliktive Arbeitsbeziehung	⟷	*Kooperative Arbeitsbeziehungen*
Hierarchisches Management	⟷	*Flaches, partizipatives Management*
Vertikale Arbeitsteilung (Trennung Disposition - Ausführung)	⟷	*Vertikale Aufgabenintegration (Job - Enrichment)*
Externe Kontrolle	⟷	*Interne Selbstregulation*
Horizontale Arbeitsteilung (Zerlegung der Arbeitsausführung)	⟷	*Horizontale Aufgabenintegration (Job - Enlargement)*
Arbeitsplatzbindung	⟷	*Arbeitsplatzwechsel (Job - Rotation)*
Zwangstakt	⟷	*Entkopplung*
Zeitvorgabe	⟷	*Zeitsouveränität*
Einzelarbeit	⟷	*Gruppenarbeit*

Tabelle 5.1.3-1: Tayloristische-fordistischer Regulationsmodus und funktionale Alternative

gen aus der Automobilindustrie sowie aus Unternehmen des Investitionsgüter produzierenden Gewerbes, die solche funktionalen Alternativen nutzen, sind nach eigenen Angaben positiv. So wird berichtet, daß die Arbeit von den Mitarbeitern als vergleichweise anspruchsvoller und interessanter angesehen wird, brachliegendes Leistungspotential freigesetzt und die Produktivität gesteigert werden konnte.

Es ist indessen noch unklar, ob die genannten Zuwächse an Produktivität nicht kompensiert werden durch steigende Qualifizierungskosten und Lohnerhöhungen, die mit der Arbeitsanreicherung verbunden sind. Auf lange Sicht sind die genannten funktionalen Alternativen nur dann sinnvoll, wenn sie sich nicht nur produktiver, sondern auch kostengünstiger als tayloristische Regulationsmodi zeigen. Dies setzt - so jedenfalls argumentiert die Arbeitgeberseite - nicht zuletzt spürbare Leistungssteigerungen der Mitarbeiter voraus.

5.2 Anforderungsprofile und Qualifikationsmaßnahmen

Im Kapitel 5.1 wurde verdeutlicht, daß neue Produktionstechnologien ambivalent sind. Wie sie eingeführt und im betrieblichen Arbeitsalltag gehandhabt werden, ist entscheidend für ihre Sozialverträglichkeit: Neue Produktionstechnologien können ohne die Akzeptanz der betroffenen Mitarbeiter nicht erfolgreich eingeführt werden. Ihre Akzeptanz, ihre Motivation und ihre Qualifikation sind wesentliche Voraussetzungen, das Potential neuer Produktionstechnologien auch ausreichend nutzen zu können.

5.2.1 Derzeitige Rahmenbedingungen für die Qualifizierung

Ehe Anforderungsprofile und Qualifizierungsmaßnahmen beschrieben werden, sind zunächst wesentliche Einflußfaktoren oder Randbedingungen zu nennen, die im folgenden stichpunktartig ausgeführt werden [29].

(1) Zunächst muß der derzeit im Erwerbsleben stehende Teil der Arbeitnehmerschaft mit den neuen Produktionstechnologien umgehen. Dies sind - in vielen Unternehmen - ältere Arbeitnehmer. Dabei handelt es sich häufig z. B. um Facharbeiter, die nach konventionellen Methoden ausgebildet wurden, deren Lerngenese also auf direkter mechanischer Anschauung beruht und die hierauf ihre Erfahrung gründen. Diese Mitarbeiter müssen nun einerseits fachfremde, andererseits der direkten mechanischen Anschauung nicht mehr oder nur sehr schwer zugängliche Inhalte und Verfahren lernen.

(2) Wie bereits erwähnt, wird die Anzahl junger Menschen, die in das Berufsleben eintreten, stark sinken.

(3) Man kann durchaus davon ausgehen, daß nach etwa 6 Jahren das Wissen eines Mitarbeiters - gleichgültig auf welcher Hierarchieebene - nur noch die Hälfte des ursprünglichen Wertes besitzt. Damit nimmt der Wert der Erfahrung ab, und es gewinnt die Fähigkeit und Motivation zu lebenslangem Lernen an Bedeutung.

(4) Zu beachten ist weiterhin eine Zeitverzögerung, da der Ausstoß qualifizierter z. B. Facharbeiter erst erfolgen kann, wenn die neuen Produktionstechnologien Stand der Lehre auch in den berufsbildenden Institutionen geworden sind.

(5) Viele Unternehmen, vor allem Klein- und Mittelbetriebe, scheuen die zum Teil recht hohen Kosten für Investitionen in die Aus- und Weiterbildung, zumal hierbei der Nachweis der Wirtschaftlichkeit schwierig ist. Außerdem denken die in den Betrie-

ben verantwortlichen Ingenieure primär an die Technologie und - meistens - zu spät an die Qualifizierung. Indes: Lernkurven verlaufen anders als Technologiesprünge **(Bild 5.2-1)**.

(6) Weiterbildungsbedarf für neue Produktionstechnologien besteht auf allen Mitarbeiterebenen, allerdings mit unterschiedlichen Anforderungsprofilen.

(7) Ferner trägt die in vielen Betrieben vorhandene arbeitsplatzbezogene Entgeltstruktur nicht zur Unterstützung der Weiterbildung von Mitarbeitern bei. Daraus folgt häufig eine sehr geringe Motivation, sich selbständig über die aktuell am Arbeitsplatz benötigten Kenntnisse und Fähigkeiten hinaus weiterzubilden.

(8) Bei der hohen Innovationsrate neuer Produktionstechnologien reicht reines Bedienungswissen nicht mehr aus. Es genügt nicht mehr, daß Mitarbeiter zum Zeitpunkt der Technologieeinführung gerade eben das für die Systembedienung erforderliche Wissen haben. Ihnen müssen die zeitlichen Randbedingungen für eine grundlegende Qualifizierung für die neuen Produktionstechnologien eingeräumt werden, auf der dann punktgenau Spezialwissen aufgesetzt werden kann.

(9) Vor allem bei älteren Mitarbeitern, die schon längere Zeit der beruflichen Ausbildung entwachsen sind, läßt sich häufig Angst vor dem Lernen feststellen.

(10) Von besonderer Wichtigkeit ist das *Lernen des Lernens*, also das Vermitteln der erforderlichen Motivation und der Lerntechniken.

(11) Obgleich heute noch gebräuchlich, ist es nicht praktikabel und sinnvoll, daß z. B. Systemhersteller auch systemneutrale Grundkenntnisse vermitteln. Deren Schwerpunkt sollte auf systemspezifischen Inhalten liegen.

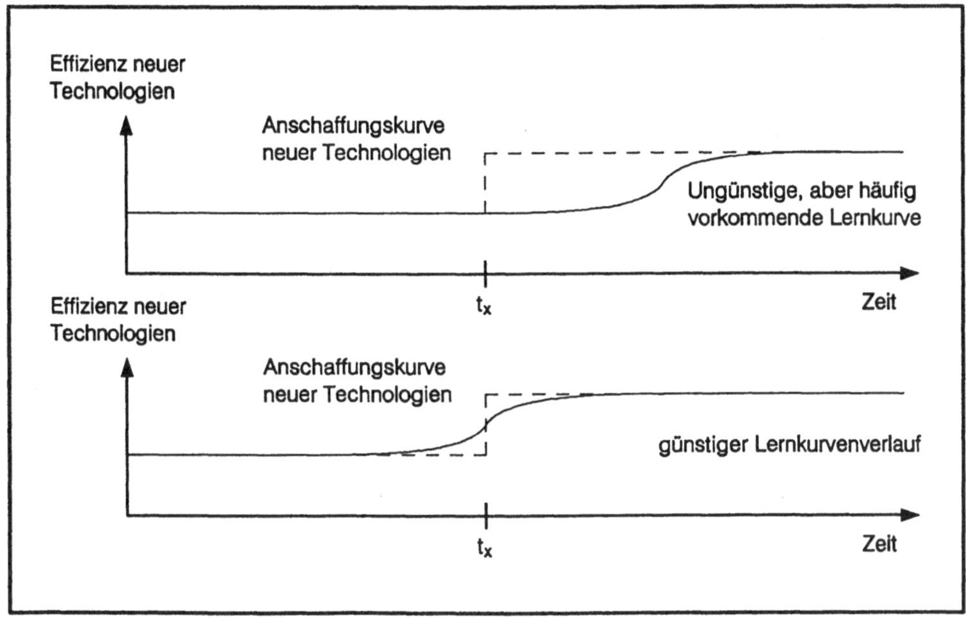

Bild 5.2-1:   Technologiesprünge und Lernkurven

5.2.2 Anforderungsprofile an die Qualifikation der Mitarbeiter

Alle hierzu herangezogenen Studien leiten die Anforderungen aus vorhandenen sowie aus erwarteten und prognostizierbaren Betriebserfahrungen her. Der Zusammenhang von betriebsspezifischen Zielsetzungen, technologischen, arbeits- und betriebsorganisatorischen Randbedingungen und Qualifikationsanforderungen an die Mitarbeiter wird dabei im wesentlichen behauptet. Allgemein beschreibbare Anforderungen an die Qualifikationen werden somit in einem heuristischen Zugang gewonnen.

In weitestgehender Übereinstimmung, jedoch mit unterschiedlicher Akzentuierung, vor allem hinsichtlich der Wertigkeit einzelner Komponenten der Qualifikationsanforderungen, erweisen die herangezogenen Studien zusammengefaßt folgendes [17]:

(1) CIM befindet sich noch am Anfang der Entwicklung. Die erforderlichen Qualifikationen lassen sich nur unsicher aus der angewandten Technik und aus den Strukturen von Arbeitsteilung und Arbeitsorganisation ableiten:

(2) Eine strikte Abgrenzung *technischer* und *anderer* Weiterbildung ist nur begrenzt nutzbringend, da es ja gerade um die Integration von Abläufen und Funktionen im Betrieb geht.

(3) Spezifisch und wichtig ist der Umgang mit Änderungen, Störungen und Eilaufträgen. Manuelle Aufgabenbewältigung soll für den Fall von gravierenden Störungen möglich sein und auch beherrscht werden; allerdings wird man dieses kaum am *grünen Tisch* schulen können. Andererseits ist eine Schulung am realen System zu teuer, u. U. zu riskant. Gerade die Besonderheiten von CIM, also vor allem die Vernetzung, verlangen neue Formen der Schulung und ihrer technischen Unterstützung.

(4) Qualifizierte Produktionsarbeit beim Einsatz von CIM-Komponenten ist einerseits durch Merkmale bisheriger Produktionsarbeit charakterisiert (fachliches Können, Geschick und Erfahrung im Umgang mit Maschinen und Fertigungsverfahren), andererseits entstehen aber auch neue Anforderungen, wie abstraktes, systematisches Denken, schnelles Reagieren, Erfassen von Störungen und Verantwortung.

(5) Im Detail sind diese neuen Anforderungen schwer zu bestimmen. Dies liegt nicht nur an der gegenwärtigen Umbruchssituation, sondern auch daran, daß die Tätigkeit qualifizierter Arbeiter immer Momente von Unbestimmtheit enthalten müssen.

(6) In zentralistischen, technikorientierten Konzepten verlagern sich qualifizierte Tätigkeiten überwiegend auf die dem eigentlichen Produktionsprozeß vorgelagerte Planungs- und Steuerungsprozesse. Bei dezentralen, auf die Nutzung menschlicher Qualifikation ausgerichtete Lösungen ergeben sich demgegenüber andere Anforderungen an die Qualifikation der Arbeitskräfte. Dabei spielen praktisches Wissen und Erfahrungen eine wichtige Rolle. Entscheidend ist: Menschliches Denken, Wahrnehmen und Handeln kann zwar nach der Logik und Systematik rechnergestützter Systeme ablaufen, es beschränkt sich aber nicht hierauf. Erfahrungswissen steht dabei nicht im Gegensatz zu theoretischem Wissen. Ebenso wie sich die betriebliche Organisation und Technik sowohl auf theoretisches Wissen als auch auf Erfahrungen stützt und dies berücksichtigen muß, ist dem auch bei der Schulung der Arbeitskräfte Rechnung zu tragen.

(7) Bisherige Erfahrungen zeigen, daß es nicht ausreicht, die technischen Systeme zu beherrschen und deren Funktionslogik zu kennen, sondern daß Kenntnisse über die

Prozesse, die durch die technischen Systeme gesteuert und reguliert werden, eine wichtige Rolle spielen.

(8) Erforderlich ist eine Grundlagenqualifikation in Informations- und Kommunikationstechnik. Sie ist zu einem Großteil hersteller-, typen- und betriebsunabhängig und bildet die informationstechnische Grundlage zusätzlich zu den prozeßorientierten Grundqualifikationen. Hierzu zählt auch die Fähigkeit zum abstrahierten Denken und zum Umgang mit abstrakten Symbolen. Gefordert wird hier auch die Fähigkeit zum Denken in Zusammenhängen, da Eingriffe in vernetzte Systeme jeweils weitreichende Folgen haben.

(9) Aus der jeweils operativen und informationstechnischen Ausstattung der eingesetzten Produktionstechniken ist eine maschinen- und anlagenbezogene Qualifikation zu fordern. Sie beinhalten nicht nur den sachkundigen Umgang mit Hardware, sondern auch die effiziente Handhabung der jeweiligen Software.

(10) Darüber hinaus sind Qualifikationsanforderungen wichtig, die insbesondere abzielen auf die Fähigkeiten zur Kooperation, Kommunikation - nicht nur innerhalb einer bestimmten Arbeitsgruppe, sondern auch zwischen verschiedenen Abteilungen (Arbeitsvorbereitung, Konstruktion, Werkstatt).

(11) Grundsätzlich ist darauf zu achten, daß der theoretischen Schulung und den Möglichkeiten für praktische Erfahrungen im Umgang mit neuen Techniken in gleicher Weise Rechnung zu tragen ist. Auch darf die Qualifizierung, Einarbeitung und Anlernung am Arbeitsplatz nicht unter *normalen* Produktionsbedingungen erfolgen, da für die Arbeitskräfte auch die Möglichkeit zum Experimentieren sowie zur Entwicklung alternativer Vorgehensweisen gegeben sein muß. Die Einrichtung von Lerninseln in einem westdeutschen Automobil-Montagewerk folgt dieser Erkenntnis. Nur auf diese Weise kann neues Erfahrungswissen entwickelt werden.

5.2.3 Wesentliche Merkmale von Qualifizierungsmaßnahmen

5.2.3.1 Leitziel *Handlungskompetenz*

Ein grundlegendes Merkmal des Aus- und Weiterbildungskonzeptes für die rechnerintegrierte Produktion ist das Leitziel **Handlungskompetenz**, verstanden als Art und Ausprägungsgrad personaler Ausstattung zur Erfüllung beruflicher Anforderungsprofile. *Handlungskompetenz* ist damit immer an Personen gebunden und beschreibt grob das geforderte sensorische, kognitive, motorische und motivationale Ausstattungsprofil eines Mitarbeiters bzw. von Mitarbeitern zur Erfüllung von Aufgaben und zur Lösung von Problemen im beruflichen Handlungsfeld *rechnerintegrierte Produktion (CIM)*.

Nahezu übereinstimmend wird für fast alle Mitarbeiterebenen das Leitziel *Handlungskompetenz* gefordert, welches die Zielbereiche *Fachkompetenz*, *Methodenkompetenz*, *Lernkompetenz* und *Sozialkompetenz* zusammenfaßt.

Unter **Fachkompetenz** werden funktionale, also berufsfeldspezifische sowie fachspezifische Befähigungen (Qualifikationen) verstanden. Diese sind im wesentlichen verrichtungs- und arbeitsprozeßorientiert, erfordern eine vorzugsweise statische (epistemische) Ausstattung und sind systemspezifisch.

Methodenkompetenz umfaßt sowohl funktionale als auch extrafunktionale Befähigungen. Sie sind im wesentlichen prozeßorientiert, erfordern neben einer epistemischen zusätzlich eine gut ausgebaute sensorische sowie dynamische (heuristische) Ausstattung und sind systemübergreifend.

Lernkompetenz beschreibt die Fähigkeit, sämtliche für *Handlungen* wichtigen Informationen selbständig aufsuchen, erschließen und in Prozessen des selbständigen Weiterlernens nutzen zu können.

Sozialkompetenz umschreibt extrafunktionale Befähigungen. Sie sind im wesentlichen ausgerichtet auf motivationale Komponenten des Individuums, seine Rollenfunktion und seine Wertauffassungen in den Interaktionen mit anderen Mitarbeitern und dem Unternehmen. Sozialkompetenz erfordert die Bereitschaft des Individuums, seine Fähigkeiten, Rollenfunktion und Wertauffassungen auf die Erreichung eines Arbeitszieles zu richten und zu koordinieren.

Auf dieses Leitziel *Handlungskompetenz* sind demnach alle Maßnahmen der Aus- und Weiterbildung auszurichten.

5.2.3.2 Gliederung von Qualifizierungsmaßnahmen

Nach dem bisher Dargestellten, vor allem jedoch wegen der strukturellen Veränderungen der Qualifikationsanforderungen, ist eine Gliederung der Aus- und Weiterbildung in der rechnerintegrierten Produktion in 3 Stufen empfehlenswert:

Stufe 1: Berufsfeldspezifische Basisqualifizierung

Hierunter wird eine für alle Zielgruppen notwendige berufsfeldspezifische Grundlagenaus- und -weiterbildung verstanden. Sie sollte im wesentlichen die invarianten, unverzichtbaren, fundamentalen und exemplarischen Inhalte der rechnerintegrierten Produktion (CIM), die heute und in absehbarer Zukunft von Bedeutung sind, enthalten [18].

Stufe 2: Fachspezifische Aufbauqualifizierung

Hierunter wird eine auf bestimmte Zielgruppen zugeschnittene, fachspezifische Vertiefungsaus- und -weiterbildung verstanden. Diese kann sich wiederum in 4 Kurssträge mit den entsprechenden wesentlichen Inhalten gliedern:

(1) CIM-Strang *Produktentwicklung*: Planung und Betrieb von Systemen zur Planung, Entwicklung, Konstruktion und NC-Programmierung eines Produktes bis hin zur Generierung von Produktdaten.

(2) CIM-Strang *Produktionsplanung*: Planung und Betrieb von Systemen zur Produktionsplanung und -steuerung vom Produktionsprogramm bis hin zur Generierung und Disposition von Produktionsdaten.

(3) CIM-Strang *Produktion*: Planung und Betrieb zur Erweiterung und Integration bestehender Systeme der rechnerintegrierten Produktion, wie Bearbeitungs-, Handhabungs-, Förder-, Lager- und Montagesysteme;

(4) CIM-Strang *Organisation*: Strategie zur Einführung von Grundstrukturen und Komponenten rechnerintegrierter Produktion sowie Strategien zur Aufrechterhaltung und Verbesserung der Innovationsfähigkeit des Unternehmens, wie etwa organisatorische, personalwirtschaftliche und informationstechnologische Sachverhalte.

Stufe 3: Vertiefungs- und Erweiterungsqualifizierung:
Hierunter wird eine im wesentlichen fachspezifische Vertiefung und Erweiterung verstanden. Sie hat keine zielgerichtet geplante Kursstruktur, sondern dient dem Informationsaustausch über Anwendungsbereiche, Leistungsgrenzen, typische Fehlerquellen und Wirtschaftlichkeitsgrenzen ausgewählter System aus den in Stufe 2 genannten Strängen während der Planung, Implementierung und Nutzung dieser Systeme. Sie könnte in Form regelmäßiger Arbeitskreise für bestimmte Branchen erfolgen. Daneben könnten Fachseminare und Kooperationen mit Systemanbietern sowie Fachhochschulen und Hochschulen durchgeführt werden.

6 Strategien zur Einführung von CIM in Unternehmen

6.1 Allgemeine Vorgaben

Allgemein haben Unternehmen das Ziel, langfristig das Gewinnmaximum durch Erstellen und Verwerten von Leistungen zu erreichen. Hierbei sind indes eine Fülle von Randbedingungen zu berücksichtigen, die aus personellen, gesellschaftlichen, ökologischen, ökonomischen und technologischen Veränderungen resultieren, so z. B.

- hohes Kostenniveau, insbesondere hohe Personalkosten,
- geringe personelle Flexibilität,
- mangelnde Qualifikation und Einstellung der Mitarbeiter
- Umweltauflagen,
- hohe Anforderungen des Marktes,
- zum Teil hoher Exportanteil,
- weltweiter Wettbewerb,
- schnelle Substitution von Produkten,
- Verhandlungsmacht von Lieferanten und Abnehmern,
- hohe technologische Innovationsrate.

Zur Erreichung des jeweiligen Zieles bedienen sich Unternehmen einer bestimmten Strategie und Taktik. Während im Rahmen strategischer Überlegungen lediglich grob und abstrakt der Verlauf des Voranschreitens zum Ziel beschrieben wird, ist dieser auf der taktischen oder operativen Ebene hinsichtlich der notwendigen Schritte, Stufen oder Verfahren konkret ausgeführt. Für die betriebliche Praxis ist der Begriffsunterschied nicht von Bedeutung; daher wird im folgenden ausschließlich der Begriff *Unternehmensstrategie* verwendet. Wichtig indes ist der Funktionsumfang: Eine - möglichst konkret ausführbare - Unternehmensstrategie

- setzt klare und operationale Unternehmensziele voraus,
- setzt die möglichst genaue Kenntnis aller Bedingungen und Einflüsse voraus,
- determiniert die Schritte auf dem Weg zum Unternehmensziel,
- strukturiert den Prozeß, das Unternehmen planmäßig, systematisch, rationell und mit großer Erfolgssicherheit zum Ziel zu bringen,
- hat damit instrumentellen Charakter,
- hat beschreibenden Charakter und ist damit lern- und übertragbar.

Gerade die letztgenannte Funktion hat - z. B. durch Analyse und Beschreibung erfolgreicher und weniger erfolgreicher Strategien - zur Formulierung strategischer Grundsätze geführt. In der folgenden Übersicht sind allgemeine Grundsätze erfolgversprechender Strategien mit zum Teil stichpunktartigen Merkmalen aufgeführt (**Bild 6.1-1**)

Grundsatz	Merkmal/Beispiel
Bestreben, die Initiative zu behalten	
Konzentration der Kräfte, Vermeidung der Zersplitterung der Kräfte	Sammeln der finanziellen, personellen und technologischen Ressourcen auf erfolgversprechende Bereiche
Aufbau von Stärken, Vermeidung von Schwächen	Berücksichtigung der relativen Position zu den Mitbewerbern
Fähigkeit der Anpassung an veränderte Situationen	
Nutzung von Chancen	Möglichst frühzeitige Nutzung relevanter Entwicklungen; Nutzung von Synergiepotentialen, d. h. Potentialen, die sich aus vorteilhaften Kooperationen ergeben
Einsatz angemessener Mittel	Etwa durch gezielte Innovationen, d. h. erfolgversprechende, leicht über dem Stand der Technik liegende, strikt am Kundenwunsch ausgerichtete Innovationen
Tarnung und Täuschung	
Anpassung der Organisation an die Strategie	Schaffung optimierter Ablauf und Aufbauorganisationen
Abgewogene Eigeninitiative für die Unterführer	
Transparenz der Strategie und einheitliche Wertvorstellungen	Mitarbeiter sollten die generellen Unternehmensziele sowie die prinzipiellen Wege und Mittel dorthin kennen, sich damit identifizieren und motiviert sein, ihren jeweiligen Beitrag zu leisten

Bild 6.1-1:   Allgemeine Grundsätze erfolgversprechender Unternehmensstrategien

6.2 Erweiterung des strategischen Potentials von Unternehmen durch CIM

Die in den vorangegangenen Kapiteln dargestellten Merkmale, Chancen und Risiken belegen, daß CIM als durchaus neues Instrument im strategischen Potential von Unternehmen angesehen werden kann. Demgemäß ist zusammenfassend zu erläutern,

- wie dieses strategische CIM-Potential, im Unternehmen prinzipiell aufgefunden und bewertet werden kann,
- was prinzipiell zu tun ist, um dieses CIM-Potential im Unternehmen zum Zweck der Erlangung von Wettbewerbsvorteilen zu nutzen.

Gemäß den Ausführungen in Kap. 3.1 wird zunächst eine Analyse erforderlich, deren Ergebnis wichtige Aufschlüsse im Entscheidungsprozeß liefert, CIM als Wettbewerbsvorteil zu nutzen. Danach geht es um die Gestaltung, d. h. um die Einführung und/oder Optimierung der CIM-Potentiale.

CIM-Potentiale liegen aber - dies wurde in den vorangegangenen Kapiteln, vor allem in Kap. 2.1.2 erläutert - in der reibungslosen Integration aller Funktionen im Informations- oder Datenfluß und im Stoff- oder Materialfluß. Im Brennpunkt des Interesses befinden sich daher Funktionen des Wandelns, Transportierens und Speicherns von Informationen/Daten und ihre Verknüpfung mit den gleichen Funktionen von Stoffen/Material.

Die generelle Schrittfolge zum Auffinden, Bewerten und Einführen/Optimieren des CIM-Potentials im Unternehmen zeigen die Bilder 6.2-1 bis 6.2-3. Hierzu wird in **Bild 6.2-1** zunächst ein Analyse- und Gestaltungsraster vorgestellt. Sodann zeigt **Bild 6.2-2** eine Auflistung von Kriterien mit zugehörigen Schlüsselfragen für eine Bewertung des CIM-Potentials. Schließlich wird in **Bild 6.2-3** die Vorgehensweise zur Ermittlung des CIM-Potentials im Unternehmen einschließlich der einzelnen Instrumentarien, z.B. Gespräch, Erhebungsbogen etc. sowie der Einzelergebnisse, wie Organigramm, Fließbild etc. vorgestellt.

```
 Sichtweise       Stichwort       Beschreibung/Merkmal       Beispiel
 ============     ============     =========================  ==============

 1.               1.1             Beschreibung der           Geometrieda-
                                  Daten derart, daß der      ten, Techno-
                  Inhalt          Sinn der darin ent-        logiedaten,
                                  haltenen Information        Stücklisten,
                                  klar wird                  Termine
                 ---------------  -------------------------  --------------
 Daten-           1.2             Systematische Kenn-        Teile-Nr.,
                                  zeichnung aller Daten-     Auftrags-Nr.,
 kennung          Identifi-       satz sollte immer          Zeitangaben
                  kation          gleiche Kennzeichnung
                                  tragen
                 ---------------  -------------------------  --------------
                  1.3             Beschreibung des Er-
                                  eignisses, welches die
                  Auslöser        Ausführung der Funkti-
                                  on veranlaßt:
                                  - ständige Ausführung      Maschinenda-
                                                             ten
                                  - in bestimmten Zeit-      Programmpla-
                                    abständen                nung
                                  - beim Eintreten eines     Auftragsein-
                                    Ereignisses              gang
```

Sichtweise	Stichwort	Beschreibung/Merkmal	Beispiel
===	===	===	===
2.	2.1	Form der Veränderung von Eingangsdaten in Ausgangsdaten, wie - Sicherstellung der Funktionserfüllung, d. h. Infomationen dienen als Grundlage der Funktionserfüllung, werden jedoch nicht weiterverarbeitet	
	Wandlung		Pläne
		- direkte Weiterverarbeitung, d. h. * Verdichtung * Umformung * Verrechnung	Generierung von NC-Programmen aus Konstruktionsdaten
Daten-		- Vermittlung, d. h. Verwaltung und Weiterleitung	Zusammenstellung und Weiterleitung von Arbeitsplänen
verän-			
derung		- Gewinnung, d. h. Erzeugung von Daten ohne Informationen aus anderen Unternehmensbereichen	Auftragsdaten im Vertrieb
	2.2	Ortsveränderung der Daten über - Weg, d. h. Bestimmung von Absender und Empfänger	
	Transport/	- Medium, d. h. Bestimmung von Datenträger und Transportart	Rechner oder Maschine im off-line und on-line Betrieb
	Speicherung	- Frequenz, d. h. Häufigkeit des Datentransports	

Sichtweise	Stichwort	Beschreibung/Merkmal	Beispiel
===	===	===	===
3.	3.1 Technolo- gie	Technologische Aus- stattung der Kopplung von System zur Funk- tionserfüllung und Mensch (Operator) d. h. Grad der Stützung der Funk- tionserfüllung durch EDV-Systeme	manuelle Be- arbeitung oder partiel- le oder voll- ständige EDV- Unterstützung

Aufwand-
 	
zur
 	
Funktions-
 	
erfüllung-
 	
einschl.
 	
Schnitt-
 	
stelle
 	
System/
 	
Mensch
	3.2
	
	Zeit
		Zeitaufwand für die
		Erfüllung der Funk-
		tionen Wandeln,
		Transportieren und
		hinsichtlich der
		Zeitdauer und des
		Arbeitsaufwandes in
		Mannstunden, wie
		- Bearbeitungszeiten
		  mit
		  * Einarbeitungs-
		    zeit ("geistiges
		    Rüsten")
		  * Zeit für Daten-
		    eingabe
		  * Rechenzeit
		  * Zeit für "Sonsti-
		    ges"
		- Transportzeiten
		- Wartezeiten, bedingt
		  durch
		  * Warten auf freie
		    personelle und/
		    oder maschinelle
		    Kapazitäten
		  * Warten auf Mate-
		    rial
		  * Warten auf Infor-
		    mationen
		  * fehlende oder
		    fehlerhafte Infor-
		    mationen
			Durchsehen
			von Unterla-
			gen

	3.3 Kosten		

Bild 6.2-1:   Analyse und Gestaltungsraster

Kriterium	Schlüsselfrage	
K1 Vollständigkeit	K1.1	Stehen dem Operator aus seiner Sicht alle notwendigen Informationen/Daten zur Verfügung?
	K1.2	Ermöglichen weitere Informationen/Daten eine bessere Funktionserfüllung?
K2 Qualität	K2.1	Sind alle Informationen/Daten zur Erfüllung der Funktion richtig? Wie oft tauchen Fehler auf und wie groß ist der daraus resultierende Schaden?
	K2.2	Sind alle Informationen/Daten hinreichend genau und detailliert?
	K2.3	Sind alle Informationen/Daten aktuell? Welchen Einfluß hat das Alter der Informationen/Daten auf die Funktionserfüllung?
K3 Rechtzeitigkeit	K3.1	Wird die Erfüllung der Funktion durch zu späten Eingang der Informationen/Daten verzögert?
	K3.2	Welche Art von Beeinträchtigung tritt ein?
K4 Notwendigkeit	K4.1	Werden zur Erfüllung der Funktion überhaupt alle Eingangsdaten benötigt?
	K4.2	Ergibt sich zusätzlicher Aufwand durch Herausfiltern wichtiger Daten?
	K4.3	Welche Daten werden nicht verwendet?
	K4.4	Welche Ursachen hat die Nichtverwendung an sich verfügbarer Daten?

Bild 6.2-2:   Kriterien und Schlüsselfragen für eine Bewertung von CIM

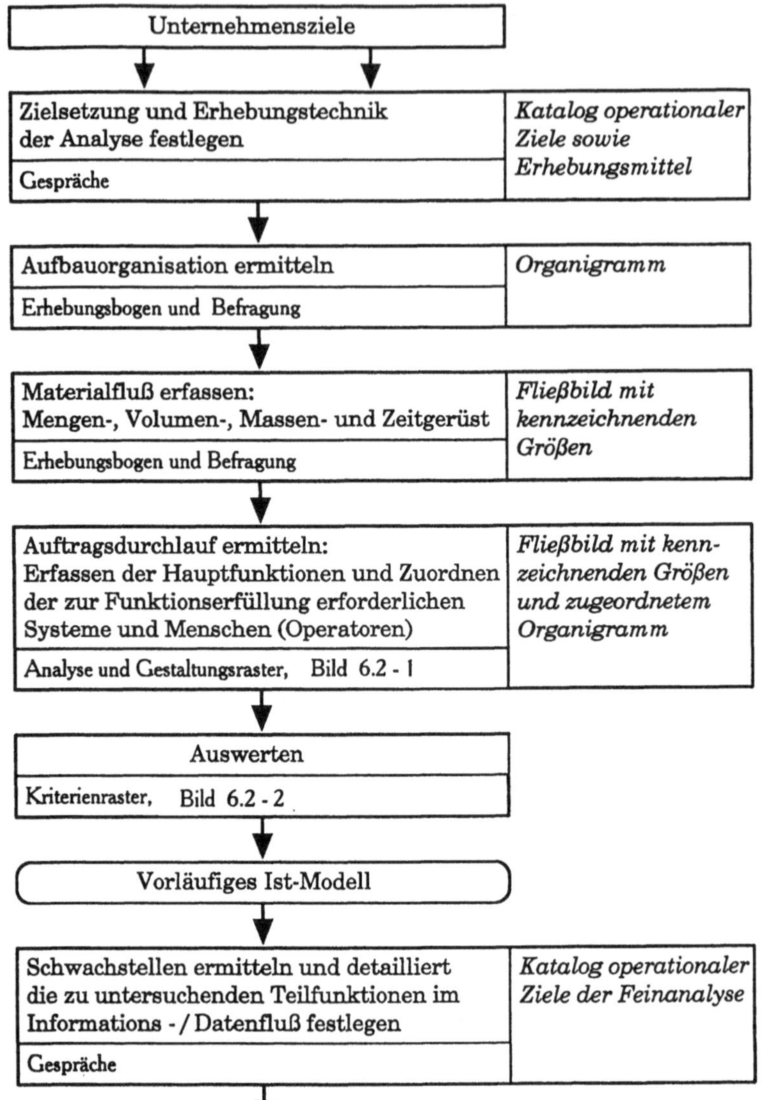

Unternehmensziele

Zielsetzung und Erhebungstechnik
der Analyse festlegen
Gespräche
Katalog operationaler
Ziele sowie
Erhebungsmittel

Aufbauorganisation ermitteln
Erhebungsbogen und Befragung
Organigramm

Materialfluß erfassen:
Mengen-, Volumen-, Massen- und Zeitgerüst
Erhebungsbogen und Befragung
Fließbild mit
kennzeichnenden
Größen

Auftragsdurchlauf ermitteln:
Erfassen der Hauptfunktionen und Zuordnen
der zur Funktionserfüllung erforderlichen
Systeme und Menschen (Operatoren)
Analyse und Gestaltungsraster,   Bild 6.2 - 1
Fließbild mit kenn-
zeichnenden Größen
und zugeordnetem
Organigramm

Auswerten
Kriterienraster,   Bild 6.2 - 2

Vorläufiges Ist-Modell

Schwachstellen ermitteln und detailliert
die zu untersuchenden Teilfunktionen im
Informations - / Datenfluß festlegen
Gespräche
Katalog operationaler
Ziele der Feinanalyse

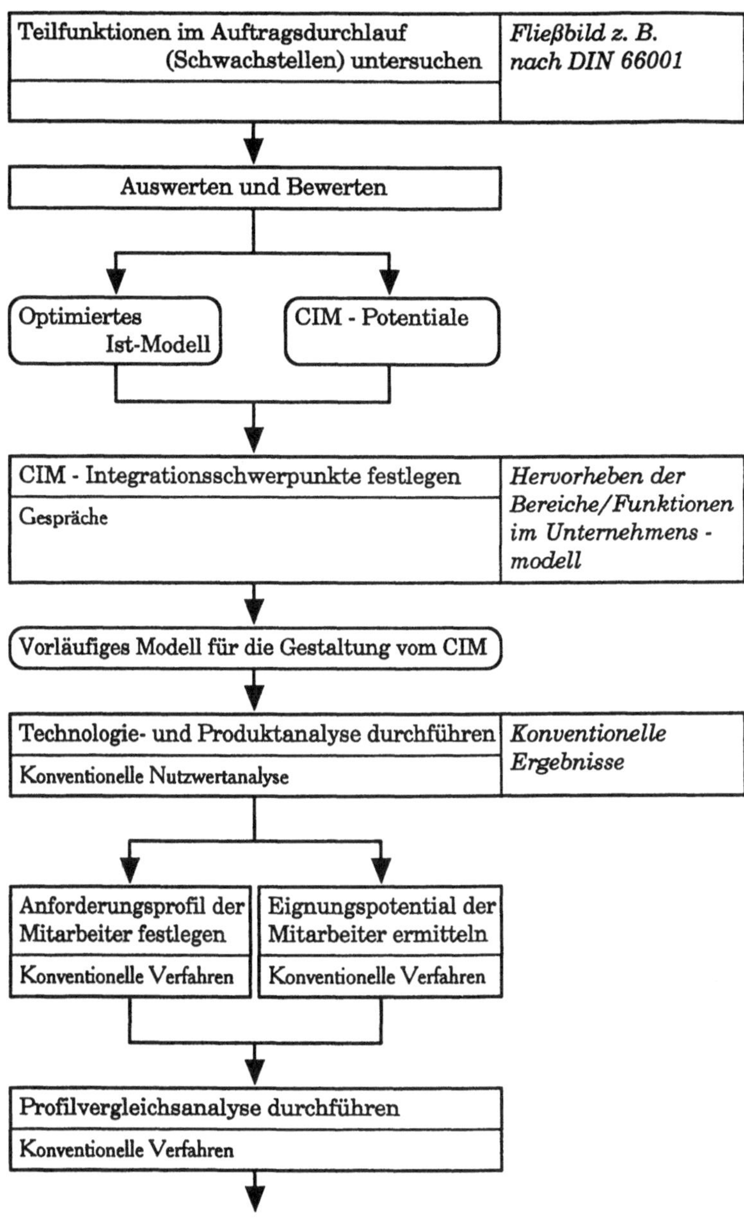
Teilfunktionen im Auftragsdurchlauf
(Schwachstellen) untersuchen
Fließbild z. B.
nach DIN 66001
Auswerten und Bewerten
Optimiertes
Ist-Modell
CIM - Potentiale
CIM - Integrationsschwerpunkte festlegen
Gespräche
Hervorheben der
Bereiche/Funktionen
im Unternehmens -
modell
Vorläufiges Modell für die Gestaltung vom CIM
Technologie- und Produktanalyse durchführen
Konventionelle Nutzwertanalyse
Konventionelle
Ergebnisse
Anforderungsprofil der
Mitarbeiter festlegen
Konventionelle Verfahren
Eignungspotential der
Mitarbeiter ermitteln
Konventionelle Verfahren
Profilvergleichsanalyse durchführen
Konventionelle Verfahren

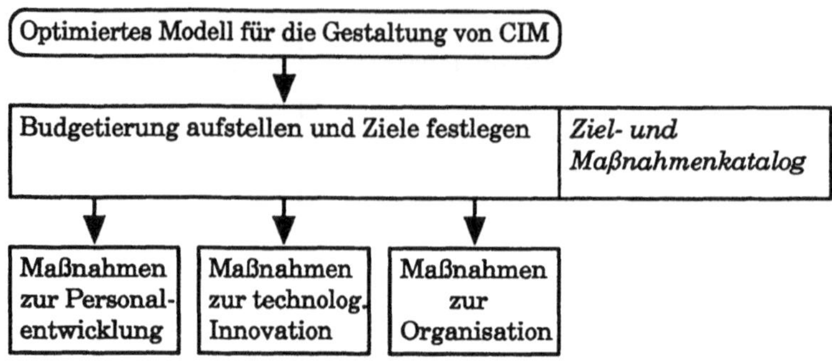

Bild 6.2-3:   Ermittlung des CIM-Potentials in Unternehmen

Literaturverzeichnis

[1] Almenräder, A.: Beitrag zur Bestimmung des Zeitaufwandes für die Funktion Arbeitsplanerstellung im Maschinenbau. Aachen: Dissertation, 1983

[2] Autorenkollektiv: Fließender Übergang-Fabriken und Büro: Abteilungen wachsen zusammen. WirtschaftsWoche Nr. 19, 04.05.1990

[3] Autorenkollektiv: Bausteine flexibler Fertigungssysteme in: Produktionstechnik auf dem Weg zu integrierten Systemen Aachener Werkzeugmaschinen-Kolloquium '87 VDI-Verlag, Düsseldorf, 1987

[4] Autorenkollektiv: CIM-Realisation mit modernen Steuerungskonzepten in: Produktionstechnik auf dem Weg zu integrierten Systemen Aachener Werkzeugmaschinen-Kolloquium '87 VDI-Verlag, Düsseldorf, 1987

[5] AWF (Hrsg.): Integrierter EDV-Einsatz in der Produktion - Begriffe, Definitionen, Funktionszuordnungen, Ausschuß für Wirtschaftliche Fertigung e.V., Eschborn, 1985

[6] AWF (Hrsg.): PPS 1985-1992, Jährliche Kongreßbände, Ausschuß für Wirtschaftliche Fertigung, Bad Soden/Eschborn

[7] AWF, REFA (Hrsg.): Handbuch der Arbeitsvorbereitung, Teil 1. Berlin: Beuth, 1968

[8] Beier, H. H., et al.: Fertigungsleittechnik. Reihe Praxiswissen CA...-Techniken (Hrsg. O. Abeln). München, Wien: Carl Hanser Verlag 1991

[9] BMFT (Hrsg):Berichtsreihe des BMFT-Verbundprojektes "Werkstattorientierte Programmierverfahren": Neue Systeme für werkstattorientierte Programmierverfahren Teil 1 bis 6, Bonn

[10] Bernecker, K.: SPC-Anleitung zur Statistischen Prozeßlenkung (SPC). DGQ-Schrift Beuth-Verlag 90

[11] Bernecker, K.: Anleitung zur Qualitätsregelkarte. DGQ-Schrift Beuth-Verlag 90

[12] Bläsing, J. P.: CAQ, Quaitätsicherung unter CIM-Zielen. Friedrich Vieweg + Sohn 90

[13] Bölzing, D., et al.: CIM-Einführung bei mittelständischen Unternehmen. CIM-Management 6 (1990)5, S. 4-9

[14] Brändli, N.: Standardisierung von Datenaustauschformaten. CIM-Management, 7 (1991) 1, S. 9-16

[15] Bullinger, H.-J., et al.: Integration von CAD und CAP über ein gemeinsames Produktmodell. CIM-Management, 5 (1989) 6, S. 28-33

[16] Bundesverband Logistik: Bremen, 1981

[17] Burgmer, M.: Gestaltung eines Aus- und Weiterbildungskonzeptes für die rechnerintegrierte Produktion im Handwerk, Handwerkskammer Dortmund, 1990

[18] Burgmer, M.: Gestaltungsmerkmale einer Aus- und Weiterbildung für eine berufsfeldspezifische Basisqualifizierung in der rechnerintegrierten Produktion (CIM), Bremen, 1991

[19] Codd, E. F.: A relational model for large snared databanks COMM. of the ACM, Vol. 13, No.6 (1970), pp. 377-387

[20] Cronjäger, L. (Hrsg.) Bausteine für die Fabrik der Zukunft Springer-Verlag Berlin, Heidelberg, New York, 1990 Verlag TüV-Rheinland, Köln, 1990

[21] Deutsches Institut für Normung e.V. (DIN): DIN 66025, Teil 1. Programmaufbau für numerisch gesteuerte Maschinen - Allgemeines. Berlin: Beuth, 1983

[22] Deutsches Institut für Normung e.V. (DIN): DIN 66241, Entscheidungstabelle - Beschreibungsmittel. Berlin: Beuth

[23] Deutsches Institut für Normung e.V. (DIN): DIN 19226, Regelungstechnik und Steuerungstechnik, Begriffe und Benennungen, Berlin, 1968 (revidierte Fassung in Vorbereitung); DIN 66001, Informationsverarbeitung, Sinnbilder und ihre Anwendung, Berlin, 1983

[24] Egger,E.: CIM-Modelle. Vortrag im Fraunhofer-Institut für Materialfluß und Logistik, Dortmund, Emil-Figge-Str. 75 am 10.02.1992

[25] Eversheim, W., et al.: CIM-Grobkonzept für den Großpreßwerkzeugbau. VDI-Z 131(1989)9, Seite 127-131

[26] Eversheim, W., et al.: Produktionstechnik auf dem Weg zu integrierten Systemen. AWK Aachener Werkzeugmaschinen-Kolloquium 1987, VDI-Verlag, Düsseldorf

[27] Eversheim, W., et al.: Wettbewerbsfaktor Produktionstechnik. AWK Aachener Werkzeugmaschinen-Kolloquium 1990, VDI-Verlag, Düsseldorf

[28] Eversheim, W.: Organisation in der Produktionstechnik. Band 3: Arbeitsvorbereitung, 2. Auflage. Düsseldorf: VDI, 1989

[29] Eversheim, W.: Produktionstechnik, VDI-Verlag, Düsseldorf, 1987

[30] Geitner, U. W. (Hrsg.): CIM-Handbuch - Wirtschaftlichkeit durch Integration. Verlag Fr. Vieweg & Sohn Braunschweig/Wiesbaden 2. Auflage 1991

[31] Glaser, H., et al.: PPS - Produktionsplanung und -steuerung. Grundlagen - Konzepte - Anwendungen. Wiesbaden: Betriebswirtsch. Verlag Gabler 1991

[32] Gottschalk, E.: Rechnergestützte Produktionsplanung und -steuerung. VEB Verlag Technik Berlin 1989

[33] Hackstein, R.: Einsatz neuer Technologien aus arbeits- und betriebsorganisatorischer Sicht, Köln, 1987

[34] Hackstein, R.: Produktionsplanung und -steuerung (PPS) - Ein Handbuch für die Betriebspraxis. 2. überarb. Auflage. Düsseldorf: VDI-Verlag 1989

[35] Hammer, H., et al.: Werkzeugschnellwechselsystem QTC - ein neuartiges Verfahren für den schnellen und gezielten Werkzeugaustausch bei Bearbeitungszentren. Information der Fa. Werner und Kolb, Werkzeugmaschinen GmbH, Berlin 1990

[36] Harrington, J.: Computer-Integrated Manufacturing. Robert Krieger Publishing Comp. USA 1973

[37] Hilkert, T., et al.: DNC als Baustein für die rechnerintegrierte Fertigung. VDI-Z Special Steuerungen, (1991) Sept., S. 6-14

[38] Höhne, R.: Bis zu zehn Prozent geringere Fertigungskosten. Automobil-Produktion, 12/91, S. 48 - 50

[39] Jünemann R.: Handbuch der Materilaflußtechnik, Berlin, Heidelberg 1989

[40] Jürgens, U.: Moderne Zeiten in der Automobilfabrik - Strategien der Produktionsmodernisierung, 1989

[41] Jüttner, G., et al.: Entscheidungstabellen und wissensbasierte Systeme - Anwendungen in der Arbeitsplanung. München: Oldenburg, 1989

[42] Kern, H., et al.: Das Ende der Arbeitsteilung. Rationalisierung in der industriellen Produktion, München, 1984

[43] Kief, H. B.: Flexible Fertigungssysteme '89/90 NC-Handbuch-Verlag, Michelstadt,1989

[44] Kief, H.: NC / CNC - Handbuch. Michelstadt: NC-Handbuch-Verlag, 1990

[45] Klaeger, S., et al.: Grundlagen, Aufbau und Anwendung wissensbasierter Systeme in der Technik. Studie 1988, TU Magdeburg/IH Berlin S.106

[46] Kommission CIM, DIN: Normung von Schnittstellen für die rechnerintegrierte Produktion (CIM). DIN-Fachbericht 15, Beuth Verlag GmbH Berlin 1987

[47] Kraemer, W., et al.: Wissensbasierte Frühwarnung und Kostenanalyse mit einem intelligenten Controlling-Leitstand. CIM-Management 1991, Heft 5, R. Oldenbourg Verlag, München

[48] Krallmann, H. (Hrsg.): Expertenwissen für die Praxis. München, Wien: R. Oldenbourg Verlag 1990

[49] Lierath, F., et al.: Zu ausgewählten Ergebnissen und Entwicklungstrends der Abspan- und Abtragtechnik. Wiss. Zeitschrift der TU Magdeburg, 35 (1991) H. 4

[50] Lotter: Wirtschaftliche Montage, Düsseldorf, 1986

[51] Maßberg, W.: Integrierte Informationstechnik in der zukunftsorientierten Fabrik Tagungsband der Fachtagung "DNC" der VDI/ADB, Böblingen, 1987

[52] Mertens, P.: Integrierte Informationsverarbeitung 1: Administrations- und Dispositonssysteme in der Industrie. 8. neu bearb. u. erw. Auflage. Wiesbaden: Betriebswirtsch. Verlag Gabler 1991

[53] Mertins, K., et al.: Werkstattsteuerung - Werkstattmanagement. Wegweiser zur Einführung. Reihe Produktionswissen für die Praxis (Hrsg. G. Spur). Wien: Carl Hanser Verlag 1992

[54] Milberg, J., et al.: Wissensbasierte Simulation und Regelung von Produktionssystemen. CIM-Management 1991, Heft 6, R. Oldenbourg Verlag, München

[55] N. N.: Flexible Fertigungssysteme Der FFS-Report der INGERSOLL ENGINEERS Springer-Verlag, Berlin, Heidelberg, New York, London, Tokyo, 1986

[56] N.N.: CIM - Integrierte rechnerunterstützte Fertigung. CAD/CAM Labor des Kernforschungszentrums Karlsruhe GmbH, 1987

[57] N.N.: CIM Rechnerintegrierte Fertigung. Integration CAD-PPS-CAM-BDE, Realisierung mit heutigen Mitteln. Unterlagen der Firma IBM IT CIM 1987

[58] N.N.: Studie,Institut der Deutschen Wirtschaft, Köln, 1992

[59] Nedreß, Ch. (Band-Hrsg.): Von PPS zu CIM. Reihe CIM-Fachmann (Hrsg. I. Bey). Berlin, Heidelberg, Springer-Verlag/Köln: Verlag TÜV Rheinland 1991

[60] NORSK-DATA: Integrierte Datenverarbeitung für Konstruktion und Arbeitsplanung Carl Hanser Verlag, München, Wien, 1986

[61] Pfennig, V.: Bestimmung des Automatisierungsgrades der rechnergestützten NC-Programmierung. Berlin: Springer, 1988

[62] Pritschow, G., et al.: Neue regelungstechnische Verfahren zur Erzeugung hochgenauer Bahnbewegungen 6. Internationales Braunschweiger Feinbearbeitungskolloquium 1990

[63] Probst, R., et al.: Stufenarme, material-, energie- und arbeitszeitökonomische Teilefertigungsprozesse. Wiss. Zeitschrift der TH Magdeburg 30 (1986), H. 3

[64] Projektträger Technikfolgenabschätzung VDI-Technologiezentrum Düsseldorf (Hrsg.): Ergebnisbericht zu Chancen und Risiken von CIM. Düsseldorf, Sept. 1991

[65] Prospekt der Fa. Prototypwerke GmbH: Zell-Hamersbach

[66] Prospekt der Firma Sony: Fellbach

[67] Rinne/Mittag: Statistische Methoden der Qualitätssicherung. Carl Hanser Verlag 89

[68] RKW (Hrsg.): PPS-Fachmann. 5 Bände. Eschborn: RKW - Rationalisierungs-Kuratorium der Deutschen Wirtschaft/Köln: Verlag TÜV Rheinland 1987

[69] Roschmann, K.: Fertigungssteuerung - Einführung und Überblick. München, Wien: Carl Hanser Verlag 1980

[70] Sachsse: Anthropologie der Technik, Braunschweig, 1978

[71] Sauerbrey, G.: Funktionen integrieren - der erste Schritt zu CIM; Technische Rundschau, 1/8, 1989

[72] Scheer, A.-W. (Hrsg.): Fertigungssteuerung - Expertenwissen für die Praxis. München, Wien: R. Oldenbourg Verlag 1991

[73] Scheer, A.-W.: Der computergesteuerte Industriebetrieb 3., erweiterte Auflage, Springer-Verlag Berlin Heidelberg, 1988

[74] Scheer, A.-W.: CIM - Der computergesteuerte Industriebetrieb 4., neubearbeitete und erweiterte Auflage Springer-Verlag, Berlin, Heidelberg, New York, London, Tokyo, 1990

[75] Schmidt K.J.(Hrsg.): Handbuch der Logistik und Produktionsmanagment, Grundlagen 1.1, verlag moderne industrie, Landsberg/Lech, Losebl.-Ausg. Grundwerk.- 1988

[76] Schmidt K.J.(Hrsg.): Handbuch der Logistik und Produktionsmanagment, Grundlagen 1.2.1, verlag moderne industrie, Landsberg/Lech, Losebl.-Ausg. Grundwerk.- 1988

[77] Schmidt, K. J. (Hrsg.): Handbuch Logistik und Produktionsmanagement. Lose-Blattsammlung. Landsberg: Verlag Moderne Industrie 1991 ff

[78] Schmidt, V.: Methodisierung einer Informationsflußanalyse unter CIM-Aspekten. Diplomarbeit, Karlsruhe 1990

[79] Schnell: Sensoren in der Automatisierungstechnik. Friedrich Vieweg + Sohn 91

[80] Schulz-Wild, R.: An der Schwelle zu CIM, Köln, 1989

[81] Seliger, G.: CIM - was ist das? - Grundkonzept DIN-Mitteilungen 67(1988)6, Seite 325-330

[82] Springer, R.: Kommt die Renaissance der Facharbeit? Neue Formen der Automobilproduktion, in: Blick durch die Wirtschaft, Nr. 189, S. 7, Frankfurt, 1991

[83] Springer, R.: Auf dem Weg zur Facharbeiterbranche? In: Automobil-Industrie, 1/91, S. 47 - 54

[84] Springer, S.: Grundlagen des Aufbaus und Erfahrungen bei der Anwendung wissensbasierter Diagnosesysteme für flexible Fertigungszellen Dissertation B, 1990, TU Magdeburg

[85] Spur, G., et al.: Integrierte Informationsmodellierung für offene CIM-Architekturen. CIM-Management 5(1989)2, Seite 36-42

[86] Spur. G., et al.: Handbuch der Fertigungstechnik, Band 5:Fügen, Handhaben, Montieren, Carl Hanser Verlag, München 1986

[87] Statistisches Bundesamt: Wirtschaft und Statistik, Heft 4, S. 217 - 222, 1992

[88] Thines, M.: WOP-Systeme. Teil 1: Vergleich der Konzepte. Der Betriebsleiter, (1991) 9, S. 12-17. Teil 2: Charakteristika. Der Betriebsleiter, (1991) 10, S. 68-73

[89] Tünschel, L.: CIM und strategisches Informationsmanagement für die Fabrik der Zukunft. CIM-Management 4(1988)3, Seite 29-36

[90] Vajna, S., et al.: CIM-Lexikon Vieweg Verlag Braunschweig 1990

[91] Vajna, S., et al.: Interdisziplinäres und neutrales CIM-Modell, Teil I und II. ZwF 84(1989)8, Seite 427-430 und ZwF 84(1989)10, Seite 561-565

[92] Vajna, S.: Gruppentechnologie als Bindeglied zwischen CAD und CAM. VDI-Z 129(1987)11

[93] Vajna, S.: Nutzenerwägungen bei CIM-Einführungen. In: CIM, Reihe Märkte im Wandel, Spiegel-Verlag Hamburg 1990, S. 103-125

[94] VDI: VDI-Richtlinie 2216, Einführungsstrategien und Wirtschaftlichkeit von CAD-Systemen, VDI-Düsseldorf 1990

[95] VDI: VDI-Richtlinie 8539, Fügen, VDI-Düsseldorf

[96] VDI: VDI-Richtlinie 2520 Einführung einer Unternehmenslogistik, Arbeitsplan

[97] VDI: VDI-Richtlinie 2411 Begriffe und Erklärungen im Förderwesen

[98] VDI: VDI-Richtlinie 2412 Übersichtsblätter Flurförderzeuge, Vierweg-Gabelstabler

[99] VDI: VDI-Richtlinie 2861 Montage und Handhabungstechnik, Kenngrößen für Handhabungsgeräte, Achsbezeichnung

[100] VDI: VDI-Richtlinie 2860 Montage und Handhabungstechnik Handhabungsfunktionen, Handhabungs-einrichtungen, Begriffe, Definitionen, Symbole

[101] VDI: VDI-Richtlinie 2863 Programmierung numerisch gesteuerter Handhabungseinrichtungen IR-Data Allgemeiner Aufbau und Satztypen

[102] VDI - GACIM/VDI-VDE-Ges. Meß und Automatisierungstechnik (Hersg.): Kommunikations- und Datenbanktechnik Bd.6. Düsseldorf: VDI, 1991

[103] VDI-GACIM/VDI-Ges. Produktionstechnik (ADB) (Hrsg.): Rechnerintegrierte Konstruktion und Produktion, Band 3: Auftragsabwicklung. Düsseldorf: VDI-Verlag 1991

[104] VDI-Gemeinschaftsausschuß CIM (Hrsg.): Rechnerintegrierte Konstuktion und Produktion. Band 7: Qualitätssicherung VDI-Verlag GmbH, Düsseldorf 1992

[105] VDI-Gemeinschaftsausschuß CIM/VDI Ges. Fördertechnik Materialfluß Logistik (Hrsg.): Rechnerinte-grierte Konstruktion und Produktion, Band 5: Produktionslogistik, VDI-Verlag, Düsseldorf 1991

[106] VDI-Gesellschaft Produktionstechnik (ADB) (Hrsg.): Flexible Montage Herrausforderungen und Changen durch CIM, VDI Berichte 955, Seite13-28, VDI-Verlag, Düsseldorf 1992

[107] VDMA Arbeitsgemeinschaft Prozeßperipherie: Steuerung von Montagezellen, Leitfaden zur praxisorientierten Gestaltung, VDMA Frankfurt, 1990

[108] Verband für Arbeitsstudien und Betriebsorganisation e.V. (REFA) (Hrsg.): Methodenlehre der Planung und Steuerung, Teil 3. München: Hanser, 1985

[109] Versch. Verfasser: Fertigungslenkung. HMD - Theorie und Praxis der Wirtschaftsinformatik 27 (1990) h.151 (Schwerpunktheft)

[110] Vogel, F.-O.: MTU - ein Unternehmen auf dem Weg zu CIM, Teil 1. FB/IE 37(1988)1, Seite 4-9

[111] Warnecke, H.J., et al. (Hrsg.): Handbuch Handhabungs-, Montage- und Industrierobotertechnik, verlag moderne industrie, landsberg/Lech, Losebl.-Ausg. Grundwerk 1982

[112] Warneke, H.-J.: Organisation vor Technik, bit 2/87

[113] Wiendahl, H.-P.: Belastungsorientierte Fertigungssteuerung. München, Wien: Carl Hanser Verlag 1987

[114] Wildemann, H. (Hrsg.) Just-In-Time Produktion. Fallbeispielsammlung in 3 Ordnern. München: gfmt- Verlag 1988

[115] Zimmermann, G.: PPS-Methoden auf dem Prüfstand-was leisten sie, wann versagen sie? Landsberg: Verlag Moderne Industrie 1987

Stichwortverzeichnis

A

Abbildungsverfahren, 172

ABC-Analyse, 204; 229

Ablaufdaten, 70

Absatzplanung, 220

ACIS Kerne, 46

Administration, 26; 220

Ähnlichkeitsplanung, 71; 73

Aktive Paletten, 139

Allgemeine Daten, 69

Alphanumerische grafische Daten, 48

Amortisationsrechnung, 224

Angebotsabgabe, 230

Angebotswesen, 227

Annotation, 61

Anpassungskonstruktionen, 47

Anpaßflexibilität, 184

Anwendungsmodelle, 60

Anwesenheitszeiterfassung, 227

APT, Automatically Programmed Tools, 80

Arbeitsplanerstellung, 69; 75

Arbeitsverfahren, 3

Arbeitsverteilanweisung, 208

Arbeitsvorbereitung, 230

Arbeitsvorgangsfolge, 70: 80; 96; 100; 127

Architektur der Software-Systeme, 182

Artikelstamm, 226; 229

Artikelstammdateien, 142

Assembly Evaluation Method (AEM), 45

A-Teile, 205

Aufspannpläne, 87

Auftragsidentifikation, 209

Auftragsbearbeitung, 31; 33; 130; 133; 227

Auftragsbezogene Daten, 69; 71; 78; 141

Auftragsfortschrittserfassung, 87; 210

Auftragssimulation, 227

Auftragsüberwachung, 200; 209; 210

Auftragsveranlassung, 207; 208

Auftragsverwaltung, 227

Auftragszentrum, 203

Auskunftssysteme, 197

AutoCAD, 57

automated guided vehicles (AGV), 108

Automatische Montagesysteme, 132

Automatisierte Fördermittel, 155

Automatisierungsgrad, 131

Autonome Fertigungsinsel, 96

AVOPLAN, 74

B

B-Rep-Model; Boundary Representation Model, 54

B-Spline-Approximation, 186; 188

B-Spline-Flächen, 53

Bahnsteuerung, 161

Barcode, 103

Basismodelle, 60

Batch- und Dialogbetrieb, 48

BDE (Betriebsdatenerfassung), 82; 87; 204; 210

Bearbeitungskontrolle, 94

Bearbeitungszentrum (BAZ), 91; 93; 133; 143

Belastungsorientierte Auftragsfreigabe (BOA), 214

Belastungsorientierte Fertigungssteuerung, 207; 208

Belastungstrichter, 208

Benchmark-Test, 197

Benutzeroberflächen, 182

Bereitstellungsstrategie, 137

Beschaffungslogistik, 148

Beschickungsautomaten, 106

Bestandgeregelten Durchflußsteuerung (BGD), 214

Bestandsflexibilität, 184

Bestellauftragsfreigabe, 208

Bestellobligo, 226

Betriebs-Daten-Erfassungen (BDE), 87; 198; 201; 210

Betriebsabrechnungsbogen (BAB), 228

Betriebsführung, 1

Betriebsmittel, 1; 25; 69; 81; 87; 96; 123; 133-149; 197; 205

Betriebsrechner, 87

BEZIER-Funktion, 186; 187

Bezierflächen, 53

Bildschirm- und Tablett-Menüeingaben, 48

Blackboard-Architektur, 199

Breitband-Kommunikationssysteme, 60

Breitbandkabel, 112

Büroautomatisierung, 26

Bürokommunikation, 26

Buchhaltung, 220; 227; 228
Bus-Topologie, 113
Busstruktur, 113

C
CAA, 85; 87
CAD, 14; 41; 52; 57; 67; 71; 186
CAD/CAM, 14; 81
CAE (Computer Aided Engineering), 41
CAI (Computer Assisted Industry), 26
CAM, 67; 71; 81
CAO (Computer Aided Office), 26
CAP (Computer Aided Planning), 78; 141
CAP-CAD, 78
CAP-CAM, 80
CAP-CAQ, 79
CAPP (Computer Aided Process Planning), 71; 73
CAQ, (Computer Aided Quality Assurance), 166; 172
CAT, 168
CA_X-Komponenten, 78
CCD-Kamera, 135; 171
CCD-Sensoren, 173
CIB (Computer Integrated Business), 26
CIE (Computer Integrated Enterprise), 26
CIM (Computer Integrated Manufacturing), 6; 14; 71; 81; 166; 181; 194; 211; 248
CIM-Architektur von IBM, 19
CIM-Modell, 15
CIM-Modell des CAD-CAM-Labors, 17
CIM-Modell nach AWF, 16
CIM-Modell nach Eversheim, 22
CIM-Modell nach Spur und Seliger, 23
CIM-Modell nach Vajna et al., 26
CIM-Modelle der ersten Generation, 15
CIM-Modelle heutiger Generation, 21
CIM-Würfel nach Tünschel, 25
CIM-Y-Modell nach Scheer, 16
CIM-Potential, 11; 249
CIM-Prozeßketten, 37
CIO (Computer Integrated Office), 26
CISC-Architektur (Complex Instruction Set Computer), 56
CLDATA, 77; 80; 163
Clipping, 187
Clusteranalyse, 192
CNC-Bearbeitungsmaschine, 85; 91; 92; 98
CNC-Meßeinrichtung, 89
CNC-Steuerung, 75; 93; 98; 126; 188

CNMA (Communications Network for Manufacturing Application), 110
Codierung, 94; 102; 103; 106
Computer-Based-Training, 8
Computer-Grafik-Systeme, 197
Concurrent Engineering, 31
Controller, 221
Controlling-Information, 227
COONS, 186
CRISP-Architektur (Complex Reduced Instruction Set Processor), 56
Cross-Check, 102
CSMA/CD (Carrier Sense Multiple Access with Collision Detection), 113

D
Daten, 2; 11; 43; 69; 141; 142
Datenaustauschformate, 61
Datenbanken, 59; 113; 180; 196
Datenbankmodelle, 118
Datenpool, 222
Datensicherung, 118; 176
Datenspeicher, 75; 106; 138
Datenträger, 75; 103
Datentransfer, 109
Datenverarbeitung, 38; 41; 220
Datex-P, 112
DAX, 180
DBMS (Datenbank Management System), 117
Debitorenbuchhaltung, 228
Demographische Entwicklungen, 1; 236
Design, 42; 64; 165; 179
Diagnose, 127; 178; 197
Dialogsysteme, 48; 124
Digitalisierer, 48
DIN 55350, 164
DIN 66025, 77; 78
DIN 66241, 74
DIN 66257, 75
DNC (Distributed Numerical Control), 76; 80; 85; 213
Distributionslogistik, 148
Distributive Faktoren, 130
divided language support, 48
DOS, 56
Drahtmodelle, 53
Dreidimensionale Modelle (3D), 53; 186
Durchlaufminimierende Planung (DMP), 214

E

Ebenen-Technik, 54

EDB (Engineering Data Base), 59

EDI FACT-Syntax, 181

EDIF (Electronic Design Interchange Format), 61; 64

Editoren, 73

Ein-/Ausgangsebene Roboter, 163

Eingabe, 48; 49; 54; 57; 69; 88; 180; 196

Einkauf, 3; 26; 203; 220; 225

Einzelauftragsfertigung, 230

Elektronische Plantafel, 212

Elektronischer Leitstand, 212

EMS (Expanded Memory Specification), 56

Endmontage, 81; 129; 216

Endprüfungen (CAT), 168

Engpaßorientierte Disposition (EOD), 214

Entry-Level-Workstations, 56

Entscheidungsprozeß, 221; 250

Entscheidungstabellen, 65; 74; 230

Entscheidungstabellen-System (ET-S.), 67; 73; 196

Entsorgung, 3; 15; 44; 84; 148; 166; 168; 194

Entsorgungslogistik, 148

Erzeugnis- und Kapazitätsstammdaten, 202

Ethernet, 113

Expertensystem, 6; 59; 74; 121; 125; 180; 217; 230

Exponentielle Glättung, 204

F

Fahrerlose Transportsysteme (FTS), 88; 108; 144

Fakturierung, 227

FDDI, 60

Fehlerdaten, 179

Fehlerdiagnose, 90; 124 - 126

Fehlermanagement, 178

Feindispositons-Plantafel, 212

Feinsteuerung (Leitstand und BDE), 230

FEM (Finite Element Method), 46; 58

Fenstertechnik, 127; 225

Fertigteiltransport, 83

Fertigungsleitrechner, 82 - 87

Fertigungsleittechnik, 213

Fertigungsplanung, 32; 83; 166; 179

Fertigungspuffer, 106

Fertigungsredundanz, 184

Fertigungssteuerung, 83; 96; 208; 211

Festprogrammierte Bewegungsautomaten, 157

File, 60 - 63; 77; 80; 219

Finanzbuchhaltung, 220, 227

Finanzwesen, 220

Finite Elemente, 57

Flächenmodelle, 53; 61; 188

flexible Fertigungsinsel (FFI), 88; 91; 96

Flexible Fertigungssysteme (FFS), 91; 97; 133

Flexible Fertigungszelle (FFZ), 88; 91; 94; 143

Flexible Geometriegenerierung, 186 - 188

Flexible Montagestation (FMST), 133; 137

Flexible Transferstraße, 91; 100

Flußoptimierung, 214

FMEA (Failure Mode and Effects Analysis, 178

Fördern, 151 - 155

Fordismus, 233

Formschleifen, 188

Formspeicher-Werkzeuge, 189

FORTRAN-Unterprogramm-Schnittstelle, 48; 63

Fortschrittszahlen-Systeme (FZS), 215

Fotoelemente, 173

Freiformflächen, 62; 186

Freiheitsgrade, 159

FTA (Fault Tree Analysis), 178

Funktionsoptimierung, 214

Funktionssoftware flexibler Fertigungssysteme, 85

G

Gantt-Plan, 212

Generierungsprinzip, 71; 191; 192

Geometrische Grundelemente, 54

Gewinn- und Verlustrechnung, 228

Graphisches Kern-System (GKS) , 80

Grafischer Leitstand, 212

Graphisch unterstützte Programmierverfahren, 48 163

Grauwertinterpolation, 171

Greiferwechselsystem, 134; 138

Grunddatenverwaltung, 202

Gruppentechnologie, 28; 32; 192

H

Hamming-Distanz, 176

Handhaben, 9; 152; 155

Handhabungsgerät, 125

Handhabungssysteme, 155

Handling-Baukasten-System, 127

Handlungssysteme, 9

Harmonisierung des Produktionsprozesses, 149; 150

Hauptgruppen der Fertigungsverfahren, 4

Hierarchisches Datenbankmodell, 118

Hierarchiepyramide, 13
Host-Rechner, 179
Hybride Programmierung, 162; 163

I

Identifikation, 103; 170; 210
IGES (Initial Graphics Exchange Specification),
    61; 80; 119; 181; 186
In-Prozeß-Messung, 169; 172
Industrieroboter (IR), 108; 158
Inferenzkomponente, 74
Informationssysteme, 9; 86; 100
Integrationsflexibilität, 184
Integrierte Qualitätssicherung, 177
Intel-Prozessoren, 56
Intelligente Sensoren, 135
Intelligente rechnerunterstützter
    Servicehandbücher, 125
Interne Schnittstelle, 163
Investitionsrechnungen, 220; 224
IRDATA (Industrial Robot Data), 80; 163
ISDN (Integrated Services Digital Network), 60;
    110
ISO 8402, 165
ISO 9000, 165
ISO 9001, 165
ISO 9002, 165
ISO 9003, 165
ISO 9004, 165
ISO-Standard SQL (System Query Language),
    180
ISO-Steilkegel, 127

J

Just-in-Time (JIT), 14; 86; 149; 150; 151; 179;
    207; 213

K

Kalibrierung, 176
KANBAN, 196; 215
Kantenmodell (2D, 3D), 61
Kantenmodelle, 53; 61
Kapazitätsauslastung, 202
Kapazitätsorientierte Materialwirtschaft (KOM),
    216
Kapazitätsterminierung, 207
Kapazitätsüberwachung, 210
Kassetten, 93; 103; 118; 189
KI-Werkzeuge (Künstliche Intelligenz), 124
Klebeetiketten, 103
Koaxialverfahren, 172

KODEX, 180
Koinzidenzschaltungen, 172
Kollisionen, 45; 78; 108; 113; 128; 193
Kommandosprachen, 48
Kommissionieren, 83; 108
Koordinatenmeßmaschinen, 174
Koordinatentransformation, 187
Kostenrechnung, 220; 228; 229
Kostenträgerstückrechnung, 230
Kostenträgerzeitrechnung, 229
Kreditorenbuchhaltung, 228
Kundenspezifische Informationen, 227

L

Lageerkennung, 127
Lagerbestände, 202
Lagerkapazität, 142
Lagern, 152
Lagersysteme, 152
Lagerverwaltungssystem, 88
LAN, Local Area Network, 109; 113
Laserdrucker, 38
Laserhärten, 126
Laserscanner, 136
Laserstrahl, 174
Laufkarte, 209
Lean Produktion, 3; 241
Leitdraht, 108
Leitrechner, 82ff; 106; 107; 133; 152; 198; 217
Leitstand, 82; 127; 212; 230
Leseeinrichtung, 48
Lichtwellenleiter, 112
Linearkamera, 173
LISP, 48
Lochstreifen, 75; 91
Logistik, 8; 85; 100; 146 - 149; 191; 211; 215
Logistikebene, 147
Logistische CIM-Kette, 147; 225
Logistische Systeme, 147
Lohnabrechnung, 227
Lotus 1-2-3, 49

M

Magazine, 89; 93; 101; 144; 189
Magnetband, 118
Makros, 50
Management, 147; 220; 227; 231
Manuell gesteuerte Bewegungsautomaten, 156
Manuelle Montagesysteme, 132

MAP (Manufacturing Automation Protocol), 110;
    128; 196
Mapping, 187
Marktbedingungen, 1
Marktforschung, 166; 220
Maschenstruktur, 113
Maschinensteuerung, 77; 82; 87; 93; 98; 188; 213
Materialbedarfsplanung, 204
Materialbezogene Daten, 141
Materialfluß, 86; 141; 146; 148; 151; 152; 225
Materialrechner, 87
Materialwirtschaft, 200; 203; 205; 226
Mathematische Optimierungsmethoden, 58
Maustechnik, 48; 127
MDE (Maschinendatenerfassung), 82; 87; 92;
    123; 141
Mechanische Schnittstelle, 164
Mechanisierte Systeme, 155
Mehrfachgreifer, 134
Mehrpunktverbindungen, 112
Mengenplanung, 200; 203
Mensch-Maschine-Kommunikation, 182
Messen, 87;91; 105; 169; 180
Methodenbanken, 197
Mikrocontroller, 172
Mikroprozessoren, 91; 172
MMS (Manufacturing Message System), 128
Modell CIMOS von MTU, 18
Modell des KCIM im DIN, 17
Modell nach Geitner, 19
Modellierdialog, 60
Modellstrukturen, 52
Montage, 124; 129; 130; 135; 137
Montagerechner, 87
Montagesystem (MS), 133
Montagezelle (MZ), 133
Montagezentrum (MTZ), 133; 139
Motorola-Prozessoren, 56
MRP I (Material Requirement Planning), 204
MRP II (Manufacturing Resource Planning), 204

N
Nachfolgeflexibilität, 131
NC (Numerical Control), 74ff; 91
NC-Maschinen, 75; 85
NC-Programmierung, 69; 75; 82
NC-Prozessor, 75
Netzgenerator, 58
Netzpläne, 195; 206
Netzwerkmodell, 118

Netzwerkschnittstelleneinheiten, 112
Neukonstruktionen, 47
Nichtlineare Optimierung, 58
Notebook, 57
NURBS, 186

O
Off-Line-Kopplung, 109
Off-Line-Programmierung, 162
Offene Systemarchitektur, 109
Offene Systeme, 9
On-Line-Kopplung, 109; 196
On-Line-Programmierung, 162
OSI (Open System Interconnection), 109
Operative Schnittstellen, 142
OPT (Optimized Production Technology), 214
Optische Sensoren, 172
Optoelektronische Systeme, 127
Ordnungsgrad, 136
OSF (Open Software Foundation), 50
Over-the-wall-design, 43

P
Paletten, 86; 106
Palettencodierung, 94
Palettenpuffer, 98
Palettentransportsystem, 106
Passive Paletten, 139
Patches, 186
PC-NFS (Network File System), 57
PDES (Product Data Exchange Specification), 81;
    121; 186
PC (Personal Computer), 52; 57; 105
Personalqualifizierung, 8; 129
PHIGS (Programmer's Hierarchical Interactive
    Graphics System), 80
Pick&Place-Gerät, 157
Piezo-Sensoren, 176
Piktogramme, 184
Pixel, 173
Plantafel-Feindisposition, 212
Plotter, 38; 48
Portable proprietäre Software, 52
Positionierung, 127; 159; 176
Post-Prozeß-Messung, 169
PPS (Produktionsplanungs- und
    Steuerungssystem) , Bild 1.3.2-1; 17; 18; 67;
    71; 78; 81; 127; 142; 172; 200; 202; 203;
    206200; 213; 224
Prä-Prozeß-Messung, 169

Präventiven Wartung, 126
Preiskalkulation, 227
Prinzipkonstruktionen, 49
Produktdatenmodell, 79; 182
Produktflexibilität, 131
Produkthaftung, 168
Produktion, 1; 4; 121
Produktionsflexibilität, 184
Produktionslogistik, 148
Produktionsterminplanung, 205
Produktlebenszyklus, 224
Produktmodell, 52
Produktqualität, 165; 168
PROFI-BUS-Konzept, 176
Profilverfahren, 187
Programme, 43; 45; 49; 57; 67; 71; 87; 91; 116;
    141; 163; 186; 227
Programmiersprachen, 48; 65; 77
Programmierung, 22; 74ff; 103; 122; 127; 141;
    162; 163; 193
Projektmanagement, 224
Protoelektrische Effekt, 174
Prozessoren, 56; 61; 77; 91; 172
Prozeßfähigkeitsindex, 194
Prozeßflexibilität, 131; 181ff; 202
Prozeßführungs- und Überwachungssystem, 198
Prozeßkette, 22; 30
Prozeßkontrolle, 123
Prozeßqualität, 168
Prozeßsicherheit, 181
Prüfplanung, 168; 170; 179; 212
Pufferkapazität, 142
Pufferläger, 153
Pull-Down-Menüs, 184
Pull-Logistik, 150; 215
Punkt zu Punkt Steuerung, 161
Push-Logistik, 150; 215
PW (Personal Workstation), 57

Q
QDES (Quality Data Exchange Specification),
    181
QFD (Quality Funktion Development), 178
QDM (Quality Data Message), 181
QS-Normen, 165
Qualifikationsprofil, 96
Qualität, 164
Qualitätskreis, 165
Qualitätsmanagement, 165; 166; 178
Qualitätsprüfung/-kontrolle, 94; 168

Qualitätsregelkarten, 171
Qualitätssicherung (CAQ), 123; 142; 149; 164;
    165; 168; 217
Qualitätssicherungssystem, 166
Qualitätszirkel, 28
QUEBAS-F, 181
Quellprogramm, 61; 75

R
Randabschaltung, 187
Randintegralgleichungsmethode (BEM, Boundary
    Element Method), 57
Rapid Prototyping, 43
Rationalitätsdoktrin, 221
Rechner-Anwendungsinseln, 41
Rechnerhierarchie, 179
Rechnerplattform, 52
Rechnungswesen, 220; 227
Recycling, 15; 26; 43ff; 84; 130; 149
Regelflächen, 187
relationale Algebra, 118
relationale Datenbanken, 118; 180
RPM (Repetitive Production Management), 216
Resources Management (RM), 216
Ressourcen, 2
Return of Investment (ROI), 32
Ringstruktur, 113
RISC-Architektur (Reduced Instruction Set
    Computer), 56
Roboter, 45; 102; 132ff; 155; 159ff; 194; 197
Rohteile, 83; 97; 98

S
Sachmerkmalleisten-System (SML-S.), 49; 64; 67
Scanner, 48
Schichtentechnik, 54
Schlüsselqualifikationen, 8
Schnittstellenprobleme, 141ff; 182
Schnittstellenstandardisierung, Bild 3.3.1.3-24;
    59ff; 119ff
Schulungskonzepte, 129
Scroll-Windows, 184
Sensor-Bus-Systeme, 176
Sensoren, 102; 109; 127; 136; 142; 161; 169; 172
serielle Schnittstelle, 163
SET (Standard d'Echange et de Transfert), 61; 62;
    80; 119
Shop Floor Control, 212
Sichtgeräte/Terminals, 48
Simulation, 6; 38ff; 78; 93; 121ff; 197ff; 214

Simultaneous Engineering, 32
Software, 19; 44; 52; 127
Solid Designer, 46
Solidfunktion, 188
Soziotechnische Systeme, 9
Spannen, 89; 98; 105; 106; 135; 137; 143
Speicherprogrammierte Steuerungen (SPS), 5; 98; 109
Sprachcompiler, 186
Stammdaten, 78; 87; 202; 226
Standardisierte Montagezelle, 137
Standardsoftwarepakete, 226
Statistiken, 227
Statistische Prozeßsteuerung (SPC), 181
STEP (Standard for the Exchange of Product Model Data, 60; 81; 119; 186
Stereolithografie, 43
Sternstruktur, 113
Steuerprogramme, 75; 83; 109; 142; 161
Steuerungssystem, 19; 89; 109; 151; 172; 224
Störparameter, 176
Strategische Entscheidungen, 224
Stückgüter, 86
Stücklisten, 46
Symmetrie-Operationen, 187
Systemmodell, 9

T
Tabelleneingaben, 48; 49
Tabellenkalkulationsprogramme, 49
Tablett-Menüeingaben, 49
TABULA, 74
Taktzeit, 132
Taylorismus, 3; 232; 233
Teach-in-Programmierung, 162
Teilefamilie, 96; 150; 192
Teilekonzept, 55; 150
Teileprogramm, 75
Teileprogrammverwaltung, 88
Teleteaching, 8
Terminaleingabe, 87
Token (Datentransporter), 113
Toolmanagement, 189
TOP (Technical Office Protocol), 110
Topologie eines lokalen Netzwerkes, 113
Topologisch-geometrischen Strukturmodelle, 54
Total Manufacturing Management (TMM), 216
TQM (Total Quality Management), 166
Transformationsmatrizen, 187
Transplants, 235

Transportrechner, 87
Transportsystem, 105
Triangulationsverfahren, 172

U
Überwachungssicherheit, 176
Überwachung, 2; 5; 22; 81; 85ff; 103ff; 123; 127; 168; 194; 197; 209
Überwachungssystem, 89
UNIX, 56; 57; 180
Unstetigförderer, 155
Unternehmensphilosphie, 9
Unternehmensstrategie, 248
Unternehmensstruktur, 9

V
V.24-Schnittstelle, 112
Vakuumgreifer, 134
Varianten, 48; 71; 191; 192; 230
Variantenflexibilität, 131
Variantenkonstruktion, 47; 49
VDAFS (VDA-Flächenschnittstelle), 61; 62; 80; 119; 186
VDAIS (VDA-IGES-Subset), 61; 63
VDAPS (VDA-Programmschnittstelle), 61; 63; 80
VDFS, 181
Verfahrensintegration, 192
Verfahrensintensivierung, 192
Verfahrensoptimierung, 193
Verfahrenssubstitution, 192
Verfügbarkeitskontrolle, 207
Verkauf, 3; 8; 220; 225; 229
Verkäufermarkt, 224
Verschleißüberwachung von Werkzeugen, 127
Vertrieb, 220; 226
Verwaltung, 103; 116
Visionsysteme, 136
Volumenmodell, 53; 61
Vorausschauend Planende Simulation (VPS), 214

W
Warteschlange, 121; 142
Wartungsplan, 125
Waschstation, 105
Wegoptimierung, 102
Wellenmeßmaschine, 180
Welt- und Marktwirtschaft, 2
Werkstattorientierte Programmierung (WOP), 77; 78; 127
Werkstattsteuerung (WST), 83; 201; 212

Werkstoffe, 1; 3; 27; 44; 78; 188

Werkstückbereitstellungssyteme, 135

Werkstückfamilie, 96

Werkstückflußsystem, 89

Werkstückkorrekturdaten, 87

Werkstückmagazin, 89

Werkstücktransportsystem, 89; 98

Werkstückwechseleinrichtung, 91; 94

Werkzeug-Einsatzdauer, 105

Werkzeugbruchkontrolle, 105

Werkzeugcodierung, 103

Werkzeugdaten, 102

Werkzeuge für CAQ, 178

Werkzeugflußsystem, 89

Werkzeugkorrekturwerte, 95

Werkzeuglogistik, 100

Werkzeugmagazin, 102

Werkzeugmagazinwechsler, 96

Werkzeugtransportsystem, 98

Werkzeugverwaltung, 87; 102

Werkzeugverwaltungsrechner, 87

Werkzeugverwaltungssystem, 103

Werkzeugvoreinstellung, 98

Werkzeugwechselsystem, 189

Werkzeugwechsler, 93; 100

Wide Area Network, 26

Wiederholplanung, 71

wissensbasierte Systeme (Expertensysteme), 59; 65; 121; 180

Workstation, 38; 52; 55; 56; 109; 213

Z

Zeitwirtschaft, 205; 230

Zeitwirtschaft/Termin- und Kapazitätsplanung, 200; 205ff; 230

Zentralrechner, 87

zero inventory, 14

Zielflexibilität, 184

Zufallsstichproben-Methode, 58

Zylinder-Koordinatensystem, 187

2D-PC-CAD-Arbeitsplätze, 57

3D, 46; 52; 61

5-Achsen-Simultan-Bearbeitung, 126